中国机械工业标准汇编

刀具卷　齿轮刀具　车刀　拉刀

（第三版）

全国刀具标准化技术委员会
中国标准出版社　编

中国标准出版社

北　京

图书在版编目(CIP)数据

中国机械工业标准汇编.刀具卷.齿轮刀具、车刀、拉
刀/全国刀具标准化技术委员会,中国标准出版社编.
—3版.—北京:中国标准出版社,2017.8
ISBN 978-7-5066-8423-1

Ⅰ.①中… Ⅱ.①全… Ⅲ.①机械工业—标准—
汇编—中国②齿轮刀具—标准—汇编—中国③拉刀—
标准—汇编—中国④车刀—标准—汇编—中国
Ⅳ.①TH-65

中国版本图书馆 CIP 数据核字(2016)第 216043 号

中 国 标 准 出 版 社 出 版 发 行
北京市朝阳区和平里西街甲 2 号(100029)
北京市西城区三里河北街 16 号(100045)

网址 www.spc.net.cn
总编室:(010)68533533   发行中心:(010)51780238
读者服务部:(010)68523946
中国标准出版社秦皇岛印刷厂印刷
各地新华书店经销

*

开本 880×1230 1/16 印张 36.75 字数 1 101 千字
2017 年 8 月第三版 2017 年 8 月第三次印刷

*

定价 200.00 元

编审委员会

主　任：查国兵

副主任：沈士昌

编　委：励政伟　许光荣　陈　莉　赵建敏　周红翠

　　　　王家喜　薛　锴　董向阳　樊　瑾　樊英杰

　　　　王小雷　邓智光　曾宇环　何永钝　黄华新

　　　　陈体康　蒋向荣

第三版出版说明

　　《中国机械工业标准汇编　刀具卷》系列丛书自出版以来,受到广大读者的好评,已出版二版,对刀具及相关产业的发展起到了巨大的促进作用。随着国家"十三五"规划的全面实施,我国标准化事业飞速发展,在与国际标准接轨的同时不断发展适合我国国情的相关产业标准。由于近几年大量新制修订标准的实施,为满足广大读者对刀具及相关产业最新标准版本的需求,全国刀具标准化技术委员会与中国标准出版社(中国质检出版社)共同选编并出版了《中国机械工业标准汇编　刀具卷(第三版)》。本卷汇编收录截至 2016 年 11 月 1 日批准发布的现行刀具相关标准。本卷汇编与第二版相比有较大变化,涵盖范围更广,收录标准更全,必能更好地满足读者的需要。

　　刀具卷系列汇编分为综合分册,铣刀、铰刀分册,钻头、螺纹刀具分册,齿轮刀具、车刀、拉刀分册四个分册。本分册是齿轮刀具、车刀和拉刀分册,共收录国家标准 31 项,机械行业标准 19 项;适用于从事刀具设计、生产、制造及检验人员使用,也可作为大专院校相关专业师生的参考用书。

　　愿第三版的出版能对标准的宣传贯彻和刀具产品质量的提高起到更加积极的推广作用,并得到广大读者的认可。

编　者

2017 年 3 月

目　　录

ICS 25.100.25
J 41

中华人民共和国国家标准

GB/T 3832—2008
代替 GB/T 3832.1～3832.3—2004

拉 刀 柄 部

Broaches shanks

2008-08-28 发布　　　　　　　　　　　2009-03-01 实施

中华人民共和国国家质量监督检验检疫总局
中国国家标准化管理委员会　发 布

1

前　言

本标准代替 GB/T 3832.1—2004《拉刀柄部　第 1 部分：矩形柄》、GB/T 3832.2—2004《拉刀柄部　第 2 部分：圆柱形前柄》、GB/T 3832.3—2004《拉刀柄部　第 3 部分：圆柱形后柄》。

本标准与 GB/T 3832.1—2004、GB/T 3832.2—2004、GB/T 3832.3—2004 相比有下列技术差异：

——三个部分合并为一个标准；

——编辑性修改。

本标准由中国机械工业联合会提出。

本标准由全国刀具标准化技术委员会（SAC/TC 91）归口。

本标准起草单位：哈尔滨第一工具制造有限公司。

本标准主要起草人：宋铁福、王家喜、张强、罗雁。

本标准所代替标准的历次版本发布情况为：

——GB 3832.1—1983、GB/T 3832.1—2004；

——GB 3832.2—1983、GB/T 3832.2—2004；

——GB 3832.3—1983、GB/T 3832.3—2004。

拉 刀 柄 部

1 范围

本标准规定了键槽拉刀的矩形柄、内拉刀圆柱形前柄、后柄的型式和基本尺寸。

本标准适用于：

a) 柄部宽度为 4 mm～45 mm 键槽拉刀的矩形柄；

b) 柄部直径为 4 mm～100 mm 内拉刀的圆柱形前柄；

c) 柄部直径为 12 mm～100 mm 内拉刀的圆柱形后柄。

2 型式和尺寸

2.1 矩形柄的基本结构型式分为Ⅰ型、Ⅱ型两种：

Ⅰ型——平刀体矩形柄。

Ⅱ型——宽刀体矩形柄。

2.1.1 Ⅰ型——平刀体矩形柄的型式和尺寸按图1和表1。

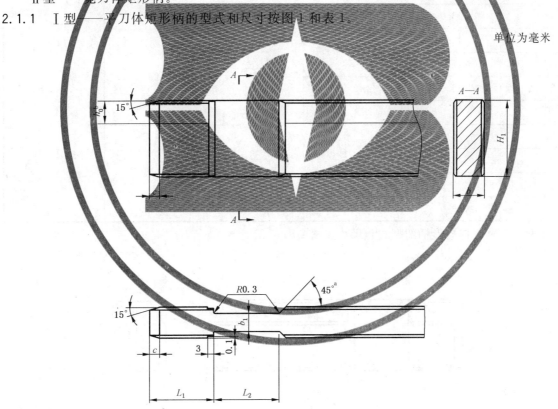

单位为毫米

a 允许制成 $90°$。

b 在 h_0 高度内 b 的偏差可按 c12，尺寸 h_0 由制造厂自定。

图 1 Ⅰ型——平刀体矩形柄

表 1

单位为毫米

b h12	b_1 h12	H_1 h16	L_1	L_2	c
4	2.5	7.0			2
5	3.2	8.0	16	16	3
		10.5			
6	4.0	12.5			
		14.0			
8	5.0	16.0	20	20	
		18.0			
10	7.0	21.5			
12	8.0	27.5			
14	10.0	29.5	25	25	
16	11.5	34.5			
18	13.0	39.5			4
20	15.0	44.5			
22	17.0		28	28	
25	19.0	49.5			
28	21.0	54.5			
32	24.0	59.5			
36	28.0		32	32	
40	32.0				
45	36.0	60.0			

2.1.2 Ⅱ型——宽刀体矩形柄的型式和尺寸按图2和表2。

单位为毫米

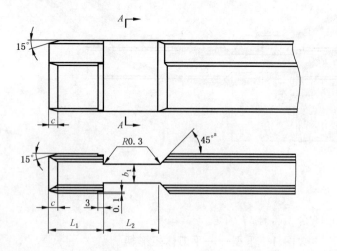

a 允许制成90°。

图 2 Ⅱ型——宽刀体矩形柄

表 2

单位为毫米

b h12	B h12	b_1 h12	H_1 h16	L_1	L_2	c
3	4	2.5	5.5	16	16	2
4	6	4.0	6.5			
5	8	5.0	8.0			3
			9.5			
6	10	6.0	12.5	20	20	
			14.5			
8	12	8.0	15.5			4
			17.5			
10	15	10.0	21.5			

2.2 圆柱形前柄的基本结构型式分为:

Ⅰ型——A:无周向定位面圆柱形前柄;

Ⅰ型——B:有周向定位面圆柱形前柄。

Ⅱ型——A:无周向定位面圆柱形前柄;

Ⅱ型——B:有周向定位面圆柱形前柄。

2.2.1 Ⅰ型用于柄部直径 4 mm≤D_1≤18 mm 的内拉刀,型式和尺寸按图3、图4和表3。

单位为毫米

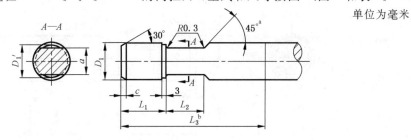

^{a} 允许制成90°。

^{b} L_3 为参考尺寸,在 L_3 长度范围内保证 D_1(f8)尺寸。

图 3　Ⅰ型——A:无周向定位面圆柱形前柄

单位为毫米

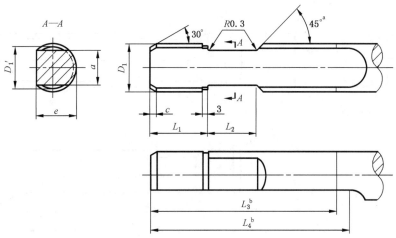

^{a} 允许制成90°。

^{b} L_3、L_4 为参考尺寸,在 L_3 长度范围内保证 D_1(f8)尺寸。

图 4　Ⅰ型——B:有周向定位面圆柱形前柄

5

表 3   单位为毫米

D_1 f8	a h12	D_1'	L_1	L_2	L_3	L_4	c	e e8
4.0	2.3	3.8						3.25
4.5	2.6	4.3						3.65
5.0	3.0	4.8						4.10
5.5	3.3	5.3	16		70	80	2	4.50
6.0	3.6	5.8						5.00
7.0	4.2	6.8						5.80
8.0	4.8	7.8		16				6.70
9.0	5.4	8.8						7.60
10.0	6.0	9.8						8.30
11.0	6.6	10.8					2.5	9.10
12.0	7.2	11.8	20		80	90		10.00
14.0	8.5	13.7						11.75
16.0	10.0	15.7					3	13.50
18.0	11.5	17.7						15.25

2.2.2　II型用于柄部直径 8 mm≤D_1≤100 mm 的拉刀,型式和尺寸按图5、图6和表4。

单位为毫米

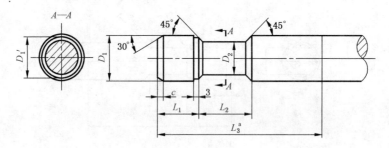

[a] L_3 为参考尺寸,在 L_3 长度范围内保证 D_1(f8)尺寸。

图 5　II型——A:无周向定位面圆柱形前柄

单位为毫米

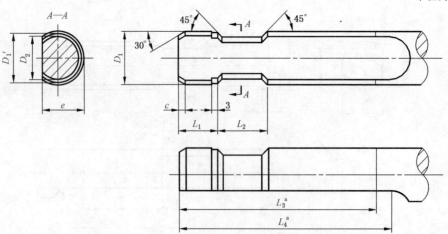

[a] L_3、L_4 为参考尺寸,在 L_3 长度范围内保证 D_1(f8)尺寸。

图 6　II型——B:有周向定位面圆柱形前柄

表 4   单位为毫米

D_1 f8	D_2 h12	D_1'	L_1	L_2	L_3	L_4	c	e e8
8	6.0	7.8	12		70	80	2	6.50
9	6.8	8.8						7.40
10	7.5	9.8						8.25
11	8.2	10.8		20				9.10
12	9.0	11.7			80	90	3	10.00
14	10.5	13.7	16					11.75
16	12.0	15.7						13.50
18	13.5	17.7						15.25
20	15.0	19.7						17.00
22	16.5	21.7						18.75
25	19.0	24.7	20	25	90	100	4	21.50
28	21.0	27.6						24.00
32	24.0	31.6						27.50
36	27.0	35.6						31.00
40	30.0	39.5	25	32	110	125	5	34.50
45	34.0	44.5						39.00
50	38.0	49.5						43.50
56	42.0	55.4						48.50
63	48.0	62.4	32	40	130	140	6	55.00
70	53.0	69.4						61.00
80	60.0	79.2						69.50
90	68.0	89.2	40	50	160	170	8	78.50
100	75.0	99.2						87.00

2.3　圆柱形后柄的基本结构型式分为 I 型、II 型两种：

　　 I 型——整体式圆柱形后柄；

　　 II 型——装配式圆柱形后柄。

2.3.1　 I 型——整体式圆柱形后柄的型式和尺寸按图 7 和表 5。

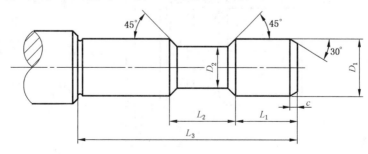

图 7　 I 型——整体式圆柱形后柄

表 5　　　　　　　　　　　　　　　　　　　　　　　　　　　　　　　单位为毫米

D_1 f8	D_2 h12	L_1	L_2	L_3	c
12	9	16	16	60	3
16	12				
20	15	20	20	80	4
25	20				
32	26	25	25	100	5
40	34				
50	42	28	32	120	6
63	53				
80	68	32	40	140	8
100	86				

2.3.2　Ⅱ型——装配式圆柱形后柄的型式尺寸按图 8、图 9、图 10、表 6、表 7 的规定。

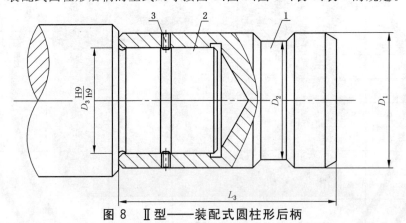

图 8　Ⅱ型——装配式圆柱形后柄

表 6　　　　　　　　　　　　　　　　　　　　　　　　　　　　　　　单位为毫米

件号	名　称	件数	主　要　尺　寸			
			D_1	D_2	D_3	L_3
1	接　柄	1	63	53	40	120
2	拉刀联结部		80	68	50	140
3	紧定螺钉	2	100	86	70	

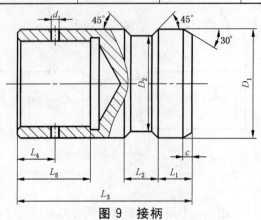

图 9　接柄

单位为毫米

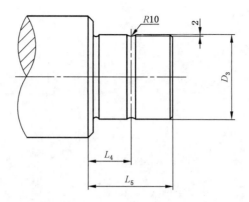

图 10　拉刀联结部

表 7

单位为毫米

D_1 f8	D_2 h12	D_3 轴 h9 孔 H9	L_1	L_2	L_3	L_4	L_5	c	d
63	53	40	28	32	120	20	40	6	M6
80	68	50	32	40	140	25	50	8	M8
100	86	70							

ICS 25.100.10

J 41

中华人民共和国国家标准

GB/T 4211.1—2004/ISO 5421:1977
代替 GB/T 4211—1984 部分

高速钢车刀条 第 1 部分:型式和尺寸

High speed steel tool bits—Part 1:Types and dimensions

(ISO 5421:1977,Ground high speed steel tool bits,IDT)

2004-02-10 发布   2004-08-01 实施

中华人民共和国国家质量监督检验检疫总局
中国国家标准化管理委员会   发 布

前　言

GB/T 4211《高速钢车刀条》分为两个部分：

——第 1 部分：型式和尺寸；

——第 2 部分：技术条件。

本部分为 GB/T 4211 的第 1 部分。

本部分等同采用 ISO 5421:1977《磨制高速钢车刀条》(英文版)。

为便于使用，本部分做了下列编辑性修改：

——"本国际标准"一词改为"本部分"；

——用小数点"."代替作为小数点的逗号","；

——制图方法按我国标准；

——删除国际标准的前言；

——增加了资料性附录 A"常用尺寸"。

本部分代替 GB/T 4211—1984《高速钢车刀条》中的型式和尺寸部分。

本部分与 GB/T 4211—1984 相比主要变化如下：

——技术要求列入第 2 部分技术条件中；

——取消了 GB/T 4211—1984 中的试验方法部分；

——标志和包装部分列入技术条件中；

——取消了验收一章；

——取消了标记示例；

——ISO 5421:1977 中没有的尺寸作为常用尺寸列入附录 A，增加了资料性附录 A"常用尺寸"。

本部分的附录 A 为资料性附录。

本部分由中国机械工业联合会提出。

本部分由全国刀具标准化技术委员会归口。

本部分负责起草单位：成都工具研究所。

本部分主要起草人：闫悦俭、查国兵。

本部分所代替标准的历次发布情况：

——GB/T 4211—1984。

高速钢车刀条　第1部分:型式和尺寸

1　范围

本部分规定了下列几种高速钢车刀条的型式和尺寸:

——圆形截面(第2章);

——正方形截面(第3章);

——矩形截面(第4章);

——不规则四边形截面(第5章)。

2　圆形截面车刀条

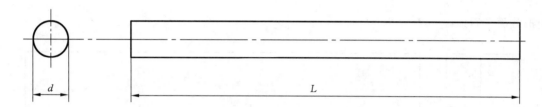

图1

表1

单位为毫米

d h9	$L\pm2$				
	63	80	100	160	200
4	×	×	×		
5	×	×	×		
6	×	×	×	×	
8		×	×	×	
10		×	×	×	×
12			×	×	×
16			×	×	×
20					×

3　正方形截面车刀条

注: 经供需双方协议,车刀条两端可制成带斜度的,但在这种情况下,总长 L 仍应符合下表规定。

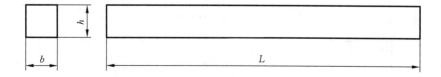

图2

表 2 单位为毫米

h	b	$L\pm2$				
h13	h13	63	80	100	160	200
4	4	×				
5	5	×				
6	6	×	×	×	×	×
8	8	×	×	×	×	×
10	10	×	×	×	×	×
12	12	×	×	×	×	×
16	16			×	×	×
20	20				×	×
25	25					×

4 矩形截面车刀条

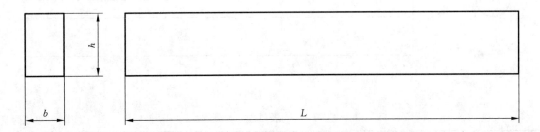

图 3

表 3 单位为毫米

比例 $h/b\approx$	h h13	b h13	$L\pm2$		
			100	160	200
1.6	6	4	×		
	8	5	×		
	10	6		×	×
	12	8		×	×
	16	10		×	×
	20	12		×	×
	25	16			×
2	8	4	×		
	10	5	×		
	12	6		×	×
	16	8		×	×
	20	10		×	×
	25	12			×

第二种选择尺寸

表 4

单位为毫米

比例 $h/b\approx$	h h13	b h13	$L\pm2$
2.33	14	6	140
2.5	10	4	120

5 不规则四边形截面车刀条（带侧后角但无纵向后角的切断刀条）

注：经供需双方协议，这种车刀条的一端可制成直角的。

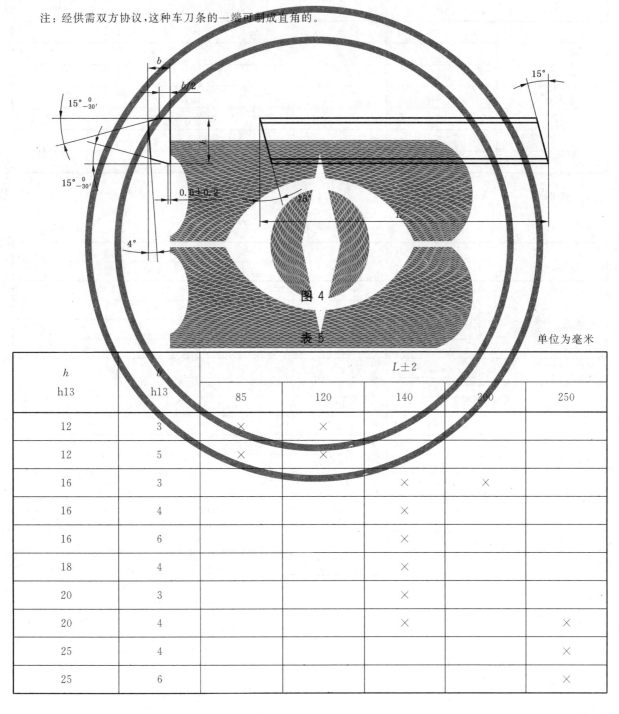

图 4

表 5

单位为毫米

h h13	b h13	$L\pm2$				
		85	120	140	200	250
12	3	×	×			
12	5	×	×			
16	3			×	×	
16	4			×		
16	6			×		
18	4			×		
20	3			×		
20	4			×		×
25	4					×
25	6					×

附　录　A

（资料性附录）

常用尺寸

A.1　正方形

表 A.1　　　　　单位为毫米

h	*b*	*L*±2			
h13	h13	80	100	160	200
4	4	×			
5	5	×			
(14)	(14)		×	×	×
(18)	(18)			×	×
(22)	(22)			×	×
25	25			×	

注：带括号的尺寸尽量不采用。

A.2　矩形

表 A.2　　　　　单位为毫米

比例	*h*	*b*	*L*±2		
h/b≈	h13	h13	100	160	200
1.6	10	6	×		
	12	8	×		
	16	10	×		
	25	16		×	
2	12	6	×		
	16	8	×		
	25	12		×	
4	12	3	×		
	16	4	×		×
	20	5		×	×
	25	6		×	×
5	16	3	×	×	
	20	4	×	×	×
	25	5		×	×

ICS 25.100.10
J 41

中华人民共和国国家标准

GB/T 4211.2—2004
代替 GB/T 4211—1984 部分

高速钢车刀条 第 2 部分:技术条件

High speed steel tool bits—Part 2:Technical requirements

2004-02-10 发布

2004-08-01 实施

中华人民共和国国家质量监督检验检疫总局
中国国家标准化管理委员会 发布

前　言

GB/T 4211《高速钢车刀条》分为两个部分：

——第 1 部分：型式和尺寸；

——第 2 部分：技术条件。

本部分为 GB/T 4211 的第 2 部分。

本部分代替 GB/T 4211—1984《高速钢车刀条》中技术条件。

本部分与 GB/T 4211—1984 相比主要变化如下：

——型式和尺寸列入第 1 部分；

——取消了 GB/T 4211—1984 中的试验方法部分、验收部分；

——修改了 GB/T 4211—1984 中高速钢车刀条的材料部分，材料由 W18Cr4V 改
为 W6Mo5Cr4V2；

——修改了 GB/T 4211—1984 中的标志和包装部分；

——修改了表面粗糙度的标注方法。

本部分由中国机械工业联合会提出。

本部分由全国刀具标准化技术委员会归口。

本部分负责起草单位：成都工具研究所。

本部分主要起草人：闫悦俭、查国兵。

本部分所代替标准的历次发布情况：

——GB/T 4211—1984。

高速钢车刀条　第 2 部分:技术条件

1　范围

本部分规定了高速钢车刀条的形位公差、材料和硬度、外观和表面粗糙度、标志和包装的基本要求。
本部分适用于按 GB/T 4211.1 生产的高速钢车刀条。

2　规范性引用文件

下列文件中的条款通过 GB/T 4211 的本部分的引用而成为本部分的条款。凡是注日期的引用文件,其随后所有的修改单(不包括勘误的内容)或修订版均不适用于本部分,然而,鼓励根据本部分达成协议的各方研究是否可使用这些文件的最新版本。凡是不注日期的引用文件,其最新版本适用于本部分。

GB/T 4211.1　高速钢车刀条　第 1 部分:型式和尺寸(GB/T 4211.1—2004,ISO 5421:1977,IDT)

3　形位公差

3.1　高速钢车刀条侧面对支承面的垂直度公差为 12 级。

3.2　高速钢车刀条侧面和支承面或圆柱表面等级的直线度公差为 0.002 l(l 为车刀条长度)。

4　材料和硬度

4.1　材料

高速钢车刀条用 W6Mo5Cr4V2 或同等性能的其他牌号高速钢制造。

4.2　硬度

高速钢车刀条的硬度不低于 63HRC。

5　外观和表面粗糙度

5.1　外观

高速钢车刀条表面不得有裂纹、磨削烧伤、黑皮和锈迹以及其他影响使用性能的缺陷。

5.2　表面粗糙度

高速钢车刀条表面(不包括端头表面)的表面粗糙度上限值为:Ra1.6 μm。

6　标志和包装

6.1　标志

6.1.1　**产品上应标有:**

——制造厂或销售商的商标;

——截面尺寸和长度;

——材料代号(HSS)。

6.1.2　**包装盒上应标有:**

——制造厂或销售商的名称、地址和商标;

——产品名称、截面尺寸、长度、标准编号;

——材料代号;

——件数；

——制造年月。

6.2 包装

车刀条在包装前应经防锈处理，包装应牢固，防止运输过程中损伤。

ICS 25.100.25
J 41

中华人民共和国国家标准

GB/T 5102—2004
代替 GB/T 5102—1985

渐开线花键拉刀 技术条件

Broaches for involute spline—Technical specifications

2004-02-10 发布
2004-08-01 实施

中华人民共和国国家质量监督检验检疫总局
中国国家标准化管理委员会 发布

前　言

本标准是对 GB/T 5102—1985《渐开线花键拉刀技术条件》的修订，按 GB/T 1.1—2000 进行了编辑性修改。

本标准与 GB/T 5102—1985 相比主要变化如下：

——增加了"前言"、"第 1 章　范围"、"第 2 章　规范性引用文件"的内容；

——增加了标准压力角 $\alpha_D=37.5°$ 的渐开线花键拉刀量棒跨棒距 M 值、M 值的极限偏差、齿形公差等；

——删除"拉刀齿形均为平齿根。$\alpha_D=45°$ 时，用直线齿形代替渐开线齿形"；

——3.7 中增加了"M 值不允许有正锥度，其反锥度应在公差范围内"；

——将表 3、表 5 中模数用"3"代替"3.5"；

——3.8.2 中增加了"模数小于 1 mm"；

——增加了"3.8.3 标准压力角 $\alpha_D=45°$，模数大于等于 1 mm 时，齿形公差按表 6"并增加表 6；

——3.11.1、3.11.2 中增加了"对拉刀基准轴线"，将 3.11.1 中用"跳动最大值应在同一方向"代替"跳动应在同一方向"；

——3.17 内容用"拉刀用普通高速工具钢制造，或用高性能高速工具钢制造"代替；

——3.18 中增加"高性能高速工具钢制造的拉刀，切削部分热处理硬度应大于 64 HRC"；

——取消了性能试验一章；

——标志中用"制造厂或销售商"代替"制造厂"、"标准编号"代替"本标准编号"；

——包装中用"牢固"代替"可靠"，删除"封存有效期一年"；

——资料性附录 C 中模数 1 mm 以上（包括模数 1 mm）删除齿槽半角 φ。

本标准的附录 A、附录 B、附录 C 是资料性附录。

本标准由中国机械工业联合会提出。

本标准由全国刀具标准化技术委员会归口。

本标准由哈尔滨第一工具厂负责起草。

本标准主要起草人：张新国、王家喜、邢义、于岩。

本标准所代替的历次版本发布情况为：

——GB/T 5102—1985。

渐开线花键拉刀　技术条件

1　范围

本标准规定了渐开线花键拉刀的技术要求,标志和包装的基本要求。

本标准适用于加工 GB/T 3478.1～3478.4—1995 中内花键的渐开线花键拉刀。内花键参数:标准压力角 $\alpha_D=30°$ 时,模数 $m=1$ mm～5 mm,基本尺寸 $D_{ei}=12.5$ mm～127.5 mm($m \leqslant 2$ mm,4H 除外);标准压力角 $\alpha_D=37.5°$ 时,模数 $m=1$ mm～5 mm,基本尺寸 $D_{ei}=12.4$ mm～127 mm($m \leqslant 2$ mm,4H 除外);标准压力角 $\alpha_D=45°$ 时,模数 $m=0.5$ mm～2.5 mm,基本尺寸 $D_{ei}=10.6$ mm～130.4 mm。

2　规范性引用文件

下列文件中的条款通过本标准的引用而成为本标准的条款。凡是注日期的引用文件,其随后所有的修改单(不包括勘误的内容)或修订版均不适用于本标准,然而,鼓励根据本标准达成协议的各方研究是否可使用这些文件的最新版本。凡是不注日期的引用文件,其最新版本适用于本标准。

GB/T 3478.1—1995　圆柱直齿渐开线花键模数　基本齿廓　公差(eqv ISO 4156:1981)

GB/T 3478.2—1995　圆柱直齿渐开线花键　30°压力角　尺寸表(neq ISO 4156:1981)

GB/T 3478.3—1995　圆柱直齿渐开线花键　37.5°压力角　尺寸表(neq ISO 4156:1981)

GB/T 3478.4—1995　圆柱直齿渐开线花键　45°压力角　尺寸表(neq ISO 4156:1981)

GB/T 3832.2　拉刀柄部　第2部分　圆柱形前柄

GB/T 3832.3　拉刀柄部　第3部分　圆柱形后柄

3　技术要求

3.1　拉刀表面不得有裂纹、碰伤、锈迹等影响使用性能的缺陷。

3.2　拉刀切削刃应锋利,不得有毛刺,崩刃和磨削烧伤。

3.3　拉刀容屑槽的连接应圆滑,不允许有台阶。

3.4　拉刀表面粗糙度按下列规定:

——刀齿圆柱刃带表面　　　　　　$Rz1.6$ μm;

——精切齿和校准齿前面　　　　　$Rz1.6$ μm;

——粗切齿前面　　　　　　　　　$Rz3.2$ μm;

——刀齿后面　　　　　　　　　　$Rz3.2$ μm;

——花键齿两侧面　　　　　　　　$Rz3.2$ μm;

——前导部和后导部圆柱表面　　　$Ra0.63$ μm;

——中心孔工作锥面　　　　　　　$Rz3.2$ μm;

——柄部圆柱表面　　　　　　　　$Ra1.25$ μm;

——花键齿侧隙表面　　　　　　　$Rz6.3$ μm。

3.5　拉刀粗切齿外圆直径的极限偏差和相邻齿直径齿升量差按表1。

表 1

单位为毫米

直径齿升量	外圆直径的极限偏差	相邻齿直径齿升量差
≤0.06	±0.010	0.010
>0.06～0.10	±0.015	0.015

表 1(续)

单位为毫米

直径齿升量	外圆直径的极限偏差	相邻齿直径齿升量差
>0.10～0.12	±0.020	0.020
>0.12	±0.025	0.025

3.6 拉刀精切齿和校准齿外圆直径的极限偏差按表2。

校准齿及与其尺寸相同的精切齿外圆直径尺寸的一致性为0.007 mm,且不允许有正锥度。

表 2

单位为毫米

拉刀分圆直径	外圆直径极限偏差
≤30	0 −0.013
>30～50	0 −0.016
>50～80	0 −0.019
>80	0 −0.021

3.7 拉刀齿厚误差用量棒跨棒距 M 值测量,M 值不允许有正锥度,其反锥度应在公差范围内。

3.7.1 标准压力角 $\alpha_D = 30°$、$\alpha_D = 37.5°$时,M 值的极限偏差按表3。

表 3

单位为毫米

模 数 m	M 值极限偏差			
	内花键齿槽公差带			
	4H	5H	6H	7H
1～1.25	—	0 −0.020	0 −0.030	0 −0.035
1.5～2	—	0 −0.025	0 −0.035	0 −0.040
2.5～3	0 −0.015	0 −0.030	0 −0.040	0 −0.045
4～5	0 −0.020	0 −0.035	0 −0.045	0 −0.050

3.7.2 标准压力角 $\alpha_D = 45°$时,M 值的极限偏差按表4。

表 4

单位为毫米

模 数 m	M 值极限偏差	
	内花键齿槽公差带	
	6H	7H
0.5～1	0 −0.025	0 −0.030

表 4（续） 单位为毫米

模 数 m	M 值 极 限 偏 差	
	内 花 键 齿 槽 公 差 带	
	6H	7H
1.25～2.5	0 −0.030	0 −0.040

3.8 拉刀齿形公差

3.8.1 标准压力角 $\alpha_D = 30°$、$\alpha_D = 37.5°$ 时，齿形公差按表 5。

表 5 单位为毫米

模 数 m	齿 形 公 差			
	内 花 键 齿 槽 公 差 带			
	4H	5H	6H	7H
1～1.25	—	0.012	0.015	0.020
1.5～2	—	0.015	0.020	0.025
2.5～3	0.010	0.015	0.020	0.030
4～5	0.012	0.020	0.025	0.035

3.8.2 标准压力角 $\alpha_D = 45°$、模数小于 1 mm 时，齿形半角的极限偏差为 $\pm 10'$。

3.8.3 标准压力角 $\alpha_D = 45°$、模数大于等于 1 mm 时，齿形公差按表 6。

表 6 单位为毫米

模 数 m	齿 形 公 差	
	6H	7H
1～1.25	0.015	0.020
1.5～2.5	0.020	0.030

3.9 拉刀花键齿周节累积公差按表 7。

表 7 单位为毫米

分圆直径 D	齿 数 Z	周 节 累 积 公 差			
		内 花 键 齿 槽 公 差 带			
		4H	5H	6H	7H
10～18	≤24	—	0.015	0.020	0.025
	>24	—	—	0.022	0.030
>18～30	≤24	0.012	0.018	0.022	0.030
	>24	—	0.021	0.025	0.035
>30～50	≤24	0.015	0.021	0.025	0.035
	>24	—	0.025	0.030	0.040
>50～80	≤24	0.018	0.025	0.030	0.040
	>24	0.021	0.030	0.035	0.045
>80	≤24	0.021	0.030	0.035	0.045
	>24	0.025	0.035	0.040	0.050

3.10 拉刀花键齿侧面沿纵向对拉刀基准轴线的平行度公差在刀齿部分每 500 mm 长度上为：

——内花键齿槽公差带 4H、5H:0.015 mm;

——内花键齿槽公差带 6H、7H:0.020 mm。

3.11 拉刀圆柱表面对拉刀基准轴线的径向圆跳动

3.11.1 拉刀校准齿及精切齿对拉刀基准轴线的径向圆跳动公差等于校准齿外圆直径公差值,且跳动最大值应在同一方向。

3.11.2 拉刀其余部分圆柱表面对拉刀基准轴线的径向圆跳动公差按表 8。

表 8

单位为毫米

拉刀全长与基本尺寸 D_{ei} 的比值	径 向 圆 跳 动 公 差
≤15	0.03
>15～25	0.04
>25	0.06

3.12 拉刀柄部与卡爪接触的圆锥面对拉刀基准轴线的斜向圆跳动公差为 0.1 mm。

3.13 拉刀柄部型式和基本尺寸按 GB/T 3832.2～GB/T 3832.3。

3.14 拉刀前导外圆直径偏差按 f7。

3.15 拉刀几何角度的极限偏差为:

——前角 $^{+2°}_{-1°}$;

——切削齿后角 $^{+1°}_{0°}$;

——校准齿后角 $^{+0°30'}_{0°}$ 。

3.16 拉刀全长尺寸的极限偏差为:

——拉刀全长小于或等于 1 000 mm 时:±3 mm;

——拉刀全长大于 1 000 mm 时:±5 mm。

3.17 拉刀用普通高速工具钢制造,或用高性能高速工具钢制造。

3.18 普通高速工具钢制造的拉刀,热处理硬度为:

——刀齿和后导部:63HRC～66HRC;

——前导部:60HRC～66HRC;

——柄部:40HRC～52HRC。

高性能高速工具钢制造的拉刀,切削部分热处理硬度应大于 64HRC。允许进行表面强化处理。

4 标志和包装

4.1 标志

4.1.1 拉刀上应清晰地标有:制造厂或销售商的商标、产品规格、拉削长度、前角、拉刀材料(普通高速工具钢可以不标)、制造年月。

4.1.2 拉刀包装盒上应标有:制造厂或销售商的名称、地址和商标、产品名称、产品规格、拉削长度、拉刀材料、件数、制造年月、标准编号。

4.2 包装

拉刀在包装前应经防锈处理,包装必须牢固,并能防止在保存和运输中产生损伤。

附　录　A

（资料性附录）

标准压力角 $\alpha_D = 30°$ 的渐开线花键拉刀

量棒跨棒距 M 值尺寸

表 A.1　　　　　　　　　　　　　　　　　　　　　　　　　　　　单位为毫米

模　数 m	齿　数 Z	量　棒 D_R	跨　棒　距　M　值　尺　寸			
			4H	5H	6H	7H
	11		—	13.642	13.682	13.746
	12		—	14.769	14.812	14.879
	13		—	15.675	15.715	15.785
	14		—	16.781	16.824	16.895
	15		—	17.700	17.743	17.813
	16		—	18.791	18.835	18.908
	17		—	19.718	19.763	19.836
	18		—	20.800	20.844	20.919
	19		—	21.734	21.780	21.855
	20		—	22.805	22.853	22.929
	21		—	23.748	23.794	23.870
	22		—	24.817	24.860	24.936
	23		—	25.758	25.806	25.884
	24		—	26.817	26.866	26.945
1	25	1.833	—	27.768	27.816	27.897
	26		—	28.821	28.870	28.951
	27		—	29.777	29.826	29.907
	28		—	30.826	30.875	30.958
	29		—	31.783	31.834	31.916
	30		—	32.829	32.879	32.963
	31		—	33.791	33.841	33.925
	32		—	34.833	34.884	34.968
	33		—	35.796	35.847	35.932
	34		—	36.835	36.888	36.974
	35		—	37.802	37.853	37.939
	36		—	38.839	38.892	38.978
	37		—	39.806	39.859	39.945
	38		—	40.841	40.894	40.982
	39		—	41.811	41.864	41.952

表 A. 1(续)   单位为毫米

模 数 m	齿 数 Z	量 棒 D_R	跨 棒 距 M 值 尺 寸			
			4H	5H	6H	7H
1	40	1.833	—	42.844	42.897	42.986
1.25	12	2.311	—	18.502	18.547	18.619
	13		—	19.634	19.677	19.752
	14		—	21.017	21.063	21.139
	15		—	22.165	22.211	22.287
	16		—	23.529	23.577	23.655
	17		—	24.688	24.736	24.815
	18		—	26.040	26.088	26.168
	19		—	27.208	27.257	27.338
	20		—	28.549	28.598	28.680
	21		—	29.725	29.776	29.858
	22		—	31.055	31.106	31.190
	23		—	32.239	32.290	32.375
	24		—	33.562	33.613	33.700
	25		—	34.750	34.803	34.888
	26		—	36.068	36.120	36.207
	27		—	37.261	37.314	37.402
	28		—	38.572	38.626	38.715
	29		—	39.771	39.824	39.912
	30		—	41.078	41.131	41.221
	31		—	42.278	42.333	42.423
	32		—	43.581	43.637	43.728
	33		—	44.786	44.840	44.932
	34		—	46.085	46.141	46.234
	35		—	47.291	47.347	47.441
	36		—	48.590	48.646	48.738
	37		—	49.798	49.854	49.949
	38		—	51.092	51.148	51.245
	39		—	52.303	52.361	52.455
	40		—	53.596	53.652	53.749
1.5	12	2.886	—	22.493	22.539	22.615
	13		—	23.850	23.897	23.974
	14		—	25.514	25.562	25.642
	15		—	26.890	26.938	27.019

表 A.1(续)　　　　　　　　　　　　　　　　　　　　单位为毫米

模　数 m	齿　数 Z	量　棒 D_R	跨 棒 距 M 值 尺 寸			
			4H	5H	6H	7H
	16		—	28.531	28.580	28.662
	17		—	29.922	29.973	30.055
	18		—	31.546	31.597	31.680
	19		—	32.948	32.999	33.084
	20		—	34.557	34.610	34.695
	21		—	35.970	36.022	36.109
	22		—	37.567	37.621	37.709
	23		—	38.987	39.042	39.131
	24		—	40.577	40.631	40.721
	25		—	42.003	42.059	42.149
	26		—	43.585	43.640	43.732
	27		—	45.017	45.073	45.166
1.5	28	2.886	—	46.592	46.648	46.741
	29		—	48.028	48.086	48.179
	30		—	49.599	49.655	49.750
	31		—	51.039	51.097	51.193
	32		—	52.603	52.662	52.759
	33		—	54.049	54.108	54.204
	34		—	55.609	55.668	55.766
	35		—	57.057	57.117	57.215
	36		—	58.615	58.674	58.772
	37		—	60.065	60.124	60.224
	38		—	61.618	61.679	61.779
	39		—	63.071	63.132	63.232
	40		—	64.623	64.684	64.785
	12		—	25.817	25.866	25.949
	13		—	27.398	27.449	27.532
	14		—	29.336	29.388	29.473
	15		—	30.940	30.992	31.080
1.75	16	3.211	—	32.851	32.904	32.992
	17		—	34.473	34.528	34.616
	18		—	36.364	36.419	36.509
	19		—	38.000	38.055	38.148
	20		—	39.876	39.931	40.024

表 A.1（续）   单位为毫米

模 数 m	齿 数 Z	量 棒 D_R	跨 棒 距 M 值 尺 寸			
			4H	5H	6H	7H
1.75	21	3.211	—	41.522	41.579	41.673
	22		—	43.384	43.441	43.537
	23		—	45.041	45.099	45.195
	24		—	46.892	46.950	47.048
	25		—	48.557	48.615	48.712
	26		—	50.400	50.460	50.557
	27		—	52.070	52.130	52.229
	28		—	53.907	53.967	54.066
	29		—	55.583	55.643	55.744
	30		—	57.412	57.474	57.575
	31		—	59.094	59.154	59.257
	32		—	60.918	60.980	61.082
	33		—	62.602	62.665	62.768
	34		—	64.423	64.486	64.589
	35		—	66.111	66.174	66.279
	36		—	67.927	67.991	68.095
	37		—	69.618	69.683	69.789
	38		—	71.431	71.496	71.602
	39		—	73.126	73.191	73.298
	40		—	74.934	74.999	75.107
2	12	3.666	—	29.487	29.538	29.625
	13		—	31.294	31.347	31.434
	14		—	33.508	33.561	33.651
	15		—	35.342	35.397	35.487
	16		—	37.525	37.581	37.672
	17		—	39.379	39.436	39.529
	18		—	41.540	41.596	41.692
	19		—	43.409	43.467	43.563
	20		—	45.552	45.611	45.707
	21		—	47.434	47.493	47.591
	22		—	49.563	49.622	49.721
	23		—	51.455	51.516	51.615
	24		—	53.571	53.632	53.733
	25		—	55.474	55.535	55.636

表 A.1(续)　　　　　　　　　　　　　　单位为毫米

模数 m	齿数 Z	量棒 D_R	跨棒距 M 值尺寸			
			4H	5H	6H	7H
2	26	3.666	—	57.579	57.642	57.744
	27		—	59.488	59.551	59.654
	28		—	61.587	61.650	61.754
	29		—	63.502	63.565	63.671
	30		—	65.594	65.657	65.764
	31		—	67.514	67.578	67.686
	32		—	69.599	69.664	69.772
	33		—	71.526	71.589	71.698
	34		—	73.605	73.670	73.779
	35		—	75.534	75.600	75.710
	36		—	77.608	77.676	77.787
	37		—	79.543	79.609	79.720
	38		—	81.614	81.681	81.792
	39		—	83.550	83.618	83.731
	40		—	85.618	85.686	85.799
2.5	12	4.620	36.905	36.943	36.998	37.091
	13		39.264	39.203	39.259	39.353
	14		41.931	41.970	42.028	42.125
	15		44.221	44.262	44.322	44.419
	16		46.951	46.992	47.052	47.151
	17		49.270	49.309	49.371	49.471
	18		51.969	52.010	52.073	52.174
	19		54.306	54.349	54.410	54.513
	20		56.984	57.026	57.089	57.194
	21		59.337	59.379	59.443	59.549
	22		61.996	62.039	62.104	62.211
	23		64.361	64.405	64.470	64.578
	24		67.007	67.051	67.117	67.226
	25		69.384	69.428	69.495	69.604
	26		72.016	72.062	72.128	72.239
	27		74.403	74.447	74.515	74.626
	28		77.025	77.070	77.139	77.251
	29		79.419	79.465	79.533	79.646
	30		82.032	82.078	82.148	82.262

表 A.1(续)

单位为毫米

模 数 m	齿 数 Z	量 棒 D_R	跨 棒 距 M 值 尺 寸			
			4H	5H	6H	7H
2.5	31	4.620	84.434	84.480	84.549	84.664
	32		87.040	87.086	87.156	87.272
	33		89.446	89.492	89.563	89.681
	34		92.045	92.093	92.163	92.282
	35		94.457	94.505	94.577	94.695
	36		97.051	97.098	97.170	97.289
	37		99.468	99.516	99.589	99.708
	38		102.056	102.104	102.177	102.297
	39		104.477	104.525	104.599	104.720
	40		107.060	107.110	107.183	107.305
3	12	5.544	44.278	44.317	44.377	44.475
	13		46.989	47.030	47.090	47.190
	14		50.307	50.349	50.411	50.515
	15		53.060	53.101	53.164	53.267
	16		56.333	56.376	56.440	56.546
	17		59.115	59.157	59.222	59.329
	18		62.354	62.398	62.463	62.573
	19		65.158	65.202	65.269	65.379
	20		68.372	68.416	68.482	68.594
	21		71.195	71.239	71.307	71.421
	22		74.385	74.432	74.500	74.615
	23		77.226	77.271	77.341	77.455
	24		80.399	80.446	80.516	80.631
	25		83.251	83.298	83.368	83.485
	26		86.409	86.458	86.529	86.646
	27		89.274	89.321	89.393	89.512
	28		92.420	92.467	92.540	92.661
	29		95.292	95.341	95.414	95.536
	30		98.428	98.477	98.552	98.674
	31		101.310	101.359	101.433	101.556
	32		104.437	104.486	104.561	104.685
	33		107.324	107.374	107.449	107.575
	34		110.443	110.494	110.570	110.696
	35		113.339	113.389	113.466	113.592

表 A.1（续）   单位为毫米

模 数 m	齿 数 Z	量 棒 D_R	跨 棒 距 M 值 尺 寸			
			4H	5H	6H	7H
3	36	5.544	116.450	116.502	116.577	116.706
	37		119.350	119.402	119.479	119.606
	38		122.455	122.507	122.585	122.713
	39		125.362	125.414	125.492	125.620
	40		128.462	128.514	128.591	128.722
4	12	7.500	59.310	59.353	59.420	59.528
	13		62.927	62.970	63.037	63.147
	14		67.354	67.400	67.468	67.581
	15		71.024	71.070	71.137	71.252
	16		75.390	75.436	75.507	75.623
	17		79.099	79.146	79.216	79.334
	18		83.419	83.468	83.539	83.660
	19		87.159	87.207	87.280	87.401
	20		91.444	91.493	91.567	91.691
	21		95.209	95.258	95.333	95.457
	22		99.464	99.515	99.591	99.716
	23		103.251	103.302	103.378	103.505
	24		107.483	107.535	107.612	107.740
	25		111.286	111.339	111.415	111.544
	26		115.500	115.551	115.630	115.761
	27		119.317	119.370	119.449	119.580
	28		123.513	123.566	123.647	123.779
	29		127.344	127.398	127.477	127.611
	30		131.526	131.580	131.661	131.795
5	12	9.500	74.459	74.506	74.577	74.693
	13		78.980	79.028	79.099	79.217
	14		84.517	84.567	84.639	84.761
	15		89.105	89.153	89.228	89.350
	16		94.565	94.615	94.691	94.816
	17		99.202	99.252	99.329	99.455
	18		104.604	104.655	104.734	104.863
	19		109.280	109.331	109.410	109.540
	20		114.637	114.690	114.770	114.902
	21		119.343	119.396	119.477	119.610
	22		124.665	124.719	124.801	124.936
	23		129.397	129.453	129.534	129.671
	24		134.688	134.744	134.828	134.966

附 录 B

（资料性附录）

标准压力角 $\alpha_D = 37.5°$ 的渐开线花键拉刀

量棒跨棒距 M 值尺寸

表 B.1   单位为毫米

模 数 m	齿 数 Z	量 棒 D_R	跨 棒 距 M 值 尺 寸			
			4H	5H	6H	7H
1	11	1.833	—	13.676	13.708	13.761
	12		—	14.803	14.836	14.890
	13		—	15.705	15.738	15.793
	14		—	16.810	16.844	16.901
	15		—	17.726	17.761	17.817
	16		—	18.817	18.852	18.910
	17		—	19.743	19.778	19.836
	18		—	20.822	20.858	20.917
	19		—	21.756	21.792	21.852
	20		—	22.827	22.863	22.923
	21		—	23.767	23.804	23.865
	22		—	24.830	24.867	24.929
	23		—	25.776	25.813	25.875
	24		—	26.834	26.871	26.934
	25		—	27.784	27.822	27.885
	26		—	28.837	28.875	28.938
	27		—	29.791	29.829	29.893
	28		—	30.839	30.878	30.942
	29		—	31.796	31.835	31.900
	30		—	32.842	32.881	32.946
	31		—	33.802	33.841	33.907
	32		—	34.844	34.883	34.950
	33		—	35.806	35.846	35.912
	34		—	36.846	36.886	36.953
	35		—	37.810	37.851	37.918
	36		—	38.847	38.888	38.956
	37		—	39.814	39.855	39.923
	38		—	40.849	40.890	40.958
	39		—	41.817	41.859	41.927

表 B.1(续)　　　　　　　　　　　　　　　　　　　　单位为毫米

模 数 m	齿 数 Z	量 棒 D_R	跨 棒 距 M 值 尺 寸			
			4H	5H	6H	7H
1	40	1.833	—	42.851	42.892	42.961
1.25	12	2.311	—	18.542	18.577	18.636
	13		—	19.670	19.706	19.765
	14		—	21.052	21.089	21.149
	15		—	22.197	22.233	22.295
	16			23.560	23.597	23.660
	17			24.717	24.755	24.818
	18		—	26.006	26.105	26.169
	19			27.234	27.273	27.337
	20			28.572	28.611	28.676
	21		—	29.748	29.787	29.853
	22			31.077	31.117	31.183
	23			32.259	32.299	32.366
	24			33.581	33.622	33.689
	25			34.769	34.809	34.877
	26			36.085	36.126	36.194
	27			37.277	37.318	37.387
	28			38.588	38.630	38.699
	29			39.781	39.826	39.896
	30			41.091	41.133	41.203
	31		—	42.291	42.333	42.404
	32		—	43.593	43.636	43.707
	33		—	44.796	44.839	44.911
	34		—	46.096	46.139	46.211
	35		—	47.301	47.345	47.417
	36		—	48.598	48.642	48.714
	37		—	49.806	49.850	49.923
	38		—	51.100	51.144	51.218
	39		—	52.310	52.355	52.428
	40		—	53.602	53.646	53.721
1.5	12	2.886	—	22.520	22.557	22.619
	13		—	23.873	23.911	23.973
	14		—	25.533	25.572	25.636
	15		—	26.907	26.946	27.011

表 B.1(续)　　　　　　　　　　　　　　　　单位为毫米

模 数 m	齿 数 Z	量 棒 D_R	跨 棒 距 M 值 尺 寸			
			4H	5H	6H	7H
1.5	16	2.886	—	28.545	28.584	28.650
	17		—	29.933	29.973	30.040
	18		—	31.554	31.594	31.662
	19		—	32.955	32.995	33.063
	20		—	34.561	34.603	34.672
	21		—	35.972	36.014	36.083
	22		—	37.568	37.610	37.680
	23		—	38.986	39.029	39.100
	24		—	40.573	40.616	40.688
	25		—	41.999	42.042	42.114
	26		—	43.578	43.622	43.695
	27		—	45.009	45.053	45.126
	28		—	46.583	46.627	46.701
	29		—	48.019	48.063	48.137
	30		—	49.587	49.632	49.706
	31		—	51.027	51.072	51.147
	32		—	52.590	52.636	52.711
	33		—	54.034	54.080	54.155
	34		—	55.593	55.639	55.716
	35		—	57.040	57.087	57.163
	36		—	58.596	58.643	58.720
	37		—	60.046	60.093	60.170
	38		—	61.599	61.646	61.724
	39		4H	63.051	63.099	63.177
	40		—	64.602	64.649	64.728
1.75	12	3.211	—	25.881	25.921	25.987
	13		—	27.459	27.500	27.567
	14		—	29.394	29.435	29.503
	15		—	30.996	31.038	31.106
	16		—	32.904	32.946	33.016
	17		—	34.524	34.567	34.638
	18		—	36.413	36.456	36.528
	19		—	38.047	38.090	38.163
	20		—	39.920	39.964	40.037

表 B.1（续）   单位为毫米

模 数 m	齿 数 Z	量 棒 D_R	跨 棒 距 M 值 尺 寸			
			4H	5H	6H	7H
1.75	21	3.211	—	41.565	41.610	41.683
	22		—	43.426	43.471	43.545
	23		—	45.081	45.126	45.201
	24		—	46.931	46.977	47.053
	25		—	48.594	48.64	48.716
	26		—	50.436	50.482	50.559
	27		—	52.105	52.152	52.229
	28		—	53.940	53.987	54.065
	29		—	55.615	55 662	55.740
	30		—	57.444	57.491	57.570
	31		—	59.123	59.171	59.251
	32		—	60.947	60.995	61.075
	33		—	62.631	62.679	62.76
	34		—	64.450	64.498	64.58
	35		—	66.138	66.187	66.268
	36		—	67.953	68.002	68.084
	37		—	69.644	69.693	69.776
	38		—	71.455	71.505	71.588
	39		—	73.149	73.199	73.282
	40		—	74.957	75.008	75.091
2	12	3.666	—	29.562	29.604	29.673
	13		—	31.366	31.408	31.478
	14		—	33.576	33.620	33.691
	15		—	35.408	35.451	35.523
	16		—	37.588	37.632	37.706
	17		—	39.440	39.484	39.558
	18		—	41.598	41.643	41.718
	19		—	43.465	43.511	43.587
	20		—	45.606	45.652	45.728
	21		—	47.486	47.533	47.610
	22		—	49.612	49.659	49.738
	23		—	51.504	51.551	51.630
	24		—	53.618	53.666	53.746
	25		—	55.518	55.567	55.646

表 B.1(续)   单位为毫米

模 数 m	齿 数 Z	量 棒 D_R	跨 棒 距 M 值 尺 寸			
			4H	5H	6H	7H
2	26	3.666	—	57.623	57.672	57.753
	27		—	59.531	59.580	59.661
	28		—	61.628	61.677	61.759
	29		—	63.542	63.592	63.674
	30		—	65.632	65.682	65.765
	31		—	67.552	67.602	67.685
	32		—	69.636	69.686	69.770
	33		—	71.560	71.611	71.695
	34		—	73.639	73.690	73.775
	35		—	75.568	75.619	75.705
	36		—	77.642	77.694	77.779
	37		—	79.575	79.627	79.713
	38		—	81.645	81.697	81.784
	39		—	83.581	83.634	83.721
	40		—	85.647	85.700	85.788
2.5	12	4.620	37.002	37.032	37.077	37.152
	13		39.257	39.288	39.333	39.409
	14		42.020	42.051	42.097	42.175
	15		44.309	44.340	44.387	44.465
	16		47.034	47.066	47.113	47.193
	17		49.348	49.380	49.428	49.508
	18		52.045	52.078	52.126	52.208
	19		54.380	54.412	54.461	54.543
	20		57.055	57.088	57.138	57.220
	21		59.405	59.439	59.489	59.572
	22		62.063	62.096	62.147	62.231
	23		64.426	64.460	64.511	64.596
	24		67.069	67.104	67.155	67.241
	25		69.444	69.479	69.531	69.617
	26		72.075	72.110	72.163	72.250
	27		74.460	74.495	74.547	74.635
	28		77.081	77.116	77.169	77.257
	29		79.473	79.509	79.562	79.651
	30		82.085	82.121	82.175	82.264

表 B.1（续）　　　　　　　　　　　　　　　　　　　　　　单位为毫米

模数 m	齿数 Z	量棒 D_R	跨棒距 M 值尺寸			
			4H	5H	6H	7H
2.5	31	4.620	84.485	84.521	84.575	84.665
	32		87.089	87.126	87.180	87.271
	33		89.495	89.531	89.586	89.677
	34		92.093	92.130	92.185	92.277
	35		94.504	94.541	94.596	94.688
	36		97.096	97.134	97.189	97.282
	37		99.512	99.550	99.606	99.699
	38		102.099	102.137	102.193	102.287
	39		104.520	104.557	104.614	104.708
	40		107.102	107.140	107.197	107.291
3	12	5.544	44.396	44.428	44.476	44.556
	13		47.102	47.139	47.182	47.263
	14		50.417	50.450	50.499	50.582
	15		53.16	53.19	53.246	53.329
	16		56.433	56.467	56.518	56.602
	17		59.21	59.245	59.296	59.381
	18		62.46	62.489	62.533	62.620
	19		65.248	65.283	65.335	65.422
	20		68.158	68.403	68.546	68.635
	21		71.279	71.314	71.368	71.456
	22		74.468	74.504	74.558	74.647
	23		77.304	77.340	77.395	77.485
	24		80.476	80.512	80.567	80.658
	25		83.325	83.362	83.417	83.509
	26		86.483	86.520	86.576	86.668
	27		89.344	89.381	89.437	89.531
	28		92.489	92.527	92.583	92.677
	29		95.360	95.398	95.454	95.549
	30		98.494	98.532	98.590	98.685
	31		101.374	101.412	101.470	101.565
	32		104.499	104.538	104.596	104.692
	33		107.386	107.425	107.483	107.580
	34		110.503	110.543	110.601	110.699
	35		113.397	113.436	113.495	113.593

表 B.1(续)   单位为毫米

模 数 m	齿 数 Z	量 棒 D_R	跨 棒 距 M 值 尺 寸			
			4H	5H	6H	7H
3	36	5.544	116.507	116.547	116.606	116.705
	37		119.406	119.446	119.506	119.605
	38		122.511	122.551	122.611	122.711
	39		125.415	125.455	125.516	125.616
	40		128.514	128.555	128.615	128.716
4	12	7.500	59.450	59.485	59.537	59.625
	13		63.057	63.093	63.146	63.234
	14		67.479	67.515	67.570	67.660
	15		71.141	71.177	71.232	71.323
	16		75.502	75.540	75.595	75.688
	17		79.205	79.243	79.299	79.393
	18		83.521	83.559	83.617	83.712
	19		87.256	87.295	87.352	87.448
	20		91.537	91.576	91.634	91.731
	21		95.298	95.337	95.396	95.493
	22		99.550	99.590	99.649	99.748
	23		103.332	103.372	103.432	103.532
	24		107.562	107.602	107.662	107.763
	25		111.361	111.402	111.463	111.564
	26		115.571	115.612	115.674	115.776
	27		119.386	119.427	119.489	119.592
	28		123.580	123.622	123.684	123.788
	29		127.408	127.450	127.512	127.617
	30		131.588	131.63	131.693	131.798
5	12	9.500	74.610	74.648	74.705	74.800
	13		79.120	79.158	79.215	79.311
	14		84.649	84.688	84.747	84.844
	15		89.226	89.266	89.325	89.423
	16		94.680	94.720	94.780	94.880
	17		99.308	99.349	99.409	99.510
	18		104.705	104.746	104.808	104.910
	19		109.373	109.415	109.477	109.580
	20		114.726	114.768	114.831	114.935
	21		119.427	119.469	119.532	119.638
	22		124.743	124.786	124.850	124.957
	23		129.471	129.514	129.578	129.686
	24		134.758	134.802	134.867	134.976

附　录　C

（资料性附录）

标准压力角 $\alpha_D = 45°$ 的渐开线花键拉刀

量棒跨棒距 M 值尺寸

表 C.1　　　　　　　　　　　　　　　　　　　　　　　　　　　　　　　单位为毫米

模　数 m	齿　数 Z	量棒尺寸 D_R	齿槽半角 φ		跨棒距 M 值尺寸	
			6H	7H	6H	7H
0.5	20	1.047	49°07′	48°54′	11.784	11.821
	24		48°26′	48°14′	13.789	13.827
	28		47°56′	47°46′	15.793	15.832
	32		47°34′	47°24′	17.796	17.837
	36		47°16′	47°08′	19.799	19.840
	40		47°02′	46°55′	21.802	21.843
	44		46°51′	46°44′	23.804	23.847
	48		46°42′	46°35′	25.806	25.849
0.75	16	1.591	50°16′	50°04′	14.693	14.733
	20		49°13′	49°02′	17.702	17.744
	24		48°30′	48°21′	20.709	20.752
	28		48°00′	47°52′	23.714	23.760
	32		47°37′	47°30′	26.719	26.765
	36		47°20′	47°13′	29.722	29.770
	40		47°05′	47°00′	32.725	32.774
	44		46°54′	46°49′	35.729	35.778
	48		46°44′	46°39′	38.732	38.781
1	20	2.217	—	—	23.808	23.855
	24		—	—	27.818	27.867
	28		—	—	31.826	31.876
	32		—	—	35.832	35.883
	36		—	—	39.838	39.890
	40		—	—	43.842	43.895
	44		—	—	47.846	47.900
	48		—	—	51.850	51.905
	52		—	—	55.853	55.909
	56		—	—	59.856	59.912
	60		—	—	63.858	63.916
	64		—	—	67.860	67.919

表 C.1(续) 单位为毫米

模 数 m	齿 数 Z	量棒尺寸 D_R	齿槽半角 φ		跨棒距 M 值尺寸	
			6H	7H	6H	7H
1.25	24	2.886	—	—	35.026	35.079
	28		—	—	40.037	40.091
	32		—	—	45.046	45.102
	36		—	—	50.053	50.109
	40		—	—	55.059	55.117
	44		—	—	60.064	60.123
	48		—	—	65.068	65.128
	52		—	—	70.072	70.133
	56		—	—	75.076	75.137
	60		—	—	80.079	80.141
	64		—	—	85.082	85.145
1.5	28	3.310	—	—	47.673	47.730
	32		—	—	53.682	53.741
	36		—	—	59.689	59.749
	40		—	—	65.696	65.757
	44		—	—	71.701	71.764
	48		—	—	77.706	77.769
	52		—	—	83.709	83.774
	56		—	—	89.713	89.778
	60		—	—	95.717	95.782
	64		—	—	101.720	101.786
1.75	32	4.000	—	—	62.944	63.005
	36		—	—	69.953	70.016
	40		—	—	76.960	77.025
	44		—	—	83.967	84.033
	48		—	—	90.973	91.039
	52		—	—	97.978	98.046
	56		—	—	104.983	105.051
	60		—	—	111.986	112.056
	64		—	—	118.990	119.061
2	32	4.400	—	—	71.523	71.587
	36		—	—	79.532	79.598
	40		—	—	87.539	87.607
	44		—	—	95.545	95.615

表 C.1(续)

单位为毫米

模　数 m	齿　数 Z	量棒尺寸 D_R	齿槽半角 φ		跨棒距 M 值尺寸	
			6H	7H	6H	7H
2	48	4.400	—	—	103.551	103.621
	52		—	—	111.557	111.628
	56		—	—	119.561	119.633
	60		—	—	127.566	127.639
	64		—	—	135.569	135.643
2.5	32	5.544	—		89.488	89.558
	36		—	—	99.499	99.570
	40		—	—	109.509	109.582
	44		—	—	119.517	119.591
	48		—	—	129.524	129.600

ICS 25.100.25
J 41

中华人民共和国国家标准

GB/T 5103—2004
代替 GB/T 5103—1985

渐开线花键滚刀 通用技术条件

The general technical specifications for involute splines hobs

2004-02-10 发布

2004-08-01 实施

中华人民共和国国家质量监督检验检疫总局
中国国家标准化管理委员会 发布

前　言

本标准自实施之日起,代替 GB/T 5103—1985《渐开线花键滚刀通用技术条件》。

本标准与 GB/T 5103—1985 相比主要变化如下:

——取消了模数系列中的 3.5 模数;

——修改了 GB/T 5103—1985 中的材料部分,增加了高性能高速工具钢;

——修改了 GB/T 5103—1985 中的标志和包装部分;

——取消了对材料碳化物均匀度的规定;

——取消了性能试验一章。

本标准由中国机械工业联合会提出。

本标准由全国刀具标准化技术委员会归口。

本标准负责起草单位:贵阳工具厂。

本标准主要起草人:刘敏芝、林刚、王树广。

本标准所代替标准的历次发布情况:

——GB/T 5103—1985。

渐开线花键滚刀　通用技术条件

1 范围

本标准规定了压力角为 30°、模数 0.5 mm～10 mm 和压力角为 45°、模数 0.25 mm～2.5 mm 的渐开线花键滚刀(以下简称滚刀)的材料和硬度、外观和表面粗糙度、精度及标志和包装等基本要求。

本标准适用于按 GB/T 5104—2004 和 GB/T 5105—2004 制造的滚刀。

按本标准制造的滚刀,适用于加工尺寸分别符合 GB/T 3478.2、GB/T 3478.4,基本齿廓符合 GB/T 3478.1规定的渐开线外花键。

滚刀精度为:A、B、C 三种等级。

2 规范性引用文件

下列文件中的条款通过本标准的引用而成为本标准的条款。凡是注日期的引用文件,其随后的修改单(不包括勘误的内容)或修订版均不适用于本标准,然而,鼓励根据本标准达成协议的各方研究是否可使用这些文件的最新版本。凡是不注日期的引用文件,其最新版本适用于本标准。

GB/T 3478.1　圆柱直齿渐开线花键模数　基本齿廓　公差(GB/T 3478.1—1995,eqv ISO 4156:1981)

GB/T 3478.2　圆柱直齿渐开线花键　30°压力角　尺寸表(GB/T 3478.2—1995,neq ISO 4156:1981)

GB/T 3478.4　圆柱直齿渐开线花键　45°压力角　尺寸表(GB/T 3478.4—1995,neq ISO 4156:1981)

GB/T 5104—2004　30°压力角渐开线花键滚刀　基本型式和尺寸

GB/T 5105—2004　45°压力角渐开线花键滚刀　基本型式和尺寸

3 材料和硬度

3.1 材料

滚刀用普通高速工具钢制造,或用高性能高速工具钢制造。

3.2 硬度

滚刀切削部分硬度:普通高速工具钢为 63 HRC～66 HRC;高性能高速工具钢应大于 64 HRC。

4 外观和表面粗糙度

4.1 滚刀表面不得有裂纹、崩刃、烧伤及其他影响使用性能的缺陷。

4.2 滚刀表面粗糙度数值上限按表 1 规定。

表 1   单位为微米

检查项目	表面粗糙度参数	滚刀的精度等级		
		A	B	C
		表面粗糙度数值		
内孔表面	Ra	0.32	0.63	1.25
端面		0.63	0.63	1.25
轴台外圆		0.63	1.25	1.25
刀齿前面		0.63	0.63	1.25
刀齿侧面		0.63	0.63	1.25
刀齿顶面及圆角部分	Rz	3.20	6.30	6.30

5 精度

5.1 滚刀外径的极限偏差按 h15,总长的极限偏差按 js15。

5.2 滚刀的主要制造公差按表 2 的规定。

表 2

序号	检查项目及示意图	公差代号	模数/mm	滚刀精度等级		
				A	B	C
				公差/μm		
1	孔径公差 内孔配合表面上超出公差的喇叭口长度,应小于每边配合长度的25%。键槽每侧超出公差部分的宽度不应大于键宽的50% 在对孔作精度检查时,具有公称孔径的基准芯轴通端应能通过孔	δ_D		H5	H6	H6
2	轴台的径向圆跳动 	δd_{1r}	0.25~0.75	4	6	6
			>0.75~2.00	5	7	7
			>2.00~3.00	5	8	8
			>3.00~6.30	6	10	10
			>6.30~10.00	8	12	12
3	轴台的端面圆跳动 	δd_{1x}	0.25~0.75	4	6	6
			>0.75~2.00	4	6	6
			>2.00~3.00	4	6	6
			>3.00~6.30	5	8	8
			>6.30~10.00	6	10	10

表 2（续）

序号	检查项目及示意图	公差代号	模数/mm	滚刀精度等级		
				A	B	C
				公差/μm		
4	外圆的径向圆跳动 滚刀全长上,齿顶到内孔中心距离的最大差值	δd_{er}	0.25～0.75	21	38	75
			>0.75～2.00	22	40	80
			>2.00～3.00	25	45	90
			>3.00～6.30	30	53	105
			>6.30～10.00	38	65	130
5	刀齿前面的径向性 在测量范围内,容纳实际刀齿前面的两个平行于理论前面的平面间的距离	δf_r	0.25～0.75	17	31	31
			>0.75～2.00	18	32	32
			>2.00～3.00	20	36	36
			>3.00～6.30	24	43	43
			>6.30～10.00	30	54	54
6	容屑槽的相邻周节差 在滚刀分圆附近的同一圆周上,两相邻周节的最大差值	δf_p	0.25～0.75	21	38	38
			>0.75～2.00	22	40	40
			>2.00～3.00	25	45	45
			>3.00～6.30	30	54	54
			>6.30～10.00	38	65	65

表 2（续）

序号	检查项目及示意图	公差代号	模数/mm	滚刀精度等级		
				A	B	C
				公差/μm		
7	容屑槽周节的最大累积误差 在滚刀分圆附近的同一圆周上，任意两个刀齿前面间相互位置的最大误差	δF_p	0.25～0.75	40	70	70
			>0.75～2.00	42	75	75
			>2.00～3.00	48	85	85
			>3.00～6.30	55	100	100
			>6.30～10.00	70	125	125
8	刀齿前面与内孔轴线的平行度 $L_1 = L - (2a + p_x)$ 在靠近分圆处的测量范围内，容纳实际前面的两个平行于理论前面的平面间的距离	δf_x	0.25～0.75	33	41	57
			>0.75～2.00	35	44	60
			>2.00～3.00	39	49	67
			>3.00～6.30	46	58	79
			>6.30～10.00	58	73	100
9	齿距最大偏差 在任意一排齿上，刀齿轴向齿距相对于理论齿距的最大偏差	δp_x	0.25～0.75	±8	±15	±32
			>0.75～2.00	±8	±16	±32
			>2.00～3.00	±9	±18	±36
			>3.00～6.30	±11	±22	±45
			>6.30～10.00	±14	±28	±55

表 2（续）

序号	检查项目及示意图	公差代号	模数/mm	滚刀精度等级		
				A	B	C
				公差/μm		
10	任意二个齿距长度内齿距的最大累积误差 （45°压力角 C 级滚刀不进行此项检查）	Δp_{x2}	0.25～0.75	±11	±22	±45
			>0.75～2.00	±11	±22	±45
			>2.00～3.00	±13	±26	±50
			>3.00～6.30	±16	±32	±65
			>6.30～10.00	±20	±40	±80
11	齿形误差 在检查截面中的测量范围内，容纳实际齿形的两条理论直线齿形间的法向距离	Δf_f	0.25～0.75	5	9	19
			>0.75～2.00	5	10	20
			>2.00～3.00	6	12	24
			>3.00～6.30		14	28
			>6.30～10.00	8	16	32
12	齿厚偏差（只允许负） 在滚刀理论齿高处测量的实际齿厚对公称齿厚的偏差	δs_x	0.25～0.75	30	57	57
			>0.75～2.00	32	60	60
			>2.00～3.00	36	70	70
			>3.00～6.30	42	85	85
			>6.30～10.00	53	105	105

6 标志和包装

6.1 标志

6.1.1 滚刀上应标有：

a) 制造厂或销售商商标；

b) 模数；

c) 基准齿形角；

d) 分圆柱上的螺纹升角；

e) 螺旋方向(右旋不标)；

f) 精度等级；

g) 材料代号(普通高速工具钢不标)；

h) 型式(只适用于分型式滚刀)；

i) 制造年月。

6.1.2 包装盒上应标有：

a) 制造厂或销售商的名称、地址和商标；

b) 产品名称；

c) 模数；

d) 基准齿形角；

e) 精度等级；

f) 材料代号或牌号；

g) 型式(只适用于分型式滚刀)；

h) 制造年月。

6.2 包装

滚刀包装前应经过防锈处理,包装必须牢固,防止在保存、运输中产生损伤。

ICS 25.100.20
J 41

中华人民共和国国家标准

GB/T 5104—2008
代替 GB/T 5104—2004,GB/T 5105—2004

渐开线花键滚刀 基本型式和尺寸

The basic types and dimensions of hobs for involute splines

2008-08-28 发布
2009-03-01 实施

中华人民共和国国家质量监督检验检疫总局
中国国家标准化管理委员会 发布

前　言

本标准代替 GB/T 5104—2004《30°压力角渐开线花键滚刀基本型式和尺寸》和 GB/T 5105—2004《45°压力角渐开线花键滚刀基本型式和尺寸》。

本标准与 GB/T 5104—2004 和 GB/T 5105—2004 相比有下列技术差异：

——对 GB/T 5104—2004 和 GB/T 5105—2004 进行整合。

本标准的附录 A、附录 B 均为资料性附录。

本标准由中国机械工业联合会提出。

本标准由全国刀具标准化技术委员会(SAC/TC 91)归口。

本标准起草单位:重庆工具厂有限责任公司。

本标准主要起草人:戴新、蒋宁。

本标准所替代标准的历次版本发布情况为:

——GB 5104—1985、GB/T 5104—2004;

——GB 5105—1985、GB/T 5105—2004。

渐开线花键滚刀 基本型式和尺寸

1 范围

本标准规定了模数 0.5 mm～10 mm,压力角为 30°整体渐开线花键滚刀的基本型式和尺寸和模数 0.25 mm～2.50 mm,压力角为 45°整体渐开线花键滚刀的基本型式和尺寸。

本标准适用于加工基本齿廓按 GB/T 3478.1,尺寸按 GB/T 3478.4 或 GB/T 3478.2 规定的圆柱直齿渐开线花键的滚刀。

压力角为 30°的滚刀适用 A、B、C 三种精度,压力角为 45°的滚刀适用 C 级精度。

2 规范性引用文件

下列文件中的条款通过本标准的引用而成为本标准的条款。凡是注日期的引用文件,其随后所有的修改单(不包括勘误的内容)或修订版均不适用于本标准,然而,鼓励根据本标准达成协议的各方研究是否可使用这些文件的最新版本。凡是不注日期的引用文件,其最新版本适用于本标准。

GB/T 3478.1 圆柱直齿渐开线花键模数 基本齿廓 公差(GB/T 3478.1—1995,eqv ISO 4156:1981)

GB/T 3478.2 圆柱直齿渐开线花键 30°压力角 尺寸表(GB/T 3478.2—1995,neq ISO 4156:1981)

GB/T 3478.4 圆柱直齿渐开线花键 45°压力角 尺寸表(GB/T 3478.4—1995,neq ISO 4156:1981)

GB/T 6132 铣刀和铣刀刀杆的互换尺寸(GB/T 6132—2008,ISO 240:1994,IDT)

3 型式和尺寸

3.1 压力角为 30°渐开线花键滚刀的基本型式分两种,I 型和 II 型。I 型为平齿顶滚刀,适用于加工平齿根的外花键;II 型为圆齿顶滚刀,适用于加工圆齿根的外花键。

3.2 压力角为 30°渐开线花键滚刀结构型式和尺寸按图 1 和表 1 的规定,压力角为 45°渐开线花键滚刀结构型式和尺寸按图 1 和表 2 的规定。滚刀的计算尺寸参见附录 A,滚刀的轴向尺寸参见附录 B。

3.3 滚刀做成单头右旋(按用户要求可做成左旋);容屑槽为平行于滚刀轴线的直槽。

3.4 键槽的尺寸和偏差按 GB/T 6132 的规定。

3.5 轴台直径 d_1 由制造厂商自定。

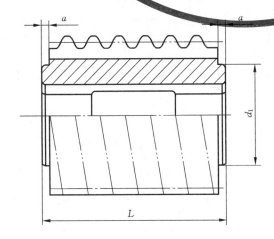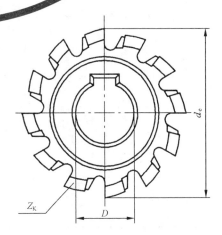

图 1

表 1　　　　　　　　　　　　　　　　　　　　单位为毫米

模数 m		外径 d_e	孔径 D	全长 L	轴台长度 a_{min}	槽数 Z_K
第一系列	第二系列					
0.5	—	45		32		
—	0.75					
1.00	—		22	35		
—	1.25	50		40	4	15
1.50	—			50		
—	1.75					
2.00	—	63		63		
2.50	—		27			
3.00	—	71		71		12
—	4.00	80		80		
5.00	—	90	32	90	5	
—	6.00	100		100		
—	8.00	112		112		10
10.00	—	125	40	125		

表 2　　　　　　　　　　　　　　　　　　　　单位为毫米

模数 m		外径 d_e	孔径 D	全长 L	轴台长度 a_{min}	槽数 Z_K
第一系列	第二系列					
0.25	—	32	13	20	3	12
0.50	—					
—	0.75					
1.00	—	40	16	35	4	
—	1.25					14
1.50	—					
—	1.75	50		40	5	
2.00	—		22			
2.50	—	55		45		

4 标记示例

模数 $m=2$、压力角 $\alpha=30°$、A 级精度的 I 型左旋渐开线花键滚刀标记为：

渐开线花键滚刀 $m2$ $\alpha30°$ A I 左 GB/T 5104—2008

模数 $m=2$、压力角 $\alpha=45°$ C 级精度的左旋渐开线花键滚刀标记为：

渐开线花键滚刀 $m2$ $\alpha45°$ 左 GB/T 5104—2008

附　录　A
（资料性附录）
滚刀的计算尺寸

A.1　压力角为30°滚刀的计算尺寸按图 A.1 和表 A.1。压力角为45°滚刀的计算尺寸按图 A.1 和表 A.2。

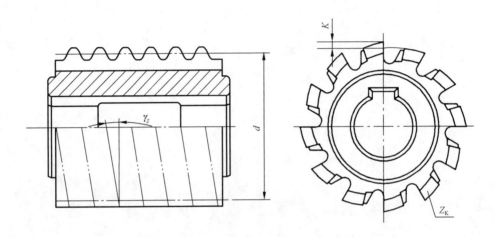

图 A.1

表 A.1　　　　　　　　　　　　　　　　　　　　　　　　　　　　　单位为毫米

模数 m		Ⅰ型			Ⅱ型		
第一系列	第二系列	分度圆直径 d	铲背量 K	分度圆螺纹升角 γ_z	分度圆直径 d	铲背量 K	分度圆螺纹升角 γ_z
0.5	—	43.65		0°39′	43.50		0°40′
—	0.75	43.28		1°00′	43.05		1°00′
1.00	—	47.90	2.0	1°12′	47.60	2.0	1°12′
—	1.25	47.53		1°30′	47.15		1°31′
1.50	—	47.15		1°49′	46.70		1°50′
—	1.75	59.64		1°41′	59.11		1°42′
2.00	—	59.26	2.5	1°56′	58.66	2.5	1°57′
2.50	—	58.31		2°27′	57.56		2°29′
3.00	—	65.56	3.5	2°37′	64.66	3.5	2°40′
—	4.00	72.96	4.0	3°09′	71.76	4.0	3°12′
5.00	—	81.22	5.0	3°32′	79.72	5.0	3°36′
—	6.00	89.42	6.5	3°51′	87.62	6.5	3°56′
8.00	—	98.32	7.0	4°40′	95.92	7.0	4°47′
—	10.00	108.08	8.0	5°19′	105.08	8.0	5°28′

表 A.2

单位为毫米

模数 m	第一系列	0.25	0.50	—	1.00	—	1.50	—	2.00	2.50
	第二系列	—	—	0.75	—	1.25	—	1.75	—	—
分度圆直径 d		31.34	31.04	38.70	38.40	38.10	47.70	47.40	47.10	51.46
分度圆螺纹升角 γ_Z		0°28′	0°55′	1°07′	1°30′	1°53′	1°48′	2°07′	2°26′	2°47′
铲背量 K		0.80			1.00		1.50			

附　录　B
（资料性附录）
滚刀的轴向齿形尺寸

B.1 压力角为30°滚刀的轴向齿形尺寸按图 B.1 和表 B.1。压力角为45°滚刀的轴向齿形尺寸按图 B.2 和表 B.2。

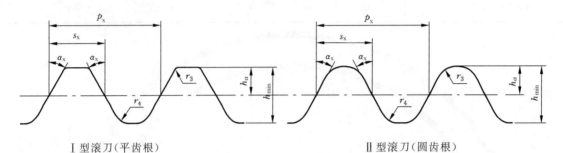

Ⅰ型滚刀（平齿根）　　　　　　　　　　　　　Ⅱ型滚刀（圆齿根）

$h_a = 0.75\ m$　　　　　　　　　　　　　　　　$h_a = 0.9\ m$

$h_{min} = 1.6\ m (m < 1.00)$　　　　　　　　　　$h_{min} = 1.75\ m (m < 1.00)$

$h_{min} = 1.5\ m (m \geqslant 1.00)$　　　　　　　　$h_{min} = 1.65\ m (m \geqslant 1.00)$

$r_3 = 0.10\ m (m \leqslant 1.5\ 时允许用倒角代替)$　　　$r_3 = 0.40\ m$

$r_4 = 0.30\ m$　　　　　　　　　　　　　　　　$r_4 = 0.30\ m$

图 B.1

表 B.1　　　　　　　　　　　　　　　　　　　　　　　　　　　　单位为毫米

模数 m		轴向齿形角 α_x		轴向齿距 p_x		轴向齿厚 s_x	
第一系列	第二系列	Ⅰ型	Ⅱ型	Ⅰ型	Ⅱ型	Ⅰ型	Ⅱ型
0.50	—			1.571	1.571	0.786	0.786
—	0.75	30°00′	30°00′	2.357	2.357	1.178	1.178
1.00	—			3.142	3.142	1.571	1.571
—	1.25			3.928	3.928	1.964	1.964
1.50	—			4.715	4.715	2.357	2.357
—	1.75	30°01′	30°01′	5.500	5.500	2.750	2.750
2.00	—			6.287	6.287	3.143	3.143
2.50	—			7.861	7.861	3.931	3.931
3.00	—	30°02′	30°02′	9.435	9.435	4.717	4.718
—	4.00			12.585	12.586	6.293	6.293
5.00	—	30°03′	30°03′	15.738	15.739	7.869	7.870
—	6.00		30°04′	18.892	18.894	9.446	9.447
—	8.00	30°05′	30°05′	25.216	25.221	12.608	12.610
10.00	—	30°06′	30°07′	31.551	31.559	15.776	15.780

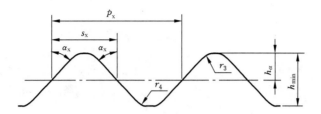

$h_a = 0.6\ m$

$h_{min} = 1.2\ m$

$r_3 = 0.25\ m$

$r_4 = 0.2\ m$

图 B.2

表 B.2

单位为毫米

模数 m	第一系列	0.25	0.50	—	1.00	—	1.50	—	2.00	2.50
	第二系列	—	—	0.75	—	1.25	—	1.75	—	—
轴向齿形角 α_x		45°00′			45°01′				45°02′	
轴向齿距 p_x		0.785	1.571	2.357	3.143	3.929	4.175	5.502	5.289	7.863
轴向齿厚 s_x		0.390	0.790	1.180	1.570	1.960	2.360	2.750	3.140	3.930

ICS 25.100.10
J 41

中华人民共和国国家标准

GB/T 5343.1—2007
代替 GB/T 5343.1—1993

可转位车刀及刀夹
第 1 部分：型号表示规则

Turning tool holders and cartridges for indexable inserts—
Part 1: Designation

（ISO 5608：1995，Turning and copying tool holders and cartridges for
indexable inserts—Designation，MOD）

2007-06-25 发布
2007-11-01 实施

中华人民共和国国家质量监督检验检疫总局
中国国家标准化管理委员会   发 布

前　言

GB/T 5343《可转位车刀及刀夹》分为两个部分：
——第 1 部分：型号表示规则；
——第 2 部分：可转位车刀型式尺寸和技术条件。

本部分为 GB/T 5343 的第 1 部分。

本部分修改采用 ISO 5608：1995《可转位车刀、仿形车刀和刀夹　代号》(英文版)。

本部分与 ISO 5608：1995 相比主要差异如下：
——删除 ISO 引言，增加了前言；
——规范性引用文件中的国际标准用我国国家标准替代。

本部分代替 GB/T 5343.1—1993《可转位车刀及刀夹型号表示规则》。

本部分与 GB/T 5343.1—1993 相比主要变化如下：
——修改了"范围"；
——修改了"规范性引用文件"；
——对第 4 章进行了重新编辑，并按 ISO 5608：1995 修改了图表；
——修改了 4.1 中的表 1；
——在 4.2 中增加了表 2；
——在 4.4 中增加了表 4；
——在 4.9 中增加了表 7。

本部分由中国机械工业联合会提出。

本部分由全国刀具标准化技术委员会(SAC/TC 91)归口。

本部分起草单位：成都工具研究所。

本部分主要起草人：方殷、田良、方勤。

本部分所代替标准的历次版本发布情况为：
——GB/T 5343.1—1985、GB/T 5343.1—1993。

可转位车刀及刀夹
第1部分:型号表示规则

1 范围

本部分规定了矩形柄可转位车刀、仿形车刀及刀夹的型号表示规则,以利于简化订货和技术规范。已标准化了的矩形柄的尺寸 f 见 GB/T 5343.2 和 GB/T 14661。

本部分适用于可转位车刀及刀夹的型号表示规则。

2 规范性引用文件

下列文件中的条款通过 GB/T 5343 的本部分的引用而成为本部分的条款。凡是注日期的引用文件,其随后所有的修改单(不包括勘误的内容)或修订版均不适用于本部分,然而,鼓励根据本部分达成协议的各方研究是否可使用这些文件的最新版本。凡是不注日期的引用文件,其最新版本适用于本部分。

GB/T 5343.2 可转位车刀及刀夹 第2部分:可转位车刀型式尺寸和技术条件(GB/T 5343.2—2007,ISO 5610:1998,MOD)

GB/T 14661 可转位 A 型刀夹(GB/T 14661—2007,ISO 5611:1995,MOD)

3 代号使用规则的说明

本部分规定车刀或刀夹的代号由代表给定意义的字母或数字符合按一定的规则排列所组成,共有10位符号,任何一种车刀或刀夹都应使用前9位符号,最后一位符号在必要时才使用。在10位符号之后,制造厂可以最多再加3个字母(或)3位数字表达刀杆的参数特征,但应用破折号与标准符号隔开,并不得使用第(10)位规定的字母。

9个应使用的符号和一位任意符号的规定如下:
(1) 表示刀片夹紧方式的字母符号(见4.1)
(2) 表示刀片形状的字母符号(见4.2)
(3) 表示刀具头部型式的字母符号(见4.3)
(4) 表示刀片法后角的字母符号(见4.4)
(5) 表示刀具切削方向的字母符号(见4.5)
(6) 表示刀具高度(刀杆和切削刃高度)的数字符号(见4.6)
(7) 表示刀具宽度的数字符号或识别刀夹类型的字母符号(见4.7)
(8) 表示刀具长度的字母符号(见4.8)
(9) 表示可转位刀片尺寸的数字符号(见4.9)
(10) 表示特殊公差的字母符号(见5)

示例:

(1)	(2)	(3)	(4)	(5)	(6)	(7)	(8)	(9)	(10)
C	T	G	N	R	32	25	M	16	Q

4 符号的规定

4.1 表示刀片夹紧方式的符号按表1的规定——第(1)位

表 1

字母符号	夹紧方式
C	顶面夹紧（无孔刀片）
M	顶面和孔夹紧（有孔刀片）
P	孔夹紧（有孔刀片）
S	螺钉通孔夹紧（有孔刀片）

4.2 表示刀片形状的符号按表 2 的规定——第（2）位

表 2

字母符号	刀片形状	刀片型式
H	六边形	
O	八边形	
P	五边形	等边和等角
S	四边形	
T	三角形	
C	菱形 80°	
D	菱形 55°	
E	菱形 75°	
M	菱形 86°	等边但不等角
V	菱形 35°	
W	六边形 80°	
L	矩形	不等边但等角
A	85°刀尖角平行四边形	
B	82°刀尖角平行四边形	不等边和不等角
K	55°刀尖角平行四边形	
R	圆形刀片	圆形
注：刀尖角均指较小的角度。		

4.3 表示刀具头部型式的符号按表 3 的规定——第（3）位

表 3

符　　号	型　　　　式	
A		90°直头侧切
B		75°直头侧切
C		90°直头端切

表 3（续）

符 号	型 式	
D[a]		45°直头侧切
E		60°直头侧切
F		90°偏头端切
G		90°偏头侧切
H		107.5°偏头侧切
J		93°偏头侧切
K		75°偏头端切
L		95°偏头侧切和端切
M		50°直头侧切
N		63°直头侧切
P		117.5°偏头侧切

表 3（续）

符　号	型　　式	
R	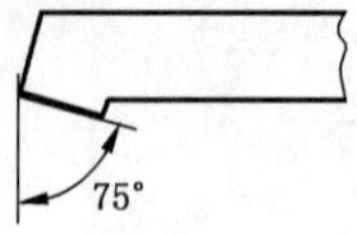 75°	75°偏头侧切
Sa	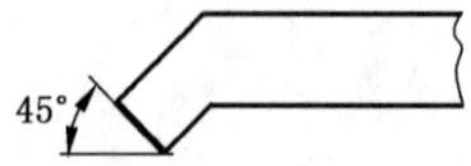 45°	45°偏头端切
T	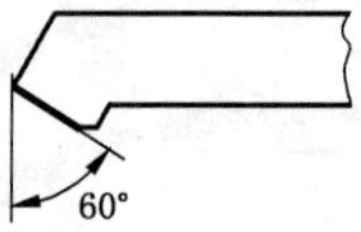 60°	60°偏头侧切
U	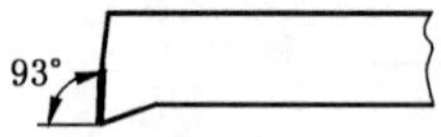 93°	93°偏头端切
V	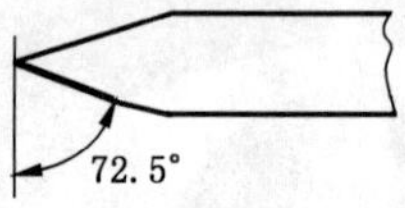 72.5°	72.5°直头侧切
W	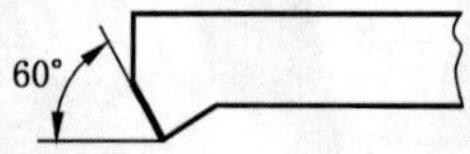 60°	60°偏头端切
Y	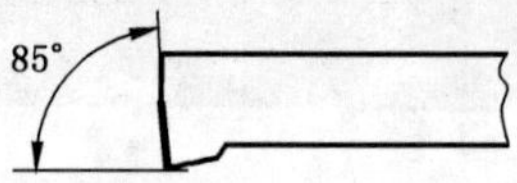 85°	85°偏头端切

　a　D 型和 S 型车刀和刀夹也可以安装圆形（R 型）刀片。

4.4　表示刀片法后角的符号按表 4 的规定——第（4）位

表 4

字母符号	刀片法后角
A	3°
B	5°
C	7°
D	15°
E	20°
F	25°
G	30°
N	0°
P	11°

注：对于不等边刀片，符号用于表示较长边的法后角。

4.5 表示刀具切削方向的符号按表5的规定——第(5)位

表 5

字母符号	切削方向
R	右切削
L	左切削
N	左右均可

4.6 表示刀具高度的符号规定如下——第(6)位

4.6.1 对于刀尖高 h_1 等于刀杆高 h 的矩形柄车刀(见图1)

用刀杆高度 h 表示,毫米作单位,如果高度的数值不足两位时,在该数前加"0"。

例:$h=32$ mm,符号为32;$h=8$ mm,符号为08。

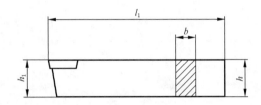

图 1

4.6.2 对于刀尖高度 h_1 不等于刀杆高度 h 的刀夹(见图2)

用刀尖高 h_1 表示,毫米作单位,如果高度的数值不足两位时,在该数前加"0"。

例:$h_1=12$ mm,符号为12;$h_1=8$ mm,符号为08。

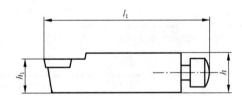

图 2

4.7 表示刀具宽度的符号按以下的规定——第(7)位

4.7.1 对于矩形柄车刀(见图1)

用刀杆宽度 b 表示,毫米作单位。如果宽度的数值不足两位时,在该数前加"0"。

例:$b=25$ mm,符号为25;$b=8$ mm,符号为08。

4.7.2 对于刀夹(见图2)

当宽度没有给出时,用两个字母组成的符号表示类型,第一个字母总是 C(刀夹),第二个字母表示刀夹的类型。例如:对于符合 GB/T 14461 规定的刀夹,第二个字母为 A。

4.8 表示刀具长度的符号见表6——第(8)位

对于符合 GB/T 5343.2 的标准车刀,一种刀具对应的长度尺寸只规定一个,因此,该位符号用一个破折号"—"表示。

对于符合 GB/T 14461 的标准刀夹,如果表6中没有对应的 l_1 符号(例如:$l_1=44$ mm),则该位符号用破折号"—"来表示。

表 6

字母符号	长度/mm(图 1 和图 2 的 l_1)
A	32
B	40
C	50
D	60
E	70
F	80
G	90
H	100
J	110
K	125
L	140
M	150
N	160
P	170
Q	180
R	200
S	250
T	300
U	350
V	400
W	450
X	特殊长度,待定
Y	500

4.9 表示可转位刀片尺寸的数字符号按表 7 的规定——第(9)位

表 7

刀片型式	数字符号
等边并等角(H、O、P、S、T)和等边但不等角(C、D、E、M、V、W)	符号用刀片的边长表示,忽略小数 例:长度:16.5 mm 符号为:16
不等边但等角(L) 不等边不等角(A、B、K)	符号用主切削刃长度或较长的切削刃表示,忽略小数 例如:主切削刃的长度:19.5 mm 符号为:19
圆形(R)	符号用直径表示,忽略小数 例如:直径:15.874 mm 符号为:15
注:如果米制尺寸的保留只有一位数字时,则符号前面应加 0。 　　例如:边长为:9.525 mm,则符号为:09。	

5 可选符号:特殊公差符号——第(10)位

对于 f_1、f_2 和 l_1 带有 ±0.08 公差的不同测量基准刀具的符号按表8的规定。

表 8

单位为毫米

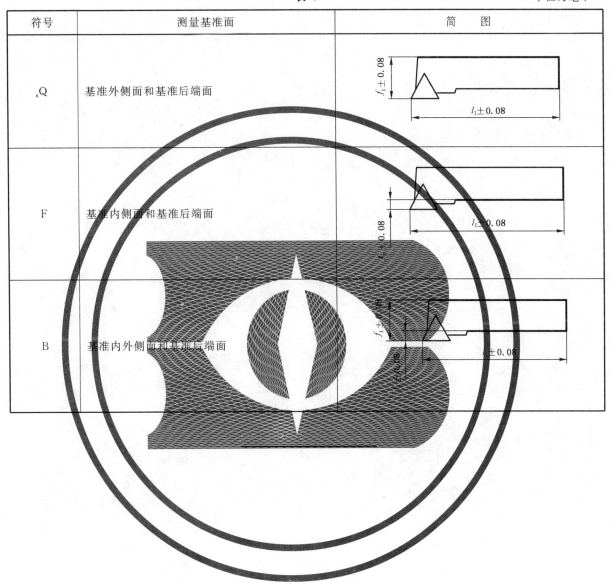

符号	测量基准面	简　图
Q	基准外侧面和基准后端面	
F	基准内侧面和基准后端面	
B	基准内外侧面和基准后端面	

ICS 25.100.10
J 41

中华人民共和国国家标准

GB/T 5343.2—2007
代替 GB/T 5343.2—1993

可转位车刀及刀夹 第2部分：可转位车刀型式尺寸和技术条件

Turning tool holders and cartridges for indexable inserts—Part 2：
Dimensions and technical specifications of turning tool holders
for indexable inserts

（ISO 5610：1998，Single-point tool holders for turning and copying，for
indexable inserts—Dimensions，MOD）

2007-06-25 发布   2007-11-01 实施

中华人民共和国国家质量监督检验检疫总局
中 国 国 家 标 准 化 管 理 委 员 会   发 布

前　言

GB/T 5343《可转位车刀及刀夹》分为两个部分：

——第 1 部分：型号表示规则；

——第 2 部分：可转位车刀型式尺寸和技术条件。

本部分为 GB/T 5343 的第 2 部分。

本部分修改采用 ISO 5610：1998《带可转位刀片的单刃车刀和仿形车刀刀杆　尺寸》（英文版）。

本部分与 ISO 5610：1998 相比主要差异如下：

——删除 ISO 引言，增加了前言；

——规范性引用文件中的国际标准用我国国家标准替代；

——对第 4 章进行了重新编辑；

——增加了技术要求、标记示例、标志和包装。

本部分代替 GB/T 5343.2—1993《可转位车刀型式尺寸和技术条件》。

本部分与 GB/T 5343.2—1993 相比主要变化如下：

——修改了"范围"；

——修改了"规范性引用文件"；

——修改了 4.4.2 基准点 K 的定义；

——增加了可转位车刀的标记要求；

——取消了"性能试验"；

——取消了车刀普通级和精密级的区分；

——修改了技术要求；

——修改了标志和包装的要求。

本部分由中国机械工业联合会提出。

本部分由全国刀具标准化技术委员会（SAC/TC 91）归口。

本部分起草单位：成都工具研究所。

本部分主要起草人：方殷、田良、方勤。

本部分所代替标准的历次版本发布情况为：

——GB/T 5343.2—1985、GB/T 5343.2—1993。

可转位车刀及刀夹　第2部分:可转位车刀型式尺寸和技术条件

1　范围

本部分规定了带可转位刀片的单刃车刀和仿形车刀型式和尺寸、基准点K、标记示例、技术要求、推荐了优先选用的刀杆型式、标志和包装等基本要求。

本部分适用于普通车床和数控车床用可转位车刀。

2　规范性引用文件

下列文件中的条款通过GB/T 5343的本部分的引用而成为本部分的条款。凡是注日期的引用文件,其随后所有的修改单(不包括勘误的内容)或修订版均不适用于本部分,然而,鼓励根据本部分达成协议的各方研究是否可使用这些文件的最新版本。凡是不注日期的引用文件,其最新版本适用于本部分。

GB/T 2078　带圆孔的硬质合金可转位刀片

GB/T 2079　无孔的硬质合金可转位刀片

GB/T 2080　沉孔硬质合金可转位刀片

GB/T 5343.1　可转位车刀及刀夹　第1部分:型号表示规则(GB/T 5343.1—2007,ISO 5608:1995,MOD)

GB/T 12204　金属切削　基本术语(GB/T 12204—1990,neq ISO 3002-1:1982)

GB/T 14661　可转位A型刀夹(GB/T 14661—2007,ISO 5611:1995,MOD)

3　标记

可转位车刀的型号表示规则按照GB/T 5343.1的规定。

4　型式和尺寸

4.1　柄部型式和尺寸

可转位车刀的柄部型式与尺寸按图1和表1的规定。

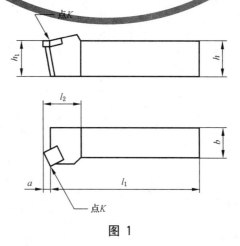

图1

表 1

单位为毫米

h	h13		8	10	12	16	20	25	32	40	50
b h13	$b=h$		8	10	12	16	20	25	32	40	50
	$b=0.8h$			8	10	12	16	20	25	32	40
l_1 k16	长刀杆	60	70	80	100	125	150	170	200	250
	短刀杆	40	50	60	70	80	100	125	150	—
h_1 js14						$h_1=h$					

4.2 刀头长度尺寸 l_2

可转位车刀刀头长度尺寸 l_2 按图 1 和表 2 的规定。表 2 中的刀头长度尺寸不适用于安装形状为 D 和 V 的菱形刀片(GB/T 5343.1)可转位车刀。

表 2

单位为毫米

刀片的内切圆直径	l_{2max}
6.35	25
9.525	32
12.7	36
15.875	40
19.05	45
25.4	50

4.3 刀头尺寸 f

可转位车刀刀头尺寸 f 按第 6 章的图和表 3 的规定。

表 3

单位为毫米

b	f				
	系列 1[a]	系列 2 +0.5 0	系列 3 +0.5 0	系列 4 +0.5 0	系列 5 +0.5 0
8	4	7	8.5	9	10
10	5	9	10.5	11	12
12	6	11	12.5	13	16
16	8	13	16.5	17	20
20	10	17	20.5	22	25
25	12.5	22	25.5	27	32
32	16	27	33	35	40
40	20	35	41	43	50
50	25	43	51	53	60
刀头形式	D,N,V	B,T	A	R	F,G,H,J,K,L,S

a 对称刀杆(形状 D 和 V)的公差±0.25。非对称刀杆(形状 N)的公差 $^{+0.5}_{0}$。

4.4 尺寸 l_1、f 和 h_1 的确定

4.4.1 尺寸 l_1 是指基准点 K 到刀具柄部末端的距离。尺寸 f 是指基准点 K 到基准侧面的距离。尺寸 h_1 是指基准点 K 到安装面的距离(见图2、图3、图4和图5)。

4.1中的尺寸 l_1，4.3中的尺寸 f 和 4.1中的尺寸 h_1 是为了满足刀杆上基准刀片的安装而规定的，基准刀片的公称圆弧半径见 4.4.3。

对于刀杆代号 S，侧角等于后角。

对于特殊的带圆刀片的刀杆代号 D 和 S：

D 型刀杆(见图6)，基准点 K 按照以下交点定义：

——平行于假定工作面 P_f 通过刀片轴线；

——垂直于假定工作面 P_f 和切削刃相切；

——前刀面 A_r。

S 型刀杆(见图7)，有两个情况确定基准点，它们的确定由两个假定平面 P_f 在进给方向切削刃相切的切点。

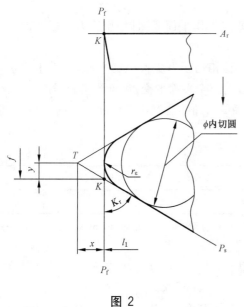

图 2

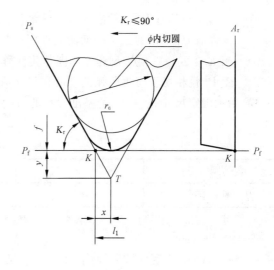

图 3

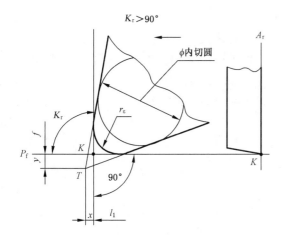

图 4

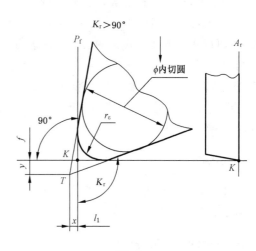

图 5

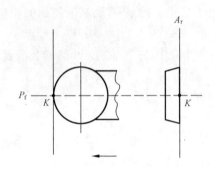

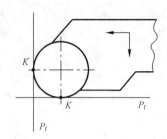

图 6   图 7

4.4.2 基准点 K 按以下规定：

按照 GB/T 12204 规定的 P_f（假定工作面）和 P_s（主切削平面），以及在主切削刃上的选定点（例如内切圆主切削刃的正切点）。

a) 当 $K_r \leqslant 90°$，基准点 K 是主切削平面 P_s，平行于假定工作平面 P_f 且相切于刀尖圆弧的平面和包含前刀面 A_r 的三个平面的交点（见图 2 和图 3）。

b) 当 $K_r > 90°$，基准点 K 是平行于假定工作平面 P_f 且相切于刀尖圆弧的平面，垂直于假定工作面 P_f 且相切于刀尖圆弧的平面和包含前刀面 A_r 的三个平面的交点（见图 4 和图 5）。

4.4.3 用于确定尺寸 l_1、f、h_1 的基准刀片的刀尖圆弧半径 r_ε 的值，是刀片内切圆直径的函数，其值按表 4。

表 4
                                                                                        单位为毫米

内切圆直径	6.35	7.94	9.525	12.7	15.875	19.05	25.4
刀尖圆弧半径 r_ε	0.4		0.8		1.2		2.4

注：尺寸 l_1、f、h_1 的值是根据刀尖圆弧半径的 r_ε 的英寸值计算出来的，例如：$r_\varepsilon = 0.397$ mm，0.794 mm，1.191 mm 和 2.381 mm。

4.4.4 对于（D 和 V 型）的刀杆，f 的第 1 系列尺寸公差是 ± 0.25 mm。与 4.4.2 中定义不同，此时表 3 中的 f 值是由两切削刃延伸线交点（理论刀尖）T 确定的。

对于特殊刀杆，尺寸 f 应按 4.4.2 中定义，并应根据刀尖角 ε_r，基准刀片刀尖圆弧半径 r_ε（见 4.4.6）和主偏角 K_r 进行计算，其数值圆整到 0.1 mm。

4.4.5 f 的第 1 系列尺寸公差 ± 0.25 mm 不包括刀杆宽度 b。

4.4.6 可以用第 6 章中规定的尺寸和任选刀尖圆弧半径的刀片来装配刀杆。

当刀尖圆弧半径 r_ε 不同于 4.4.3 规定的值时，尺寸 l_1 和 f 应用 x 和 y 的值（见图 2、图 3、图 4 和图 5）进行修正。x 和 y 值是从基准点 K 到理论刀尖 T 在两个相互垂直方向的距离。

可以按 4.4.3 规定的刀尖圆弧相对应的 x 和 y 的值和实际刀尖圆弧相对应的 x 和 y 的值之间的差异，求得新的 l_1 和 f 尺寸。

5 标记示例

型号为 PTGNR 2020—16 的可转位车刀：

车刀 PTGNR 2020—16 GB/T 5343.2—2007

6 优先采用的推荐刀杆（见表 5）

表 5 单位为毫米

代号	$h \times b$	0808	1010	1212	1616	2020	2525	3225	3232	4032	4032	4040	5050
	l_1 k16	60	70	80	100	125	150	170	170	150	200	200	250
	h_1 js14	8	10	12	16	20	25	32	32	40	40	40	50
A	$f^{+0.5}_{0}$ 系列3	8.5	10.5										
	l (代号)	06	06										
	l_{2max}	25	25										
	$f^{+0.5}_{0}$ 系列3			12.5	16.5	20.5	25.5	25.5	33			41	
	l (代号)			11	11	16	16	16	22			22	
	l_{2max}			25	25	32	32	32	36			36	
B	$f^{+0.5}_{0}$ 系列2	7	9	11									
	l (代号)	06	06	06									
	l_{2max}	25	25	25									
	a^a	1.6	1.6	1.6									
	$f^{+0.5}_{0}$ 系列2				15	17	22	22	27			35	43
	l (代号)				09	12	12	12	19			19	25
	l_{2max}				32	36	36	36	45			45	50
	a^a				2.2	3.1	3.1	3.1	4.6			4.6	5.9
	$f \pm 0.25$ 系列1			6	8	10	12.5	12.5	16				
	l (代号)			09	09	12	12	12	19				
	l_{2max}			32	32	36	36	36	45				
D^b	$f \pm 0.25$ 系列1	4	5	6	8	10	12.5	12.5	16			20	
	d (代号)	06	06/08	06/08	06/08/10	06/08/10/12	06/08/10/12/16	12/16	20			25	

1) $l_{2\,min.} = 1.5d$

表5（续）

单位为毫米

代号		参数	0808	1010	1212	1616	2020	2525	3225	3232	4032	4032	4040	5050
		$h \times b$	0808	1010	1212	1616	2020	2525	3225	3232	4032	4032	4040	5050
		l_1 k16	60	70	80	100	125	150	170	170	150	200	200	250
		h_1 js14	8	10	12	16	20	25	32	32	40	40	40	50
F	(90°+2°/0, 80°)	$f^{+0.5}_0$ 系列5	10	12										
		l（代号）	06	06										
		l_{2max}	25	25										
	(90°+2°/0)	$f^{+0.5}_0$ 系列5			16	20	25	32	32	40			50	
		l（代号）			11	11/16	16	16/22	16/22	22			22/27	
		l_{2max}			25	25/32	32	32/36	32/36	36			36/40	
G	(80°, 90°+2°/0)	$f^{+0.5}_0$ 系列5	10	12										
		l（代号）	05	06										
		l_{2max}	25	25										
	(90°+2°/0)	$f^{+0.5}_0$ 系列5			16	20	25	32	32	40			50	60
		l（代号）			11	11/16	16	16/22	16/22	22			22/27	27
		l_{2max}			25	25/32	32	32/36	32/36	36			36/40	40
H	(55°, 107.5°±1°)	$f^{+0.5}_0$ 系列5			12	16	20	25	32	32				
		l（代号）			07	07/11	11	11/15	15	15				
		l_{2max}			25	25/32	32	32/40	40	40				
	(35°, 107.5°±1°)	$f^{+0.5}_0$ 系列5				16	20	25	32	32				
		l（代号）				11/13	11/13	13/16	16	16				
		l_{2max}				25/32	25/32	32/40	40	40				

表 5（续） 单位为毫米

代号		$h \times b$	0808	1010	1212	1616	2020	2525	3225	3232	4032	4032	4040	5050
代号		l_1 k16	60	70	80	100	125	150	170	170	150	200	200	250
		h_1 js14	8	10	12	16	20	25	32	32	40	40	40	50
J		$f^{+0.5}_{0}$ 系列 5	10	12	16	20	25	32	32			40		
		l （代号）	07	07	11	11	15	15	15			15		
		l_{2max}	25	25	32	32	40	40	40			40		
		$f^{+0.5}_{0}$ 系列 5						25	32	32		40		
		l （代号）					16	16/ 22	16/ 22			22/ 27		
		l_{2max}					32	32/ 36	32/ 36			36/ 40		
		$f^{+0.5}_{0}$ 系列 5			16	20	25	32	32					
		l （代号）			11/ 13	11/ 13	13/ 16	16	16					
		l_{2max}			25/ 32	25/ 32	32/ 40	40	40					
K		$f^{+0.5}_{0}$ 系列 5	10	12										
		l （代号）	06	06										
		l_{2max}	25	25										
		a^{a}	1.6	1.6										
		$f^{+0.5}_{0}$ 系列 5			16	20	25	32	32	40			50	
		l （代号）			09	09/ 12	12	12/ 19	12/ 19	19			19/ 25	
		l_{2max}			32	32/ 36	36	36/ 45	36/ 45	45			45/ 50	
		a^{a}			2.2	2.2/ 3.1	3.1	3.1/ 4.6	3.1/ 4.6	4.6			4.6/ 5.9	

表5（续）　　　　　　　　　　　　　　　单位为毫米

代号		$h \times b$	0808	1010	1212	1616	2020	2525	3225	3232	4032	4032	4040	5050
代号	95°±1° 80° 95°±1°	l_1 k16	60	70	80	100	125	150	170	170	150	200	200	250
		h_1 js14	8	10	12	16	20	25	32	32	40	40	40	50
L	95°±1° 80° 95°±1°	$f_{\ 0}^{+0.5}$ 系列5	10	12	16	20	25	32	32	40			50	
		l (代号)	06	06	09	09/19	12	12/19	12/19	19			19	
		l_{2max}	25	25	32	32/36	36	36/45	36/45	40			45	
	95° 80° 95°	$f_{\ 0}^{+0.5}$ 系列5	10	12	16	20	25	32	32	40				
		l (代号)	04	04	04	06	06/08	06/08	06/08	08				
		l_{2max}	25	25	25	36	36/45	36/45	36/45	45				
N	55° 63°±1° 点K	$f_{\ 0}^{+0.5}$ 系列1	4	5	6	8	10	12.5	12.5		16			
		l (代号)	07	07	11	11	11/15	15	15		15			
		l_{2max}	25	25	32	32	32/36	45	45		45			
	63°±1° 点K	$f_{\ 0}^{+0.5}$ 系列1						12.5	12.5		16			
		l (代号)						16/22	16/22		16/22			
		l_{2max}						32/36	32/36		32/36			
R	90° 75°±1°	$f_{\ 0}^{+0.5}$ 系列4			13	17	22	27	27	35			43	53
		l (代号)			09	09/12	12	12/19	12/19	19			19/25	25
		l_{2max}			32	32/36	36	36/45	36/45	45			45/50	50
		a^a			2.2	2.2/3.1	3.1	3.1/4.6	3.1/4.6	4.6			4.6/5.9	5.9

表5（续） 单位为毫米

	$h \times b$	0808	1010	1212	1616	2020	2525	3225	3232	4032	4032	4040	5050
代号	l_1 k16	60	70	80	100	125	150	170	170	150	200	200	250
	h_1 js14	8	10	12	16	20	25	32	32	40	40	40	50
S^b	$f^{+0.5}_0$ 系列5	10	12										
	l （代号）	06	06										
	l_{2max}	25	25										
	a^a	4.2	4.2										
	$f^{+0.5}_0$ 系列5			16	20	25	32	32	40			50	50
	l （代号）			09	09/12	12	12/19	12/19	19			19/25	25
	l_{2max}			32	32/36	36	36/	36/	43			45/50	50
	a^a			6.1	6.1/8.3				12.5			12.5/16	16
	$f^{+0.5}_0$ 系列5			12		20	25		40			50	
	l （代号）			06	06/08	06/08	06/08	12	20			25	
						10	10/12	12/16					
	l_{2max}	25	25	32	32	36	40	40	45			50	
T	$f^{+0.5}_0$ 系列2			11	13	17	22	22	27			35	
	l （代号）			11	11	16	16	16	22			27	
	l_{2max}			25	25	32	32	32	36			40	
	a^a			5	5	7.2	7.2	7.2	10			12.2	
V	$f \pm 0.25$ 系列1			6	8	10	12.5	12.5					
	l （代号）			11/13	11/13	13/16	16	16					
	l_{2max}			25/32	25/32	32/40	40	40					

S 图示：45°±1°，80°
S 图示：45°±1°，90°
V 图示：35°，72.5°±1°，点T（见4.4.4）
T 图示：60°±1°

a 尺寸a是按前角$\gamma_0 = 0°$，切削刃倾角$\lambda_s = 0$及刀片刀尖圆弧半径r_ε按4.4.3的相应基准刀片刀尖圆弧半径r_ε的计算值计算出来。

b 带圆刀片的刀具，没有给出主偏角。

7 外观和表面粗糙度

7.1 可转位车刀刀片夹紧应牢固,装卸与转位要方便,刀片与刀垫、刀垫与刀片槽底面之间不得有间隙。

7.2 可转位车刀各零件的表面不得有锈迹、裂纹和毛刺,各钢制零件的表面应经表面处理。

7.3 可转位车刀各部位的表面粗糙度最大允许值按以下规定。

  ——安装面与基准侧面 $Ra3.2\ \mu m$;

  ——刀片槽底面 $Ra3.2\ \mu m$;

  ——其余表面 $Ra6.3\ \mu m$。

8 材料和硬度

8.1 可转位车刀所装的刀片应符合 GB/T 2078、GB/T 2079 或 GB/T 2080 的规定。

8.2 可转位车刀的抗拉强度不得低于 1 200 N/mm^2。

8.3 可转位车刀刀体的热处理硬度为 40 HRC～50 HRC;与刀片直接接触的定位面硬度不低于 45 HRC,夹紧元件的硬度不低于 40 HRC。

8.4 如果刀片下有刀垫,刀垫硬度不低于 55 HRC。

9 标志与包装

9.1 标志

9.1.1 产品上应标志:

  ——制造厂或销售商的商标;

  ——可转位车刀代号。

9.1.2 包装盒上应标志:

  ——制造厂或销售商的名称、地址和商标;

  ——可转位车刀标记;

  ——刀片型号;

  ——件数;

  ——制造年月。

9.2 包装

可转位车刀包装前应经防锈处理。包装必须牢固,并能防止运输过程中的损伤。

前　　言

　　本标准是对 GB/T 6081—1985《直齿插齿刀　基本型式和尺寸》的修订,删除了模数为 3.25、3.75、6.5 的插齿刀尺寸。

　　本标准自生效之日起,代替 GB/T 6081—1985。

　　本标准的附录 A 是标准的附录。

　　本标准由中国机械工业联合会提出。

　　本标准由全国刀具标准化技术委员会归口。

　　本标准起草单位:哈尔滨第一工具厂、上海工具厂有限公司、汉江工具厂、太原工具厂、贵阳工具厂、韶关工具厂、重庆工具厂。

　　本标准主要起草人:刘德荣、周耀文、曲梅。

　　本标准于 1985 年 6 月首次发布。

中华人民共和国国家标准

直齿插齿刀 基本型式和尺寸

GB/T 6081—2001

代替 GB/T 6081—1985

The basic types and dimensions
for spur shaper cutters

1 范围

本标准规定了模数 m 为 1~12 mm(按 GB/T 1357),公称分度圆直径 d 为 25~200 mm,分度圆压力角 α 为 20°,精度等级为 AA 级、A 级、B 级直齿插齿刀的基本型式和尺寸。

本标准适用于加工基本齿廓按 GB/T 1356、精度按 GB/T 10095.1、GB/T 10095.2 规定的渐开线圆柱齿轮的直齿插齿刀。

2 引用标准

下列标准所包含的条文,通过在本标准中引用而构成为本标准的条文。本标准出版时,所示版本均为有效。所有标准都会被修订,使用本标准的各方应探讨使用下列标准最新版本的可能性。

GB/T 1356—1988 渐开线圆柱齿轮 基本齿廓(eqv ISO 53:1974)

GB/T 1357—1987 渐开线圆柱齿轮 模数(neq ISO 54:1977)

GB/T 10095.1—2001 渐开线圆柱齿轮 精度 第 1 部分:轮齿同侧齿面偏差的定义和允许值
(idt ISO 1328.1:1997)

GB/T 10095.2—2001 渐开线圆柱齿轮 精度 第 2 部分:径向综合偏差与径向跳动的定义和允许值(idt ISO 1328.2:1997)

3 基本型式和尺寸

3.1 直齿插齿刀分三种型式和三种精度等级。

Ⅰ 型-盘形直齿插齿刀的基本型式和尺寸按图 1 和表 1~表 5 的规定,其公称分度圆直径为 75 mm、100 mm、125 mm、160 mm、200 mm 五种,精度等级分 AA、A、B 三种。

Ⅱ 型-碗形直齿插齿刀的基本型式和尺寸按图 2 和表 6~表 9 的规定,公称分度圆直径为 50 mm 的精度等级分 A、B 两种,公称分圆直径为 75 mm、100 mm、125 mm 的精度等级分 AA、A、B 三种。

Ⅲ 型-锥柄直齿插齿刀的基本型式和尺寸按图 3 和表 10~表 11 的规定,其公称分度圆直径为 25 mm、38 mm 二种,精度等级分 A、B 两种。

3.2 标记示例

公称分度圆直径 100 mm、$m=2$、A 级精度的 Ⅱ 型直齿插齿刀标记为

碗形直齿插齿刀 $\phi100\ m2$ A GB/T 6081—2001

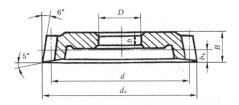

图 1 I 型 盘形直齿插齿刀

表 1 公称分度圆直径 75 mm $m=1\sim4$ mm $\alpha=20°$

模数 m mm	齿数 z	d	d_a	D	b	b_b	B
				mm			
1.00	76	76.00	78.50			0	
1.25	60	75.00	78.56			2.1	15
1.50	50		79.56			3.9	
1.75	43	75.25	80.67			5.0	
2.00	38	76.00	82.34			5.9	
2.25	34	76.50	83.48	31.743	10	6.1	17
2.50	30	75.00	82.34			5.2	
2.75	28	77.00	84.92			5.0	
3.00	25	75.00	83.34			4.0	
3.50	22	77.00	86.44			3.3	20
4.00	19	76.00	86.32			1.5	

注：在直齿插齿刀的原始截面中，齿顶高系数等于 1.25，分度圆齿厚等于 $\frac{\pi m}{2}$。

表 2 公称分度圆直径 100 mm $m=1\sim6$ mm $\alpha=20°$

模数 m mm	齿数 z	d	d_a	D	b	b_b	B
				mm			
1.00	100	100.00	102.62			0.6	
1.25	80		103.94		10	3.9	18
1.50	68	102.00	107.14			6.6	
1.75	58	101.50	107.62			8.3	
2.00	50	100.00	107.00	31.743		9.5	
2.25	45	101.25	109.09			10.5	
2.50	40	100.00	108.36		12	10.0	22
2.75	36	99.00	107.86			9.4	
3.00	34	102.00	111.54			9.7	

表 2(完)

模数 m mm	齿数 z	d	d_a	D	b	b_b	B
				mm			
3.50	29	101.50	112.08			8.7	
4.00	25	100.00	111.46			6.9	
4.50	22	99.00	111.78	31.743	12	5.1	24
5.00	20	100.00	113.90			4.3	
5.50	19	104.50	119.68			4.2	
6.00	18	108.00	124.56			4.6	

注
1 直齿插齿刀的原始截面中，$m \leqslant 4$ 时，齿顶高系数等于1.25，$m > 4$ 时，齿顶高系数等于1.3；分度圆齿厚等于 $\pi m/2$。
2 按用户需要，直齿插齿刀内孔直径 D 可做成44.443 mm 或 44.45 mm。

表 3　公称分度圆直径125 mm　　$m = 4 \sim 8$ mm　　$\alpha = 20°$

模数 m mm	齿数 z	d	d_a	D	b	b_b	B
				mm			
4.0	31	124.00	136.80			11.4	
4.5	28	126.00	140.14			11.6	
5.0	25	125.00	140.20			10.5	
5.5	23	126.50	143.00	31.743	13		30
6.0	21	126.00	143.52			9.1	
7.0	18		145.74			7.3	
8.0	16	128.00	149.92			5.3	

注
1 在直齿插齿刀的原始截面中，齿顶高系数等于1.3，分度圆齿厚等于 $\pi m/2$。
2 按用户需要，直齿插齿刀内孔直径可做成44.443 mm 或 44.45 mm。

表 4　公称分度圆直径 160 mm　　$m=6\sim10$ mm　　$\alpha=20°$

模数 m mm	齿数 z	d	d_a	D	b	b_b	B
				mm			
6	27	162.00	178.20			5.7	
7	23	161.00	179.90			6.7	
8	20	160.00	181.60	88.9	18	7.6	35
9	18	162.00	186.30			8.6	
10	16	160.00	187.00			9.5	

注：在直齿插齿刀的原始截面中，齿顶高系数等于 1.25，分度圆齿厚等于 π $m/2$。

表 5　公称分度圆直径 200 mm　　$m=8\sim12$ mm　　$\alpha=20°$

模数 m mm	齿数 z	d	d_a	D	b	b_b	B
				mm			
8	25	200.00	221.60			7.6	
9	22	198.00	222.30			8.6	
10	20	200.00	227.00	101.6	20	9.5	40
11	18	198.00	227.70			10.5	
12	17	204.00	236.40			11.4	

注：在直齿插齿刀的原始截面中，齿顶高系数等于 1.25，分度圆齿厚等于 π $m/2$。

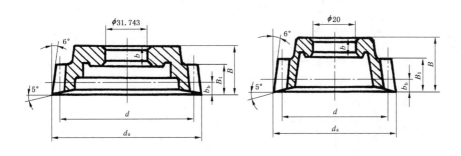

图 2　Ⅱ型　碗形直齿插齿刀

表 6 公称分度圆直径 50 mm $\quad m=1\sim3.5$ mm $\quad \alpha=20°$

模数 m mm	齿数 z	d	d_a	b	b_b	B	B_1
				mm			
1.00	50	50.00	52.72		1.0		
1.25	40		53.38		1.2		14
1.50	34	51.00	55.04		1.4		
1.75	29	50.75	55.49		1.7	25	
2.00	25	50.00	55.40		1.9		
2.25	22	49.50	55.56	10	2.1		17
2.50	20	50.00	56.76		2.4		
2.75	18	49.50	56.92		2.6		
3.00	17	51.00	59.10		2.9	27	20
3.50	14	49.00	58.44		3.3		

注：在直齿插齿刀的原始截面中，齿顶高系数等于 1.25，分度圆齿厚等于 $\pi m/2$。

表 7 公称分度圆直径 75 mm $\quad m=1\sim4$ mm $\quad \alpha=20°$

模数 m mm	齿数 z	d	d_a	b	b_b	B	B_1
				mm			
1.00	76	76.00	78.72		1.0		
1.25	60		78.38		1.2		15
1.50	50	75.00	79.04		1.4		
1.75	43	75.25	79.99		1.7	30	
2.00	38	76.00	81.40		1.9		
2.25	34	76.50	82.56	10	2.1		17
2.50	30	75.00	81.76		2.4		
2.75	28	77.00	84.42		2.6		
3.00	25	75.00	83.10		2.9		
3.50	22	77.00	86.44		3.3	32	20
4.00	19	76.00	86.80		3.8		

注：在直齿插齿刀的原始截面中，齿顶高系数等于 1.25，分度圆齿厚等于 $\pi m/2$。

表 8 公称分度圆直径 100 mm $m=1\sim6$ mm $\alpha=20°$

模数 m mm	齿数 z	d	d_a	b	b_b	B	B_1
				mm			
1.00	100	100.00	102.62		0.6	32	18
1.25	80		103.94		3.9		
1.50	68	102.00	107.14		6.6		
1.75	58	101.50	107.62		8.3		
2.00	50	100.00	107.00		9.5	34	22
2.25	45	101.25	109.09		10.5		
2.50	40	100.00	108.36	10	10.0		
2.75	36	99.00	107.86		9.4		
3.00	34	102.00	111.54		9.7		
3.50	29	101.50	112.08		8.7		
4.00	25	100.00	111.46		6.9	36	24
4.50	22	99.00	111.78		5.1		
5.00	20	100.00	113.90		5.3		
5.50	19	104.50	119.68		5.2		
6.00	18	108.00	124.56		5.0		

注
1 直齿插齿刀的原始截面中, $m\leqslant4$ 时,齿顶高系数等于1.25, $m>4$ 时,齿顶高系数等于1.3,分度圆齿厚等于 $\pi m/2$。
2 按用户需要,直齿插齿刀内孔直径 D 可做成 44.443 mm 或 44.45 mm。

表 9 公称分度圆直径 125 mm $m=4\sim8$ mm $\alpha=20°$

模数 m mm	齿数 z	d	d_a	b	b_b	B	B_1
				mm			
4.0	31	124.00	136.80		11.4		
4.5	28	126.00	140.14		11.6		
5.0	25	125.00	140.20		10.5	40	28
5.5	23	126.50	143.00	13			
6.0	21	126.00	143.52		9.1		
7.0	18		145.74		7.3		
8.0	16	128.00	149.92		5.3		

注
1 在直齿插齿刀的原始截面中,齿顶高系数等于1.3,分度圆齿厚等于 $\pi m/2$。
2 按用户需要,直齿插齿刀内孔直径可做成 44.443 mm 或 44.45 mm。

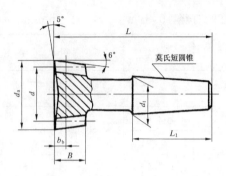

图 3　Ⅲ型　锥柄直齿插齿刀

表 10　公称分度圆直径 25 mm　　　$m=1\sim2.75$ mm　　$\alpha=20°$

模数 m mm	齿数 z	d	d_a	B	b_b	d_1	L_1	L	莫氏短 圆锥号
					mm				
1.00	26	26.00	28.72		1.0				
1.25	20	25.00	28.38	10	1.2			75	
1.50	18	27.00	31.04		1.4				
1.75	15	26.25	30.89		1.3	17.981	40		2
2.00	13	26.00	31.24	12	1.1				
2.25	12	27.00	32.90		1.3			80	
2.50	10	25.00	31.26		0				
2.75		27.50	34.48	15	0.5				

注：在直齿插齿刀的原始截面中，齿顶高系数等于1.25，分度圆齿厚等于 πm/2。

表 11　公称分度圆直径 38 mm　　　$m=1\sim3.5$ mm　　$\alpha=20°$

模数 m mm	齿数 z	d	d_a	B	b_b	d_1	L_1	L	莫氏短 圆锥号
					mm				
1.00	38	38.0	40.72		1.0				
1.25	30		40.88	12	1.2				
1.50	25	37.5	41.54		1.4				
1.75	22	38.5	43.24		1.7				
2.00	19	38.0	43.40		1.9	24.051	50	90	3
2.25	16	36.0	41.98		1.7				
2.50	15	37.5	44.26		2.4				
2.75	14	38.5	45.88	15					
3.00	12	36.0	43.74		1.1				
3.50	11	38.5	47.52		1.3				

注：在直齿插齿刀的原始截面中，齿顶高系数等于1.25，分度圆齿厚等于 πm/2。

附　录　A

（标准的附录）

直齿插齿刀的齿形尺寸

直齿插齿刀的齿形尺寸按图 A1～图 A2 和表 A1～表 A8 的规定。在直齿插齿刀的原始截面中，分度圆齿厚等于 $\pi m/2$。

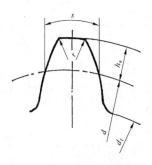

图 A1　切削刃在前端面上的投影图

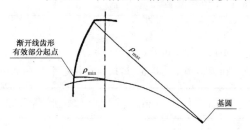

图 A2　在距前端面 2.5 mm 处检查剖面中的齿形图

表 A1　公称分度圆直径 50 mm 的碗形直齿插齿刀　　　　　　　　　　mm

模数 m	基圆直径 d_b	d_f	h_a	s	r	ρ_{min}	ρ_{max}	齿顶高系数 h_a^*
1.00	46.933	47.72	1.36	1.65	—	4.8	11.4	1.25
1.25		47.12	1.69	2.06		3.8	12.1	
1.50	47.872	47.54	2.02	2.46		3.0	13.0	
1.75	47.637	46.73	2.37	2.88		1.9	13.7	
2.00	46.933	45.40	2.70	3.29		0.6	13.9	
2.25	46.464	44.30	3.03	3.70	0.15		14.4	
2.50	46.933	44.26	3.38	4.11			15.2	
2.75	46.464	43.16	3.71	4.52		—	15.6	
3.00	47.872	44.10	4.05	4.93	0.20		16.5	
3.50	45.995	40.94	4.72	5.75			17.2	

注：ρ_{min} 是在直齿插齿刀加工内齿轮时，按其齿数差等于 18 计算而得。

表 A2 公称分度圆直径 75 mm 的盘形和碗形直齿插齿刀　　　　　　　　　　mm

模数 m	基圆直径 d_b	d_f		h_a		s		r	ρ_{min}		ρ_{max}		齿顶高系数 h_a^*
		盘形	碗形	盘形	碗形	盘形	碗形		盘形	碗形	盘形	碗形	
1.00	71.339	73.50	73.72	1.25	1.36	1.57	1.65		9.3	9.4	15.7	16.0	
1.25	70.400	72.30	72.12	1.78	1.69	2.12	2.06	—	9.1	8.3	16.8	16.6	
1.50		72.06	71.54	2.28	2.02	2.65	2.46		8.9	7.5	17.9	17.3	
1.75	70.635	71.91	71.23	2.71	2.37	3.13	2.88		8.5	6.6	18.9	18.1	
2.00	71.339	72.24	71.40	3.12	2.70	3.59	3.29		8.2	5.8	19.6	18.7	
2.25	71.808	72.22	71.30	3.49	3.03	4.02	3.70	0.15	7.7	4.9	20.4	19.5	1.25
2.50	70.400	69.84	69.26	3.67	3.38	4.32	4.11		6.4	3.6	20.5	19.9	
2.75	72.278	71.16	70.66	3.96	3.71	4.70	4.52		5.9	2.9	21.4	20.9	
3.00	70.400	68.34	68.10	4.17	4.05	5.02	4.93	0.20	4.5	1.3		21.1	
3.50	72.278	68.94	68.94	4.72	4.72	5.75	5.75		3.2	—	22.8	22.8	
4.00	71.339	66.32	66.80	5.16	5.40	6.40	6.57		1.0		23.4	23.9	

注
1 盘形直齿插齿刀的 ρ_{min} 值是按直齿插齿刀加工齿条计算而得。
2 碗形直齿插齿刀的 ρ_{min} 值是在直齿插齿刀加工内齿轮时，按其齿数差等于 18 计算而得。

表 A3 公称分度圆直径 100 mm 的盘形和碗形直齿插齿刀　　　　　　　　　　mm

模数 m	基圆直径 d_b	d_f	h_a	s	r	ρ_{min}	ρ_{max}	齿顶高系数 h_a^*
1.00	93.867	97.62	1.31	1.62		13.6	20.0	
1.25		97.68	1.97	2.26	—	13.9	21.7	
1.50	95.744	99.64	2.57	2.86		14.3	23.4	
1.75	95.275	98.86	3.06	3.38		14.0	24.4	
2.00	93.867	97.00	3.50	3.87		13.4	24.8	
2.25	95.040	97.83	3.92	4.34	0.15	13.2	25.9	1.25
2.50	93.867	95.86	4.18	4.69		12.1	26.2	
2.75	92.928	94.10	4.43	5.04		11.0	26.4	
3.00	95.744	96.54	4.77	5.45	0.20	10.9	27.7	
3.50	95.275	94.58	5.29	6.16		9.0	28.6	
4.00	93.867	91.46	5.73	6.81		6.8	29.1	
4.50	92.028	88.82	6.39	7.46		4.6	30.0	
5.00	93.867	88.40	6.95	8.18	0.30	3.0	31.2	1.30
5.50	98.091	91.62	7.59	8.96		2.3	33.2	
6.00	101.376	93.96	8.28	9.78		1.6	35.2	

注：ρ_{min} 值是按直齿插齿刀加工齿条时计算而得。

表 A4　公称分度圆直径 125 mm 的盘形和碗形直齿插齿刀　　　　　　mm

模数 m	基圆直径 d_b	d_f	h_a	s	r	ρ_{min}	ρ_{max}	齿顶高系数 h_a^*
4.0	116.395	116.40	6.40	7.16	0.20	12.3	35.0	
4.5	118.272	117.18	7.07	7.96		11.2	36.5	
5.0	117.334	114.70	7.60	8.66	0.30	9.2	37.3	
5.5	118.742	114.94	8.25	9.44		8.0	38.8	1.30
6.0	118.272	112.92	8.76	10.12		6.0	39.6	
7.0		110.04	9.87	11.55	0.40	2.6	41.4	
8.0	120.150	109.12	10.96	12.97		0	43.7	

注：ρ_{min} 值是按直齿插齿刀加工齿条计算而得。

表 A5　公称分度圆直径 160 mm 的盘形直齿插齿刀　　　　　　mm

模数 m	基圆直径 d_b	d_f	h_a	s	r	ρ_{min}	ρ_{max}	齿顶高系数 h_a^*
6.0	152.064	148.20	8.10	9.86	0.30	6.0	45.3	
7.0	151.126	144.90	9.45	11.51		1.0	47.5	
8.0	150.187	141.60	10.80	13.15	0.40		49.8	1.25
9.0	152.064	141.30	12.15	14.80		0	52.4	
10.0	150.187	137.00	13.50	16.43	0.50		54.4	

注：ρ_{min} 是在直齿插齿刀加工内齿轮时，按其齿数差等于 18 计算而得。

表 A6　公称分度圆直径 200 mm 的盘形直齿插齿刀　　　　　　mm

模数 m	基圆直径 d_b	d_f	h_a	s	r	ρ_{min}	ρ_{max}	齿顶高系数 h_a^*
8	187.734	181.6	10.80	13.15	0.40	4.8	57.6	
9	185.857	177.3	12.15	14.80			59.5	
10	187.734	177.0	13.50	16.43	0.50	0	62.4	1.25
11	185.857	172.7	14.85	18.08			64.4	
12	191.489	176.4	16.20	19.72			68.0	

注：ρ_{min} 是在直齿插齿刀加工内齿轮时，按其齿数差等于 18 计算而得。

表 A7 公称分度圆直径 25 mm 的锥柄直齿插齿刀
mm

模数 m	基圆直径 d_b	d_f	h_a	s	r	ρ_{min}	ρ_{max}	齿顶高系数 h_a^*
1.00	24.405	23.72	1.36	1.65		0.2	7.0	
1.25	23.467	22.12	1.69	2.06			7.5	
1.50	25.344	23.54	2.02	2.46			8.5	
1.75	24.640	22.12	2.32	2.85	—		8.8	1.25
2.00	24.405	21.24	2.62	3.23		0	9.3	
2.25	25.344	21.64	2.95	3.63			10.0	
2.50	23.467	18.76	3.13	3.93			9.9	
2.75	25.813	20.72	3.49	4.36			11.0	

注：ρ_{min} 是在直齿插齿刀加工内齿轮时，按其齿数差等于 18 计算而得。

表 A8 公称分度圆直径 38 mm 的锥柄直齿插齿刀
mm

模数 m	基圆直径 d_b	d_f	h_a	s	r	ρ_{min}	ρ_{max}	齿顶高系数 h_a^*
1.00	35.669	35.72	1.36	1.65		2.6	9.2	
1.25	35.200	34.62	1.69	2.06		1.4	9.8	
1.50		34.04	2.02	2.46		0.3	10.5	
1.75	36.139	34.48	2.37	2.88			11.3	
2.00	35.669	33.40	2.70	3.29			11.8	
2.25	33.792	30.72	2.99	3.66	—		12.0	1.25
2.50	35.200	31.76	3.38	4.11		0	12.9	
2.75	36.139	32.12	3.69	4.50			13.7	
3.00	33.792	28.74	3.87	4.80			13.4	
3.50	36.139	30.02	4.51	5.60			15.0	

注：ρ_{min} 是在直齿插齿刀加工内齿轮时，按其齿数差等于 18 计算而得。

前　　言

本标准是对 GB/T 6082—1985《直齿插齿刀通用技术条件》的修订,取消了"性能试验方法"一章,并根据 GB/T 10095.1—2001、GB/T 10095.2—2001《渐开线圆柱齿轮——精度》标准,对齿圈径向圆跳动公差等作了相应改动,精度有所提高。

本标准自生效之日起,代替 GB/T 6082—1985。

本标准由中国机械工业联合会提出。

本标准由全国刀具标准化技术委员会归口。

本标准起草单位:哈尔滨第一工具厂、上海工具厂有限公司、汉江工具厂、太原工具厂、贵阳工具厂、韶关工具厂、重庆工具厂。

本标准主要起草人:刘德荣、周耀文、曲梅。

本标准首次发布于 1985 年 6 月。

GB/T 6082—2001

直齿插齿刀 通用技术条件

代替 GB/T 6082—1985

The general technical specifications for spur shaper cutters

1 范围

本标准规定了直齿插齿刀的技术要求、标志与包装。

本标准适用于按 GB/T 6081 制造的直齿插齿刀。

按本标准制造的直齿插齿刀(以下简称插齿刀),适用于加工基本齿廓符合 GB/T 1356、精度符合 GB/T 10095.1、GB/T 10095.2 规定的齿轮。

2 引用标准

下列标准所包含的条文,通过在本标准中引用而构成为本标准的条文。本标准出版时,所示版本均为有效。所有标准都会被修订,使用本标准的各方应探讨使用下列标准最新版本的可能性。

GB/T 1356—1988 渐开线圆柱齿轮 基本齿廓(eqv ISO 53:1974)

GB/T 10095.1—2001 渐开线圆柱齿轮 精度 第1部分:轮齿同侧齿面偏差的定义和允许值 (idt ISO 1328.1:1997)

GB/T 10095.2—2001 渐开线圆柱齿轮 精度 第2部分:径向综合偏差与径向跳动的定义和允许值(idt ISO 1328.2:1997)

GB/T 6081—2001 直齿插齿刀 基本型式和尺寸

3 技术要求

3.1 插齿刀用高速工具钢制造。锥柄插齿刀柄部可用中碳钢制造。

3.2 插齿刀切削部分硬度:用普通高速工具钢时为 63 HRC～66 HRC,用高性能高速工具钢时应不低于 64 HRC。锥柄插齿刀柄部硬度应不低于 35 HRC。

3.3 插齿刀表面不应有裂纹、烧伤及其他影响使用性能的缺陷。

3.4 插齿刀主要表面的表面粗糙度上限值按表1的规定。

表 1   μm

检查表面	插齿刀精度等级					
	AA		A		B	
	表面粗糙度参数及数值					
	Ra	Rz	Ra	Rz	Ra	Rz
刀齿前面	0.32	—	0.32	—	0.63	—
齿顶表面						
齿侧表面	—	1.6	—	1.6	—	3.2

表 1（完）   μm

检查表面	插齿刀精度等级					
	AA		A		B	
	表面粗糙度参数及数值					
	Ra	Rz	Ra	Rz	Ra	Rz
内孔表面	0.16	—	0.16	—	0.16	—
外支承面						
齿顶圆弧	—	3.2	—	3.2	—	3.2
内支承面	0.63	—	0.63	—	0.63	—
锥柄表面						

3.5 插齿刀内孔直径 D 极限偏差按如下规定。

a）AA 级和 A 级精度插齿刀

　　　　　　$D \leqslant 30$ mm ·······························$^{+0.004}_{0}$ mm

　　　30 mm $< D \leqslant 50$ mm ·······················$^{+0.005}_{0}$ mm

　　　50 mm $< D \leqslant 120$ mm ·····················$^{+0.008}_{0}$ mm

b）B 级精度插齿刀

　　　　　　$D \leqslant 30$ mm ·······························$^{+0.006}_{0}$ mm

　　　30 mm $< D \leqslant 50$ mm ·······················$^{+0.008}_{0}$ mm

　　　50 mm $< D \leqslant 120$ mm ·····················$^{+0.010}_{0}$ mm

注：内孔配合两端超出公差的喇叭口长度的差和应小于配合表面全长的25%。

3.6 插齿刀前角、齿顶后角、齿侧后角极限偏差按如下规定。

a）前角极限偏差

　　AA 级精度插齿刀 ·····························±5′

　　A 级精度插齿刀 ·······························±8′

　　B 级精度插齿刀 ·······························±12′

b）齿顶后角、齿侧后角极限偏差

　　AA 级精度插齿刀 ·····························±3′

　　A 级、B 级精度插齿刀 ·······················±5′

3.7 锥柄插齿刀柄部极限偏差按如下规定。

　　柄部直径 ·······························$^{+0.05}_{0}$ mm

　　圆锥半角 ·······························±30″

3.8 插齿刀的其余制造精度按表 2 的规定。

表 2   μm

序号	检查参数名称及代号	公差代号	公称直径 mm	精度等级	模数 mm 1~2	>2 ~3.5	>3.5 ~6.0	>6.0 ~10	>10 ~16
1	有效部分的齿形误差 实际端面有效齿形　Δf_f 理论端面齿形 基圆	δf_f	≤50	A	4	5	7	—	—
				B	5	7	9	—	—
			75~125	AA	3	4	5	6	—
				A	4	5.5	7	10	—
				B	6	8	10	12	—
			160~200	AA	—	—	5	6	7
				A	—	—	7	10	12
				B	—	—	10	12	15
2	外圆径向圆跳动 	δd_{ar}	≤50	A	12	16	16	—	—
				B	20	25	25	—	—
			75~125	AA	10	12	12	12	—
				A	16	20	20	20	—
				B	25	32	32	32	—
			160~200	AA	—	—	16	16	20
				A	—	—	25	25	32
				B	—	—	40	40	50
3	齿圈径向圆跳动 	δF_r	≤50	A	14	14	16	—	—
				B	16	17	20	—	—
			75~125	AA	12	14	14	16	—
				A	14	17	17	20	—
				B	21	22	23	25	—
			160~200	AA	—	—	18	18	20
				A	—	—	24	24	24
				B	—	—	29	30	32
4	外圆直径偏差 	δd_a	—	AA	±320	±400	±400	±500	±630
				A					
				B	±400	±500	±500	±500	±630

表 2(续)　　　　　　　　　　　　　　　　　　　　　　　　　　　　　　　　　μm

序号	检查参数名称及代号	公差代号	公称直径 mm	精度等级	模数 mm				
					1～2	>2 ～3.5	>3.5 ～6.0	>6.0 ～10	>10 ～16
5	前刃面的斜向圆跳动	δf_r	≤50	A	14	14	14	—	—
				B	20	20	20	—	—
			75～125	AA	12	12	12	12	—
				A	16	16	16	16	—
				B	25	25	25	25	—
			160～200	AA	—	—	20	20	20
				A	—	—	28	28	28
				B	—	—	40	40	40
6	齿距累积误差	δF_p	≤50	A	10	12	14	—	—
				B	14	16	23	—	—
			75～125	AA	9	11	13	15	—
				A	14	16	18	20	—
				B	20	22	30	33	—
			160～200	AA	—	—	13	15	15
				A	—	—	18	20	22
				B	—	—	30	33	36
7	齿距偏差	δf_p	≤50	A	±4.5	±4.5	±5	—	—
				B	±7	±7.5	±8	—	—
			75～125	AA	±3	±3	±4	±4.5	—
				A	±4.5	±4.5	±5	±6	—
				B	±7	±7.5	±8	±10	—
			160～200	AA	—	—	±4	±5	±5.5
				A	—	—	±5.5	±6.5	±8
				B	—	—	±9	±10.5	±12
8	与一定齿厚相应的齿顶高对理论尺寸的偏差	δh_a	—		±25	±32	±40	±63	±80

表 2(完)   μm

序号	检查参数名称及代号	公差代号	公称直径 mm	精度等级	模数 mm				
					1～2	>2～3.5	>3.5～6.0	>6.0～10	>10～16
9	内支承面对外支承面的平行度	δi_p	≤50	A	5	5	5	—	—
				B	8	8	8	—	—
			75～125	AA	4	4	4	4	
				A	6	6	6	6	
				B	10	10	10	10	—
			160～200	AA	—	—	5	5	5
				A	—	—	8	8	8
				B	—	—	12	12	12
10	外支承面对内孔轴线的端面圆跳动	δa_p	≤50	A	4	4	4	—	—
				B	6	6	6	—	—
			75～125	AA	4	4	4	4	
				A	6	6	6	6	—
				B	8	8	8	8	
			160～200	AA	—	—	5	5	5
				A	—	—	8	8	8
				B	—	—	12	12	12
11	锥柄插齿刀柄部对轴心线的斜向圆跳动	δx_r	—	A	5				
				B	5				

注：插齿刀外支承面只允许从外向内凹入。

4 标志与包装

4.1 标志

4.1.1 插齿刀上应标志:制造厂商标、公称分圆直径、模数、基准齿形角、齿数、精度等级、材料(普通高速工具钢不标)、制造年份。

4.1.2 插齿刀包装盒上应标志:产品名称、制造厂名称、厂址、商标、公称分圆直径、模数、基准齿形角、精度等级、材料、件数、制造年份、标准代号。

4.2 包装

插齿刀在包装前应经防锈处理,并应采取措施防止在包装运输过程中产生损伤。

ICS 25.100.20
J 41

中华人民共和国国家标准

GB/T 6083—2016
代替 GB/T 6083—2001

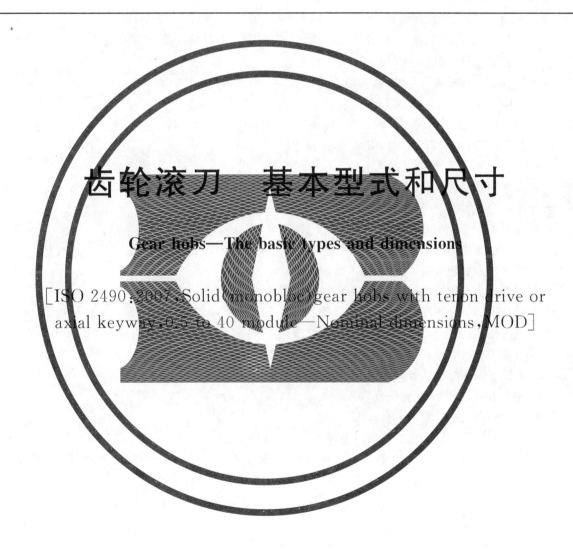

齿轮滚刀　基本型式和尺寸

Gear hobs—The basic types and dimensions

［ISO 2490:2007, Solid monobloc gear hobs with tenon drive or
axial keyway,0.5 to 40 module—Nominal dimensions,MOD］

2016-02-24 发布　　　　　　　　　　　　　2016-09-01 实施

中华人民共和国国家质量监督检验检疫总局
中国国家标准化管理委员会　　发 布

前　言

本标准按照 GB/T 1.1—2009 给出的规则起草。

本标准代替 GB/T 6083—2001《齿轮滚刀　基本型式和尺寸》。

本标准与 GB/T 6083—2001 相比,主要技术变化如下:

——修改了范围,模数调整为 0.5 mm～40 mm(见第 1 章,2001 年版第 1 章);

——调整了外径 D、孔径 d、长度 L、最小轴台长度、常用容屑槽数量(见第 3 章);

——增加了端键滚刀(见 3.1);

——增加了小孔径滚刀尺寸(见 3.1);

——删除了滚刀Ⅰ型、Ⅱ型的分类;

——修改了标记示例(见第 4 章,2001 年版第 4 章);

——删除原附录(见 2001 年版附录 A、附录 B);

——增加了新附录(见附录 A)。

本标准使用重新起草法修改采用 ISO 2490:2007《带端键或轴向键的模数为 0.5 mm～40 mm 的整体齿轮滚刀　公称尺寸》(英文版)。

本标准与 ISO 2490:2007 的技术差异如下:

——国际标准中的规范性引用文件用我国相应标准代替;

——结合滚刀实际情况,增加了滚刀旋向的规定;

——结合滚刀实际情况,增加了滚刀可做成锥形的规定;

——结合滚刀实际情况,增加了标记示例。

为了方便使用,本标准还做了如下编辑性修改:

——修改了标准名称;

——删除了国际标准的目录和前言,增加了新的前言;

——用小数点符号“.”代替符号“,”。

本标准由中国机械工业联合会提出。

本标准由全国刀具标准化技术委员会(SAC/TC 91)归口。

本标准负责起草单位:成都工具研究所有限公司、汉江工具有限责任公司、哈尔滨第一工具制造有限公司、重庆工具厂有限责任公司、太原工具厂、浙江汤溪工具制造有限公司。

本标准主要起草人:沈士昌、曾宇环、华夏婉、王小雷、王家喜、戴新、辛佳毅、胡永宏。

本标准所代替标准的历次版本发布情况为:

——GB/T 6083—1985、GB/T 6083—2001。

齿轮滚刀 基本型式和尺寸

1 范围

本标准规定了模数 0.5 mm～40 mm 带端键或轴键的单头和多头整体齿轮滚刀的基本型式和尺寸。

本标准适用于加工模数按 GB/T 1357、基本齿廓按 GB/T 1356,20°压力角齿轮的滚刀。

2 规范性引用文件

下列文件对于本文件的应用是必不可少的。凡是注日期的引用文件,仅注日期的版本适用于本文件。凡是不注日期的引用文件,其最新版本(包括所用的修改单)适用于本文件。

GB/T 1356 通用机械和重型机械用圆柱齿轮 标准基本齿条齿廓(GB/T 1356—2001,idt ISO 53:1998)

GB/T 1357 通用机械和重型机械用圆柱齿轮 模数(GB/T 1357—2008,ISO 54:1996,IDT)

GB/T 1804 一般公差 未注公差的线性和角度尺寸的公差(GB/T 1804—2000,eqv ISO 2768-1:1989)

GB/T 6132 铣刀和铣刀刀杆的互换尺寸(GB/T 6132—2006,ISO 240:1994,IDT)

GB/T 20329 端键传动的铣刀和铣刀刀杆上刀座的互换尺寸(GB/T 20329—2006,ISO 2780:1986,IDT)

3 型式和尺寸

3.1 齿轮滚刀的基本型式和尺寸按图 1 和表 1、表 2 的规定,附录 A 给出了多头滚刀的尺寸。

3.2 滚刀做成右旋(按用户要求可做成左旋)。

3.3 键槽的尺寸和偏差按 GB/T 6132 的规定,刀座的尺寸和偏差按 GB/T 20329 的规定。

3.4 滚刀可以做成锥形,此时的外径尺寸为大端尺寸。

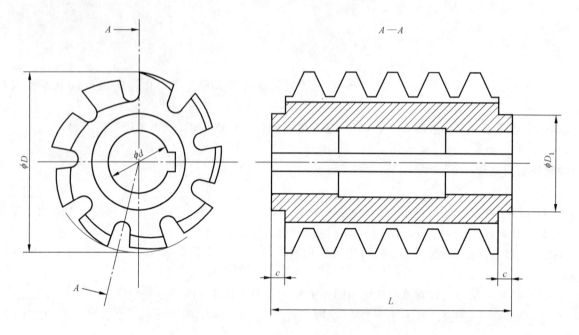

a) 带轴键的滚刀

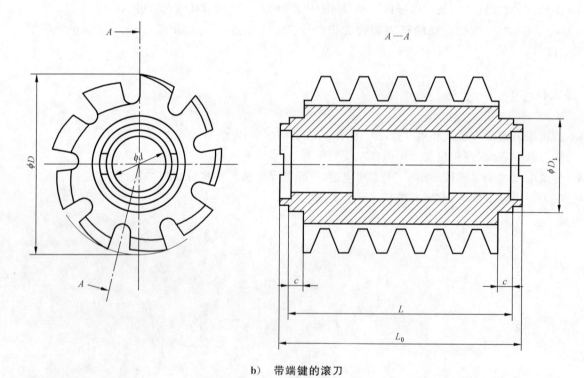

b) 带端键的滚刀

图1 齿轮滚刀的尺寸

表 1　小孔径单头齿轮滚刀的尺寸

类型[b]	模数 m 系列		轴台直径 D_1 mm	外径 D^a mm	孔径 d^b mm	参考			
	I	II				总长 L^a mm	总长 L_0^a mm	最小轴台长度 c mm	常用容屑槽数量
1	0.5	—		24	8	10	—	1	12
	—	0.55							
	0.6	—							
	—	0.7							
	—	0.75							
	0.8	—			12				
	—	0.9							
	1.0	—							
2	0.5	—	由制造商自行决定	32	10	20	30	2	12
	—	0.55							
	0.6	—							
	—	0.7							
	—	0.75							
	0.8	—							
	—	0.9							
	1.0	—							
	—	1.125							
	1.25	—				25	35		10
	—	1.375							
	1.5	—		36					
	—	1.75				30	40		
	2.0	—							
3	0.5	—		32	13	20	30	2	12
	—	0.55							
	0.6	—							
	—	0.7							
	—	0.75							
	0.8	—							
	—	0.9							
	1.0	—							
	—	1.125							
	1.25	—				25	35		10
	—	1.375		40					
	1.5	—							
	—	1.75				30	40		
	2.0	—							

注：根据用户需要可以不做键槽。

[a] 外径 D 公差、总长度 L 或 L_0 公差按 GB/T 1804 应为粗糙级。

[b] 类型是基于孔径划分的。

表 2　单头齿轮滚刀的尺寸

模数 m 系列		轴台直径 D1 mm	外径 D^{a} mm	孔径 d^{b} mm	参考			
I	II				总长 L^{a} mm	总长 L_0^{a} mm	最小轴台长度 c mm	常用容屑槽数量
1	—	由制造商自行定制	50	22	50	65	4	14
—	1.125							
1.25	—							
—	1.375							
1.5	—		55		55	70		
—	1.75							
2	—		65	27	60	75		
—	2.25							
2.5	—		70		65	80		
—	2.75							
3	—		75	32	70	85		
—	3.5		80		75	90		
4	—		85		80	95		
—	4.5		90		85	100		
5	—		95		90	105		
—	5.5		100		95	110		12
6	—		105		100	115		
—	6.5		110		110	125		
—	7		115		115	130		
8	—		120		140	160	5	10
—	9		125					
10	—		130		170	190		
—	11		150					
12	—		160	40	200	220		
—	14		180					
16	—		200	50	250	275	6	9
—	18		220					
20	—		240	60	300	325		
—	22		250					
25	—		280		360	385		
—	28		320	80	400	430		
32	—		350		450	480		
—	36		380					
40	—		400		480	510		

a　外径公差、总长度公差按 GB/T 1804 应为粗糙级。
b　GB/T 20329(联结尺寸)孔径最大为 50 mm。

4　标记示例

模数 m=2 的小孔径齿轮滚刀标记为

小孔径齿轮滚刀 m2 GB/T 6083—2016

模数 $m=2$ 的带端键齿轮滚刀标记为

端键齿轮滚刀 m2 GB/T 6083—2016

模数 $m=2$ 的带轴键齿轮滚刀标记为

轴键齿轮滚刀 m2 GB/T 6083—2016

对于附录 A 中的多头滚刀,制造商自行作标记。

附　录　A
（资料性附录）
多头齿轮滚刀

A.1　小孔径多头齿轮滚刀见表 A.1。

表 A.1　小孔径多头齿轮滚刀的尺寸

类型c	模数 m		轴台直径 D_1 mm	头数 z_0								
	系列			1			2			3		
	I	II		外径 D mm	孔径 d mm	螺纹升角a,b γ_0 (°)	外径 D mm	孔径 d mm	螺纹升角a,b γ_0 (°)	外径 D mm	孔径 d mm	螺纹升角a,b γ_0 (°)
1	0.5	—	由制造商自行定制	24	8	1.259	32	10	1.864	32	10	2.796
	—	0.55				1.393			2.058			3.088
	0.6	—				1.528			2.255			3.383
	—	0.65				1.665			2.453			3.681
	—	0.7				1.803			2.653			3.981
	—	0.75				1.943			2.854			4.283
	0.8	—				2.084			3.057			4.589
	—	0.9				2.372			3.469			5.207
	1	—				2.666			3.887			5.837
2 和 3	0.5	—		32	10	0.932			1.864			2.796
	—	0.55				1.029			2.058			3.088
	0.6	—				1.127			2.255			3.383
	—	0.65				1.226			2.453			3.681
	—	0.7				1.326			2.653			3.981
	—	0.75				1.427			2.854			4.283
	0.8	—				1.528			3.057			4.589
	—	0.9				1.734			3.469			5.207
	1	—				1.943			3.887			5.837
	—	1.125				2.209			4.421			6.640
	1.25	—		40		1.943	40		3.887	40		5.837
	—	1.375				2.155			4.313			6.478
	1.5	—				2.372			4.747			7.131
	—	1.75				2.816			5.638			8.474
	2	—				3.276			6.562			9.871

a　容屑槽轴向螺纹升角通常不大于6°。

b　齿轮滚刀的螺纹升角由下式计算：

$$\sin\gamma_0 = \frac{m \times z_0}{D - 2h_{a0}}$$

其中：γ_0 为螺纹升角；m 为模数；z_0 为齿轮滚刀的头数；D 为齿轮滚刀外径；h_{a0} 为齿轮滚刀齿顶高。

c　类型是基于孔径划分的。

A.2 多头齿轮滚刀见表 A.2。

表 A.2 多头齿轮滚刀的尺寸

模数 m 系列 Ⅰ	模数 m 系列 Ⅱ	轴台直径 D_1 mm	$z_0=1$ 外径 D mm	$z_0=1$ 孔径 d mm	$z_0=1$ 螺纹升角[b] γ_0 (°)	$z_0=1$ 最大容屑槽数[a]	$z_0=2$ 外径 D mm	$z_0=2$ 孔径 d mm	$z_0=2$ 螺纹升角[b] γ_0 (°)	$z_0=2$ 最大容屑槽数[a]	$z_0=3$ 外径 D mm	$z_0=3$ 孔径 d mm	$z_0=3$ 螺纹升角[b] γ_0 (°)	$z_0=3$ 最大容屑槽数[a]	$z_0=4$ 外径 D mm	$z_0=4$ 孔径 d mm	$z_0=4$ 螺纹升角[b] γ_0 (°)	$z_0=4$ 最大容屑槽数[a]
1	—		50	22	1.206	16	55	22	2.183	17	60	22	2.991	18	85	22	2.779	23
—	1.125		50	22	1.366	16	55	22	2.471	17	60	22	3.383	18	90	22	2.959	23
1.25	—		50	22	1.528	16	55	22	2.762	17	65	27	3.780	19	95	27	3.120	23
—	1.375		50	22	1.692	16	55	22	3.057	17	65	27	3.842	19	95	27	3.444	23
1.5	—		55	27	1.877	15	60	27	3.057		70	27	3.895	19	100	27	3.574	25
—	1.75		55	27	1.981	15	60	27	3.008		80	27	3.981	20	110	32	3.800	25
2	—		65	27	1.910	15	70	27	3.528		90	32	4.048	20	110	32	3.989	25
—	2.25		65	27	2.123	15	80	27	3.469		100	32	4.301	20	120	32	4.513	25
2.5	—		70	27	2.237	15	85	32	3.640		110	32	4.145		130	40	5.044	25
—	2.75		70	27	2.497	15	85	32	4.037		110	32	4.389		130	40	5.126	25
3	—		75	32	2.630	14	90	32	4.171		115	32	4.802	22	150	40	5.622	27
—	3.5		80	32	2.816	14	100	32	4.406		125	32	5.182	22	150	40	5.688	27
4	—		85	32	3.057	14	115	40	4.379		140	40	5.296	22	170	40	5.739	27
—	4.5		90	32	3.275	14	130	40	4.717		150	40	5.581		180	40	6.123	27
5	—		95	32	3.175		125	40	5.100	19	160	40	5.837		190	50	6.470	27
—	5.5		100	32	3.656		135	40	5.205		170	50	6.062		200	50	6.784	27
6	—	由制造商自行定制	105	32	3.823	13	140	40	5.509		175	50	6.459		210	50	7.070	27
—	6.5		110	32	3.976	13	150	40	5.578	18								
—	7		115	40	4.117	13	155	40	5.844									
8	—		120	40	4.589		160	40	6.562	17								
—	9		125	40	5.037	12	170	50	7.010									
10	—		130	40	5.465		180	50	7.414	16								
—	11		150	40	5.152	11	200	50	7.327									
12	—		160	40	5.296	11	210	50	7.662									
—	14		180	50	5.541		240	60	7.850	15								
16	—		200	50	5.739		270	60	7.998									
—	18		220	50	5.904	10												
20	—		240	50	6.042	10												
—	22		250	60	6.478													
25	—		280	60	6.600													
—	28		320	60	6.431													
32	—		350	80	6.807													
—	36		380	80	7.131	9												
40	—		400	80	7.662													

表 A.2（续）

| 模数 m | | 轴台直径 D_1 mm | 头数 z_0 | | | | | | | | | | | |
| I | II | | 5 | | | | 6 | | | | 7 | | | |
			外径 D mm	孔径 d mm	螺纹升角[b] γ_0 (°)	最大容屑槽数[a]	外径 D mm	孔径 d mm	螺纹升角[b] γ_0 (°)	最大容屑槽数[a]	外径 D mm	孔径 d mm	螺纹升角[b] γ_0 (°)	最大容屑槽数[a]
1	—		85		3.475	23	85		4.171	23	85		4.867	23
—	1.125		90		3.699		90		4.440		90		5.182	
1.25	—		95		3.901		95		4.682		95		5.465	
—	1.375		95		4.306				5.169				6.034	
1.5	—		100		4.469		100		5.365		100		6.263	
—	1.75		110	32	4.752	25	110	32	5.705	25	110	32	6.660	25
2	—				4.989				5.990				6.993	
—	2.25		120		5.645		120		6.779		120		7.915	
2.5	—				6.309				7.578				8.850	
—	2.75		130		6.412		130		7.701		130		8.995	
3	—				7.033	27			8.450	27			9.871	27
—	3.5		150	40	7.117		150	40	8.550		150	40	9.989	

轴台直径 D_1：由制造商自行定制

[a] 容屑槽轴向螺纹升角通常不大于6°。

[b] 齿轮滚刀的螺纹升角由下式计算：

$$\sin\gamma_0 = \frac{m \times z_0}{D - 2h_{a0}}$$

其中，γ_0 ——螺纹升角；

m ——模数；

z_0 ——齿轮滚刀的头数；

D ——齿轮滚刀外径；

h_{a0} ——齿轮滚刀齿顶高。

ICS 25.100.20
J 41

中华人民共和国国家标准

GB/T 6084—2016
代替 GB/T 6084—2001

齿轮滚刀 通用技术条件

Gear hobs—General technical specification

（ISO 4468:2009，Gear hobs—Accuracy requirements，MOD）

2016-02-24 发布

2016-09-01 实施

中华人民共和国国家质量监督检验检疫总局
中国国家标准化管理委员会 发布

前　言

本标准按照 GB/T 1.1—2009 给出的规则起草。

本标准代替 GB/T 6084—2001《齿轮滚刀　通用技术条件》。

本标准与 GB/T 6084—2001 相比主要技术变化如下：

——修改了范围，规定了模数为 0.5 mm～40 mm 的通用滚刀的精度要求(见 1 章，2001 年版第 1 章)；

——滚刀精度分级增加了 4A 级、3A 级和 D 级，2A 级、A 级、B 级、C 级偏差数值有一些变化(见表 3)；

——修改了规范性引用文件(见 2 章，2001 年版第 2 章)；

——增加了第 3 章　术语和定义(见第 3 章)；

——增加了表 1 参考测量方法(见表 1)；

——修改了孔的公差(见表 2)；

——在表 3 中，滚刀模数调整为 0.5 mm～40 mm，精度等级修改为 7 级，检测内容删除了刀齿前面与内孔轴线的平行度，增加了多头滚刀齿形误差(双头、3 头和 4 头、5 头、6 头和 7 头)、多头滚刀采用啮合线检测时的齿形误差(双头、3 头和 4 头、5 头、6 头和 7 头)、齿顶高差、同一个容屑槽的最大和最小的标准齿距差、多头滚刀相邻切削刃的螺旋线导程误差(双头、3 头和 4 头、5 头、6 头和 7 头)、多头滚刀采用啮合线检测时一个轴向齿距内切削刃的螺旋线导程误差(1～7 头)、多头滚刀沿啮合线的啮合误差(双头、3 头和 4 头、5 头、6 头和 7 头)、多头滚刀沿啮合线的累积误差(双头、3 头和 4 头、5 头、6 头和 7 头)、两个相邻切齿沿轴向齿距差及任意三个轴向齿距上的轴向齿距偏差，增加了对各个检测项的注释，各精度等级在相应模数范围内对应的偏差也发生了较大变化(见表 3)；

——增加了 4A、3A 和 D 级滚刀表面粗糙度的上限值(见 6.2)；

——修改了标志和包装(见 7 章，2001 年版第 6 章)。

本标准使用重新起草法修改采用 ISO 4468:2009《齿轮滚刀　精度要求》(英文版)。

本标准与 ISO 4468:2009 的技术差异如下：

——用我国相应标准代替规范性引用文件中的国际标准；

——一些术语和定义用国内已有术语和定义代替，增加了公差代号；

——删除了允许值的推导，因为允许值推导过程不适合列入标准；

——增加了材料和硬度，原因是刀具产品标准通常都规定材料和硬度；

——增加了外观和表面粗糙度，原因是刀具产品标准通常都规定外观和表面粗糙度；

——增加了标志和包装，原因是刀具产品标准通常都规定标志和包装。

本标准还做了如下编辑性修改：

——修改了标准名称；

——删除了估计标准的目录和前言；

——用本标准代替本国际标准；

——用小数点符号"."代替符号","；

——删除了参考文献。

本标准由中国机械工业联合会提出。

本标准由全国刀具标准化技术委员会(SAC/TC 91)归口。

本标准负责起草单位:成都工具研究所有限公司、汉江工具有限责任公司、哈尔滨第一工具制造有限公司、重庆工具厂有限责任公司、太原工具厂、浙江汤溪工具制造有限公司。

本标准主要起草人:沈士昌、曾宇环、王小雷、王家喜、戴新、辛佳毅、胡永宏。

本标准所代替标准的历次版本发布情况为:

——GB/T 6084—1985、GB/T 6084—2001。

齿轮滚刀　通用技术条件

1　范围

本标准规定了模数为 0.5 mm～40 mm 的通用滚刀的精度要求。

本标准规定的滚刀用于加工符合 GB/T 1356 和 GB/T 1357 规定的齿轮。

本标准适用于整体和镶齿的直槽和螺旋槽齿轮滚刀。

滚刀的基本特征按精度分级,如下所示:

——4A 级;

——3A 级;

——2A 级;

——A 级;

——B 级;

——C 级;

——D 级。

4A 级是最高精度级别。

除了滚刀的基本检测,本标准还给出了沿切削刃啮合线的综合检测允许公差。这两组检测是不相同的,宜在二者中选其一。如果之前没有协定,且滚刀满足两种检测方法中的一种,则滚刀按以上精度等级。

> 注:本标准的公差适用于尺寸符合 GB/T 6083 的齿轮滚刀,但为了具备一定的预防措施,这些公差也适用于本标准未规定的滚刀。

2　规范性引用文件

下列文件对于本文件的应用是必不可少的。凡是注日期的引用文件,仅注日期的版本适用于本文件。凡是不注日期的引用文件,其最新版本(包括所有的修改单)适用于本文件。

GB/T 1356　通用机械和重型机械用圆柱齿轮　标准基本齿条齿廓(GB/T 1356—2001,ISO 53:1998,IDT)

GB/T 1357　通用机械和重型机械用圆柱齿轮　模数(GB/T 1357—2008,ISO 54:1996,IDT)

GB/T 1800.2　产品几何技术规范(GPS)　极限与配合　第 2 部分:标准公差等级和孔、轴极限偏差表(GB/T 1800.2—2009,ISO 286-2:1988,MOD)

GB/T 3374.1　齿轮　术语和定义　第 1 部分:几何学定义(GB/T 3374.1—2010,ISO 1122-1:1998,IDT)

GB/T 6083　齿轮滚刀　基本型式和尺寸(GB/T 6083—2016,ISO 2490:2007,MOD)

3　术语和定义

GB/T 3374.1 界定的以及下列术语和定义适用于本文件。

3.1

轴台的径向圆跳动　radial runout of hub diameter

δd_{1r}

滚刀轴线到滚刀轴台外圆表面径向距离的最大变动量。

3.2

轴台的端面圆跳动 axial runout of hub face

δd_{1x}

容纳实际端面的垂直于轴线两个平行平面间的距离。

3.3

外圆的径向圆跳动 radial runout of tips of teeth

δd_{er}

在滚刀全长上,齿顶到内孔中心距离的最大差值。

3.4

刀齿前面的径向性 straightness and radial alignment over cutting depth

δf_r

在测量范围内,容纳实际刀齿前面的两个平行于理论前面的平面间的距离。

3.5

容屑槽的相邻周节差 adjacent spacing of cutting face of gashes

δf_p

在滚刀分度圆附近的同一圆周上,两相邻周节的最大差值。

3.6

容屑槽周节的累积误差 total spacing of cutting face of gashes

δF_p

在滚刀分度圆附近的同一圆周上,任意两个刀齿前面间相互位置的最大误差。

3.7

每 100 mm 上容屑槽的导程误差 gash lead deviation per 100 mm

δp_k

在靠近分度圆处的测量范围内,容屑槽前面与理论螺旋面的最大误差。

注:误差允许值在每 100 mm 的齿面宽度上测量。

3.8

齿形误差 tooth profile deviation

δf_f

在检测截面中的测量范围内,容纳实际齿形的两条理论直线齿形间的法向距离。

3.8.1

采用啮合线检测时的齿形误差 tooth profile deviation when line of action test is used

$\delta' f_f$

采用啮合线检测时,在检测截面中的测量范围内,容纳实际齿形的两条理论直线齿形间的法向距离。

注:当采用啮合线检测时,8A 号检测用于齿形误差。

3.9

齿厚偏差 tooth thickness

δs_x

滚刀分度圆处测量的齿厚对公称齿厚的偏差。

注:只允许为负。

3.9.1

齿顶高偏差 addendum

δs_{x1}

齿顶高差值与检测时的法向齿厚有关。

注：只允许为正。9A 号检测用于齿顶高差。

3.9.2

沿一个容屑槽的齿厚差 tooth thickness difference along one gash

δs_{x2}

分度圆处沿同一容屑槽最大齿厚和最小齿厚差值。

注：9B 号检测用于沿一个容屑槽的齿厚差。该检测仅对 4A、3A 和 2A 级滚刀有效。

3.10

相邻切削刃的螺旋线导程误差 lead deviation on adjacent teeth

δz

相邻切削刃与内孔同心圆柱表面的交点对滚刀理论螺旋线的最大轴向误差。

3.11

滚刀一个轴向齿距内切削刃的螺旋线导程误差 lead deviation in one axial pitch

δz_1

在滚刀一个轴向齿距内，切削刃与内孔同心圆柱表面的交点对滚刀理论螺旋线的最大轴向误差。一个轴向齿距内的齿数是指在引导检测滚刀转一个轴向齿距的时候测量探头沿平行于参考轴线移动所检测的齿数。

注：就螺旋槽滚刀而言，齿数取决于容屑槽数、头数和容屑槽导程。

3.11.1

采用啮合线检测时滚刀一个轴向齿距内切削刃的螺旋线导程误差 lead deviation in one axial pitch when line of action test is used

$\delta' z_1$

采用啮合线检测时，在滚刀一个轴向齿距内，切削刃与内孔同心圆柱表面的交点对滚刀理论螺旋线的最大轴向误差。

注：11A 号检测用于采用啮合线检测时一个轴向齿距内的螺旋线导程误差。

3.12

滚刀三个轴向齿距内切削刃的螺旋线导程误差 lead deviation in three axial pitches

δz_3

在滚刀三个轴向齿距内，切削刃与内孔同心圆柱表面的交点对滚刀理论螺旋线的最大轴向误差。三个轴向齿距内的齿数是指在引导检测滚刀转三转的时候测量探头沿平行于参考轴线移动所检测的齿数。

注：就螺旋槽滚刀而言，齿数取决于容屑槽数、头数和容屑槽导程。

3.12.1

采用啮合线检测时滚刀三个轴向齿距内切削刃的螺旋线导程误差 lead deviation in three axial pitches when line of action test is used

$\delta' z_3$

采用啮合线检测时，在滚刀三个轴向齿距内，切削刃与内孔同心圆柱表面的交点对滚刀理论螺旋线的最大轴向误差。

注：12A 号检测用于采用啮合线检测时三个轴向齿距内的螺旋线导程误差。

3.13

相邻刀齿啮合误差 adjacent deviation along line of action

δg_{a1}

沿啮合线检测时任意相邻刀齿的最大误差。

注1：在滚刀按渐开线螺旋几何制造的情况下，滚刀相邻啮合线的允许误差适用于相邻的啮合线检测结果。

注2：相邻刀齿啮合误差在切削刃上测量。

3.14

刀齿累积啮合误差　total deviation along line of action

δg_{a}

沿啮合线检测时任意两个刀齿的累积最大误差。

注1：在滚刀按渐开线螺旋几何制造的情况下，滚刀啮合线的累积允许误差适用于所有相邻的啮合线检测结果。

注2：沿啮合线的累积误差在切削刃上测量。

3.15

轴向齿距差　axial pitch deviation from thread to thread

δk

任意两个相邻刀齿上的最大轴向齿距差，测量两个容屑槽。

注1：奇数头滚刀，两容屑槽的分度夹角近似90°；偶数头滚刀，两容屑槽的分度夹角近似120°。

注2：最低要求是检测的轴向齿数等于滚刀头数。

3.16

任意三个轴向齿距内的轴向齿距偏差　axial pitch deviation in any three axial pitches over all threads

δk_{3}

在两个槽内任意三个相邻刀齿上的最大轴向齿距偏差。

注1：奇数头滚刀，两容屑槽的分度夹角近似90°；偶数头滚刀，两容屑槽的分度夹角近似120°。

注2：最低要求是检测的轴向齿数等于滚刀头数。

4　精度要求

滚刀内孔公差应符合表2规定，滚刀精度应符合表3的要求。

当制造商和用户间事先规定了滚刀检测方法时，制造商应选择：

——检测方法应适用于本标准的检测，见表1；

——检测设备与检测方法要对应，并进行相应校准；

——单齿检测时，只要间隔距离大致相等就可以了。

没有特定的检测方法或文件是强制性的。当检测要求超过了本标准的推荐值时，建议在生产滚刀前协商一致。

表1　参考测量方法

检测方法定义	检测内容	检测编号	
		基本检测	综合检测[a]
3.1	轴台的径向圆跳动	1	1
3.2	轴台的端面圆跳动	2	2
3.3	外圆的径向圆跳动	3	3
3.4	刀齿前面的径向性	4	4

表 1（续）

检测方法定义	检测内容	检测编号	
		基本检测	综合检测[a]
3.5	容屑槽的相邻周节差	5	5
3.6	容屑槽周节的累积误差	6	6
3.7	每 100 mm 上容屑槽的导程误差	7	7
3.8	齿形误差	8	8A
3.9	齿厚偏差	9 或 9A、9B	9 或 9A、9B
3.10	相邻切削刃的螺旋线导程误差	10	10
3.11	滚刀一个轴向齿距内切削刃的螺旋线导程误差	11	11A
3.12	滚刀三个轴向齿距内切削刃的螺旋线导程误差	12	12A
3.13	相邻刀齿啮合误差	—[b]	13
3.14	刀齿累积啮合误差	—[b]	14
3.15	轴向齿距差	15	15
3.16	任意三个轴向齿距内的轴向齿距偏差	16	16

[a]　当采用啮合线检测时选择综合检测。

[b]　不提供基本检测方法。

表 2　孔的公差

滚刀等级	公差[a]									
	基准直径 mm									
	8	10	13	22	27	32	40	50	60	80
4A	H3									
3A	H3			H4						
2A										
A	H4			H5						
B	H5									
C	H6									
D										

[a]　按 GB/T 1800.2。

表3 精度要求

检测号	要素	示意图 (见表3最后关于示意图的注释)	检测内容	模数 m mm	允许偏差 μm 精度等级						
					4A	3A	2A	A	B	C	D
1	轴台直径		径向圆跳动	0.5≤m≤1	2	2	3	4	7	7	9
				1<m≤2	2	2	3	4	7	7	9
				2<m≤3.5	2	3	4	6	9	9	12
				3.5<m≤6.0	2	3	5	7	11	11	15
				6.0<m≤10	3	4	6	9	14	14	18
				10<m≤16	4	5	8	11	17	17	23
				16<m≤25	5	7	10	14	22	22	28
				25<m≤40	6	9	13	18	29	29	38
2	轴台端面		端面圆跳动	0.5≤m≤1	2	2	3	4	6	6	8
				1<m≤2	2	2	3	4	6	6	8
				2<m≤3.5	2	2	3	5	7	7	10
				3.5<m≤6.0	2	3	4	6	9	9	12
				6.0<m≤10	3	4	5	7	12	12	15
				10<m≤16	3	5	6	9	14	14	19
				16<m≤25	4	6	8	11	18	18	24
				25<m≤40	5	7	11	15	24	24	31
3	外圆		齿顶的径向圆跳动	0.5≤m≤1	8	12	17	24	43	86	113
				1<m≤2	8	12	17	24	43	86	113
				2<m≤3.5	10	15	21	30	53	106	140
				3.5<m≤6.0	13	18	26	37	66	132	174
				6.0<m≤10	16	23	33	46	83	166	219
				10<m≤16	20	29	41	58	104	207	274
				16<m≤25	25	36	51	72	130	259	342
				25<m≤40	33	48	67	95	171	342	451
4	刀齿前面		刀齿前面的径向性	0.5≤m≤1	6	9	13	19	33	33	44
				1<m≤2	6	9	13	19	33	33	44
				2<m≤3.5	8	12	16	23	42	42	55
				3.5<m≤6.0	10	14	20	29	52	52	68
				6.0<m≤10	13	18	26	36	65	65	86
				10<m≤16	16	23	32	45	81	81	107
				16<m≤25	20	28	40	56	101	101	134
				25<m≤40	26	37	53	74	134	134	177

表 3（续）

检测号	要素	示意图（见表3最后关于示意图的注释）	检测内容	模数 m mm	允许偏差 μm 精度等级						
					4A	3A	2A	A	B	C	D
5	容屑槽	注：1、2、3等指滚刀切削齿。	相邻周节差	0.5≤m≤1	7	10	15	21	37	37	49
				1<m≤2	7	10	15	21	37	37	49
				2<m≤3.5	9	13	18	26	46	46	61
				3.5<m≤6.0	11	16	23	32	58	58	76
				6.0<m≤10	14	20	29	40	73	73	96
				10<m≤16	16	25	36	50	91	91	120
				16<m≤25	22	32	45	63	113	113	150
				25<m≤40	29	42	59	83	150	150	198
6	容屑槽	注：1、2、3等指滚刀切削齿。	周节累积误差	0.5≤m≤1	14	19	27	39	69	69	92
				1<m≤2	14	19	27	39	69	69	92
				2<m≤3.5	17	24	34	48	86	86	114
				3.5<m≤6.0	21	30	42	60	107	107	142
				6.0<m≤10	26	37	53	75	135	135	178
				10<m≤16	33	47	66	94	168	168	223
				16<m≤25	41	59	83	117	211	211	278
				25<m≤40	54	77	110	154	278	278	368
7	容屑槽		每100mm上容屑槽的导程误差	0.5≤m≤40	28	40	57	80	100	114	185

表3（续）

检测号	要素	示意图（见表3最后关于示意图的注释）	检测内容	模数 m mm	允许偏差 μm 精度等级 4A	3A	2A	A	B	C	D
8	刀齿		齿形，单头	0.5≤m≤1	3	4	5	7	15	30	39
				1<m≤2	3	4	5	7	15	30	39
				2<m≤3.5	3	5	7	9	18	37	49
				3.5<m≤6.0	4	6	8	11	23	46	61
				6.0<m≤10	5	7	10	14	29	58	76
				10<m≤16	6	9	13	18	36	72	95
				16<m≤25	8	11	16	23	45	90	119
				25<m≤40	10	15	21	30	59	119	157
			双头	0.5≤m≤1	3	5	7	9	19	37	49
				1<m≤2	3	5	7	9	19	37	49
				2<m≤3.5	4	6	8	12	23	46	61
				3.5<m≤6.0	5	7	10	14	29	57	76
				6.0<m≤10	6	9	13	18	36	72	95
				10<m≤16	8	11	16	23	45	90	119
				16<m≤25	—	—	—	—	—	—	—
				25<m≤40	—	—	—	—	—	—	—
			3头和4头	0.5≤m≤1	4	6	8	12	23	46	61
				1<m≤2	4	6	8	12	23	46	61
				2<m≤3.5	5	7	10	14	29	58	76
				3.5<m≤6.0	6	9	13	18	36	72	95
				6.0<m≤10	—	—	—	—	—	—	—
				10<m≤16	—	—	—	—	—	—	—
				16<m≤25	—	—	—	—	—	—	—
				25<m≤40	—	—	—	—	—	—	—
			5头、6头和7头	0.5≤m≤1	5	7	10	14	29	58	76
				1<m≤2	5	7	10	14	29	58	76
				2<m≤3.5	6	9	13	18	36	72	95
				3.5<m≤6.0	—	—	—	—	—	—	—
				6.0<m≤10	—	—	—	—	—	—	—
				10<m≤16	—	—	—	—	—	—	—
				16<m≤25	—	—	—	—	—	—	—
				25<m≤40	—	—	—	—	—	—	—

表3（续）

检测号	要素	示意图（见表3最后关于示意图的注释）	检测内容	模数 m mm	允许偏差 μm 精度等级						
					4A	3A	2A	A	B	C	D
8A	刀齿		齿形（采用啮合线检测时）、单头	0.5≤m≤1	4	6	9	13	25	50	67
				1<m≤2	4	6	9	13	25	50	67
				2<m≤3.5	5	8	11	16	31	63	83
				3.5<m≤6.0	7	10	14	20	39	78	103
				6.0<m≤10	9	12	17	24	49	98	129
				10<m≤16	11	15	22	31	61	112	162
				16<m≤25	13	19	27	38	77	153	202
				25<m≤40	18	25	36	50	101	202	267
			双头	0.5≤m≤1	6	8	11	16	32	63	83
				1<m≤2	6	8	11	16	32	63	83
				2<m≤3.5	7	10	14	20	39	78	104
				3.5<m≤6.0	9	12	17	24	49	98	129
				6.0<m≤10	11	15	22	31	61	122	162
				10<m≤16	13	19	27	38	77	153	202
				16<m≤25	—	—	—	—	—	—	—
				25<m≤40	—	—	—	—	—	—	—
			3头和4头	0.5≤m≤1	7	10	14	20	39	79	104
				1<m≤2	7	10	14	20	39	79	104
				2<m≤3.5	9	12	17	24	49	98	129
				3.5<m≤6.0	11	15	22	30	61	122	161
				6.0<m≤10	—	—	—	—	—	—	—
				10<m≤16	—	—	—	—	—	—	—
				16<m≤25	—	—	—	—	—	—	—
				25<m≤40	—	—	—	—	—	—	—
			5头、6头和7头	0.5≤m≤1	9	12	17	25	49	98	130
				1<m≤2	9	12	17	25	49	98	130
				2<m≤3.5	11	15	22	31	61	122	161
				3.5<m≤6.0	—	—	—	—	—	—	—
				6.0<m≤10	—	—	—	—	—	—	—
				10<m≤16	—	—	—	—	—	—	—
				16<m≤25	—	—	—	—	—	—	—
				25<m≤40	—	—	—	—	—	—	—

表3（续）

检测号	要素	示意图 （见表3最后关于示意图的注释）	检测内容	模数 m mm	允许偏差 μm 精度等级						
					4A	3A	2A	A	B	C	D
9	刀齿		齿厚（只允许为负）	0.5≤m≤1	16	16	22	22	45	45	57
				1<m≤2	16	16	22	22	45	45	57
				2<m≤3.5	20	20	28	28	55	55	70
				3.5<m≤6.0	24	24	34	34	69	69	87
				6.0<m≤10	31	31	43	43	86	86	110
				10<m≤16	38	38	54	54	108	108	137
				16<m≤25	48	48	68	68	135	135	171
				25<m≤40	63	63	89	89	178	178	226
9A	刀齿		齿顶高（只允许为正）	0.5≤m≤1							
				1<m≤2							
				2<m≤3.5							
				3.5<m≤6.0	$\dfrac{\text{检测号 9 的偏差值}}{2\times\tan(\text{压力角})}$						
				6.0<m≤10							
				10<m≤16							
				16<m≤25							
				25<m≤40							
9B	刀齿		同一个容屑槽的最大和最小的齿厚差、单头	0.5≤m≤1	4	6	8				
				1<m≤2	4	6	8				
				2<m≤3.5	5	7	10				
				3.5<m≤6.0	6	9	13				
				6.0<m≤10	8	12	16				
				10<m≤16	10	14	20				
				16<m≤25	13	18	26				
				25<m≤40	17	24	34	9B 检测号三仅仅对 4A、3A 和 2A 级滚刀有效			
			双头	0.5≤m≤1	5	7	11				
				1<m≤2	5	7	11				
				2<m≤3.5	6	9	13				
				3.5<m≤6.0	8	11	16				
				6.0<m≤10	10	14	20				
				10<m≤16	13	18	26				
				16<m≤25	—	—	—				
				25<m≤40	—	—	—				

表3（续）

检测号	要素	示意图 （见表3最后关于示意图的注释）	检测内容	模数 m mm	允许偏差 μm 精度等级						
					4A	3A	2A	A	B	C	D
9B	刀齿	检测号9B使用同一图	3头和 4头	0.5≤m≤1	6	9	13				
				1<m≤2	6	9	13				
				2<m≤3.5	8	12	16				
				3.5<m≤6.0	10	14	20				
				6.0<m≤10	—	—	—				
				10<m≤16							
				16<m≤25							
				25<m≤40				9B检测号仅仅 对4A、3A和2A 级滚刀有效			
			5头、 6头和 8头	0.5≤m≤1	8	12	16				
				1<m≤2	8	12	16				
				2<m≤3.5	10	14	20				
				3.5<m≤6.0	—	—	—				
				6.0<m≤10							
				10<m≤16							
				16<m≤25							
				25<m≤40							
10	螺旋线		相邻切 削刃的 螺旋线 导程 误差、 单头	0.5≤m≤1	2	3	4	6	12	24	31
				1<m≤2	2	3	4	6	12	24	31
				2<m≤3.5	3	4	5	7	15	30	39
				3.5<m≤6.0	3	5	7	9	18	37	48
				6.0<m≤10	4	6	8	12	23	46	61
				10<m≤16	5	7	10	14	29	58	76
				16<m≤25	6	9	13	18	36	72	95
				25<m≤40	8	12	17	24	48	95	125
			双头	0.5≤m≤1	3	4	5	7	15	30	39
				1<m≤2	3	4	5	7	15	30	39
				2<m≤3.5	3	5	7	9	18	37	49
				3.5<m≤6.0	4	6	8	11	23	46	61
				6.0<m≤10	5	7	10	14	29	58	76
				10<m≤16	6	9	13	18	36	72	95
				16<m≤25	—	—	—	—	—	—	—
				25<m≤40	—	—	—	—	—	—	—

表3（续）

检测号	要素	示意图（见表3最后关于示意图的注释）	检测内容	模数 m mm	允许偏差 μm 精度等级						
					4A	3A	2A	A	B	C	D
10	螺旋线		3头和4头	0.5≤m≤1	3	5	7	9	19	37	49
				1<m≤2	3	5	7	9	19	37	49
				2<m≤3.5	4	6	8	12	23	46	61
				3.5<m≤6.0	5	7	10	14	29	57	76
				6.0<m≤10	—	—	—	—	—	—	—
				10<m≤16	—	—	—	—	—	—	—
				16<m≤25	—	—	—	—	—	—	—
				25<m≤40	—	—	—	—	—	—	—
			5头、6头和7头	0.5≤m≤1	4	6	8	12	23	46	61
				1<m≤2	4	6	8	12	23	46	61
				2<m≤3.5	5	7	10	14	29	58	76
				3.5<m≤6.0	—	—	—	—	—	—	—
				6.0<m≤10	—	—	—	—	—	—	—
				10<m≤16	—	—	—	—	—	—	—
				16<m≤25	—	—	—	—	—	—	—
				25<m≤40	—	—	—	—	—	—	—
11	螺旋线		一个轴向齿距内切削刃的螺旋线导程误差、1～7头	0.5≤m≤1	4	5	7	10	21	42	55
				1<m≤2	4	5	7	10	21	42	55
				2<m≤3.5	5	6	9	13	26	52	68
				3.5<m≤6.0	6	8	11	16	32	64	85
				6.0<m≤10	7	10	14	20	40	81	106
				10<m≤16	9	13	18	25	50	101	133
				16<m≤25	11	16	22	32	63	126	166
				25<m≤40	15	21	30	42	83	166	220
			—						—		

表 3（续）

检测号	要素	示意图（见表3最后关于示意图的注释）	检测内容	模数 m mm	允许偏差 μm 精度等级						
					4A	3A	2A	A	B	C	D
11A	螺旋线		一个轴向齿距内切削刃的螺旋线导程误差（采用啮合线检测时）、1～7头	0.5≤m≤1	4	6	8	12	24	48	63
				1<m≤2	4	6	8	12	24	48	63
				2<m≤3.5	5	7	10	15	30	59	78
				3.5<m≤6.0	6	9	13	18	37	73	97
				6.0<m≤10	8	12	16	23	46	92	122
				10<m≤16	10	14	20	29	58	115	152
				16<m≤25	13	18	26	36	72	144	190
				25<m≤40	17	24	34	48	95	190	251
			—		—						
12	螺旋线		三个轴向齿距内切削刃的螺旋线导程误差、1～7头	0.5≤m≤1	7	10	14	19	39	77	102
				1<m≤2	7	10	14	19	39	77	102
				2<m≤3.5	8	12	17	24	48	96	127
				3.5<m≤6.0	10	15	21	30	60	119	158
				6.0<m≤10	13	19	27	37	75	150	198
				10<m≤16	16	23	33	47	94	187	247
				16<m≤25	20	29	42	59	117	234	309
				25<m≤40	27	39	55	77	154	309	408
			—		—						

表3（续）

检测号	要素	示意图 （见表3最后关于示意图的注释）	检测内容	模数 m mm	允许偏差 μm 精度等级						
					4A	3A	2A	A	B	C	D
12A	螺旋线		三个轴向齿距内切削刃的螺旋线导程误差（采用啮合线检测时）、1～7头	0.5≤m≤1	9	13	19	27	53	107	141
				1<m≤2	9	13	19	27	53	107	141
				2<m≤3.5	12	17	24	33	66	133	175
				3.5<m≤6.0	14	21	29	41	83	165	218
				6.0<m≤10	18	26	37	52	104	207	274
				10<m≤16	23	32	46	65	130	259	342
				16<m≤25	28	41	58	81	162	324	428
				25<m≤40	37	53	76	107	214	428	565
			—					—			
13	啮合线		沿啮合线的相邻刀齿啮合误差（在切削刃上测量）、单头	0.5≤m≤1	2	3	4	6	12	24	31
				1<m≤2	2	3	4	6	12	24	31
				2<m≤3.5	3	4	5	7	15	30	39
				3.5<m≤6.0	3	5	7	9	18	37	48
				6.0<m≤10	4	6	8	12	23	46	61
				10<m≤16	5	7	10	14	29	58	76
				16<m≤25	6	9	13	18	36	72	95
				25<m≤40	8	12	17	24	48	95	125
			双头	0.5≤m≤1	3	4	5	7	15	30	39
				1<m≤2	3	4	5	7	15	30	39
				2<m≤3.5	3	5	7	9	18	37	49
				3.5<m≤6.0	4	6	8	11	23	46	61
				6.0<m≤10	5	7	10	14	29	58	76
				10<m≤16	6	9	13	18	36	72	95
				16<m≤25	—	—	—	—	—	—	—
				25<m≤40	—	—	—	—	—	—	—
			3头和4头	0.5≤m≤1	3	5	7	9	19	37	49
				1<m≤2	3	5	7	9	19	37	49
				2<m≤3.5	4	6	8	12	23	46	61
				3.5<m≤6.0	5	7	10	14	29	57	76
				6.0<m≤10	—	—	—	—	—	—	—
				10<m≤16	—	—	—	—	—	—	—
				16<m≤25	—	—	—	—	—	—	—
				25<m≤40	—	—	—	—	—	—	—

表3（续）

检测号	要素	示意图 （见表3最后关于示意图的注释）	检测内容	模数 m mm	允许偏差 μm 精度等级						
					4A	3A	2A	A	B	C	D
13	啮合线		5头(6头和7头)	0.5≤m≤1	4	6	8	12	23	46	61
				1<m≤2	4	6	8	12	23	46	61
				2<m≤3.5	5	7	10	14	29	58	76
				3.5<m≤6.0	—	—	—	—	—	—	—
				6.0<m≤10	—	—	—	—	—	—	—
				10<m≤16	—	—	—	—	—	—	—
				16<m≤25	—	—	—	—	—	—	—
				25<m≤40	—	—	—	—	—	—	—
14	啮合线		沿啮合线的累积误差（在切削刃上测量），单头	0.5≤m≤1	5	7	11	15	30	59	78
				1<m≤2	5	7	11	15	30	59	78
				2<m≤3.5	6	9	13	18	37	74	97
				3.5<m≤6.0	8	11	16	23	46	92	121
				6.0<m≤10	10	14	20	29	58	115	152
				10<m≤16	13	18	26	36	72	144	190
				16<m≤25	16	25	32	45*	90	180	238
				25<m≤40	21	30	42	59	119	238	314
			双头	0.5≤m≤1	6	9	13	19	37	74	98
				1<m≤2	6	9	13	19	37	74	98
				2<m≤3.5	8	12	16	23	46	92	122
				3.5<m≤6.0	10	14	20	29	57	115	151
				6.0<m≤10	13	18	26	36	72	144	190
				10<m≤16	16	23	32	45	90	180	238
				16<m≤25	—	—	—	—	—	—	—
				25<m≤40	—	—	—	—	—	—	—
			3头和4头	0.5≤m≤1	8	12	16	23	46	93	122
				1<m≤2	8	12	16	23	46	93	122
				2<m≤3.5	10	14	20	29	58	115	152
				3.5<m≤6.0	13	18	25	36	72	143	189
				6.0<m≤10	—	—	—	—	—	—	—
				10<m≤16	—	—	—	—	—	—	—
				16<m≤25	—	—	—	—	—	—	—
				25<m≤40	—	—	—	—	—	—	—

表3（续）

检测号	要素	示意图 （见表3最后关于示意图的注释）	检测内容	模数 m mm	允许偏差 μm 精度等级						
					4A	3A	2A	A	B	C	D
14	啮合线		5头、6头和7头	0.5≤m≤1	10	14	21	29	58	116	153
				1<m≤2	10	14	21	29	58	116	153
				2<m≤3.5	13	18	26	36	72	144	190
				3.5<m≤6.0	—	—	—	—	—	—	—
				6.0<m≤10	—	—	—	—	—	—	—
				10<m≤16	—	—	—	—	—	—	—
				16<m≤25	—	—	—	—	—	—	—
				25<m≤40	—	—	—	—	—	—	—

* 设计基准。

检测号	要素	示意图	检测内容	模数 m mm	4A	3A	2A	A	B	C	D
15	齿距	P_1 P_2 P_3 P_4 P_5 P P P P P $\Delta_1 = \lvert P_1 - P_2 \rvert$ $\Delta_2 = \lvert P_2 - P_3 \rvert$ $\Delta_3 = \lvert P_3 - P_4 \rvert$ $\Delta_n = \lvert P_n - P_{n+1} \rvert$ 偏差是所有 Δ 值中的最大值。	两个相邻刀齿上的轴向齿距差、双头	0.5≤m≤1	3	4	6	8	17	33	44
				1<m≤2	3	4	6	8	17	33	44
				2<m≤3.5	4	5	7	10	21	42	55
				3.5<m≤6.0	5	6	9	13	26	52	68
				6.0<m≤10	6	8	12	16	32	65	86
				10<m≤16	7	10	14	20	41	81	107
				16<m≤25	—	—	—	—	—	—	—
				25<m≤40	—	—	—	—	—	—	—
			3头和4头	0.5≤m≤1	4	5	7	10	21	42	55
				1<m≤2	4	5	7	10	21	42	55
				2<m≤3.5	5	6	9	13	26	52	68
				3.5<m≤6.0	6	8	11	16	32	64	85
				6.0<m≤10	—	—	—	—	—	—	—
				10<m≤16	—	—	—	—	—	—	—
				16<m≤25	—	—	—	—	—	—	—
				25<m≤40	—	—	—	—	—	—	—
			5头、6头和7头	0.5≤m≤1	5	7	9	13	26	52	69
				1<m≤2	5	7	9	13	26	52	69
				2<m≤3.5	6	8	11	16	32	65	85
				3.5<m≤6.0	—	—	—	—	—	—	—
				6.0<m≤10	—	—	—	—	—	—	—
				10<m≤16	—	—	—	—	—	—	—
				16<m≤25	—	—	—	—	—	—	—
				25<m≤40	—	—	—	—	—	—	—

表 3（续）

检测号	要素	示意图（见表3最后关于示意图的注释）	检测内容	模数 m mm	允许偏差 μm						
					精度等级						
					4A	3A	2A	A	B	C	D
16	齿距	P_3 P_2 P_1 P P P P P $\Delta_1 = \|P_1 - 3P\|$ $\Delta_2 = \|P_2 - 3P\|$ $\Delta_3 = \|P_n - 3P\|$ 偏差是所有 Δ 值中的最大值。	任意三个轴向齿距上的轴向齿距偏差、双头	$0.5 \leqslant m \leqslant 1$	5	7	11	15	30	59	78
				$1 < m \leqslant 2$	5	7	11	15	30	59	78
				$2 < m \leqslant 3.5$	6	9	13	18	37	74	97
				$3.5 < m \leqslant 6.0$	8	11	16	23	46	92	121
				$6.0 < m \leqslant 10$	10	14	20	29	58	115	152
				$10 < m \leqslant 16$	13	18	26	36	72	144	190
				$16 < m \leqslant 25$	—	—	—	—	—	—	—
				$25 < m \leqslant 40$	—	—	—	—	—	—	—
			3头和4头	$0.5 \leqslant m \leqslant 1$	6	9	13	19	37	74	98
				$1 < m \leqslant 2$	6	9	13	19	37	74	98
				$2 < m \leqslant 3.5$	8	12	16	23	46	92	122
				$3.5 < m \leqslant 6.0$	10	14	20	29	57	115	151
				$6.0 < m \leqslant 10$	—	—	—	—	—	—	—
				$10 < m \leqslant 16$	—	—	—	—	—	—	—
				$16 < m \leqslant 25$	—	—	—	—	—	—	—
				$25 < m \leqslant 40$	—	—	—	—	—	—	—
			5头、6头和7头	$0.5 \leqslant m \leqslant 1$	8	12	16	23	46	93	122
				$1 < m \leqslant 2$	8	12	16	23	46	93	122
				$2 < m \leqslant 3.5$	10	14	20	29	58	115	152
				$3.5 < m \leqslant 6.0$	—	—	—	—	—	—	—
				$6.0 < m \leqslant 10$	—	—	—	—	—	—	—
				$10 < m \leqslant 16$	—	—	—	—	—	—	—
				$16 < m \leqslant 25$	—	—	—	—	—	—	—
				$25 < m \leqslant 40$	—	—	—	—	—	—	—

检测号	注释			
	a	b	c	d
4	偏差	—	—	—
5	偏差	—	—	—
6	偏差	—	—	—
7	偏差	—	—	—
8	偏差	—	—	—

表 3（续）

检测号	注 释			
	a	b	c	d
8A	偏　差	—	—	—
9	厚　度	分 度 圆	—	—
9A	齿 顶 高	分 度 圆	—	—
9B	最 大 厚 度	最 小 厚 度	一个容屑槽	最 大 差 值
10	偏　差	相 邻 齿	—	—
11	偏　差	一个轴向齿距	单　齿	—
11A	偏　差	一个轴向齿距	单　齿	—
12	偏　差	三个轴向齿距	单　齿	—
12A	偏　差	三个轴向齿距	单　齿	—
13	偏　差	啮 合 线	—	—
14	累 积 误 差	啮 合 线	有 效 长 度	—

5　材料和硬度

滚刀用普通高速钢制造,也可用高性能高速钢制造。

滚刀切削部分硬度:普通高速钢为 63 HRC～66 HRC,高性能高速钢为＞64 HRC。

6　外观和表面粗糙度

6.1　滚刀表面不得有裂纹、崩刃、烧伤及其他影响使用性能的缺陷。

6.2　滚刀表面粗糙度的上限值按表 4 的规定。

表 4　滚刀表面粗糙度的上限值　　　　　　　　　　　　单位为微米

检查表面	表面粗糙度参数	滚刀的精度等级						
		4A	3A	2A	A	B	C	D
		表面粗糙度						
内孔表面	Ra	0.32	0.32	0.32	0.32	0.63	1.25	1.25
端面	Ra	0.32	0.32	0.63	0.63	0.63	1.25	1.25
轴台外圆	Ra	0.32	0.32	0.63	0.63	1.25	1.25	1.25
刀齿前面	Ra	0.32	0.32	0.63	0.63	0.63	1.25	1.25
刀齿侧面	Ra	0.32	0.32	0.32	0.63	0.63	1.25	1.25
刀齿顶面及圆角部分	Ra	0.32	0.32	0.40	0.40	0.80	0.80	0.80

7 标志和包装

7.1 标志

7.1.1 产品上应标志：

a) 制造厂或销售商商标；

b) 模数；

c) 基准齿形角；

d) 分圆柱上的螺旋升角；

e) 螺旋方向(右旋不标)；

f) 精度等级；

g) 材料代号(普通高速钢不标)；

h) 制造年份。

7.1.2 包装盒上应标志：

a) 制造厂或销售商名称、地址和商标；

b) 产品名称；

c) 模数；

d) 基准齿形角；

e) 精度等级；

f) 材料代号；

g) 制造年份；

h) 本标准编号。

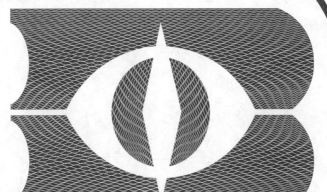

7.2 包装

滚刀在包装前应经防锈处理。包装应牢靠，并能防止运输过程中的损伤。

ICS 25.100.30
J 41

中华人民共和国国家标准

GB/T 9205—2005
代替 GB/T 9205—1988

镶 片 齿 轮 滚 刀

Insterted blade gear hobs

2005-05-18 发布

2005-12-01 实施

中华人民共和国国家质量监督检验检疫总局
中国国家标准化管理委员会 发布

前　言

本标准是对 GB/T 9205—1988《镶片齿轮滚刀》的修订。

本标准与 GB/T 9205—1988 的主要区别是：

——模数和结构尺寸作了调整；

——计算尺寸有相应的变化。

本标准代替 GB/T 9205—1988。

本标准的附录 A、附录 B 为资料性附录。

本标准由中国机械工业联合会提出。

本标准由全国刀具标准化技术委员会(SAC/TC 91)归口。

本标准负责起草单位:哈尔滨第一工具有限公司。

本标准主要起草人:曲建华、张 强、王家喜、于继龙、陈克天。

本标准所替代标准的历次发布情况：

——GB/T 9205—1988。

镶 片 齿 轮 滚 刀

1 范围

本标准规定了模数 10 mm～32 mm(按 GB/T 1357—1987)的镶片齿轮滚刀的基本型式和尺寸,基本型式分两种:轴向键槽型和端面键槽型。

本标准适用于加工基本齿廓按 GB/T 1356—2001 规定的齿轮的滚刀。

2 规范性引用文件

下列文件中的条款通过本标准的引用而成为本标准的条款。 凡是注日期的引用文件,其随后所有的修改单(不包括勘误的内容)或修订版均不适用于本标准,然而,鼓励根据本标准达成协议的各方研究是否可使用这些文件的最新版本。凡是不注日期的引用文件,其最新版本适用于本标准。

GB/T 1356—2001 通用机械和重型机械用圆柱齿轮 标准基本齿条齿廓(neq ISO 53:1988)

GB/T 1357—1987 渐开线圆柱齿轮 模数(neq ISO 54:1977)

GB/T 6084—2001 齿轮滚刀 通用技术条件(eqv ISO 4468:1982)

GB/T 6132 铣刀和铣刀刀杆的互换尺寸

3 型式和尺寸

3.1 镶片齿轮滚刀的基本型式和尺寸按图 1 和表 1 的规定。

a) 轴向键槽型镶片齿轮滚刀

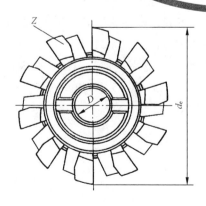 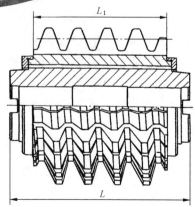

b) 端面键槽型镶片齿轮滚刀

图 1

3.2 镶片齿轮滚刀做成单头、右旋(按用户要求可做成左旋)、零度前角、容屑槽为平行于滚刀轴线的直槽。

3.3 键槽的尺寸和偏差按 GB/T 6132 的规定。

3.4 本标准所规定的镶片齿轮滚刀是由刀体、刀片、刀楔、固定环组成,各零件的尺寸由制造厂决定。经装配后的镶片齿轮滚刀,其配合面应紧密配合。

3.5 镶片齿轮滚刀的计算尺寸见附录 A,轴向齿形尺寸见附录 B。

表 1　镶片齿轮滚刀的基本尺寸

单位为毫米

模数系列		带轴向键槽型					带端面键槽型				
第一系列	第二系列	d_e	L	D	L_1	Z	d_e	L	D	L_1	Z
10		205	220		175		205	245		175	
	11	215	235		190		215	260		190	
12		220	240		195		220	265		195	
	14	235	260	60	215		235	285	60	215	
16		250	280		235		250	305		235	
	18	265	300		255	10	265	325		255	10
20		280	320		275		280	345		275	
	22	315	335		285		315	365		285	
25		330	350		300		330	380		300	
	28	345	365	80	315		345	395	80	315	
	30	360	385		335		360	415		335	
32		375	405		355		375	435		355	

4 标记示例

模数为 20 mm 的轴向键槽型、右旋镶片齿轮滚刀标记为:

镶片齿轮滚刀　m20　GB/T 9205—2005。

模数为 20 mm 的端面键槽型、左旋镶片齿轮滚刀标记为:

镶片齿轮滚刀　m20　L　端面键　GB/T 9205—2005。

5 技术要求

本标准规定的镶片齿轮滚刀,其精度等级和技术要求除下列规定外均按 GB/T 6084—2001:

——刀体用合金结构钢制造,刀体内孔和端面的硬度为 35 HRC～45 HRC。

——切削部分用普通高速钢或高性能高速钢制造,硬度为:普通高速钢 64 HRC～66 HRC;高性能高速钢中,超硬高速钢为 66 HRC～68 HRC,其他(如:W6Mo5Cr4V2Co5 等)为 64 HRC～66 HRC。

——固定环用合金结构钢制造,硬度为 30 HRC～40 HRC。

6 标志与包装

6.1 标志

6.1.1 产品上应标志:

　　a)　制造厂商标;

　　b)　模数;

　　c)　基准齿形角；

　　d)　分圆柱上的螺旋升角；

　　e)　螺旋方向（右旋不标）；

　　f)　精度等级；

　　g)　材料代号（普通高速钢不标）；

　　h)　制造年份。

6.1.2　包装盒上应标志：

　　a)　制造厂或销售商商标、名称、地址；

　　b)　产品标记；

　　c)　精度等级；

　　d)　材料代号或牌号；

　　e)　标准编号；

　　f)　制造年份。

6.2　包装

镶片齿轮滚刀包装前应经防锈处理，包装必须牢固，应防止在运输过程中的损伤。

附　录　A

（资料性附录）

镶片齿轮滚刀的计算尺寸

A.1　镶片齿轮滚刀的计算尺寸按图 A.1 和表 A.1。

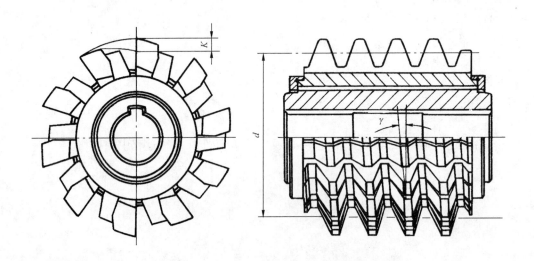

图 A.1　轴向键槽型镶片齿轮滚刀

表 A.1　镶片齿轮滚刀的计算尺寸　　　　　　　　单位为毫米

模　数　系　列		计　算　尺　寸		
第　一　系　列	第　二　系　列	d	γ	K
10		180	3°11′	12
	11	187.5	3°22′	13
12		190	3°37′	14
	14	200	4°01′	
16		210	4°22′	15
	18	220	4°42′	16
20		230	4°59′	17
	22	260	4°51′	19
25		267.5	5°22′	20
	28	275	5°51′	22
	30	285	6°03′	
32		295	6°14′	23

附　录　B

（资料性附录）

镶片齿轮滚刀的轴向齿形尺寸

B.1 镶片齿轮滚刀的轴向齿形尺寸按图 B.1 和表 B.1。

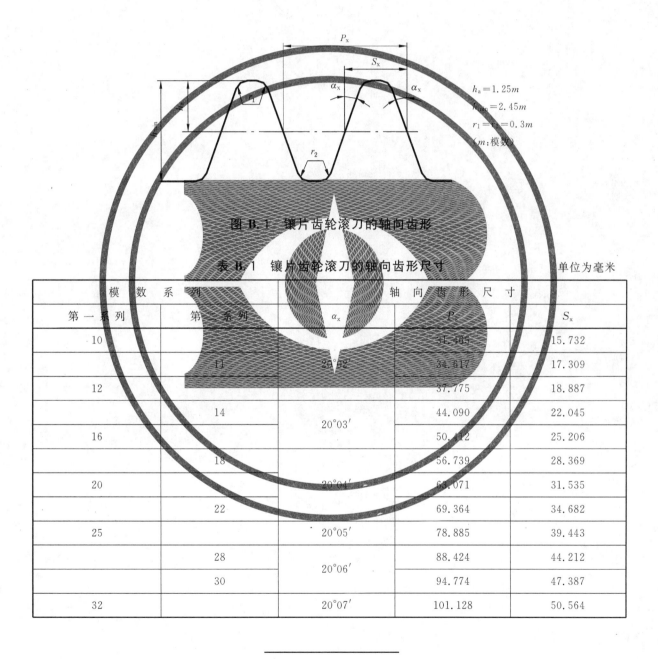

$h_a = 1.25m$
$h_{min} = 2.45m$
$r_1 = r_2 = 0.3m$
（m：模数）

图 B.1　镶片齿轮滚刀的轴向齿形

表 B.1　镶片齿轮滚刀的轴向齿形尺寸　　　　　　　　单位为毫米

模　数　系　列		轴　向　齿　形　尺　寸		
第　一　系　列	第　二　系　列	α_x	P_x	S_x
10			31.485	15.732
	11	20°02′	34.617	17.309
12			37.775	18.887
	14		44.090	22.045
16		20°03′	50.412	25.206
	18		56.739	28.369
20		20°04′	63.071	31.535
	22		69.364	34.682
25		20°05′	78.885	39.443
	28	20°06′	88.424	44.212
	30		94.774	47.387
32		20°07′	101.128	50.564

ICS 25.100.20
J 41

中华人民共和国国家标准

GB/T 10952—2005
代替 GB/T 10952—1989

矩 形 花 键 滚 刀

Hobs for parallel side splines

2005-05-18 发布
2005-12-01 实施

中华人民共和国国家质量监督检验检疫总局
中国国家标准化管理委员会 发 布

前 言

本标准是对 GB/T 10952—1989《矩形花键滚刀》的修订。

本标准与 GB/T 10952—1989 相比,有下列技术差异:

——删除了性能试验一章;

——容屑槽全部定为螺旋槽;

——外径公差带由 js15 改为 h15;

——A 级滚刀的内孔公差带由 H5 改为 H6;

——重新计算了附录 A 中的坐标尺寸;

——删除了齿形代用圆弧和代用圆弧误差;

——增加了附录 B。

本标准代替 GB/T 10952—1989。

本标准由中国机械工业联合会提出。

本标准由全国刀具标准化技术委员会(SAC/TC 91)归口。

本标准起草单位:哈尔滨第一工具有限公司。

本标准主要起草人:王雅兰、宋铁福、丁红、莽纪成、董英武。

本标准所代替标准的历次发布情况:

——GB/T 10952—1989。

矩形花键滚刀

1 范围

本标准规定了 A 级和 B 级矩形花键滚刀的型式尺寸、技术要求、标志、包装的基本要求。

本标准规定的 A 级滚刀适用于加工符合 GB/T 1144—2001、键宽公差带为 d10、f9、h10,定心直径留有磨量的外花键。

本标准规定的 B 级滚刀适用于加工符合 GB/T 1144—2001、键侧和定心直径都留有磨量的外花键。

本标准适用于矩形花键滚刀。

2 规范性引用文件

下列文件中的条款通过本标准的引用而成为本标准的条款。凡是注日期的引用文件,其随后所有的修改单(不包括勘误的内容)或修订版均不适用于本标准,然而,鼓励根据本标准达成协议的各方研究是否可使用这些文件的最新版本。凡是不注日期的引用文件,其最新版本适用于本标准。

GB/T 1144—2001 矩形花键 尺寸、公差和检验(neq ISO 14:1982)

GB/T 6132 铣刀和铣刀杆的互换尺寸

JB/T 9146—1999 矩形花键 加工余量及公差

3 型式尺寸

3.1 滚刀的型式尺寸按图 1、表 1(用于轻系列)和表 2(用于中系列)。

3.2 外花键的定心直径留磨量及键侧留磨量按 JB/T 9146—1999。

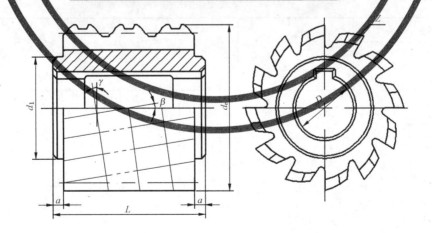

图 1

3.3 标记示例:

用于加工 8×32×38×6 矩形外花键的 A 级精度滚刀为:

滚刀 8×32×38×6 A GB/T 10952—2005

表 1 单位为毫米

花键规格						$\gamma^a = \beta^b$	
$N \times d \times D \times B$	d_e	L	D	a	Z	滚刀精度等级	
						A	B
$6 \times 23 \times 26 \times 6$	63	56	22	4	12	3°53′39″	3°50′00″
$6 \times 26 \times 30 \times 6$	71	63	27			4°03′17″	3°59′55″
$6 \times 28 \times 32 \times 7$						4°18′04″	4°14′36″
$8 \times 32 \times 36 \times 6$		56				3°41′49″	3°39′06″
$8 \times 36 \times 40 \times 7$	80	63				3°37′10″	3°34′48″
$8 \times 42 \times 46 \times 8$			32			4°10′05″	4°06′23″
$8 \times 46 \times 50 \times 9$					14	4°00′07″	3°56′57″
$8 \times 52 \times 58 \times 10$	90	71			12	4°46′49″	4°43′10″
$8 \times 56 \times 62 \times 10$						5°07′59″	5°04′11″
$8 \times 62 \times 68 \times 12$		80		5		5°00′12″	4°56′53″
$10 \times 72 \times 78 \times 12$	100	71				4°37′40″	4°34′48″
$10 \times 82 \times 88 \times 12$			40		14	5°15′07″	5°12′02″
$10 \times 92 \times 98 \times 14$		80				5°10′30″	5°06′59″
$10 \times 102 \times 108 \times 16$	112					5°41′14″	5°37′34″
$10 \times 112 \times 120 \times 18$	118	90				6°06′30″	6°02′43″

注:滚刀轴台直径 d_1 由制造厂自行决定,其尺寸应尽可能取得大一些。

a γ 为滚刀节圆柱上的螺旋升角(右旋)。

b β 为滚刀容屑槽螺旋角(左旋)。

表 2 单位为毫米

花键规格						$\gamma^a = \beta^b$	
$N \times d \times D \times B$	d_e	L	D	a	Z	滚刀精度等级	
						A	B
$6 \times 16 \times 20 \times 4$	63	50	22	4	12	3°01′52″	2°58′21″
$6 \times 18 \times 22 \times 5$						3°18′56″	3°15′19″
$6 \times 21 \times 25 \times 5$	71	56	27			3°21′50″	3°18′39″
$6 \times 23 \times 28 \times 6$						3°50′23″	3°46′58″
$6 \times 26 \times 32 \times 6$	80	63				3°56′23″	3°53′18″
$6 \times 28 \times 34 \times 7$						4°09′57″	4°06′46″
$8 \times 32 \times 38 \times 6$			32	5		3°33′31″	3°31′02″
$8 \times 36 \times 42 \times 7$						3°27′29″	3°25′19″
$8 \times 42 \times 48 \times 8$	90					3°57′37″	3°54′13″
$8 \times 46 \times 54 \times 9$		71				4°35′04″	4°31′15″
$8 \times 52 \times 60 \times 10$						5°05′59″	5°02′00″

表 2（续）　　　　　　　　　　　　　　　　　　　　　单位为毫米

花 键 规 格		d_e	L	D	a	Z	$\gamma^a = \beta^b$	
$N \times d \times D \times B$							滚 刀 精 度 等 级	
							A	B
$8 \times 56 \times 65 \times 10$		100	80	40	5	12	5°01′52″	4°58′15″
$8 \times 62 \times 72 \times 12$							4°56′05″	4°52′53″
$10 \times 72 \times 82 \times 12$		112					4°32′03″	4°29′17″
$10 \times 82 \times 92 \times 12$							5°07′30″	5°04′32″
$10 \times 92 \times 102 \times 14$		118					5°20′38″	5°16′53″
$10 \times 102 \times 112 \times 16$							5°51′13″	5°47′17″
$10 \times 112 \times 125 \times 18$		125	90				6°22′28″	6°18′22″

注 1：中系列中 $6 \times 11 \times 14 \times 3$，$6 \times 13 \times 16 \times 3.5$ 两个规格的花键轴不宜采用展成滚切加工，因此未列入。

注 2：滚刀轴台直径 d_1 由制造厂自行决定，其尺寸应尽可能取得大一些。

a γ 为滚刀节圆柱上的螺旋升角（右旋）。

b β 为滚刀容屑槽螺旋角（左旋）。

4 技术要求

4.1 滚刀表面不得有裂纹、崩刃、烧伤及其他影响使用性能的缺陷。

4.2 滚刀表面粗糙度的最大允许值按表 3 的规定。

表 3　　　　　　　　　　　　　　　　　　　　　　单位为微米

检 查 项 目	表面粗糙度参数	滚 刀 精 度 等 级	
		A	B
		表 面 粗 糙 度	
内孔表面	Ra	0.4	0.8
端　面		0.8	
轴台外圆		0.8	1.6
刀齿前面			0.8
齿顶表面	Rz	3.2	6.3
齿侧表面			
两齿角内侧及齿顶底部		6.3	

4.3 滚刀外形尺寸公差

4.3.1 外径 d_e 的公差带为 h15。

4.3.2 全长 L 的公差带为 js15。

4.3.3 键槽尺寸和公差应符合 GB/T 6132 的规定。

4.4 滚刀制造时的主要公差和检测项目应符合表 4 和表 5 的规定。

表 4

序号	检 测 项 目 及 示 意	公差代号	滚刀法向齿距/mm	精度等级	
				A	B
				公差/μm	
1	孔径偏差 　　内孔配合表面上超出公差的喇叭口长度,应小于每边配合长度的 25%;键槽两侧内孔配合表面,超出部分的宽度,每边应不大于键宽的一半。在对孔作精度检查时,具有公称直径的基准芯轴应能通过孔	δ_D		H6	H6
2	轴台的径向圆跳动 	δ_{d1r}	≤10 >10~16 >16~25 >25	8 10 12 15	8 10 12 15
3	轴台的端面圆跳动 	δ_{d1x}	≤10 >10~16 >16~25 >25	6 8 10 12	6 8 10 15
4	刀齿的径向圆跳动 滚刀全长上,齿廓到内孔中心距离的最大差值	δ_{der}	≤10 >10~16 >16~25 >25	20 25 32 40	45 53 65 80

表 4（续）

序号	检 测 项 目 及 示 意	公差代号	滚刀法向齿距/ mm	精度等级	
				A	B
				公差/μm	
5	刀齿前面的径向性 δ_{fr} 在测量范围内,容纳实际刀齿前面的 两个平行于理论前面的平面之距离	δ_{fr}	≤10 >10~16 >16~25 >25	20 24 30 38	36 43 54 68
6	容屑槽的相邻周节差 在滚刀节线以上齿高中点附近的同 一圆周上,两相邻周节的最大差值	δ_{u}	≤10 >10~16 >16~25 >25	25 30 38 48	45 54 65 78
7	容屑槽周节的最大累积误差 Δ_{FP} 在滚刀节线以上齿高中点附近的同一圆周上, 任意两个刀齿前面的相互位置的最大累积误差	δ_{FP}	≤10 >10~16 >16~25 >25	40 50 63 80	85 100 125 156

表 4（续）

序号	检测项目及示意	公差代号	滚刀法向齿距/mm	精度等级 A	B
				公差/μm	
8	容屑槽的导程误差 0.25P_x 100mm 在靠近滚刀节线以上齿高中点处的测量范围内，容屑槽前刃面与理论螺旋面的偏差	δ_{pk}		100/100 mm	140/100 mm
9	齿距最大偏差 P_x Δ_{px} 在任意一排齿上，相邻刀齿轴向齿距的最大偏差	δ_{px}	≤10 >10~16 >16~25 >25	±9 ±11 ±14 ±18	±18 ±22 ±28 ±36
10	任意两个齿距长度内齿距的最大累积误差	δ_{pxz}	≤10 >10~16 >16~25 >25	±13 ±16 ±20 ±25	±26 ±32 ±40 ±50

表 5

序号	检 测 项 目 及 示 意	公差代号	曲线部分齿形高度/mm	精度等级 A 公差/μm	精度等级 B 公差/μm
1	齿 形 误 差	δ_{ff}	$\leqslant 2$ > 2	10 15	20 30
2	齿 厚 偏 差[a]	δ_{sz}	$\leqslant 2$ > 2	$+15$ $+20$	$+30$ $+40$
3	齿根倒角刃部分起点高度到节线的偏差	δ_e	$\leqslant 2$ > 2	± 30 ± 40	± 30 ± 40
4	触 角 高 度 偏 差	δ_{h1}	$\leqslant 2$ > 2	± 25 ± 40	± 25 ± 40
[a] 可选定滚刀节线以上齿高中点附近进行测量。					

4.5 滚刀的精度可以采用切削试验环的方法进行检验,此时,表 4 中第 9、10 两项和表 5 中的全部项目可以不考核。

4.5.1 切削试验环的键宽尺寸精度、位置度、对称度、等分度应符合 GB/T 1144—2001 中的 5.1、5.3.1 条和附录 B 的规定。

4.5.2 切削试验环的倒角值偏差应符合表 6 的规定。

表 6

单位为毫米

公 称 倒 角 值	0.3~0.4	0.5~0.6
偏 差	± 0.10	± 0.15

4.5.3 采用切削试验环检验的滚刀出厂时应附带切削试验环。

4.6 滚刀用普通高速工具钢制造,也可用高性能高速工具钢制造。

4.7 滚刀切削部分热处理硬度:普通高速工具钢为 63 HRC~66 HRC;高性能高速工具钢应大于 64 HRC。

5 标志、包装

5.1 标志

5.1.1 滚刀端面上应标有:
   a) 制造厂商标;
   b) 被加工花键规格;
   c) 精度等级;
   d) 滚刀节圆柱上的螺旋升角;
   e) 螺旋槽导程;
   f) 材料代号(普通高速钢不标);
   g) 制造年份。

5.1.2 包装盒上应标有:
   a) 制造厂或销售商的商标、名称、地址;
   b) 产品名称;
   c) 精度等级;

GB/T 10952—2005

d) 被加工花键规格；

e) 材料代号或牌号；

f) 标准编号；

g) 制造年份。

5.2 包装

滚刀包装前应经防锈处理，包装必须牢固并应采取措施防止在包装运输过程中的损伤。

附　录　A

（资料性附录）

矩形花键滚刀法向齿形及其尺寸参数

A.1　矩形花键滚刀法向齿形及其尺寸参数按图 A.1 及表 A.1～表 A.4。

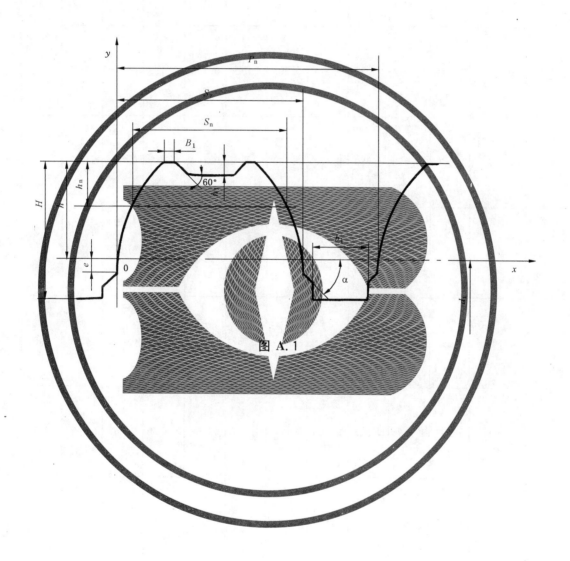

图 A.1

花键规格 $N \times d \times D \times B$	d_ι	P_n	S_z	S_n	h_n	h	e	h_1	B_1	H	b_1	α
$6 \times 23 \times 26 \times 6$	60.79	12.970	6.965	6.642	0.600	1.106	0.173	0.308	0.400	3.5	3.5	
$6 \times 26 \times 30 \times 6$	67.51	14.996	9.007	8.474	0.900	1.745	0.148	0.512	0.430	4.2		
$6 \times 28 \times 32 \times 7$	67.79	15.972	8.980	8.458	0.800	1.605	0.190	0.439	0.429	4.0	4.5	
$8 \times 32 \times 36 \times 6$	67.29	13.631	7.655	7.125	0.900	1.854	0.117	0.584	0.400	4.3	3.5	
$8 \times 36 \times 40 \times 7$	76.49	15.169	8.200	7.738	0.900	1.757	0.147	0.529	0.400	4.2	4.5	$35°$
$8 \times 42 \times 46 \times 8$	76.63	17.496	9.523	9.060	0.800	1.687	0.169	0.544	0.467	4.1	5.5	
$8 \times 46 \times 50 \times 9$	86.81	19.033	10.051	9.644	0.800	1.597	0.199	0.498	0.504	4.0	6.5	
$8 \times 52 \times 58 \times 10$	84.31	22.072	12.089	11.286	1.400	2.847	0.211	0.876	0.646	5.3	7.5	
$8 \times 56 \times 62 \times 10$	84.18	23.660	13.683	12.948	1.500	2.912	0.195	0.918	0.758			

法向齿形坐标 单位为毫米

<table>
<tr><td colspan="2">法　向　齿　形　坐　标</td></tr>
<tr><td>

$x=$ -0.036 -0.034 -0.031 -0.027 -0.021 -0.014 -0.004 0.000 0.007 0.021 0.037 0.056 0.078 0.103 0.130 0.161 0.196 0.234 0.276 0.321 0.371 0.425

</td></tr>
<tr><td>

$y=$ -0.173 -0.162 -0.145 -0.122 -0.093 -0.058 -0.018 0.000 0.029 0.081 0.138 0.201 0.269 0.343 0.421 0.505 0.594 0.687 0.785 0.888 0.995 1.106

</td></tr>
<tr><td>

$x=$ -0.026 -0.024 -0.021 -0.015 -0.007 0.000 0.004 0.017 0.034 0.055 0.079 0.108 0.141 0.179 0.222 0.270 0.324 0.383 0.449 0.521 0.599 0.684

</td></tr>
<tr><td>

$y=$ -0.148 -0.133 -0.109 -0.076 -0.034 0.000 0.018 0.078 0.146 0.223 0.309 0.402 0.504 0.613 0.730 0.855 0.986 1.125 1.271 1.422 1.581 1.745

</td></tr>
<tr><td>

$x=$ -0.037 -0.035 -0.031 -0.025 -0.017 -0.007 0.000 0.007 0.023 0.043 0.066 0.093 0.124 0.160 0.200 0.245 0.295 0.350 0.410 0.477 0.549 0.627

</td></tr>
<tr><td>

$y=$ -0.190 -0.175 -0.151 -0.118 -0.078 -0.029 0.000 0.028 0.093 0.167 0.247 0.336 0.432 0.535 0.646 0.763 0.888 1.019 1.156 1.300 1.449 1.605

</td></tr>
<tr><td>

$x=$ -0.017 -0.015 -0.012 -0.006 0.000 0.002 0.012 0.024 0.040 0.059 0.082 0.108 0.138 0.173 0.213 0.257 0.306 0.361 0.421 0.487 0.559 0.637

</td></tr>
<tr><td>

$y=$ -0.117 -0.099 -0.072 -0.036 0.000 0.009 0.063 0.126 0.198 0.278 0.367 0.463 0.569 0.682 0.803 0.931 1.067 1.211 1.362 1.519 1.683 1.854

</td></tr>
<tr><td>

$x=$ -0.023 -0.021 -0.017 -0.012 -0.005 0.000 0.004 0.016 0.031 0.049 0.070 0.094 0.122 0.154 0.191 0.232 0.277 0.328 0.383 0.444 0.511 0.583

</td></tr>
<tr><td>

$y=$ -0.147 -0.130 -0.105 -0.071 -0.028 0.000 0.024 0.084 0.153 0.230 0.315 0.408 0.510 0.619 0.736 0.860 0.992 1.131 1.278 1.431 1.591 1.757

</td></tr>
<tr><td>

$x=$ -0.026 -0.024 -0.021 -0.016 -0.009 -0.001 0.000 0.010 0.023 0.039 0.059 0.081 0.106 0.136 0.169 0.206 0.247 0.293 0.344 0.399 0.459 0.525

</td></tr>
<tr><td>

$y=$ -0.169 -0.153 -0.129 -0.096 -0.055 -0.005 0.000 0.053 0.120 0.194 0.277 0.367 0.466 0.572 0.686 0.807 0.936 1.072 1.216 1.366 1.523 1.687

</td></tr>
<tr><td>

$x=$ -0.031 -0.030 -0.027 -0.022 -0.016 -0.008 0.000 0.003 0.015 0.030 0.048 0.069 0.093 0.121 0.152 0.187 0.225 0.268 0.316 0.367 0.424 0.485

</td></tr>
<tr><td>

$y=$ -0.199 -0.184 -0.161 -0.130 -0.090 -0.042 0.000 0.013 0.077 0.149 0.229 0.316 0.412 0.514 0.625 0.742 0.867 1.000 1.139 1.285 1.438 1.597

</td></tr>
<tr><td>

$x=$ -0.032 -0.029 -0.024 -0.016 -0.005 0.000 0.009 0.028 0.052 0.081 0.115 0.155 0.201 0.255 0.315 0.383 0.459 0.544 0.637 0.739 0.851 0.972

</td></tr>
<tr><td>

$y=$ -0.211 -0.187 -0.149 -0.097 -0.030 0.000 0.051 0.147 0.256 0.379 0.516 0.666 0.829 1.005 1.194 1.395 1.609 1.834 2.070 2.318 2.577 2.847

</td></tr>
<tr><td>

$x=$ -0.028 -0.025 -0.020 -0.013 -0.002 0.000 0.012 0.031 0.053 0.081 0.114 0.153 0.198 0.250 0.309 0.375 0.449 0.531 0.622 0.722 0.831 0.950

</td></tr>
<tr><td>

$y=$ -0.195 -0.171 -0.133 -0.079 -0.011 0.000 0.071 0.168 0.278 0.403 0.542 0.694 0.860 1.038 1.230 1.434 1.651 1.880 2.121 2.373 2.637 2.912

</td></tr>
</table>

表 A.1

花 键 规 格 $N \times d \times D \times B$	d_t	P_n	S_z	S_n	h_n	h	e	h_1	B_1	H	b_1	α
$8 \times 62 \times 68 \times 12$	94.65	25.933	13.953	13.223	1.300	2.674	0.261	0.786	0.777	5.2		35°
$10 \times 72 \times 78 \times 12$	94.38	23.921	11.957	11.285	1.400	2.812	0.225	0.872	0.637	5.4	9.0	
$10 \times 82 \times 88 \times 12$	94.18	27.082	15.129	14.520	1.500	2.912	0.194	0.938	0.859	5.5		
$10 \times 92 \times 98 \times 14$	106.51	30.180	16.216	15.643	1.400	2.747	0.242	0.891	0.935	5.3	11.0	40°
$10 \times 102 \times 108 \times 16$	106.86	33.268	17.293	16.760	1.300	2.571	0.290	0.800	1.011	5.2	13.0	
$10 \times 112 \times 120 \times 18$	110.49	36.936	18.951	18.114	1.900	3.756	0.333	1.149	1.127	6.3	15.0	

（续）

单位为毫米

法 向 齿 形 坐 标

$x=$ −0.040 −0.038 −0.033 −0.026 −0.016 −0.003 0.000 0.014 0.035 0.061 0.092 0.128 0.169 0.217 0.271 0.331 0.399 0.474 0.557 0.648 0.748 0.856

$y=$ −0.261 −0.240 −0.205 −0.155 −0.092 −0.015 0.000 0.075 0.179 0.297 0.427 0.570 0.727 0.895 1.077 1.270 1.476 1.693 1.921 2.161 2.412 2.674

$x=$ −0.030 −0.028 −0.023 −0.017 −0.008 0.000 0.005 0.021 0.041 0.065 0.094 0.127 0.167 0.211 0.262 0.320 0.384 0.455 0.534 0.621 0.715 0.819

$y=$ −0.225 −0.202 −0.165 −0.114 −0.049 0.000 0.031 0.124 0.231 0.352 0.487 0.634 0.796 0.970 1.157 1.357 1.570 1.794 2.031 2.280 2.541 2.812

$x=$ −0.023 −0.021 −0.016 −0.010 −0.001 0.000 0.011 0.026 0.045 0.068 0.095 0.128 0.165 0.207 0.255 0.310 0.370 0.438 0.512 0.594 0.685 0.781

$y=$ −0.194 −0.168 −0.128 −0.074 −0.006 0.000 0.076 0.172 0.283 0.408 0.544 0.695 0.859 1.037 1.227 1.431 1.647 1.876 2.117 2.370 2.635 2.912

$x=$ −0.030 −0.028 −0.024 −0.018 −0.009 0.000 0.002 0.016 0.034 0.055 0.080 0.110 0.144 0.184 0.228 0.278 0.334 0.396 0.464 0.540 0.622 0.711

$y=$ −0.242 −0.218 −0.181 −0.130 −0.065 0.000 0.015 0.105 0.211 0.329 0.461 0.606 0.764 0.935 1.118 1.315 1.523 1.744 1.977 2.222 2.478 2.747

$x=$ −0.037 −0.035 −0.031 −0.026 −0.018 −0.007 0.000 0.006 0.022 0.042 0.065 0.093 0.124 0.160 0.201 0.247 0.299 0.356 0.418 0.487 0.563 0.645

$y=$ −0.290 −0.268 −0.233 −0.185 −0.124 −0.049 0.000 0.038 0.139 0.252 0.378 0.516 0.667 0.831 1.006 1.194 1.394 1.606 1.830 2.066 2.312 2.571

$x=$ −0.043 −0.040 −0.035 −0.027 −0.016 0.000 0.019 0.044 0.075 0.111 0.153 0.203 0.259 0.324 0.397 0.478 0.569 0.669 0.779 0.900 1.031

$y=$ −0.333 −0.306 −0.259 −0.193 −0.108 0.000 0.121 0.264 0.425 0.605 0.804 1.021 1.256 1.508 1.779 2.066 2.371 2.693 3.031 3.386 3.756

表 A.2 中系列 A 级滚刀计算尺寸、

花 键 规 格 $N \times d \times D \times B$	d_ι	P_n	S_z	S_n	h_n	h	e	h_1	B_1	H	b_1	α
$6 \times 16 \times 20 \times 4$	59.23	9.839	5.864	5.127	0.900	1.884	0.095	0.577	0.400	4.1	2.0	
$6 \times 18 \times 22 \times 5$	59.54	10.818	5.823	5.205	0.900	1.731	0.142	0.487	0.400		2.5	
$6 \times 21 \times 25 \times 5$	67.37	12.418	7.435	6.812	0.900	1.817	0.122	0.546	0.400	4.2		
$6 \times 23 \times 28 \times 6$	66.22	13.931	7.934	7.057	1.200	2.391	0.161	0.675	0.400	4.8	3.5	
$6 \times 26 \times 32 \times 6$	73.88	15.948	9.963	8.846	1.500	3.058	0.136	0.916	0.497	5.5		35°
$6 \times 28 \times 34 \times 7$	74.19	16.932	9.947	8.945	1.500	2.903	0.178	0.822	0.496	5.3	4.5	
$8 \times 32 \times 38 \times 6$	73.56	14.345	8.372	7.353	1.600	3.219	0.111	1.039	0.400	5.6	3.5	
$8 \times 36 \times 42 \times 7$	83.80	15.880	8.914	8.002	1.600	3.101	0.140	0.967	0.424	5.5	4.5	
$8 \times 42 \times 48 \times 8$	83.93	18.211	10.241	9.343	1.500	3.033	0.162	0.981	0.517	5.4	5.5	

法向齿形坐标

法　向　齿　形　坐　标

$x=-0.017$　-0.015　-0.010　-0.003　0.000　0.008　0.021　0.039　0.061　0.087　0.119　0.156　0.199　0.248　0.304　0.366　0.436　0.513　0.598　0.691　0.792　0.901

$y=-0.095$　-0.078　-0.050　-0.013　0.000　0.034　0.090　0.155　0.230　0.313　0.404　0.504　0.612　0.727　0.850　0.980　1.116　1.259　1.407　1.561　1.720　1.884

$x=-0.029$　-0.027　-0.022　-0.016　-0.006　0.000　0.007　0.023　0.044　0.069　0.098　0.132　0.172　0.217　0.268　0.326　0.390　0.461　0.539　0.624　0.716　0.817

$y=-0.142$　-0.126　-0.102　-0.067　-0.024　0.000　0.028　0.089　0.158　0.236　0.322　0.416　0.518　0.627　0.743　0.866　0.995　1.131　1.273　1.421　1.573　1.731

$x=-0.022$　-0.020　-0.016　-0.009　0.000　0.012　0.027　0.046　0.069　0.097　0.129　0.166　0.209　0.257　0.311　0.372　0.438　0.512　0.593　0.681　0.777

$y=-0.122$　-0.106　-0.080　-0.045　0.000　0.053　0.115　0.186　0.266　0.355　0.451　0.556　0.668　0.788　0.916　1.050　1.191　1.338　1.492　1.652　1.817

$x=-0.031$　-0.028　-0.023　-0.014　-0.002　0.000　0.015　0.036　0.063　0.096　0.135　0.182　0.235　0.297　0.367　0.446　0.533　0.631　0.738　0.855　0.983　1.122

$y=-0.161$　-0.142　-0.110　-0.066　-0.008　0.000　0.062　0.144　0.238　0.343　0.461　0.589　0.728　0.877　1.036　1.205　1.382　1.569　1.763　1.965　2.175　2.391

$x=-0.023$　-0.019　-0.013　-0.002　0.000　0.013　0.033　0.060　0.093　0.134　0.183　0.241　0.308　0.385　0.473　0.571　0.681　0.804　0.938　1.086　1.247　1.422

$y=-0.136$　-0.111　-0.069　-0.012　0.000　0.061　0.150　0.254　0.372　0.506　0.653　0.814　0.988　1.174　1.373　1.584　1.805　2.037　2.279　2.531　2.790　3.058

$x=-0.033$　-0.030　-0.023　-0.013　0.000　0.002　0.021　0.047　0.079　0.118　0.165　0.220　0.283　0.356　0.439　0.533　0.637　0.753　0.880　1.020　1.172　1.337

$y=-0.178$　-0.155　-0.116　-0.060　0.000　0.007　0.092　0.191　0.305　0.432　0.574　0.728　0.896　1.076　1.268　1.471　1.686　1.911　2.145　2.390　2.642　2.903

$x=-0.016$　-0.012　-0.006　0.000　0.003　0.017　0.036　0.060　0.090　0.128　0.173　0.226　0.288　0.359　0.439　0.531　0.633　0.747　0.872　1.010　1.160　1.324

$y=-0.111$　-0.084　-0.041　0.000　0.019　0.094　0.185　0.292　0.414　0.551　0.703　0.869　1.049　1.243　1.449　1.668　1.900　2.142　2.396　2.661　2.935　3.219

$x=-0.021$　-0.018　-0.012　-0.003　0.000　0.010　0.027　0.050　0.079　0.114　0.155　0.205　0.262　0.328　0.403　0.488　0.583　0.688　0.805　0.933　1.073　1.225

$y=-0.140$　-0.115　-0.074　-0.018　0.000　0.055　0.142　0.245　0.363　0.495　0.642　0.803　0.978　1.166　1.367　1.580　1.806　2.043　2.292　2.552　2.822　3.101

$x=-0.024$　-0.021　-0.016　-0.007　0.000　0.005　0.021　0.042　0.068　0.100　0.139　0.184　0.237　0.298　0.367　0.445　0.532　0.629　0.736　0.854　0.983　1.123

$y=-0.162$　-0.138　-0.099　-0.044　0.000　0.026　0.111　0.211　0.326　0.456　0.599　0.757　0.929　1.114　1.312　1.522　1.745　1.981　2.227　2.485　2.754　3.033

表 A.2

花键规格 $N \times d \times D \times B$	d_i	P_n	S_z	S_n	h_n	h	e	h_1	B_1	H	b_1	α
8×46×54×9	81.46	20.455	11.480	10.113	2.100	4.268	0.182	1.358	0.604	6.8	6.0	35°
8×52×60×10	81.60	22.787	12.807	11.541	2.100	4.201	0.204	1.320	0.696		7.0	
8×56×65×10	89.91	24.770	14.798	13.267	2.500	5.046	0.186	1.639	0.836	7.6		
8×62×72×12	101.26	27.363	15.389	13.751	2.700	5.372	0.247	1.664	0.877	8.3		
10×72×82×12	100.89	25.056	13.096	11.558	2.800	5.555	0.211	1.809	0.717	8.5	8.0	
10×82×92×12	100.56	28.221	16.270	14.819	2.900	5.721	0.185	1.934	0.939	8.6		
10×92×102×14	107.01	31.310	17.350	15.934	2.700	5.494	0.232	1.841	1.014	8.4	10.0	40°
10×102×112×16	107.39	34.409	18.437	17.160	2.700	5.303	0.280	1.718	1.091	8.2	12.0	
10×112×125×18	110.21	38.441	20.461	18.504	3.700	7.395	0.318	2.393	1.232	10.3	14.0	

（续）

单位为毫米

法 向 齿 形 坐 标

$x=-0.027$ -0.023 -0.015 -0.003 0.000 0.014 0.039 0.070 0.110 0.159 0.218 0.287 0.368 0.461
0.567 0.687 0.822 0.971 1.137 1.318 1.517 1.733

$y=-0.182$ -0.150 -0.095 -0.019 0.000 0.079 0.199 0.340 0.501 0.683 0.885 1.107 1.347 1.606
1.883 2.177 2.488 2.815 3.157 3.514 3.884 4.268

$x=-0.030$ -0.026 -0.019 -0.008 0.000 0.009 0.032 0.061 0.099 0.145 0.200 0.265 0.341 0.428
0.527 0.640 0.766 0.906 1.061 1.231 1.417 1.620

$y=-0.204$ -0.173 -0.120 -0.045 0.000 0.050 0.168 0.306 0.464 0.643 0.842 1.060 1.298 1.553
1.827 2.118 2.427 2.751 3.092 3.447 3.817 4.201

$x=-0.025$ -0.021 -0.013 0.000 0.019 0.046 0.081 0.125 0.180 0.245 0.324 0.415 0.520 0.641
0.777 0.929 1.100 1.288 1.495 1.722 1.969

$y=-0.186$ -0.150 -0.088 0.000 0.113 0.252 0.416 0.605 0.818 1.055 1.314 1.597 1.901 2.227
2.574 2.940 3.326 3.730 4.152 4.591 5.046

$x=-0.036$ -0.032 -0.024 -0.009 0.000 0.012 0.040 0.074 0.126 0.184 0.257 0.342 0.440 0.555
0.685 0.833 0.998 1.183 1.387 1.611 1.827 2.125

$y=-0.247$ -0.212 -0.148 -0.047 0.000 0.054 0.221 0.387 0.593 0.817 1.071 1.350 1.653 1.981
2.332 2.705 3.100 3.516 3.952 4.407 4.882 5.372

$x=-0.027$ -0.023 -0.015 -0.001 0.000 0.019 0.047 0.082 0.127 0.183 0.250 0.330 0.423 0.530
0.653 0.792 0.948 1.121 1.314 1.526 1.758 2.010

$y=-0.211$ -0.172 -0.104 -0.007 0.000 0.117 0.269 0.449 0.656 0.889 1.148 1.433 1.743 2.077
2.435 2.817 3.223 3.647 4.095 4.562 5.049 5.555

$x=-0.021$ -0.017 -0.009 0.000 0.003 0.022 0.048 0.082 0.124 0.177 0.241 0.316 0.405 0.507
0.624 0.756 0.904 1.070 1.254 1.456 1.678 1.920

$y=-0.185$ -0.144 -0.074 0.000 0.024 0.151 0.307 0.490 0.700 0.938 1.202 1.493 1.809 2.150
2.517 2.907 3.321 3.758 4.217 4.698 5.199 5.721

$x=-0.028$ -0.024 -0.017 -0.006 0.000 0.013 0.037 0.068 0.108 0.157 0.216 0.286 0.368 0.463
0.571 0.693 0.830 0.984 1.154 1.340 1.545 1.769

$y=-0.232$ -0.194 -0.128 -0.034 0.000 0.087 0.236 0.412 0.614 0.843 1.098 1.379 1.685 2.016
2.371 2.750 3.153 3.578 4.025 4.494 4.984 5.494

$x=-0.035$ -0.031 -0.024 -0.013 0.000 0.004 0.027 0.056 0.094 0.140 0.196 0.261 0.338 0.427
0.528 0.642 0.771 0.914 1.072 1.247 1.439 1.648

$y=-0.280$ -0.244 -0.181 -0.091 0.000 0.026 0.170 0.340 0.536 0.758 1.006 1.279 1.577 1.899
2.245 2.615 3.008 3.424 3.862 4.321 4.802 5.303

$x=-0.039$ -0.035 -0.025 -0.009 0.000 0.015 0.049 0.093 0.149 0.218 0.301 0.401 0.517 0.651
0.804 0.978 1.173 1.391 1.633 1.899 2.191 2.509

$y=-0.318$ -0.270 -0.185 -0.061 0.000 0.101 0.300 0.536 0.808 1.117 1.461 1.840 2.254 2.701
3.181 3.693 4.237 4.811 5.415 6.047 6.708 7.395

表 A.3 轻系列 B 级滚刀计算尺寸、

花键规格 $N \times d \times D \times B$	d_t	P_n	S_z	S_n	h_n	h	e	h_1	B_1	H	b_1	α
$6 \times 23 \times 26 \times 6$	61.14	12.841	6.603	6.325	0.500	0.931	0.189	0.256	0.400	3.5		
											3.5	
$6 \times 26 \times 30 \times 6$	67.88	14.871	8.650	8.170	0.800	1.559	0.162	0.445	0.406	4.2		
$6 \times 28 \times 32 \times 7$	68.16	15.844	8.604	8.133	0.700	1.422	0.206	0.379	0.402	4.0	4.5	
$8 \times 32 \times 36 \times 6$	67.67	13.540	7.335	6.854	0.800	1.667	0.129	0.512	0.400	4.3	3.5	
$8 \times 36 \times 40 \times 7$	76.86	15.076	7.863	7.447	0.800	1.572	0.159	0.461	0.400	4.2	4.5	35°
$8 \times 42 \times 46 \times 8$	77.16	17.359	9.039	8.669	0.700	1.419	0.186	0.451	0.433	4.1	5.5	
$8 \times 46 \times 50 \times 9$	87.33	18.895	9.565	9.245	0.700	1.335	0.217	0.412	0.470	4.0	6.5	
$8 \times 52 \times 58 \times 10$	84.86	21.935	11.611	10.915	1.300	2.569	0.228	0.772	0.613			
										5.3	7.5	
$8 \times 56 \times 62 \times 10$	84.73	23.524	13.208	12.509	1.300	2.633	0.211	0.812	0.725			

法向齿形坐标 单位为毫米

法 向 齿 形 坐 标

$x=$ −0.041 −0.039 −0.037 −0.033 −0.028 −0.021 −0.013 −0.003 0.000 0.009 0.023 0.039 0.058 0.079 0.102 0.129 0.158 0.190 0.226 0.265 0.307 0.352

$y=$ −0.189 −0.179 −0.164 −0.144 −0.119 −0.088 −0.053 −0.012 0.000 0.033 0.083 0.138 0.198 0.262 0.331 0.404 0.482 0.563 0.649 0.739 0.833 0.931

$x=$ −0.030 −0.028 −0.025 −0.020 −0.012 −0.002 0.000 0.010 0.025 0.044 0.066 0.091 0.121 0.155 0.193 0.236 0.284 0.337 0.395 0.459 0.528 0.603

$y=$ −0.162 −0.148 −0.126 −0.096 −0.058 −0.011 0.000 0.043 0.105 0.175 0.253 0.338 0.430 0.529 0.636 0.749 0.868 0.994 1.127 1.265 1.409 1.559

$x=$ −0.042 −0.040 −0.036 −0.031 −0.024 −0.014 −0.002 0.000 0.013 0.031 0.051 0.076 0.103 0.135 0.171 0.211 0.255 0.304 0.358 0.416 0.480 0.550

$y=$ −0.206 −0.192 −0.170 −0.141 −0.104 −0.060 −0.008 0.000 0.051 0.117 0.190 0.270 0.357 0.451 0.551 0.658 0.770 0.889 1.014 1.144 1.280 1.422

$x=$ −0.020 −0.018 −0.014 −0.009 −0.002 0.000 0.007 0.018 0.033 0.050 0.070 0.093 0.121 0.152 0.187 0.226 0.270 0.318 0.372 0.430 0.494 0.563

$y=$ −0.129 −0.112 −0.087 −0.054 −0.013 0.000 0.036 0.093 0.158 0.231 0.312 0.400 0.495 0.598 0.708 0.825 0.949 1.080 1.217 1.361 1.511 1.667

$x=$ −0.026 −0.024 −0.020 −0.016 −0.009 −0.001 0.000 0.010 0.023 0.039 0.058 0.080 0.105 0.134 0.166 0.202 0.243 0.288 0.337 0.391 0.450 0.513

$y=$ −0.159 −0.144 −0.121 −0.090 −0.051 −0.004 0.000 0.051 0.113 0.183 0.260 0.345 0.437 0.536 0.642 0.756 0.875 1.002 1.135 1.275 1.420 1.572

$x=$ −0.030 −0.028 −0.025 −0.021 −0.015 −0.008 0.000 0.001 0.013 0.026 0.042 0.061 0.083 0.107 0.135 0.166 0.201 0.239 0.281 0.327 0.377 0.431

$y=$ −0.186 −0.172 −0.151 −0.123 −0.087 −0.044 0.000 0.006 0.064 0.128 0.199 0.278 0.363 0.454 0.553 0.658 0.769 0.887 1.011 1.141 1.277 1.419

$x=$ −0.036 −0.034 −0.031 −0.028 −0.022 −0.015 −0.006 0.000 0.004 0.017 0.033 0.050 0.070 0.093 0.119 0.149 0.181 0.217 0.256 0.299 0.345 0.396

$y=$ −0.217 −0.204 −0.184 −0.157 −0.122 −0.081 −0.033 0.000 0.023 0.085 0.153 0.229 0.311 0.400 0.495 0.596 0.704 0.818 0.939 1.065 1.197 1.335

$x=$ −0.036 −0.033 −0.029 −0.021 −0.011 0.000 0.002 0.020 0.041 0.067 0.098 0.134 0.175 0.223 0.277 0.338 0.406 0.482 0.565 0.656 0.756 0.864

$y=$ −0.228 −0.206 −0.171 −0.123 −0.062 0.000 0.012 0.099 0.199 0.311 0.436 0.573 0.722 0.883 1.056 1.240 1.435 1.641 1.857 2.085 2.322 2.569

$x=$ −0.031 −0.028 −0.024 −0.017 −0.007 0.000 0.006 0.022 0.043 0.068 0.098 0.133 0.174 0.220 0.273 0.332 0.398 0.472 0.553 0.642 0.739 0.845

$y=$ −0.211 −0.189 −0.154 −0.105 −0.043 0.000 0.033 0.121 0.222 0.337 0.463 0.602 0.754 0.917 1.092 1.279 1.478 1.687 1.908 2.139 2.381 2.633

花键规格 $N \times d \times D \times B$	d_i	P_n	S_z	S_n	h_n	h	e	h_1	B_1	H	b_1	α
$8 \times 62 \times 68 \times 12$	95.20	25.795	13.458	12.825	1.200	2.401	0.279	0.690	0.742	5.2		35°
$10 \times 72 \times 78 \times 12$	94.92	23.813	11.494	10.912	1.300	2.538	0.240	0.770	0.605	5.4	9.0	
$10 \times 82 \times 88 \times 12$	94.73	26.975	14.668	14.090	1.300	2.635	0.208	0.831	0.827	5.5		
$10 \times 92 \times 98 \times 14$	107.22	30.038	15.618	15.115	1.200	2.391	0.260	0.762	0.893	5.3	11.0	40°
$10 \times 102 \times 108 \times 16$	107.55	33.126	16.694	16.224	1.100	2.224	0.309	0.681	0.969	5.2	13.0	
$10 \times 112 \times 120 \times 18$	111.20	36.793	18.359	17.596	1.700	3.398	0.352	1.019	1.085	6.3	15.0	

（续）

单位为毫米

法 向 齿 形 坐 标

$x=$ —0.044 —0.042 —0.038 —0.031 —0.022 —0.010 0.000 0.005 0.025 0.048 0.075 0.108 0.145
0.188 0.236 0.290 0.350 0.418 0.491 0.573 0.661 0.757

$y=$ —0.279 —0.260 —0.227 —0.182 —0.124 —0.054 0.000 0.028 0.123 0.230 0.349 0.480 0.622
0.776 0.942 1.118 1.306 1.504 1.713 1.933 2.162 2.401

$x=$ —0.033 —0.031 —0.027 —0.021 —0.012 —0.001 0.000 0.013 0.031 0.053 0.079 0.110 0.145
0.185 0.231 0.282 0.339 0.403 0.473 0.550 0.635 0.726

$y=$ —0.240 —0.219 —0.185 —0.139 —0.079 —0.006 0.000 0.079 0.177 0.288 0.410 0.546 0.693
0.852 1.023 1.206 1.400 1.606 1.823 2.050 2.289 2.538

$x=$ —0.025 —0.023 —0.019 —0.013 —0.005 0.000 0.006 0.020 0.037 0.058 0.082 0.111 0.144 0.182
0.226 0.274 0.328 0.388 0.455 0.528 0.607 0.694

$y=$ —0.208 —0.184 —0.147 —0.098 —0.035 0.000 0.040 0.123 0.228 0.342 0.468 0.606 0.757 0.919
1.093 1.279 1.477 1.686 1.905 2.139 2.382 2.635

$x=$ —0.033 —0.031 —0.028 —0.022 —0.014 —0.005 0.000 0.008 0.023 0.042 0.064 0.089 0.119
0.153 0.191 0.234 0.282 0.335 0.394 0.458 0.528 0.605

$y=$ —0.260 —0.239 —0.203 —0.160 —0.102 —0.033 0.000 0.049 0.142 0.248 0.364 0.493 0.633
0.784 0.947 1.121 1.305 1.501 1.708 1.925 2.153 2.391

$x=$ —0.041 —0.039 —0.035 —0.030 —0.023 —0.014 —0.003 0.000 0.012 0.029 0.049 0.073 0.100
0.131 0.166 0.206 0.250 0.298 0.352 0.411 0.475 0.545

$y=$ —0.309 —0.289 —0.258 —0.215 —0.161 —0.094 —0.017 0.000 0.072 0.172 0.283 0.406 0.540
0.684 0.840 1.006 1.183 1.370 1.568 1.777 1.995 2.224

$x=$ —0.047 —0.044 —0.040 —0.032 —0.022 —0.008 0.000 0.011 0.033 0.060 0.093 0.132 0.176
0.227 0.285 0.350 0.423 0.504 0.594 0.692 0.800 0.917

$y=$ —0.352 —0.327 —0.284 —0.223 —0.145 —0.049 0.000 0.065 0.196 0.344 0.509 0.691 0.889
1.105 1.336 1.584 1.848 2.127 2.422 2.733 3.058 3.398

表 A.4 中系列 B 级滚刀计算尺寸、

花 键 规 格 $N \times d \times D \times B$	d_ι	P_n	S_z	S_n	h_n	h	e	h_1	B_1	H	b_1	α
$6 \times 16 \times 20 \times 4$	59.62	9.713	5.501	4.829	0.800	1.689	0.110	0.503	0.400		2.0	
$6 \times 18 \times 22 \times 5$	59.92	10.689	5.455	4.898	0.800	1.541	0.158	0.421	0.400	4.1	2.5	
$6 \times 21 \times 25 \times 5$	67.75	12.292	7.073	6.508	0.800	1.626	0.136	0.475	0.400	4.2		
$6 \times 23 \times 28 \times 6$	66.60	13.804	7.575	6.760	1.100	2.199	0.175	0.604	0.400	4.8	3.5	
$6 \times 26 \times 32 \times 6$	74.28	15.824	9.609	8.557	1.400	2.862	0.149	0.838	0.473	5.5		35°
$6 \times 28 \times 34 \times 7$	74.58	16.805	9.573	8.635	1.400	2.708	0.193	0.747	0.470	5.3	4.5	
$8 \times 32 \times 38 \times 6$	73.96	14.254	8.053	7.096	1.500	3.021	0.121	0.956	0.400	5.6	3.5	
$8 \times 36 \times 42 \times 7$	84.19	15.788	8.578	7.725	1.500	2.904	0.152	0.886	0.400	5.5	4.5	
$8 \times 42 \times 48 \times 8$	84.51	18.074	9.758	8.979	1.400	2.746	0.179	0.867	0.483	5.4	5.5	

法向齿形坐标

<table>
<tr><td colspan="2">法 向 齿 形 坐 标</td></tr>
</table>

$x=$ −0.021 −0.019 −0.015 −0.008 0.000 0.002 0.014 0.030 0.050 0.074 0.102 0.136 0.174 0.218 0.268 0.324 0.386 0.455 0.530 0.613 0.702 0.800

$y=$ −0.110 −0.094 −0.069 −0.036 0.000 0.007 0.058 0.117 0.184 0.259 0.342 0.433 0.530 0.635 0.746 0.864 0.988 1.118 1.253 1.394 1.539 1.689

$x=$ −0.035 −0.032 −0.028 −0.022 −0.013 −0.001 0.000 0.014 0.032 0.054 0.081 0.112 0.147 0.188 0.233 0.285 0.342 0.405 0.474 0.550 0.632 0.721

$y=$ −0.158 −0.144 −0.122 −0.091 −0.052 −0.005 0.000 0.050 0.113 0.183 0.261 0.346 0.438 0.537 0.642 0.754 0.872 0.995 1.124 1.258 1.397 1.541

$x=$ −0.026 −0.024 −0.020 −0.014 −0.006 0.000 0.005 0.019 0.036 0.057 0.082 0.110 0.144 0.182 0.225 0.273 0.327 0.387 0.452 0.524 0.602 0.687

$y=$ −0.136 −0.122 −0.098 −0.067 −0.026 0.000 0.022 0.079 0.143 0.216 0.296 0.383 0.478 0.580 0.689 0.805 0.927 1.055 1.190 1.330 1.475 1.626

$x=$ −0.035 −0.033 −0.028 −0.020 −0.008 0.000 0.008 0.028 0.053 0.083 0.119 0.162 0.212 0.268 0.332 0.405 0.485 0.574 0.673 0.780 0.898 1.025

$y=$ −0.175 −0.158 −0.129 −0.087 −0.034 0.000 0.031 0.107 0.194 0.292 0.401 0.520 0.649 0.788 0.936 1.093 1.258 1.432 1.613 1.802 1.997 2.199

$x=$ −0.026 −0.023 −0.017 −0.007 0.000 0.008 0.027 0.052 0.084 0.122 0.168 0.222 0.284 0.356 0.438 0.530 0.632 0.746 0.871 1.009 1.158 1.321

$y=$ −0.149 −0.125 −0.086 −0.032 0.000 0.036 0.120 0.217 0.329 0.454 0.593 0.744 0.908 1.083 1.271 1.469 1.678 1.897 2.126 2.363 2.609 2.862

$x=$ −0.037 −0.034 −0.028 −0.018 −0.004 0.000 0.014 0.038 0.068 0.105 0.149 0.200 0.259 0.328 0.405 0.492 0.589 0.697 0.815 0.945 1.086 1.240

$y=$ −0.193 −0.172 −0.135 −0.084 −0.019 0.000 0.060 0.153 0.260 0.380 0.513 0.658 0.816 0.985 1.166 1.357 1.559 1.771 1.992 2.222 2.461 2.708

$x=$ −0.018 −0.015 −0.009 0.000 0.013 0.031 0.054 0.082 0.117 0.159 0.209 0.266 0.333 0.408 0.493 0.588 0.694 0.811 0.939 1.079 1.231

$y=$ −0.121 −0.096 −0.056 0.000 0.071 0.157 0.258 0.373 0.502 0.645 0.801 0.971 1.153 1.348 1.555 1.773 2.002 2.242 2.492 2.752 3.021

$x=$ −0.023 −0.020 −0.015 −0.006 0.000 0.006 0.022 0.044 0.070 0.103 0.142 0.188 0.242 0.303 0.373 0.452 0.540 0.638 0.747 0.865 0.995 1.136

$y=$ −0.152 −0.128 −0.090 −0.037 0.000 0.031 0.113 0.210 0.321 0.446 0.584 0.735 0.900 1.077 1.266 1.467 1.680 1.904 2.139 2.384 2.639 2.904

$x=$ −0.027 −0.025 −0.020 −0.012 −0.001 0.000 0.014 0.033 0.056 0.086 0.120 0.161 0.209 0.263 0.325 0.395 0.473 0.560 0.656 0.761 0.877 1.002

$y=$ −0.179 −0.157 −0.121 −0.071 −0.007 0.000 0.071 0.162 0.267 0.385 0.517 0.661 0.817 0.986 1.167 1.360 1.564 1.780 2.006 2.243 2.489 2.746

花键规格 $N \times d \times D \times B$	d_1	P_n	S_z	S_n	h_n	h	e	h_1	B_1	H	b_1	α
$8 \times 46 \times 54 \times 9$	82.05	20.319	10.997	9.761	2.000	3.974	0.199	1.238	0.570	6.8	6.0	35°
$8 \times 52 \times 60 \times 10$	82.18	22.650	12.330	11.188	2.000	3.912	0.220	1.204	0.663		7.0	
$8 \times 56 \times 65 \times 10$	90.50	24.635	14.324	12.922	2.400	4.751	0.201	1.516	0.803	7.6		
$8 \times 62 \times 72 \times 12$	101.85	27.226	14.896	13.306	2.500	5.077	0.264	1.543	0.843	8.3		
$10 \times 72 \times 82 \times 12$	101.48	24.948	12.634	11.143	2.600	5.259	0.226	1.684	0.684	8.5	8.0	40°
$10 \times 82 \times 92 \times 12$	101.15	28.115	15.811	14.406	2.700	5.423	0.198	1.805	0.907	8.6		
$10 \times 92 \times 102 \times 14$	107.78	31.169	16.753	15.502	2.600	5.108	0.250	1.680	0.973	8.4	10.0	
$10 \times 102 \times 112 \times 16$	108.15	34.266	17.839	16.655	2.500	4.924	0.298	1.565	1.049	8.2	12.0	
$10 \times 112 \times 125 \times 18$	110.98	38.298	19.870	18.017	3.500	7.008	0.336	2.232	1.191	10.3	14.0	

(续)　　　　　　　　　　　　　　　　　　　　　　　　　　　单位为毫米

法 向 齿 形 坐 标

x=-0.030 -0.027 -0.020 -0.008 0.000 0.009 0.031 0.061 0.098 0.143 0.198 0.262 0.337 0.423 0.522 0.633 0.757 0.895 1.047 1.215 1.398 1.597

y=-0.199 -0.169 -0.118 -0.046 0.000 0.045 0.157 0.289 0.440 0.611 0.800 1.007 1.232 1.475 1.734 2.010 2.301 2.608 2.929 3.264 3.613 3.974

x=-0.033 -0.030 -0.023 -0.012 0.000 0.003 0.025 0.052 0.087 0.130 0.181 0.241 0.311 0.392 0.484 0.588 0.704 0.834 0.977 1.134 1.305 1.492

y=-0.220 -0.191 -0.142 -0.072 0.000 0.018 0.127 0.257 0.405 0.573 0.759 0.963 1.185 1.425 1.682 1.955 2.244 2.549 2.868 3.202 3.550 3.912

x=-0.028 -0.024 -0.017 -0.004 0.000 0.014 0.039 0.072 0.114 0.165 0.227 0.300 0.386 0.484 0.596 0.724 0.866 1.025 1.201 1.394 1.605 1.836

y=-0.201 -0.167 -0.109 -0.026 0.000 0.081 0.213 0.368 0.546 0.747 0.971 1.216 1.483 1.771 2.079 2.407 2.754 3.120 3.505 3.903 4.319 4.751

x=-0.040 -0.036 -0.028 -0.013 0.000 0.006 0.033 0.069 0.111 0.170 0.238 0.318 0.411 0.518 0.641 0.780 0.935 1.108 1.300 1.519 1.741 1.982

y=-0.264 -0.230 -0.170 -0.083 0.000 0.081 0.192 0.337 0.528 0.744 0.986 1.251 1.539 1.850 2.183 2.538 2.914 3.309 3.724 4.158 4.622 5.077

x=-0.030 -0.026 -0.018 -0.005 0.000 0.014 0.040 0.074 0.117 0.169 0.233 0.308 0.395 0.497 0.612 0.742 0.889 1.052 1.237 1.441 1.648 1.885

y=-0.226 -0.189 -0.127 -0.032 0.000 0.086 0.230 0.401 0.597 0.818 1.064 1.335 1.630 1.947 2.288 2.651 3.036 3.441 3.867 4.312 4.775 5.259

x=-0.023 -0.020 -0.012 0.000 0.018 0.042 0.074 0.115 0.165 0.225 0.296 0.379 0.475 0.585 0.709 0.849 1.004 1.177 1.367 1.575 1.802

y=-0.198 -0.159 -0.093 0.000 0.122 0.269 0.443 0.643 0.869 1.120 1.396 1.697 2.022 2.370 2.742 3.136 3.552 3.969 4.447 4.925 5.423

x=-0.031 -0.027 -0.020 -0.009 0.000 0.007 0.030 0.059 0.096 0.141 0.196 0.261 0.336 0.423 0.523 0.635 0.761 0.902 1.058 1.229 1.417 1.622

y=-0.250 -0.214 -0.153 -0.065 0.000 0.049 0.188 0.352 0.541 0.755 0.993 1.256 1.542 1.851 2.183 2.538 2.914 3.312 3.731 4.170 4.630 5.108

x=-0.038 -0.035 -0.028 -0.017 -0.002 0.000 0.019 0.047 0.082 0.125 0.176 0.237 0.307 0.389 0.482 0.587 0.705 0.837 0.982 1.142 1.318 1.509

y=-0.298 -0.265 -0.206 -0.121 -0.012 0.000 0.122 0.281 0.464 0.672 0.903 1.158 1.437 1.738 2.062 2.407 2.775 3.164 3.574 4.004 4.454 4.924

x=-0.043 -0.038 -0.029 -0.013 0.000 0.010 0.041 0.083 0.136 0.201 0.280 0.374 0.483 0.609 0.754 0.917 1.100 1.305 1.532 1.782 2.056 2.355

y=-0.336 -0.291 -0.209 -0.092 0.000 0.062 0.251 0.476 0.735 1.028 1.356 1.716 2.110 2.535 2.992 3.480 3.997 4.544 5.120 5.723 6.352 7.008

附　录　B
（资料性附录）
外花键加工余量及公差

B.1　外花键加工余量及公差（JB/T 9146—1999）按图 B.1 和表 B.1。

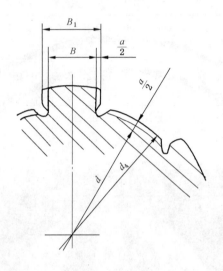

图 B.1

表 B.1　　　　　　　　　　　　　　　　　　　　　　　　　单位为毫米

花键小径基本尺寸 d	花键键宽基本尺寸 B	磨削余量 a	磨　削　前			
			小径 d_4	极限偏差 (h9)	键宽 B_1	极限偏差 (h10)
11	3		11.20		3.20	
13	3.5		13.20	0 −0.043	3.70	
16	4		16.20		4.20	0 −0.048
18	5		18.20		5.20	
21			21.20			
23	6	0.20	23.20	0 −0.052	6.20	
26			26.20			
28	7		28.20		7.20	
32	6		32.20		6.20	0 −0.058
36	7		36.20	0 −0.062	7.20	
42	8		42.30		8.30	
46	9	0.30	46.30		9.30	
52	10		52.30	0 −0.074	10.30	0 −0.070
56			56.30			

表 B.1（续）　　　　　　　　　　　　　　　　　　　　　　　单位为毫米

花键小径 基本尺寸 d	花键键宽 基本尺寸 B	磨削余量 a	磨　削　前			
			小径 d_4	极限偏差 (h9)	键宽 B_1	极限偏差 (h10)
62			62.30			
72	12	0.30	72.30	$\begin{array}{c}0\\-0.074\end{array}$	12.30	
82			82.30			$\begin{array}{c}0\\-0.070\end{array}$
92	14		92.40		14.40	
102	16	0.40	102.40	$\begin{array}{c}0\\-0.087\end{array}$	16.40	
112	18		112.40		18.40	$\begin{array}{c}0\\-0.084\end{array}$

ICS 25.100.10
J 41

中华人民共和国国家标准

GB/T 10953—2006
代替 GB/T 10953—1989

机 夹 切 断 车 刀

Cutting-off tools for turning with clamp tips

2006-12-30 发布

2007-06-01 实施

中华人民共和国国家质量监督检验检疫总局
中国国家标准化管理委员会 发 布

前　言

本标准代替 GB/T 10953—1989《机夹切断车刀》。

本标准与 GB/T 10953—1989 相比主要变化如下：

——取消表 1 中的参考尺寸：γ_0、α_0、H_1；

——取消表 2 中的参考尺寸：γ_0 和 α_0；

——取消图 1 和图 2 中的参考尺寸标注；

——取消"性能试验"；

——取消"附录 A"；

——修改机夹切断车刀的标记示例；

——修改刀片定位面和刀杆基面的表面粗糙度的上限值；

——刀杆材料由 45 钢修改为 40Cr；刀垫材料由 45 钢修改为合金工具钢，其硬度由 40 HRC 修改
　　为 45 HRC；

——修改标志和包装的要求。

本标准由中国机械工业联合会提出。

本标准由全国刀具标准化技术委员会(SAC/TC 91)归口。

本标准起草单位：成都工具研究所。

本标准主要起草人：樊瑾。

本标准所代替标准的历次版本发布情况为：

——GB/T 10953—1989。

机 夹 切 断 车 刀

1 范围

本标准规定了硬质合金机夹切断车刀的型式和尺寸、标记示例、位置公差、材料和硬度、外观和表面粗糙度、标志和包装等基本要求。

本标准适用于机械夹固式切断车刀。

2 代号表示规则

机夹切断车刀的代号由按规定顺序排列的一组字母和数字代号组成,共有六位代号,分别表示车刀的各项特征。第五位与第六位两位代号之间,用短划(-)将其分开。

——第一位代号用字母 Q 表示切断车刀;

——第二位代号用字母 A 或 B 表示 A 型或 B 型切断车刀;

——第三位代号用两位数字表示车刀的刀尖高度;

——第四位代号用两位数字表示车刀的刀杆宽度;

——第五位代号用字母 R 表示右切刀,用字母 L 表示左切刀;

——第六位代号用两位数字表示车刀刀片宽度,不计小数。如果不足两位数字时,则在该数前面加"0"。

3 型式和尺寸

3.1 A 型车刀的型式和尺寸

A 型机夹切断车刀的型式和尺寸应按图 1 和表 1 的规定。

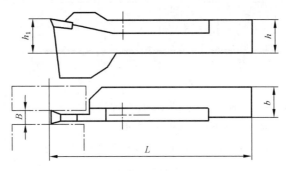

图 1 A 型机夹切断车刀

表 1 A 型机夹切断车刀

单位为毫米

| 车刀代号 | | h_1 | h | b | L | | B | 最大加工直径 |
右切刀	左切刀		h13	h13	基本尺寸	极限偏差		D_{max}
QA2022R-03	QA2022L-03	20	20	22	125	0 −2.5	3.2	40
QA2022R-04	QA2022L-04						4.2	
QA2525R-04	QA2525L-04	25	25	25	150		4.2	60
QA2525R-05	QA2525L-05						5.3	
QA3232R-05	QA3232L-05	32	32	32	170	0 −2.9	5.3	80
QA3232R-06	QA3232L-06						6.5	

3.2 B 型车刀的型式和尺寸

B 型机夹切断车刀的型式和尺寸应按图 2 和表 2 的规定。

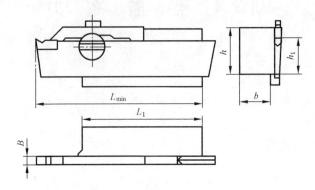

图 2　B 型机夹切断车刀

表 2　B 型机夹切断车刀

单位为毫米

车刀代号		h_1	h	b	L_{min}	B	L_1	最大加工直径
右切刀	左切刀		h13					D_{max}
QB2020R-04	QB2020L-04	20	25	20	125	4.2	100	100
QB2020R-05	QB2020L-05					5.3		
QB2525R-05	QB2525L-05	25	32	25	150		125	125
QB2525R-06	QB2525L-06					6.5		
QB3232R-06	QB3232L-06	32	40	32	170		140	150
QB3232R-08	QB3232L-08					8.5		
QB4040R-08	QB4040L-08	40	50	40	200		160	175
QB4040R-10	QB4040L-10					10.5		
QB5050R-10	QB5050L-10	50	63	50	250		200	200
QB5050R-12	QB5050L-12					12.5		

4　标记示例

示例 1：刀尖高度为 25 mm，刀杆宽度为 25 mm，刀片宽度为 4.2 mm 的 A 型右切机夹切断车刀为：

机夹切断车刀　QA2525R-04　GB/T 10953—2006

示例 2：刀尖高度为 20 mm，刀杆宽度为 20 mm，刀片宽度为 4.2 mm 的 B 型左切机夹切断车刀为：

机夹切断车刀　QB2020L-04　GB/T 10953—2006

5　外观和表面粗糙度

5.1　刀片夹紧应牢固。刀片和刀垫间沿纵向的外边缘不得有缝隙。

5.2　刀片切削刃应光整，表面不得有裂纹、崩刃等影响使用性能的缺陷。

5.3　其他各零件不得有锈迹、裂纹等影响使用性能的缺陷，各种钢制零件应经表面处理。

5.4　表面粗糙度的上限值：

　　——刀片前面和后面：Ra 0.4 μm；

　　——车刀刀片槽 V 形定位面中与刀片接触部分：Ra 1.6 μm；

　　——车刀刀杆基面：Ra 1.6 μm。

6 材料和硬度

6.1 机夹切断车刀刀杆用 40Cr 或同等性能的其他牌号钢材制造,硬度不低于 40 HRC。

6.2 机夹切断车刀刀片下可装有可换刀垫,刀垫用合金工具钢制造,硬度不低于 45 HRC。

7 位置公差

机夹切断车刀刀垫在刀杆上的侧向定位面,与刀杆底基面的垂直度 A 型为 0.10 mm 和 B 型为 0.15 mm。

8 标志和包装

8.1 标志

8.1.1 产品上应标志:
——制造厂或销售商的商标;
——机夹切断车刀代号。

8.1.2 包装盒上应标志:
——制造厂或销售商的名称、地址和商标;
——机夹切断车刀标记;
——刀片材料;
——件数。

8.2 包装

机夹切断车刀在包装前应经防锈处理,包装应牢固,防止运输过程中损伤。

ICS 25.100.10
J 41

中华人民共和国国家标准

GB/T 10954—2006
代替 GB/T 10954—1989，GB/T 10955—1989

机 夹 螺 纹 车 刀

Turning tools for threads with clamp tips

2006-12-30 发布   2007-06-01 实施

中华人民共和国国家质量监督检验检疫总局
中国国家标准化管理委员会 发 布

前　言

本标准代替 GB/T 10954—1989《机夹外螺纹车刀》和 GB/T 10955—1989《机夹内螺纹车刀》。

本标准与 GB/T 10954—1989 相比主要变化如下：

——增加 GB/T 10955—1989 的相关内容；

——取消 GB/T 10954—1989 表 1 中的参考尺寸：γ_0、α_0；

——取消 GB/T 10954—1989 图 1 中的参考尺寸标注；

——取消"性能试验"；

——取消"附录 A"；

——修改机夹外螺纹车刀的标记示例；

——修改刀片定位面和刀杆基面的表面粗糙度的上限值；

——刀杆材料由 45 钢修改为 40Cr；

——修改标志、包装的要求。

本标准与 GB/T 10955—1989 相比主要变化如下：

——增加 GB/T 10954—1989 的相关内容；

——取消 GB/T 10955—1989 表 1 中的参考尺寸：γ_0、α_0、$\alpha_0{'}$、n 和最小加工直径；

——取消 GB/T 10955—1989 表 2 中的参考尺寸：γ_0、α_0、$\alpha_0{'}$、m、f 和最小加工直径；

——取消 GB/T 10955—1989 图 1 中的参考尺寸标注；

——取消"性能试验"；

——取消"附录 A"；

——修改机夹内螺纹车刀的标记示例；

——修改刀片定位面和刀杆基面的表面粗糙度的上限值；

——刀杆材料由 45 钢修改为 40Cr；

——修改标志和包装的要求。

本标准由中国机械工业联合会提出。

本标准由全国刀具标准化技术委员会(SAC/TC 91)归口。

本标准起草单位：成都工具研究所。

本标准主要起草人：樊瑾。

本标准所代替标准的历次版本发布情况为：

——GB/T 10954—1989；

——GB/T 10955—1989。

机 夹 螺 纹 车 刀

1 范围

本标准规定了硬质合金机夹内、外螺纹车刀的型式和尺寸、标记示例、材料和硬度、外观和表面粗糙度、标志和包装等基本要求。

本标准适用于机械夹固式内、外螺纹车刀。

2 代号表示规则

机夹螺纹车刀的代号由按规定顺序排列的一组字母和数字代号组成,共有六位代号,分别表示机夹螺纹车刀的各项特征。第五位与第六位两位代号之间,用短划(-)将其分开。

——第一位代号用字母 L 表示螺纹车刀;

——第二位代号用字母 W 表示外螺纹车刀,字母 N 表示内螺纹车刀;

——第三位代号用两位数字表示车刀的刀尖高度;

——第四位代号用两位数字表示矩形刀杆车刀的刀杆宽度或圆形刀杆车刀刀杆直径;

——第五位代号用字母 R 表示右切刀,用字母 L 表示左切刀;

——第六位代号用两位数字表示车刀刀片宽度。如果不足两位数字时,则在该数前面加"0"。

3 型式和尺寸

3.1 机夹外螺纹车刀的型式和尺寸应按图 1 和表 1 的规定。

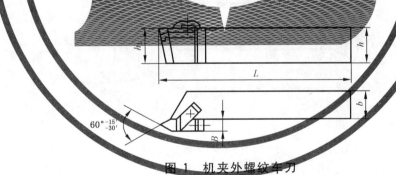

图 1 机夹外螺纹车刀

表 1 机夹外螺纹车刀

单位为毫米

车刀代号		h_1	h	b	L		B
右切刀	左切刀	js14	h13	h13	基本尺寸	极限偏差	
LW1616R-03	LW1616L-03	16	16	16	110	0 −2.5	3
LW2016R-04	LW2016L-04	20	20	16	125		4
LW2520R-06	LW2520L-06	25	25	20	150		6
LW3225R-08	LW3225L-08	32	32	25	170		8
LW4032R-10	LW4032L-10	40	40	32	200	0 −2.9	10
LW5040R-12	LW5040L-12	50	50	40	250		12

3.2 矩形刀杆机夹内螺纹车刀的型式和尺寸应按图 2 和表 2 的规定。

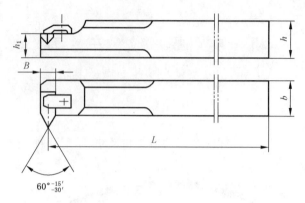

图 2　矩形刀杆机夹内螺纹车刀

表 2　矩形刀杆机夹内螺纹车刀

单位为毫米

车刀代号		h_1	h	b	L		B
右切刀	左切刀	js14	h13	h13	基本尺寸	极限偏差	
LN1216R-03	LN1216L-03	12	16	16	150	0 −2.5	3
LN1620R-04	LN1620L-04	16	20	20	180		4
LN2025R-06	LN2025L-06	20	25	25	200		6
LN2532R-08	LN2532L-08	25	32	32	250	0 −2.9	8
LN3240R-10	LN3240L-10	32	40	40	300		10

3.3　圆形刀杆机夹内螺纹车刀的型式和尺寸应按图 3 和表 3 的规定。

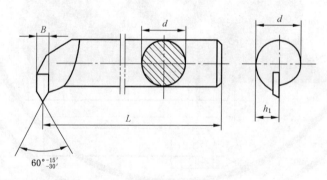

注：在圆形刀杆的上下两面可削出两个小平面及内侧工艺小平面。

图 3　圆形刀杆机夹内螺纹车刀

表 3　圆形刀杆机夹内螺纹车刀

单位为毫米

车刀代号		h_1	d		L		B
右切刀	左切刀	js14	基本尺寸	极限偏差	基本尺寸	极限偏差	
LN1020R-03	LN1020L-03	10	20	0 −0.052	180	0 −2.5	3
LN1225R-03	LN1225L-03	12.5	25		200		3
LN1632R-04	LN1632L-04	16	32	0 −0.062	250		4
LN2040R-08	LN2040L-08	20	40		300		6
LN2550R-08	LN2550L-08	25	50	0 −0.074	350	0 −2.9	8
LN3060R-10	LN3060L-10	30	60		400		10

4 标记示例

示例 1:刀尖高度为 25 mm,刀杆宽度为 20 mm,刀片宽度为 6 mm 的右切机夹外螺纹车刀为:

机夹外螺纹车刀 LW2520R-06 GB/T 10954—2006

示例 2:刀尖高度为 20 mm,刀杆宽度为 16 mm,刀片宽度为 4 mm 的左切机夹外螺纹车刀为:

机夹外螺纹车刀 LW2016L-04 GB/T 10954—2006

示例 3:刀尖高度为 20 mm,刀杆宽度为 25 mm,刀片宽度为 6 mm 的右切矩形刀杆机夹内螺纹车刀为:

机夹内螺纹车刀 矩形刀杆 LN2025R-06 GB/T 10954—2006

示例 4:刀尖高度为 20 mm,刀杆直径为 40 mm,刀片宽度为 8 mm 的左切圆形刀杆机夹内螺纹车刀为:

机夹内螺纹车刀 圆形刀杆 LN2040L-08 GB/T 10954—2006

5 外观和表面粗糙度

5.1 刀片夹紧应牢固。刀片和刀杆定位面间沿纵向的外边缘不得有缝隙。

5.2 刀片切削刃应光整,表面不得有裂纹、崩刃等影响使用性能的缺陷。

5.3 其他各零件不得有锈迹、裂纹等影响使用性能的缺陷,各种钢制零件应经表面处理。

5.4 表面粗糙度的上限值:

——刀片前面和后面:Ra 0.4 μm;

——车刀刀片槽 V 形定位面中与刀片接触部分:Ra 1.6 μm;

——车刀刀杆底基面:Ra 1.6 μm;

——圆形刀杆的外圆表面:Ra 1.6 μm。

6 材料和硬度

机夹螺纹车刀刀杆用 40Cr 或同等性能的其他牌号钢材制造,硬度不低于 40 HRC。

7 标志和包装

7.1 标志

7.1.1 产品上应标志:

——制造厂或销售商的商标;

——机夹螺纹车刀代号。

7.1.2 包装盒上应标志:

——制造厂或销售商的名称、地址和商标;

——机夹螺纹车刀标记;

——刀片材料;

——件数;

——制造年月。

7.2 包装

机夹螺纹车刀在包装前应经防锈处理,包装应牢固,防止运输过程中损伤。

ICS 25.100.99
J 41

中华人民共和国国家标准

GB/T 14329—2008
代替 GB/T 14329.1～14329.4—1993

键 槽 拉 刀

Keyway broaches

2008-06-03 发布

2009-01-01 实施

中华人民共和国国家质量监督检验检疫总局
中国国家标准化管理委员会 发布

前 言

本标准是对 GB/T 14329.1—1993《平刀体键槽拉刀 型式与尺寸》、GB/T 14329.2—1993《加宽平刀体键槽拉刀 型式与尺寸》、GB/T 14329.3—1993《带倒角齿键槽拉刀 型式与尺寸》、GB/T 14329.4—1993《键槽拉刀 通用技术条件》的修订。

本标准与 GB/T 14329.1~14329.4—1993 相比有下列技术差异：

——将 4 个标准合成为 1 个标准,名称改为"键槽拉刀"；

——删除了原第 4 部分中性能试验一章；

——原第 2 部分中,"加宽平刀体键槽拉刀"改为"宽刀体键槽拉刀"。

本标准代替 GB/T 14329.1~14329.4—1993。

本标准的附录 A、附录 B 均为资料性附录。

本标准由中国机械工业联合会提出。

本标准由全国刀具标准化技术委员会(SAC/TC 91)归口。

本标准起草单位:哈尔滨第一工具制造有限公司。

本标准主要起草人:宋铁福、王家喜、陈克天、董英武、邢义。

本标准所代替标准的历次版本发布情况为:

——GB/T 14329.1—1993；

——GB/T 14329.2—1993；

——GB/T 14329.3—1993；

——GB/T 14329.4—1993。

键 槽 拉 刀

1 范围

本标准规定了键槽拉刀的型式尺寸、技术要求、标志和包装的基本要求。

本标准适用于拉削 GB/T 1095 中,轮毂键槽宽度基本尺寸为 3 mm～40 mm,公差带为 P9、Js9、D10 键槽用拉刀。

2 规范性引用文件

下列文件中的条款通过本标准的引用而成为本标准的条款。凡是注日期的引用文件,其随后所有的修改单(不包括勘误的内容)或修订版均不适用于本标准,然而,鼓励根据本标准达成协议的各方研究是否可使用这些文件的最新版本。凡是不注日期的引用文件,其最新版本适用于本标准。

GB/T 1095　平键　键槽的剖面尺寸

GB/T 3832.1　拉刀柄部　第 1 部分:矩形柄

3 型式和尺寸

3.1 型式

本标准规定的键槽拉刀的结构型式分三种:平刀体键槽拉刀(见图 1),宽刀体键槽拉刀(见图 2),带倒角齿键槽拉刀(见图 3)。

3.2 尺寸

平刀体键槽拉刀的规格尺寸按表 1 及附录 A 中表 A.1,宽刀体键槽拉刀的规格尺寸按表 2 及附录 A 中表 A.2,带倒角齿键槽拉刀的规格尺寸按表 3 及附录 A 中表 A.3,拉刀导套截面尺寸见附录 B。

3.3 标记示例:

键槽宽度基本尺寸为 20 mm,公差带为 P9,拉削长度为 50 mm～80 mm,前角为 15°的平刀体键槽拉刀:

平刀体键槽拉刀　20P9　15°　50～80　GB/T 14329—2008

键槽宽度基本尺寸为 5 mm,公差带为 P9,拉削长度为 10 mm～18 mm,前角为 10°的宽刀体键槽拉刀:

宽刀体键槽拉刀　5P9　10°　10～18　GB/T 14329—2008

键槽宽度基本尺寸为 5 mm,公差带为 P9,拉削长度为 10 mm～18 mm,前角为 10°的带倒角齿键槽拉刀:

带倒角齿键槽拉刀　5P9　10°　10～18　GB/T 14329—2008

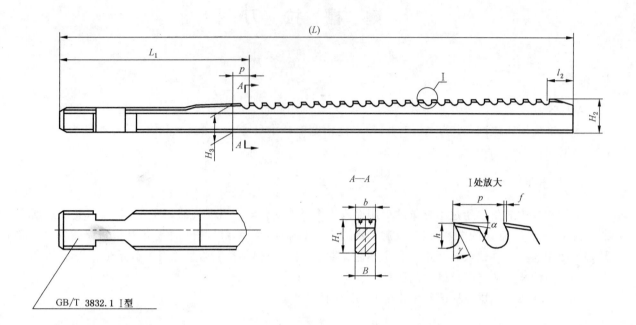

图 1

表 1　平刀体键槽拉刀　　　　　　　　　　　　　　　单位为毫米

工 件 规 格 与 拉 削 参 数					拉 刀 主 要 结 构 尺 寸					
键槽宽度基本尺寸	拉削长度 L_0	拉削余量 A	垫片厚度 S	拉削次数	$b=B$			H_1	H_2	(L)
					键 槽 宽 公 差 带					
					P9	Js9	D10			
12	30～50	4.48	—	1	11.973	12.012	12.108	28	32.48	930
	50～80									1 220
	80～120									1 385
14	50～80	5.15	2.55		13.973	14.012	14.108	30	32.60	880
	80～120									1 000
	120～180									1 220
16	50～80	5.81	2.89		15.973	16.012	16.108	35	37.92	940
	80～120			2						1 065
	120～180									1 300
18	50～80	6.03	3.01		17.973	18.012	18.108	40	43.02	950
	80～120									1 080
	120～180									1 320
20	50～80	6.68	3.32		19.969	20.017	20.137	45	48.36	1 030
	80～120									1 185
	120～180									1 450

表 1（续）　　　　　　　　　　　　　　　　　　　　　　　单位为毫米

工件规格与拉削参数					拉刀主要结构尺寸					
键槽宽度基本尺寸	拉削长度 L_0	拉削余量 A	垫片厚度 S	拉削次数	$b=B$ 键槽宽公差带			H_1	H_2	(L)
					P9	Js9	D10			
22	80～120	7.25	2.40		21.969	22.017	22.137	45	47.45	975
	120～180									1 190
	180～260									1 495
25	80～120	7.48	2.48	3	24.969	25.017	25.137	50	52.52	990
	120～180									1 210
	180～260									1 520
28	80～120	8.71	2.89		27.969	28.017	28.137	55	57.93	1 070
	120～180									1 310
	180～260									1 650
32	120～180	9.98	2.48	4	31.962	32.019	32.168		62.54	1 215
	180～260								62.02	1 530
	260～360		1.99							1 625
36	120～180	11.24	2.24		35.962	36.019	36.168	60	62.28	1 035
	180～260									1 295
	260～360									1 695
40	120～180	12.42	2.06	6	39.962	40.019	40.168		62.12	1 015
	180～260									1 270
	260～360									1 660

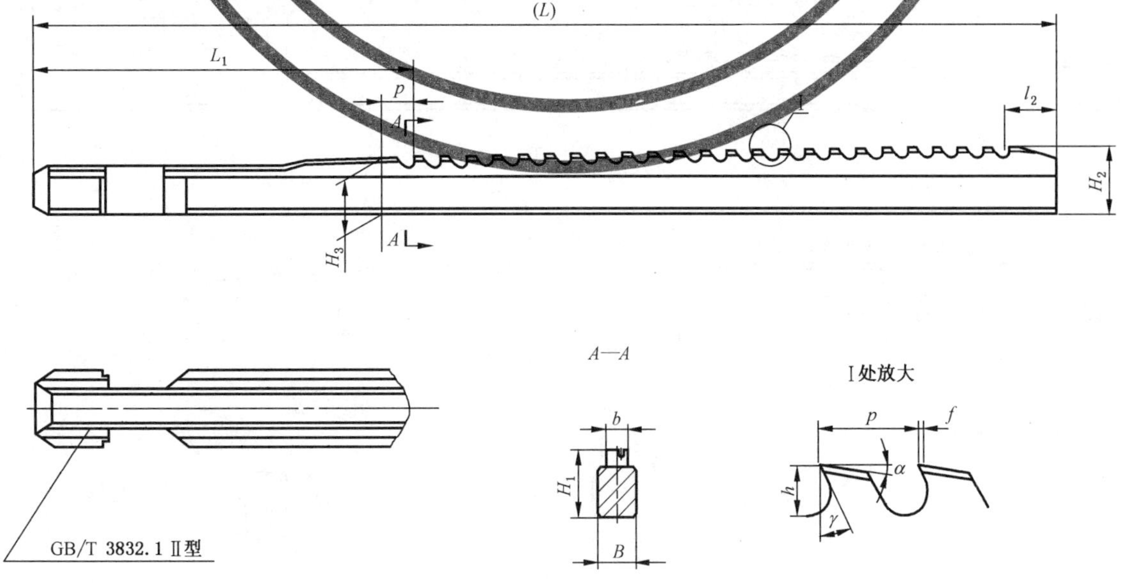

GB/T 3832.1 Ⅱ型

$A—A$

Ⅰ处放大

图 2

表 2 宽刀体键槽拉刀

单位为毫米

键槽宽度基本尺寸	拉削长度 L_0	拉削余量 A	b			B	H_1	H_2	(L)
			键槽宽公差带						
			P9	Js9	D10				
3	10～18	1.79	2.991	3.009	3.055	4	6.5	8.29	475
	18～30								565
4	10～18	2.33	3.984	4.011	4.074	6	7.0	9.33	485
	18～30								580
	30～50								760
5	10～18	2.97	4.984	5.011	5.074	8	8.5	11.47	585
	18～30								710
	30～50								845
6	18～30	3.47	5.984	6.011	6.074	10	13.0	16.47	720
	30～50								850
	50～80								1 055
8	18～30	4.25	7.978	8.011	8.090	12	16.0	20.25	805
	30～50								960
	50～80								1 265
10	30～50	4.36	9.978	10.011	10.090	15	22.0	26.36	900
	50～80								1 180
	80～120								1 345

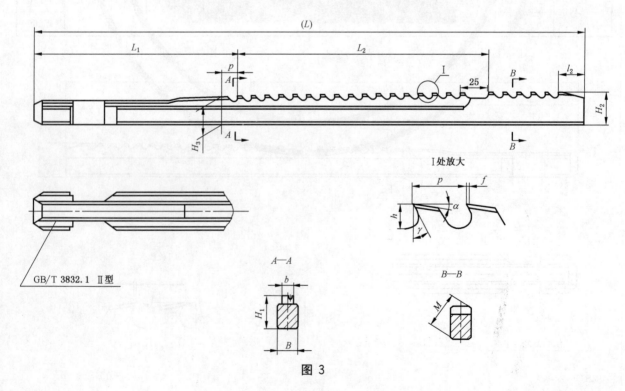

图 3

表 3　带倒角齿键槽拉刀

单位为毫米

键槽宽度基本尺寸	拉削长度 L_0	拉削余量 A	b			B	H_1	H_2	(L)
			键槽宽公差带						
			P9	Js9	D10				
3	10～18	1.79	2.991	3.009	3.055	4	6.5	8.29	515
	18～30								610
4	10～18	2.33	3.984	4.011	4.074	6	7.0	9.33	525
	18～30								620
	30～50								810
5	10～18	2.97	4.984	5.011	5.074	8	8.5	11.47	625
	18～30								760
	30～50								900
6	18～30	3.47	5.984	6.011	6.074	10	13.0	16.47	765
	30～50								905
	50～80								1 115
8	18～30	4.25	7.978	8.011	8.090	12	16.0	20.25	855
	30～50								1 015
	50～80								1 330
10	30～50	4.36	9.978	10.011	10.090	15	22.0	26.36	955
	50～80								1 245
	80～120								1 415

4　技术要求

4.1　拉刀表面不得有裂纹、碰伤、锈迹及其他影响使用性能的缺陷。

4.2　拉刀切削刃应锋利，不得有毛刺、崩刃及磨削烧伤。

4.3　拉刀容屑槽应连接圆滑不允许有台阶。

4.4　拉刀主要表面粗糙度的最大允许值按以下规定：

　　a)　刀齿刃带表面：$Rz1.6\ \mu m$；

　　b)　刀齿侧面：$Rz3.2\ \mu m$；

　　c)　刀齿前面和后面：$Rz3.2\ \mu m$；

　　d)　刀体侧面及底面：$Ra0.63\ \mu m$。

4.5　拉刀各部高度尺寸的极限偏差

4.5.1　切削齿齿高极限偏差按表 4。

表 4

单位为毫米

齿　升　量	极限偏差	相邻齿齿升量差
～0.05	±0.020	0.020
＞0.05～0.08	±0.025	0.025
＞0.08	±0.035	0.035

4.5.2 校准齿及与其尺寸相同的切削齿齿高极限偏差为±0.015 mm,且尺寸一致性不大于 0.007 mm。

4.6 拉刀各部宽度的极限偏差

4.6.1 刀齿宽度尺寸的极限偏差按表5。

表5 单位为毫米

键 槽 宽 度 基 本 尺 寸	键 槽 宽 公 差 带		
	P9	Js9	D10
	极 限 偏 差		
3~10	0 −0.012		0 −0.015
12~18		0 −0.015	0 −0.018
20~28			0 −0.021
32~40		0 −0.018	0 −0.025

4.6.2 刀体宽度尺寸极限偏差:带倒角齿键槽拉刀和宽刀体键槽拉刀刀体宽度尺寸偏差带按h7;平刀体键槽拉刀刀体宽度尺寸极限偏差同刀齿宽度尺寸极限偏差。

4.7 拉刀全长尺寸的极限偏差:

拉刀全长小于或等于1 000 mm ±3 mm;

拉刀全长大于1 000 mm ±5 mm。

4.8 拉刀刀齿几何角度的极限偏差:

a) 前角:$^{+2°}_{-1°}$;

b) 切削齿后角:$^{+1°30'}_{0}$;

c) 校准齿后角:$^{+1°}_{0}$。

4.9 拉刀各部位形位公差

4.9.1 拉刀前导至后导的底面及侧面直线度,在每300 mm长度上其值按表6。

表6 单位为毫米

键 槽 宽 度 基 本 尺 寸	直 线 度 公 差
3~5	0.30
6~10	0.15
12~16	0.10
>16	0.06

4.9.2 刀齿侧面对刀体同一侧面的平行度公差等于其刀齿宽度公差值。

4.9.3 刀齿中心面对刀体中心面的对称度公差等于其刀齿宽度公差值。

4.9.4 拉刀柄部型式和基本尺寸按GB/T 3832.1,柄部卡槽处各部形位公差按图4。

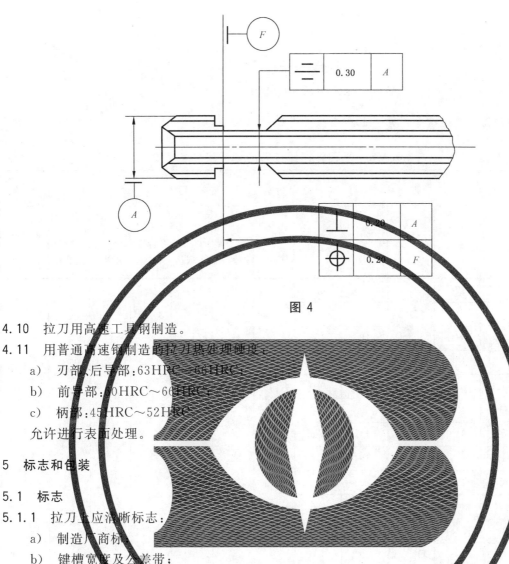

图 4

4.10 拉刀用高速工具钢制造。

4.11 用普通高速钢制造的拉刀热处理硬度：

    a) 刃部、后导部：63HRC～66HRC；

    b) 前导部：60HRC～66HRC；

    c) 柄部：45HRC～52HRC。

允许进行表面处理。

5 标志和包装

5.1 标志

5.1.1 拉刀上应清晰标志：

    a) 制造厂商标；

    b) 键槽宽度及公差带；

    c) 拉削长度；

    d) 前角；

    e) 拉刀材料：(普通高速钢不标)；

    f) 制造年月。

5.1.2 拉刀包装盒上应标志：

    a) 制造厂的名称、地址和商标；

    b) 产品名称；

    c) 键槽宽度及公差带；

    d) 拉削长度；

    e) 前角；

    f) 拉刀材料：(普通高速钢不标)；

    g) 标准号；

    h) 件数；

    i) 制造年月。

5.2 包装

拉刀包装前应经防锈处理，包装必须牢固并应采取措施防止在运输过程中的损伤。

附　录　A

（资料性附录）

拉　刀　结　构　尺　寸

A.1　平刀体键槽拉刀的结构型式见图 1，参考尺寸见表 A.1。

表 A.1　平刀体键槽拉刀的参考尺寸　　　　　　　　　单位为毫米

工件参数		拉　刀　尺　寸										
键槽宽度基本尺寸	拉削长度 L_0	L_1	H_3	p	h	γ		α		f		齿升量 f_z
						拉钢	拉铸铁	切削齿	校准齿	切削齿	校准齿	
12	30～50	278	27.92	10	4.0							
	50～80	312		14	5.5							
	80～120	349		16	6.0							
14	50～80	308	29.92	14	5.5							
	80～120	348		16	6.0							
	120～180	408		20	8.0							
16	50～80	312	34.92	14	5.5							
	80～120	349		16	6.0							
	120～180	408		20	8.0							
18	50～80	308	39.92	14	5.5							
	80～120	348		16	6.0	10°～20°	5°～10°	3°	1°30′	0.05～0.15	第一校准齿0.2，其后各齿递增0.2	0.08
	120～180	408		20	8.0							
20	50～80	318	44.92	14	5.5							
	80～120	357		16	6.0							
	120～180	418		20	8.0							
22	80～120	355		16	7.0							
	120～180	418		20	8.0							
	180～260	495		26	10.0							
25	80～120	354	49.92	16	7.0							
	120～180	418		20	8.0							
	180～260	494		26	10.0							
28	80～120	354	54.92	16	7.0							
	120～180	418		20	8.0							
	180～260	494		26	10.0							
32	120～180	423	59.92	20	8.0							
	180～260	504		26	10.0							

表 A.1（续）
单位为毫米

工件参数		拉 刀 尺 寸										
键槽宽度基本尺寸	拉削长度 L_0	L_1	H_3	p	h	γ		α		f		齿升量 f_z
						拉钢	拉铸铁	切削齿	校准齿	切削齿	校准齿	
32	260～360	605		36	12.0							
36	120～180	423		20	9.0	10°～20°	5°～10°	3°	1°30′	0.05～0.15	第一校准齿0.2,其后各齿递增0.2	0.10
	180～260	503	59.90	26	10.0							
	260～360	603		36	12.0							
40	120～180	423		20	9.0							
	180～260	504		26	10.0							
	260～360	604		36	12.0							

A.2 宽平刀体键槽拉刀的结构型式见图 2,参考尺寸见表 A.2。

表 A.2 宽平刀体键槽拉刀的参考尺寸
单位为毫米

工件参数		拉 刀 尺 寸										
键槽宽度基本尺寸	拉削长度 L_0	L_1	H_3	p	h	γ		α		f		齿升量 f_z
						拉钢	拉铸铁	切削齿	校准齿	切削齿	校准齿	
3	10～18	229	6.46	4.5	2.0	10°～20°	5°～10°	3°	1°30′	0.05～0.15	第一校准齿0.2,其后各齿递增0.2	0.04
	18～30	241		6.0	2.2							
4	10～18	230	6.95	4.5	2.0							0.05
	18～30	244		6.0	2.5							
	30～50	262		9.0	3.2							
5	10～18	231	8.44	6.0	2.2							0.06
	18～30	242		8.0	2.8							
	30～50	263		10.0	3.6							
6	18～30	252	12.93	8.0	3.2							0.07
	30～50	268		10.0	4.0							
	50～80	302		13.0	5.0							
8	18～30	249	15.93	8.0	3.5							
	30～50	268		10.0	4.0							
	50～80	301		14.0	5.5							
10	30～50	268	21.93	10.0	4.0							0.08
	50～80	300		14.0	5.5							
	80～120	341		16.0	6.0							

A.3 带倒角齿键槽拉刀的结构型式见图3参考尺寸见表A.3。

表 A.3 带倒角齿键槽拉刀的参考尺寸 单位为毫米

工 件 参 数			拉 刀 尺 寸						
键槽宽度基本尺寸	拉削长度 L_0	倒角值 c	倒角齿测值 M	L_1	L_2	p	h	H_3	齿升量 f_z
3	10～18	0.2	7.18	230	254.5	4.5	2.0	6.46	0.04
	18～30			243	331.0	6.0	2.2		
4	10～18	0.3	8.65	232	263.5	4.5	2.0	6.95	0.05
	18～30			241	343.0	6.0	2.5		
	30～50			260	502.0	9.0	3.2		
5	10～18		10.77	228	361.0	6.0	2.2	8.44	0.06
	18～30			243	473.0	8.0	2.8		
	30～50			263	585.0	10.0	3.6		
6	18～30	0.5	15.10	248	473.0	8.0	3.2	12.93	0.07
	30～50			268	585.0	10.0	4.0		
	50～80			298	753.0	13.0	5.0		
8	18～30	0.6	18.66	250	561.0	8.0	3.5	15.93	
	30～50			268	695.0	10.0	4.0		
	50～80			299	963.0	14.0	5.5		
10	30～50		24.69	268	635.0	10.0	4.0	21.93	0.08
	50～80			298	879.0	14.0	5.5		
	80～120			338	1 001.0	16.0	6.0		

注：拉刀参数 γ、α、f 见表 A.1。

附 录 B
（资料性附录）
拉 刀 导 套 截 面 尺 寸

$$e = H_1 + A - (D/2 + t_{1max}) \qquad\cdots\cdots\cdots\cdots\cdots\cdots\cdots (B.1)$$

式中：

H_1——拉刀第一齿齿高；

A——拉刀设计拉削余量；

D——轮毂孔直径；

t_{1max}——键槽深最大极限尺寸。

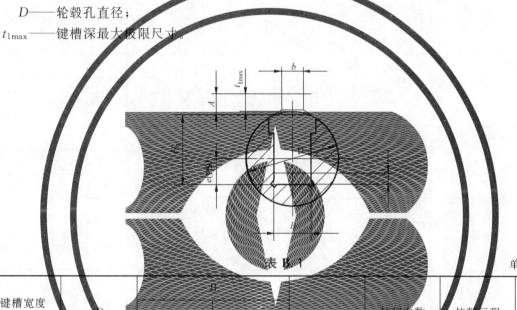

表 B.1

单位为毫米

键槽宽度基本尺寸	D	B 尺寸	偏差 G7	t_{1max}	拉削次数	拉削行程	垫片厚度 S
3	>8~10	4	+0.016 / +0.004	1.5			
4	>10~12	6		1.9			
5	>12~17	8	+0.020 / +0.005	2.3		—	
6	>17~22	10		2.9			
8	>22~30	12			1		—
10	>30~38	15					
12	>38~44	11.973		3.5			
		12.012					
		12.108	+0.024 / +0.006			1	
14	>44~50	13.973					
		14.012		4.0			
		14.108			2	2	2.55
16	>50~58	15.973		4.5		1	—
		16.012				2	2.89

表 B.1（续）   单位为毫米

键槽宽度基本尺寸	D	B		t_{1max}	拉削次数	拉削行程	垫片厚度 S
		尺 寸	偏差 G7				
16	>50~58	16.108		4.5		2	2.89
18	>58~65	17.973	+0.024 +0.006	4.6		1	—
		18.012					
		18.108			2	2	3.01
20	>65~75	19.969		5.1		1	—
		20.017					
		20.137				2	3.32
22	>75~85	21.969	+0.028 +0.007	5.6		1	—
		22.017				2	2.40
		22.137				3	4.80
25	>85~95	24.969			3	1	—
		25.017				2	2.48
		25.137				3	4.96
28	>95~110	27.969	+0.028 +0.007	6.6		1	—
		28.017				2	2.89
		28.137				3	5.78
32	>110~130	31.962		7.6	4	1	—
						2	2.48
						3	4.96
						4	7.44
		32.019				1	—
						2	1.99
			+0.034 +0.009			3	3.98
		32.168				4	5.97
						5	7.96
36	>130~150	35.962		8.7	5	1	—
						2	2.24
		36.019				3	4.48
						4	6.72
		36.168				5	8.96

表 B.1（续）

单位为毫米

键槽宽度基本尺寸	D	B		t_{1max}	拉削次数	拉削行程	垫片厚度 S
		尺　寸	偏差 G7				
40	>150~170	39.962	+0.034 +0.009	9.7	6	1	—
						2	2.06
		40.019				3	4.12
						4	6.18
		40.168				5	8.24
						6	10.30

ICS 25.100.99
J 41

中华人民共和国国家标准

GB/T 14333—2008
代替 GB/T 14333—1993

盘形轴向剃齿刀

Rotary axial shaving cutters

2008-06-03 发布

2009-01-01 实施

中华人民共和国国家质量监督检验检疫总局
中国国家标准化管理委员会　发布

前　言

本标准代替 GB/T 14333—1993《盘形剃齿刀》。

本标准与 GB/T 14333—1993 相比有下列技术差异：

——标准名称改为"盘形轴向剃齿刀"；

——修订了内孔的倒角尺寸；

——修订了齿距偏差精度要求；

——增加了对小齿齿侧表面粗糙度的要求。

本标准的附录 A 为规范性附录，附录 B 为资料性附录。

本标准由中国机械工业联合会提出。

本标准由全国刀具标准化技术委员会(SAC/TC 91)归口。

本标准起草单位：重庆工具厂有限责任公司。

本标准主要起草人：李建谊、刘勇。

本标准所替代标准的历次版本发布情况为：

——GB/T 14333—1993。

盘形轴向剃齿刀

1 范围

本标准规定了 A 级加工圆柱齿轮(按 GB/T 10095)用盘形轴向剃齿刀的结构型式、主要尺寸、技术要求和标志、包装的基本要求。

本标准适用于加工法向模数 1 mm～8 mm 圆柱齿轮的盘形轴向剃齿刀。

2 规范性引用文件

下列文件中的条款通过本标准的引用而成为本标准的条款。凡是注日期的引用文件,其随后所有的修改单(不包括勘误的内容)或修订版均不适用于本标准,然而,鼓励根据本标准达成协议的各方研究是否可使用这些文件的最新版本。凡是不注日期的引用文件,其最新版本适用于本标准。

GB/T 10095(所有部分) 圆柱齿轮 精度制(GB/T 10095—2008,ISO 1328:1995/1997,IDT)

3 型式和尺寸

3.1 盘形轴向剃齿刀的结构型式和尺寸按图 1 和表 1 至表 3 的规定。

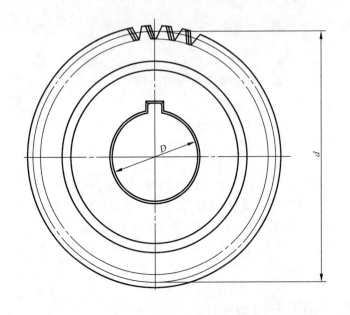 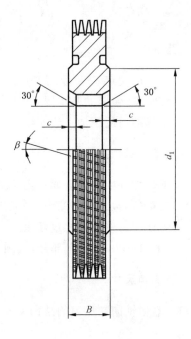

Ⅰ 型

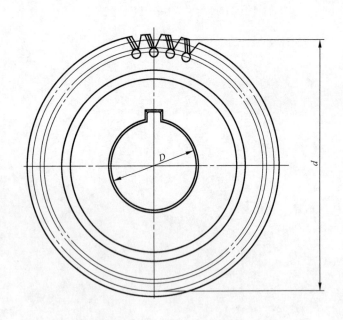 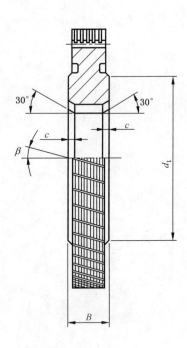

Ⅱ 型

注：β 通常采用 5°和 15°；c 尺寸由各制造厂家自行决定。

图 1

表 1　公称分圆直径 d＝85 mm 的剃齿刀

单位为毫米

法向模数 m_n		齿数 Z	B	D	d_1
第一系列	第二系列				
1		86			
1.25		67	16	31.743	60
1.5		58			

表 2　公称分圆直径 d＝180 mm 的剃齿刀

单位为毫米

法向模数 m_n		齿数 Z	B	D	d_1
第一系列	第二系列				
1.25		115			
1.5		115			
	1.75	100			
2		83			
	2.25	73			
2.5		67			
	2.75	61			
3		53			
	(3.25)	55	20	φ3.5	120
3.5		47			
	(3.75)	43			
4		41			
	4.5	37			
5		31			
	5.5	29			
6		27			

3.2　标记示例

法向模数 m_n＝2 mm、公称分圆直径 d＝240 mm、螺旋角 β＝15°右旋、A 级盘形轴向剃齿刀的标记为：盘形轴向剃齿刀　$m_n 2 \times 240 \times 15°$　A　GB/T 14333—2008

法向模数 m_n＝2 mm、公称分圆直径 d＝240 mm、螺旋角 β＝15°左旋、A 级盘形轴向剃齿刀的标记为：盘形轴向剃齿刀　$m_n 2 \times 240 \times 15°$　左 A　GB/T 14333—2008

表 3 公称分圆直径 $d=240$ mm 的剃齿刀　　　　　　　　　　单位为毫米

法向模数 m_n		齿数 Z	B	D^a	d_1
第一系列	第二系列				
2		115			
	2.25	103			
2.5		91			
	2.75	83			
3		73			
	(3.25)	67			
	3.5	61			
	(3.75)	61			
4		53	25	63.5	120
	4.5	51			
5		43			
	5.5	41			
6		37			
	(6.5)	35			
	7	31			
8		27			

a 按用户要求,内孔直径可做成 100 mm,此时内孔可不做键槽。

4 技术要求

4.1 盘形轴向剃齿刀用普通高速钢制造,也可用高性能高速钢制造。

4.2 盘形轴向剃齿刀工作部分硬度:普通高速钢为 63 HRC～66 HRC;高性能高速钢为 64 HRC 以上。

4.3 盘形轴向剃齿刀表面不得有裂纹,切削刃不得有崩刃、烧伤及其他影响使用性能的缺陷。

4.4 盘形轴向剃齿刀表面粗糙度最大允许值按以下规定:

　　——内孔表面:Ra0.16 μm;

　　——两支承端面:Ra0.32 μm;

　　——齿侧表面:Rz1.6 μm;

　　——小齿齿侧表面:Ra3.2 μm;

　　——外圆表面:Ra1.25 μm;

　　——刀齿两端面:Ra1.25 μm。

4.5 盘形轴向剃齿刀主要制造精度应符合表 4 规定。

4.6 盘形轴向剃齿刀的键槽尺寸按附录 A。

4.7 盘形轴向剃齿刀的切削刃的沟槽型式和尺寸参见附录 B。

表 4

单位为微米

序号	检验项目及示意图	公差代号	精度等级	法向模数 m_n/mm		
				1～2	>2～3.5	>3.5～8
1	孔径偏差 注:内孔配合表面两端超出公差的喇叭口长度的总和应小于配合表面全长的25%。键槽两侧超出公差部分的宽度,每侧应小于键宽的一半。	δD	A	H3		
			B	H4		
2	两支承端面对内孔轴线的端面全跳动 	δd_{1x}	A	7		
			B	10		
3	外圆直径偏差 	δd_a	A	±400		
			B	±400		
4	齿形误差 包容剃齿刀实际有效端面齿形的两条最近的设计齿形的法向距离	δf_f	A	4	5	6
			B	5	6	8

209

表 4（续）

单位为微米

序号	检验项目及示意图	公差代号	精度等级	法向模数 m_n/mm		
				1～2	>2～3.5	>3.5～8
5	齿向误差 在盘形轴向剃齿刀齿高中部齿宽范围内，包容实际齿向线的两条最近的设计齿向线之间的端面距离	δF_β	A	±9		
			B	±11		
6	刀齿两侧面齿向的对称度 在一个刀齿不同齿侧上测量的齿向误差的代数差	$\delta F_\beta'$	A	6		
			B	8		
7	齿顶高偏差 与一定齿厚相适应的齿顶高偏差	δh_a	A	+25 0	+25 0	+35 0
			B	+25 0	+25 0	+35 0

表 4（续）　　　　　　　　　　　　　　　　　　　　　　　　　　　　单位为微米

序号	检验项目及示意图	公差代号	精度等级	法向模数 m_n/mm		
				$1\sim2$	$>2\sim3.5$	$>3.5\sim8$
8	齿距偏差 实际齿距 公称齿距　Δf_p δf_p	δf_p	A	±3		
			B	±5		
9	齿距累积误差 ΔF_p　360° δF_p	δF_p	A	12		
			B	20		
10	齿圈径向跳动 ΔF_r　A A	δF_r	A	10		
			B	20		

5　标志和包装

5.1　标志

5.1.1　在盘形轴向剃齿刀端面上应标志：

  a)　制造厂商标；

  b)　法向模数；

  c)　基准齿形角；

  d)　公称分圆直径；

  e)　齿数；

  f)　螺旋角；

  g)　螺旋方向（右旋不标）；

  h)　精度等级；

  i)　材料（普通高速钢不标）；

  j)　制造年月。

5.1.2　在包装盒上应标志：

  a)　制造厂或销售商名称、地址和商标；

  b)　标记示例内容；

  c)　制造年月。

5.2　包装

盘形轴向剃齿刀包装前应经防锈处理，并应采取措施防止在包装、运输过程中产生损伤。

附　录　A
（规范性附录）
盘形轴向剃齿刀的键槽尺寸

A.1　盘形轴向剃齿刀的键槽尺寸应按图 A.1 和表 A.1 的规定。

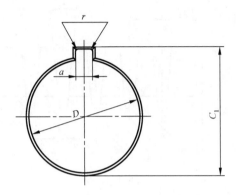

图 A.1

表 A.1

单位为毫米

D	a		C_1		r	
	基本尺寸	极限偏差	基本尺寸	极限偏差	基本尺寸	极限偏差
31.743	8	+0.170 +0.080	34.60	+0.2 0	1.2	0 −0.3
63.5			67.50			

附 录 B
（资料性附录）
盘形轴向剃齿刀切削刃的沟槽型式和尺寸

B.1 环形通槽的型式和尺寸应按图 B.1 和表 B.1 的规定。

单位为毫米

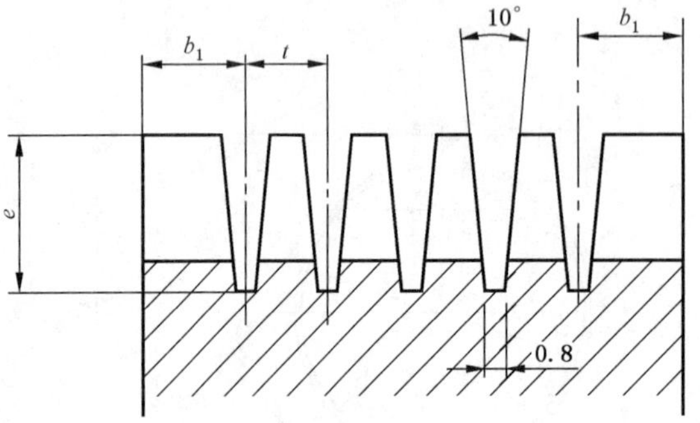

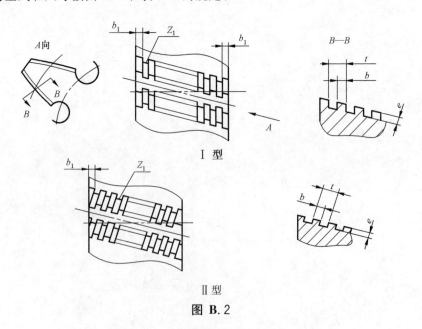

图 B.1

表 B.1

单位为毫米

法向模数 m_n	公称分圆直径 d	e	t	b_1	切削刃沟槽数 Z_1
1		3.0	2.1	2.50	6
1.25	85	4.5	2.7	2.35	5
1.5		5.0			
1.25		4.5			
1.5	180	5.0	3.0	3.75	
1.75		5.6			

B.2 不通槽的型式和尺寸按图 B.2 和表 B.2 的规定。

Ⅰ 型

Ⅱ 型

图 B.2

表 B.2 单位为毫米

法向模数 m_n	e	b		t		b_1				切削刃沟槽数 Z_1			
						$d=180$		$d=240$		$d=180$		$d=240$	
		I型	II型	I型	II型	I型	II型	I型	II型	I型	II型	I型	II型
>1.75~2.5	0.6	0.9	1.1	2.0	2.2	1.2	1.4	1.45	1.70	9	7	11	8
>2.5~3	0.8												
>3~8	1.0												

ICS 25.100.99
J 41

中华人民共和国国家标准

GB/T 14348—2007
代替 GB/T 14348.1—1993
GB/T 14348.2—1993

双 圆 弧 齿 轮 滚 刀

Hobs for double-circular-arc gear

2007-07-26 发布   2007-12-01 实施

中华人民共和国国家质量监督检验检疫总局
中国国家标准化管理委员会   发布

前　言

本标准代替 GB/T 14348.1—1993《双圆弧齿轮滚刀　型式和尺寸》和 GB/T 14348.2—1993《双圆弧齿轮滚刀　技术条件》。

本标准与 GB/T 14348.1～14348.2—1993 相比主要变化如下：

——取消了 B 级精度；

——取消了模数大于 10 mm 滚刀的精度要求；

——外圆径向圆跳动的测量长度由一转改为全长；

——修改了对材料的规定；

——取消了对金相组织和材料碳化物均匀度的规定；

——取消了"性能试验"一章。

本标准的附录 A、附录 B 均为规范性附录。

本标准由中国机械工业联合会提出。

本标准由全国刀具标准化技术委员会(SAC/TC 91)归口。

本标准起草单位：太原工具厂。

本标准主要起草人：王建中、辛佳毅、姚永红、郭丽云。

本标准所代替标准的历次版本发布情况为：

——GB/T 14348.1—1993；

——GB/T 14348.2—1993。

双 圆 弧 齿 轮 滚 刀

1 范围

本标准规定了双圆弧齿轮滚刀的基本型式和尺寸、技术要求、标志和包装的基本要求。

本标准适用于法向模数 1.5 mm～10 mm 整体双圆弧齿轮滚刀。

按本标准制造的滚刀用于加工基本齿廓符合 GB/T 12759 规定的双圆弧圆柱齿轮。

2 规范性引用文件

下列文件中的条款通过本标准的引用而成为本标准的条款。凡是注日期的引用文件,其随后所有的修改单(不包括勘误的内容)或修订版均不适用于本标准,然而,鼓励根据本标准达成协议的各方研究是否可使用这些文件的最新版本。凡是不注日期的引用文件,其最新版本适用于本标准。

GB/T 6132 铣刀和铣刀刀杆的互换尺寸

GB/T 12759 双圆弧圆柱齿轮基本齿廓

3 型式和尺寸

3.1 滚刀的型式和尺寸应符合图1和表1的规定。

3.2 滚刀做成零度前角、单头、右旋、容屑槽为平行于其轴线的直槽。按用户要求,滚刀可做成左旋。

3.3 滚刀的轴台直径由制造厂规定,其尺寸应可能取大些。

3.4 滚刀的键槽尺寸及偏差应符合 GB/T 6132 的规定。

3.5 滚刀的计算尺寸应符合附录 A 的规定,滚刀的轴向齿形应符合附录 B 的规定。

3.6 理论初始接触点处的齿厚值应符合附录 B 的规定。

3.7 标记示例

模数 m=5 的 II 型双圆弧齿轮滚刀标记为:

双圆弧齿轮滚刀 m5 II GB/T 14348—2007

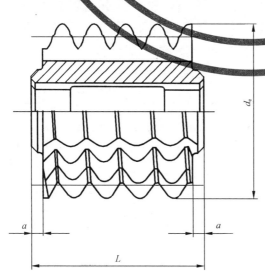
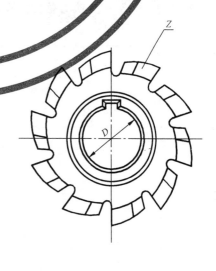

图 1

表 1 　　　　　　　　　　　　　　　　　　　　　　　　　　　　单位为毫米

模　数		I　型					II　型				
系列 1	系列 2	d_e	L	D	a_{min}	Z	d_e	L	D	a_{min}	Z
1.5		63	63	27			50	40	22		
2		71	71				63	50			
	2.25	80	80	32		12	71	63	27		12
2.5											
	2.75	90	90				80	71			
3											
	3.5	100	100	40					32		
4		112	112		5		90	80		5	
	4.5							90			
5		125	125			10	100	100			10
	5.5						112	112			
6		140	140	50					40		
	7						118	125			
8		160	160				125	132			
	9	180	180	60			140	150	50		
10		200	200				150	170			

4　技术要求

4.1　滚刀表面不得有裂纹、崩刃、烧伤及其他影响使用性能的缺陷。

4.2　滚刀表面的粗糙度不大于表 2 规定的数值。

4.3　滚刀外径的偏差为 h15；滚刀总长的偏差为 js15。

表 2 　　　　　　　　　　　　　　　　　　　　　　　　　　　　单位为微米

检查表面	表面粗糙度参数	滚刀精度等级	
		AA	A
		表面粗糙度	
内孔表面	Ra	0.32	0.32
轴台端面	Ra	0.63	0.63
轴台外圆	Ra	0.63	0.63
刀齿前面	Ra	0.63	0.63
刀齿侧面	Ra	0.63	0.63
刀齿顶面及过渡圆弧表面	Rz	3.20	3.20

4.4　精度等级

滚刀制造精度应符合表 3 的规定。

表 3   单位为微米

序号	检查项目及示意图	公差代号	精度等级	模 数/mm			
				1.5～2	>2～3.5	>3.5～6	>6～10
1	孔径偏差 内孔配合表面上超出公差的喇叭口长度应小于每边配合长度的25%；键槽两侧内孔配合表面超出公差部分的宽度，每边应不大于键宽的一半。在对孔作精度检查时，具有公称直径的基准芯轴应能通过孔	δD	AA	H5			
			A	H5			
2	轴台径向圆跳动	δd_{ir}	AA	3	3	4	5
			A	5	5	6	8
3	轴台端面圆跳动	δd_{ix}	AA	2	3	3	4
			A	4	4	5	6
4	外圆的径向圆跳动 滚刀全长上，齿廓到内孔中心线距离的最大差值	δd_{er}	AA	14	16	19	24
			A	22	25	30	38
5	刀齿前面的径向性 在测量范围内，容纳实际刀齿前面的两个平行于理论前面的平面间的距离	δf_r	AA	11	12	15	19
			A	18	20	24	30

表 3（续）

单位为微米

序号	检查项目及示意图	公差代号	精度等级	模 数/mm			
				1.5～2	>2～3.5	>3.5～6	>6～10
6	容屑槽的相邻周节差 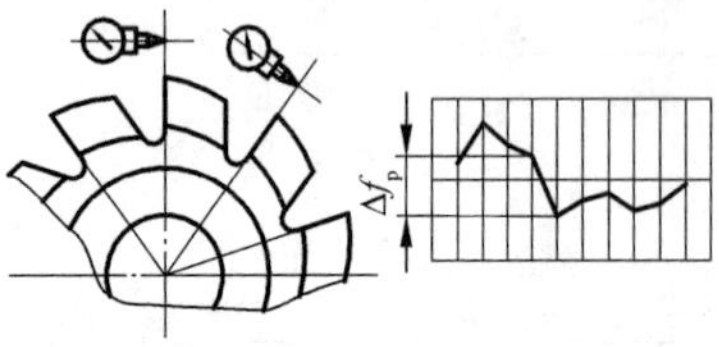 在滚刀分圆附近的同一圆周上,两相邻周节的最大差值	δf_P	AA	14	16	19	24
			A	22	25	30	38
7	容屑槽周节的最大累积误差 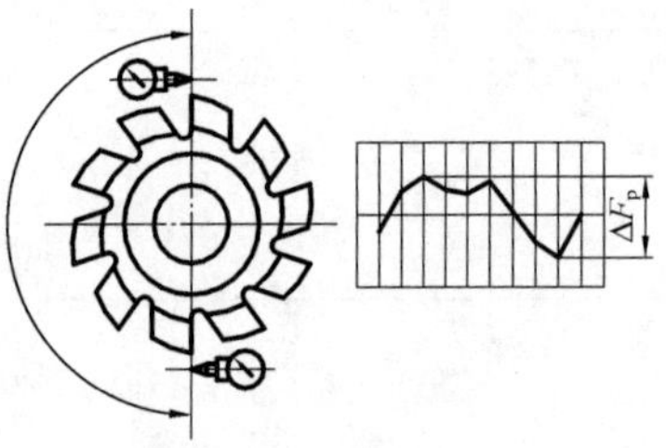 在滚刀分圆附近的同一圆周上,任意两个刀齿前面间相互位置的最大差值	δF_P	AA	26	30	36	45
			A	42	48	55	70
8	刀齿前面与内孔轴线的平行度 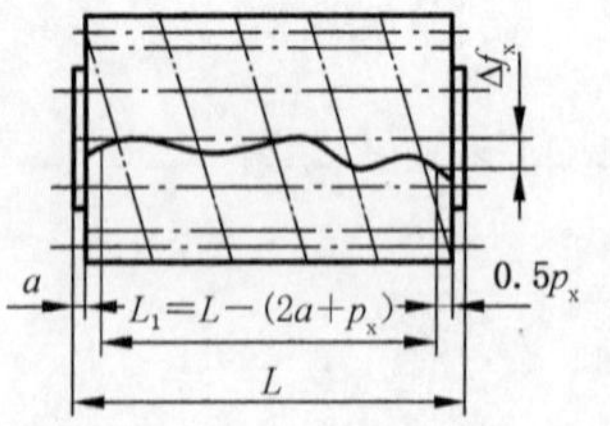 在靠近分圆处的测量范围内,容纳实际前面的两个平行于理论前面的平面间的距离	δf_x	AA	25	40	50	70
			A	35	50	65	90

GB/T 14348—2007

表 3（续）　　　　　　　　　　　　　　　　　　　　单位为微米

序号	检查项目及示意图	公差代号	精度等级	模　数/mm			
				1.5～2	>2～3.5	>3.5～6	>6～10
9	工作部分切削刃的齿形误差 在检查截面中的测量范围内，容纳实际齿形的两条理论齿形间的法向距离。 注：① 非工作部分和过渡圆弧切削刃的齿形误差为工作部分的两倍。 ② 过渡圆弧与凸弧和凹弧圆弧连接的高度： 节线上为$(0.2\sim0.25)m_n$ 节线下为$(0.16\sim0.2)m_n$	δf_f	AA	12	15	15	20
			A	20	25	25	32
10	齿厚偏差 在滚刀凸齿和凹齿理论初始接触点处测量的齿厚对公称齿厚的偏差	δS_x	AA	±16	±20	±25	±32
			A	±20	±25	±32	±40
11	相邻切削刃的螺旋线误差 相邻切削刃与内孔同心圆柱表面的交点对滚刀理论螺旋线的最大轴向误差	δZ	AA	4	5	6	8
			A	6	8	10	12

223

表 3（续）

单位为微米

序号	检查项目及示意图	公差代号	精度等级	模数/mm 1.5~2	>2~3.5	>3.5~6	>6~10
12	滚刀一转内切削刃的螺旋线误差 在滚刀一转内,切削刃与内孔同心圆柱表面的交点对理论螺旋线的最大轴向误差	δZ_1	AA	8	10	12	16
			A	12	16	20	25
13	滚刀三转内切削刃的螺旋线误差	δZ_3	AA	12	16	20	25
			A	20	25	32	40
14	齿距最大偏差 在任意一排齿上,相邻刀齿轴向齿距与公称轴向齿距之差	δp_x	AA	±5	±6	±8	±10
			A	±8	±10	±12	±16
15	任意三个齿距长度内齿距的最大累积误差	δp_{3x}	AA	±10	±12	±16	±20
			A	±16	±20	±25	±32

4.5 滚刀采用下列两组中的任意一组进行检验,对于 AA 级精度的滚刀,建议采用第一组进行检验。

第一组:$\delta D, \delta d_{ir}, \delta d_{ix}, \delta d_{er}, \delta f_r, \delta f_p, \delta F_p, \delta f_x, \delta f_f, \delta S_x, \delta Z, \delta Z_1, \delta Z_3$;

第二组:$\delta D, \delta d_{ir}, \delta d_{ix}, \delta d_{er}, \delta f_r, \delta f_p, \delta F_p, \delta f_x, \delta f_f, \delta S_x, \delta p_x, \delta p_{3x}$。

4.6 滚刀用 W6Mo5Cr4V2 或同等性能的普通高速钢制造,也可用高性能高速钢制造。

滚刀切削部分硬度:普通高速钢为 63 HRC~66 HRC;高性能高速钢为>64 HRC。

5 标志和包装

5.1 标志

5.1.1 滚刀端面上应标志:

——制造厂或销售商商标;

——模数;

——滚刀分圆柱上的螺旋升角;

——螺旋方向(右旋不标);

——精度等级;

——材料代号(普通高速钢不标);

——制造年份。

5.1.2 包装盒上应标志:

——制造厂或销售商的名称、地址、商标;

——产品标记;

——精度等级;

——材料代号或牌号;

——制造年份。

5.2 包装

滚刀包装前应经防锈处理,并应采取措施防止在包装运输过程中产生损伤。

附　录　A

（规范性附录）

滚刀的计算尺寸

A.1　滚刀的计算尺寸应符合图 A.1 和表 A.1 的规定。

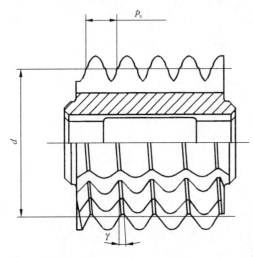
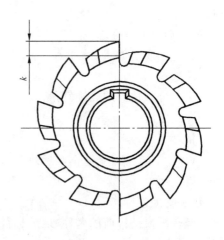

图 A.1

表 A.1

单位为毫米

模　数		I 型				II 型			
系列 1	系列 2	d	γ	k	p_x	d	γ	k	p_x
1.5		58.9	1°27′33″	4	4.714	46	1°52′7″	3.5	4.715
2		65.7	1°44′40″	4.5	6.286	57.8	1°58′58″	4	6.287
	2.25	74.05	1°44′28″	5	7.072	65.15	1°58′45″	4.5	7.073
2.5		73.5	1°56′57″	5	7.859	64.6	2°13′4″	4.5	7.86
	2.75	82.55	1°54′33″	7	8.644	73.05	2°9′27″	5.5	8.646
3		82	2°5′48″	7	9.431	72.5	2°22′18″	5.5	9.433
	3.5	90.7	2°12′41″	8	11.004	71.2	2°49′3″	5.5	11.009
4		101.4	2°15′39″	9	12.576	80.0	2°51′57″	6	12.582
	4.5	100.3	2°34′17″	9	14.151	78.9	3°16′10″	6	14.160
5		112	2°33′31″	10	15.724	87.6	3°16′19″	7	15.734
	5.5	110.9	2°50′34″	10	17.300	98.5	3°12′3″	8	17.306
6		124.4	2°45′52″	12	18.872	97.2	3°32′20″	8	18.886
	7	122.2	3°17′2″	12	22.027	101.0	3°58′27″	8	22.044
8		140	3°16′33″	12	25.174	105.6	4°20′41″	9	25.205
	9	157.4	3°16′40″	14	28.321	118.2	4°22′	10	28.357
10		175	3°16′33″	14	31.467	125.6	4°33′59″	12	31.516

附 录 B
（规范性附录）
滚刀的齿形尺寸和理论初始接触点处的齿厚值

B.1 滚刀的轴向齿形尺寸应符合图 B.1 和表 B.1、表 B.2 的规定。

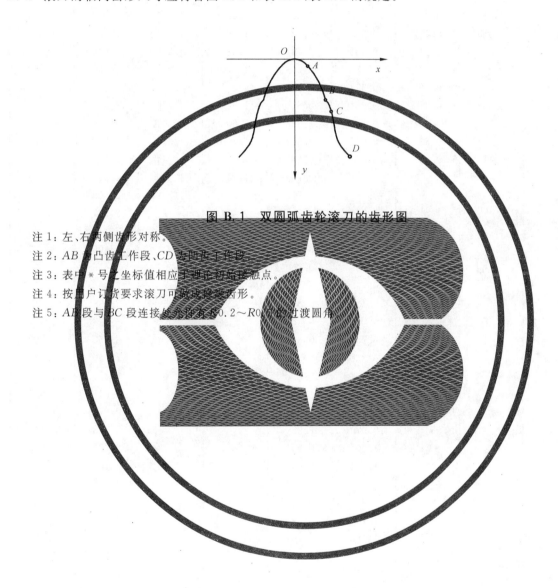

图 B.1 双圆弧齿轮滚刀的齿形图

注 1：左、右两侧齿形对称。

注 2：AB 为凸齿工作段、CD 为凹齿工作段。

注 3：表中 * 号之坐标值相应于理论初始接触点。

注 4：按用户订货要求滚刀可做成修缘齿形。

注 5：AB 段与 BC 段连接处应有 R0.2～R0.4 的过渡圆角。

表 B.1 Ⅰ型滚刀齿形　　　　　　　　　　　　　　　单位为毫米

模数 m	齿顶非工作段		凸齿工作段		过渡段		凹齿工作段	
	y	x	y	x	y	x	y	x
	0.000	0.000	0.171	0.421	1.350	1.039	1.890	1.362
	0.002	0.053	0.193	0.443	1.361	1.054	1.912	1.365
	0.007	0.095	0.219	0.469	1.394	1.096	1.946	1.369
	0.015	0.136	0.246	0.495	1.429	1.135	1.979	1.374
	0.026	0.177	0.274	0.520	1.467	1.172	2.013	1.380
	0.040	0.217	0.301	0.545	1.508	1.206	2.046	1.386
	0.057	0.256	0.330	0.569	1.550	1.237	2.080	1.393
	0.076	0.293	0.358	0.593	1.595	1.265	2.113	1.400
	0.098	0.329	0.387	0.616	1.642	1.290	2.146	1.408
	0.122	0.364	0.417	0.638	1.690	1.311	2.179	1.416
	0.148	0.397	0.447	0.661	1.740	1.330	2.212	1.426
	0.171	0.421	0.477	0.682	1.791	1.344	2.244	1.435
			0.508	0.703	1.842	1.355	2.277	1.445
			0.539	0.724	1.890	1.362	2.309	1.456
			0.570	0.744			2.341	1.468
			0.602	0.763			2.373	1.480
			0.634	0.782			2.405	1.492
			0.666	0.800			2.436	1.505
			0.699	0.818			2.468*	1.519*
			0.732	0.835			2.498	1.533
			0.765	0.852			2.529	1.547
			0.799	0.868			2.560	1.563
1.5			0.832*	0.883*			2.590	1.578
			0.867	0.898			2.620	1.595
			0.901	0.912			2.649	1.611
			0.935	0.926			2.679	1.629
			0.970	0.939			2.708	1.646
			1.005	0.951			2.736	1.665
			1.041	0.963			2.765	1.683
			1.076	0.974			2.793	1.703
			1.112	0.985			2.821	1.723
			1.147	0.995			2.848	1.743
			1.183	1.004			2.875	1.764
			1.220	1.013			2.902	1.785
			1.256	1.021			2.920	1.806
			1.292	1.028			2.954	1.828
			1.329	1.035			2.979	1.851
			1.350	1.039			3.000	1.870
							3.029	1.897
							3.053	1.921
							3.077	1.946
							3.101	1.970
							3.124	1.995
							3.146	2.021
							3.168	2.047

表 B.1（续）　　　　　　　　　　　　　　　　单位为毫米

模数 m	齿顶非工作段		凸齿工作段		过渡段		凹齿工作段	
	y	x	y	x	y	x	y	x
	0.000	0.000	0.228	0.562	1.800	1.385	2.520	1.816
	0.003	0.870	0.257	0.591	1.815	1.406	2.549	1.820
	0.010	0.126	0.292	0.626	1.858	1.462	2.594	1.826
	0.021	0.181	0.328	0.660	1.905	1.514	2.639	1.832
	0.035	0.236	0.365	0.694	1.956	1.563	2.684	1.840
	0.054	0.289	0.402	0.726	2.010	1.608	2.729	1.848
	0.076	0.341	0.440	0.759	2.067	1.650	2.773	1.857
	0.101	0.391	0.478	0.790	2.127	1.687	2.817	1.867
	0.130	0.439	0.517	0.821	2.189	1.720	2.861	1.878
	0.162	0.485	0.556	0.851	2.253	1.749	2.905	1.889
	0.198	0.529	0.596	0.881	2.320	1.773	2.949	1.901
	0.228	0.562	0.636	0.910	2.387	1.792	2.993	1.914
			0.677	0.938	2.456	1.807	3.036	1.928
			0.718	0.965	2.520	1.816	3.079	1.942
			0.760	0.992			3.122	1.957
			0.802	1.018			3.164	1.973
			0.845	1.043			3.206	1.990
			0.888	1.067			3.248	2.007
			0.932	1.091			3.290*	2.025*
			0.976	1.114			3.331	2.044
			1.020	1.136			3.372	2.063
			1.065	1.157			3.413	2.084
2			1.110*	1.178*			3.453	2.105
			1.155	1.198			3.493	2.126
			1.201	1.217			3.532	2.149
			1.247	1.235			3.572	2.172
			1.294	1.252			3.610	2.195
			1.340	1.269			3.649	2.220
			1.387	1.284			3.686	2.245
			1.435	1.299			3.724	2.271
			1.482	1.313			3.761	2.297
			1.530	1.327			3.797	2.324
			1.578	1.339			3.833	2.352
			1.626	1.351			3.869	2.380
			1.675	1.361			3.904	2.409
			1.723	1.371			3.938	2.438
			1.772	1.380			3.972	2.468
			1.800	1.385			4.000	2.494
							4.039	2.530
							4.071	2.562
							4.103	2.594
							4.134	2.627
							4.165	2.661
							4.195	2.695
							4.224	2.729

表 B.1（续）　　　　　　　　　　　　　　　　　　　　　　　单位为毫米

模数 m	齿顶非工作段		凸齿工作段		过渡段		凹齿工作段	
	y	x	y	x	y	x	y	x
	0.000	0.000	0.256	0.632	2.025	1.559	2.835	2.043
	0.003	0.079	0.289	0.665	2.042	1.582	2.868	2.047
	0.011	0.142	0.329	0.704	2.090	1.644	2.919	2.054
	0.023	0.204	0.369	0.743	2.143	1.703	2.969	2.061
	0.040	0.265	0.410	0.780	2.201	1.750	3.019	2.070
	0.060	0.325	0.452	0.817	2.261	1.809	3.070	2.079
	0.085	0.383	0.494	0.854	2.325	1.856	3.120	2.089
	0.114	0.440	0.537	0.889	2.393	1.898	3.169	2.100
	0.146	0.494	0.581	0.924	2.463	1.935	3.219	2.112
	0.183	0.546	0.625	0.958	2.535	1.967	3.269	2.125
	0.222	0.595	0.670	0.991	2.610	1.995	3.318	2.139
	0.256	0.632	0.716	1.023	2.686	2.016	3.367	2.153
			0.762	1.055	2.763	2.033	3.415	2.168
			0.808	1.086	2.835	2.043	3.464	2.185
			0.855	1.116			3.512	2.202
			0.903	1.145			3.560	2.220
			0.951	1.173			3.607	2.238
			0.999	1.201			3.654	2.258
			1.048	1.227			3.701*	2.278*
			1.090	1.253			3.740	2.299
			1.148	1.278			3.794	2.321
			1.190	1.302			3.839	2.344
2.25			1.249*	1.325*			3.895	2.368
			1.300	1.347			3.930	2.392
			1.351	1.369			3.974	2.417
			1.403	1.389			4.010	2.443
			1.455	1.409			4.062	2.470
			1.508	1.427			4.105	2.497
			1.561	1.445			4.147	2.526
			1.614	1.462			4.189	2.554
			1.667	1.470			4.231	2.584
			1.721	1.492			4.272	2.614
			1.775	1.506			4.312	2.646
			1.829	1.519			4.352	2.677
			1.884	1.532			4.392	2.710
			1.938	1.543			4.431	2.743
			1.993	1.553			4.469	2.777
			2.025	1.559			4.500	2.805
							4.543	2.847
							4.580	2.882
							4.616	2.919
							4.651	2.956
							4.685	2.993
							4.719	3.032
							4.752	3.071

表 B.1（续）　　　　　　　　　　　　　　　　　单位为毫米

模数 m	齿顶非工作段		凸齿工作段		过渡段		凹齿工作段	
	y	x	y	x	y	x	y	x
	0.000	0.000	0.285	0.702	2.250	1.732	3.150	2.271
	0.004	0.088	0.321	0.739	2.268	1.758	3.187	2.275
	0.012	0.158	0.365	0.783	2.323	1.827	3.243	2.282
	0.026	0.227	0.410	0.825	2.382	1.893	3.299	2.291
	0.044	0.295	0.456	0.867	2.445	1.954	3.355	2.300
	0.067	0.361	0.502	0.908	2.513	2.011	3.411	2.310
	0.094	0.426	0.549	0.948	2.584	2.062	3.466	2.322
	0.126	0.489	0.597	0.988	2.639	2.109	3.522	2.334
	0.162	0.549	0.646	1.026	2.736	2.151	3.577	2.347
	0.203	0.607	0.695	1.064	2.817	2.186	3.632	2.361
	0.247	0.661	0.745	1.101	2.900	2.217	3.686	2.377
	0.285	0.702	0.795	1.137	2.984	2.241	3.741	2.393
			0.846	1.172	3.070	2.255	3.795	2.410
			0.898	1.206	3.150	2.271	3.849	2.428
			0.950	1.240			3.902	2.447
			1.003	1.272			3.955	2.467
			1.056	1.304			4.008	2.487
			1.110	1.335			4.060	2.509
			1.163	1.365			4.112	2.532*
			1.221	1.395			4.164	2.555
			1.277	1.423			4.215	2.580
			1.331	1.452			4.266	2.605
2.5			1.387*	1.472*			4.316	2.631
			1.411	1.497			4.366	2.658
			1.501	1.521			4.416	2.686
			1.559	1.544			4.464	2.715
			1.617	1.565			4.513	2.745
			1.675	1.586			4.561	2.775
			1.734	1.606			4.608	2.806
			1.793	1.624			4.655	2.839
			1.853	1.642			4.701	2.872
			1.912	1.659			4.746	2.905
			1.972	1.674			4.791	2.940
			2.033	1.689			4.836	2.975
			2.093	1.702			4.880	3.011
			2.154	1.714			4.923	3.048
			2.215	1.726			4.965	3.086
			2.250	1.732			5.000	3.117
							5.048	3.163
							5.089	3.203
							5.128	3.243
							5.167	3.285
							5.206	3.326
							5.243	3.369
							5.280	3.412

表 B.1（续）

单位为毫米

模数 m	齿顶非工作段		凸齿工作段		过渡段		凹齿工作段	
	y	x	y	x	y	x	y	x
	0.000	0.000	0.313	0.772	2.475	1.905	3.465	2.498
	0.004	0.097	0.353	0.813	2.495	1.933	3.505	2.502
	0.014	0.173	0.402	0.861	2.555	2.010	3.567	2.510
	0.028	0.249	0.451	0.908	2.620	2.082	3.629	2.520
	0.048	0.324	0.501	0.954	2.690	2.149	3.690	2.530
	0.074	0.397	0.552	0.999	2.764	2.212	3.752	2.541
	0.104	0.469	0.604	1.043	2.842	2.269	3.813	2.554
	0.139	0.537	0.657	1.087	2.924	2.320	3.874	2.567
	0.179	0.604	0.710	1.129	3.010	2.365	3.934	2.582
	0.223	0.667	0.764	1.171	3.098	2.405	3.995	2.597
	0.272	0.727	0.819	1.211	3.190	2.438	4.055	2.614
	0.313	0.772	0.875	1.251	3.283	2.465	4.115	2.632
			0.931	1.289	3.377	2.485	4.174	2.651
			0.988	1.327	3.465	2.498	4.233	2.670
			1.045	1.364			4.292	2.691
			1.103	1.399			4.351	2.713
			1.162	1.434			4.409	2.736
			1.221	1.467			4.466	2.760
			1.281	1.500			4.524*	2.785*
			1.342	1.532			4.580	2.811
			1.403	1.562			4.637	2.838
			1.464	1.591			4.693	2.865
2.75			1.526*	1.620*			4.748	2.894
			1.589	1.647			4.803	2.924
			1.651	1.673			4.875	2.955
			1.715	1.698			4.911	2.986
			1.779	1.722			4.964	3.019
			1.843	1.745			5.017	3.053
			1.908	1.766			5.069	3.087
			1.973	1.787			5.120	3.122
			2.038	1.806			5.171	3.159
			2.104	1.824			5.221	3.196
			2.170	1.841			5.271	3.234
			2.236	1.857			5.319	3.273
			2.302	1.872			5.368	3.312
			2.369	1.886			5.415	3.353
			2.436	1.898			5.462	3.394
			2.475	1.905			5.500	3.429
							5.553	3.479
							5.598	3.523
							5.641	3.568
							5.684	3.613
							5.726	3.659
							5.768	3.706
							5.808	3.753

表 B.1（续）   单位为毫米

模数	齿顶非工作段		凸齿工作段		过渡段		凹齿工作段	
m	y	x	y	x	y	x	y	x
	0.000	0.000	0.342	0.843	2.700	2.078	3.780	2.725
	0.005	0.105	0.385	0.887	2.722	2.109	3.824	2.730
	0.015	0.189	0.438	0.939	2.787	2.193	3.891	2.739
	0.031	0.272	0.492	0.990	2.858	2.271	3.959	2.749
	0.053	0.354	0.547	1.041	2.934	2.345	4.026	2.760
	0.080	0.433	0.603	1.090	3.015	2.413	4.093	2.773
	0.113	0.511	0.659	1.138	3.101	2.475	4.159	2.786
	0.152	0.586	0.717	1.185	3.190	2.531	4.226	2.801
	0.195	0.659	0.775	1.232	3.284	2.581	4.292	2.817
	0.243	0.728	0.834	1.277	3.380	2.624	4.358	2.834
	0.296	0.793	0.893	1.321	3.479	2.660	4.424	2.852
	0.342	0.843	0.954	1.365	3.581	2.689	4.489	2.871
			1.015	1.407	3.684	2.711	4.554	2.892
			1.077	1.448	3.780	2.725	4.618	2.913
			1.140	1.488			4.682	2.936
			1.203	1.527			4.746	2.960
			1.267	1.564			4.810	2.985
			1.332	1.601			4.872	3.011
			1.397	1.637			4.935*	3.038*
			1.463	1.671			4.997	3.066
			1.530	1.704			5.058	3.096
			1.597	1.736			5.119	3.126
3			1.665*	1.767*			5.180	3.158
			1.733	1.797			5.239	3.190
			1.802	1.825			5.299	3.224
			1.871	1.852			5.357	3.258
			1.940	1.878			5.415	3.294
			2.010	1.903			5.473	3.330
			2.081	1.927			5.529	3.368
			2.152	1.949			5.586	3.407
			2.223	1.970			5.641	3.446
			2.295	1.990			5.696	3.487
			2.367	2.009			5.750	3.528
			2.439	2.026			5.803	3.570
			2.512	2.042			5.856	3.614
			2.585	2.057			5.907	3.658
			2.658	2.071			5.958	3.703
			2.700	2.078			6.000	3.741
							6.058	3.796
							6.106	3.844
							6.154	3.892
							6.201	3.942
							6.247	3.992
							6.292	4.043
							6.336	4.095

表 B.1(续)　　　　　　　　　　　　　　　　　　　　单位为毫米

模数 m	齿顶非工作段		凸齿工作段		过渡段		凹齿工作段	
	y	x	y	x	y	x	y	x
3.5	0.000	0.000	0.391	0.971	3.150	2.423	4.410	3.179
	0.003	0.098	0.460	1.042	3.177	2.462	4.461	3.185
	0.014	0.195	0.521	1.102	3.253	2.559	4.540	3.196
	0.031	0.291	0.584	1.162	3.335	2.651	4.618	3.207
	0.054	0.386	0.647	1.220	3.424	2.736	4.697	3.220
	0.084	0.480	0.712	1.277	3.518	2.816	4.775	3.235
	0.121	0.570	0.777	1.333	3.618	2.888	4.853	3.251
	0.164	0.658	0.844	1.388	3.723	2.953	4.930	3.268
	0.213	0.743	0.911	1.442	3.831	3.011	5.007	3.286
	0.268	0.824	0.979	1.494	3.944	3.062	5.084	3.306
	0.328	0.901	1.049	1.545	4.060	3.104	5.161	3.328
	0.391	0.971	1.119	1.595	4.178	3.138	5.237	3.350
			1.190	1.644	4.299	3.163	5.313	3.374
			1.262	1.692	4.410	3.179	5.388	3.399
			1.334	1.738			5.463	3.426
			1.408	1.783			5.537	3.454
			1.482	1.827			5.611	3.483
			1.557	1.869			5.684	3.513
			1.633	1.910			5.757*	3.545*
			1.709	1.950			5.830	3.578
			1.786	1.989			5.901	3.612
			1.864	2.026			5.972	3.647
			1.942*	2.062*			6.043	3.684
			2.021	2.096			6.113	3.722
			2.101	2.129			6.182	3.761
			2.181	2.161			6.250	3.801
			2.261	2.191			6.318	3.843
			2.343	2.220			6.385	3.886
			2.424	2.247			6.451	3.930
			2.506	2.273			6.516	3.975
			2.589	2.297			6.581	4.021
			2.672	2.320			6.645	4.068
			2.755	2.342			6.708	4.116
			2.839	2.362			6.770	4.166
			2.923	2.381			6.831	4.216
			3.008	2.398			6.892	4.260
			3.092	2.414			6.951	4.321
			3.150	2.423			7.000	4.365
							7.067	4.429
							7.124	4.485
							7.180	4.541
							7.234	4.599
							7.288	4.658
							7.341	4.717
							7.392	4.778

表 B.1（续）
单位为毫米

模数 m	齿顶非工作段		凸齿工作段		过渡段		凹齿工作段	
	y	x	y	x	y	x	y	x
	0.000	0.000	0.446	1.110	3.600	2.770	5.039	3.634
	0.004	0.112	0.526	1.191	3.631	2.814	5.098	3.640
	0.016	0.223	0.596	1.260	3.718	2.925	5.100	3.652
	0.035	0.333	0.667	1.328	3.812	3.030	5.278	3.666
	0.062	0.442	0.740	1.394	3.913	3.127	5.368	3.681
	0.097	0.548	0.813	1.460	4.021	3.218	5.457	3.697
	0.138	0.652	0.888	1.524	4.135	3.301	5.546	3.715
	0.187	0.752	0.964	1.586	4.254	3.376	5.634	3.735
	0.243	0.849	1.041	1.648	4.379	3.442	5.723	3.756
	0.306	0.942	1.119	1.708	4.507	3.499	5.810	3.779
	0.375	1.030	1.198	1.766	4.640	3.547	5.898	3.803
	0.446	1.110	1.279	1.823	4.775	3.586	5.985	3.829
			1.360	1.879	4.913	3.615	6.072	3.856
			1.442	1.933	5.039	3.634	6.158	3.885
			1.525	1.985			6.243	3.915
			1.609	2.038			6.328	3.947
			1.694	2.088			6.413	3.980
			1.779	2.136			6.496	4.015
			1.866	2.183			6.580*	4.051*
			1.953	2.229			6.662	4.089
			2.041	2.273			6.744	4.128
			2.130	2.315			6.825	4.169
			2.220*	2.356*			6.906	4.211
4			2.310	2.395			6.986	4.254
			2.401	2.433			7.065	4.299
			2.492	2.469			7.143	4.345
			2.585	2.504			7.220	4.392
			2.677	2.537			7.297	4.441
			2.771	2.568			7.373	4.491
			2.865	2.598			7.447	4.542
			2.959	2.626			7.521	4.595
			3.054	2.652			7.594	4.649
			3.149	2.677			7.666	4.705
			3.245	2.700			7.737	4.761
			3.341	2.721			7.807	4.819
			3.437	2.741			7.876	4.878
			3.534	2.759			7.944	4.938
			3.600	2.770			8.000	4.989
							8.077	5.062
							8.142	5.126
							8.205	5.190
							8.268	5.256
							8.329	5.323
							8.389	5.391
							8.448	5.460

表 B.1（续）

单位为毫米

模数 m	齿顶非工作段		凸齿工作段		过渡段		凹齿工作段	
	y	x	y	x	y	x	y	x
	0.000	0.000	0.502	1.249	4.050	3.117	5.669	4.089
	0.004	0.126	0.591	1.340	4.085	3.166	5.735	4.096
	0.018	0.251	0.670	1.418	4.182	3.291	5.837	4.110
	0.039	0.375	0.750	1.494	4.288	3.409	5.938	4.125
	0.070	0.497	0.832	1.569	4.402	3.519	6.038	4.142
	0.109	0.617	0.915	1.642	4.524	3.621	6.139	4.160
	0.156	0.733	0.999	1.714	4.652	3.714	6.239	4.181
	0.211	0.846	1.085	1.785	4.786	3.798	6.338	4.203
	0.274	0.955	1.171	1.854	4.926	3.873	6.438	4.226
	0.344	1.060	1.259	1.921	5.071	3.937	6.537	4.252
	0.421	1.159	1.348	1.987	5.220	3.991	6.635	4.279
	0.502	1.249	1.438	2.051	5.372	4.035	6.733	4.308
			1.530	2.114	5.527	4.068	6.830	4.339
			1.622	2.175	5.669	4.089	6.927	4.371
			1.715	2.235			7.023	4.406
			1.810	2.293			7.119	4.441
			1.905	2.349			7.214	4.479
			2.001	2.404			7.308	4.518
			2.099	2.457			7.402*	4.559*
			2.197	2.508			7.495	4.601
			2.296	2.557			7.507	4.645
			2.396	2.605			7.678	4.691
4.5			2.497*	2.651*			7.769	4.738
			2.598	2.695			7.859	4.786
			2.701	2.738			7.948	4.837
			2.804	2.778			8.036	4.889
			2.907	2.817			8.123	4.942
			3.012	2.854			8.209	4.997
			3.117	2.890			8.294	5.053
			3.222	2.923			8.370	5.111
			3.329	2.954			8.461	5.171
			3.435	2.984			8.543	5.231
			3.543	3.012			8.624	5.294
			3.650	3.038			8.704	5.357
			3.758	3.062			8.861	5.489
			3.867	3.084			8.937	5.556
			3.976	3.104			9.000	5.613
			4.049	3.117			9.087	5.696
							9.159	5.767
							9.231	5.840
							9.301	5.914
							9.370	5.990
							9.438	6.066
							9.504	6.144

表 B.1（续）

单位为毫米

模数 m	齿顶非工作段		凸齿工作段		过渡段		凹齿工作段	
	y	x	y	x	y	x	y	x
	0.000	0.000	0.558	1.388	4.500	3.463	6.299	4.543
	0.005	0.140	0.657	1.489	4.539	3.518	6.373	4.551
	0.019	0.279	0.745	1.575	4.647	3.657	6.485	4.566
	0.044	0.416	0.834	1.660	4.765	3.788	6.597	4.583
	0.078	0.552	0.925	1.743	4.892	3.910	6.709	4.602
	0.121	0.685	1.017	1.825	5.026	4.023	6.821	4.622
	0.173	0.815	1.110	1.905	5.169	4.127	6.932	4.645
	0.234	0.940	1.205	1.983	5.318	4.220	7.043	4.670
	0.304	1.061	1.301	2.060	5.473	4.303	7.153	4.696
	0.382	1.177	1.399	2.135	5.634	4.375	7.263	4.724
	0.468	1.287	1.498	2.208	5.800	4.435	7.372	4.755
	0.558	1.388	1.598	2.279	5.969	4.483	7.481	4.787
			1.700	2.349	6.141	4.520	7.589	4.821
			1.802	2.417	6.299	4.543	7.697	4.857
			1.906	2.483			7.804	4.895
			2.011	2.548			7.910	4.935
			2.117	2.610			8.016	4.976
			2.224	2.671			8.120	5.020
			2.332	2.730			8.224*	5.065*
			2.441	2.787			8.328	5.112
			2.551	2.842			8.430	5.161
			2.662	2.895			8.532	5.212
5			2.774*	2.946*			8.632	5.264
			2.887	2.995			8.732	5.318
			3.001	3.042			8.831	5.374
			3.115	3.087			8.928	5.432
			3.230	3.130			9.025	5.491
			3.346	3.171			9.121	5.552
			3.463	3.211			9.216	5.615
			3.580	3.248			9.309	5.679
			3.698	3.283			9.401	5.745
			3.817	3.316			9.493	5.813
			3.936	3.346			9.583	5.882
			4.056	3.375			9.671	5.952
			4.176	3.402			9.759	6.025
			4.296	3.426			9.845	6.098
			4.417	3.449			9.930	6.174
			4.499	3.463			10.000	6.237
							10.096	6.328
							10.177	6.408
							10.257	6.489
							10.335	6.571
							10.411	6.655
							10.487	6.740
							10.560	6.827

表 B.1（续）　　　　　　　　　　　　　　　　　　　　　　　　　　　　　单位为毫米

模数 m	齿顶非工作段		凸齿工作段		过渡段		凹齿工作段	
	y	x	y	x	y	x	y	x
	0.000	0.000	0.614	1.526	4.950	3.810	6.929	4.998
	0.005	0.154	0.722	1.638	4.993	3.871	7.009	5.008
	0.021	0.307	0.819	1.733	5.112	4.023	7.133	5.024
	0.048	0.458	0.917	1.826	5.241	4.168	7.257	5.042
	0.085	0.607	1.017	1.917	5.381	4.302	7.380	5.063
	0.133	0.754	1.118	2.007	5.529	4.427	7.502	5.086
	0.190	0.896	1.221	2.095	5.686	4.541	7.625	5.111
	0.258	1.034	1.326	2.181	5.850	4.643	7.747	5.130
	0.334	1.168	1.431	2.266	6.021	4.734	7.868	5.167
	0.420	1.295	1.539	2.348	6.198	4.813	7.989	5.198
	0.515	1.416	1.648	2.429	6.380	4.880	8.109	5.231
	0.614	1.526	1.758	2.508	6.566	4.933	8.229	5.267
			1.869	2.584	6.755	4.973	8.348	5.304
			1.982	2.659	6.929	4.998	8.466	5.344
			2.096	2.732			8.584	5.386
			2.212	2.803			8.701	5.429
			2.328	2.872			8.817	5.475
			2.446	2.938			8.932	5.523
			2.565	3.003			9.047*	5.573*
			2.685	3.066			9.160	5.624
			2.806	3.126			9.273	5.670
			2.928	3.185			9.305	5.734
			3.051*	3.241*			9.495	5.792
5.5			3.176	3.295			9.605	5.851
			3.301	3.347			9.714	5.913
			3.426	3.396			9.821	5.976
			3.553	3.444			9.927	6.041
			3.681	3.489			10.033	6.108
			3.809	3.532			10.137	6.177
			3.938	3.573			10.240	6.248
			4.068	3.612			10.341	6.321
			4.198	3.648			10.442	6.395
			4.329	3.682			10.541	6.471
			4.461	3.713			10.638	6.549
			4.593	3.743			10.735	6.628
			4.726	3.770			10.830	6.709
			4.859	3.795			10.923	6.792
			4.949	3.810			11.000	6.862
							11.106	6.963
							11.195	7.050
							11.202	7.139
							11.368	7.230
							11.452	7.322
							11.535	7.416
							11.616	7.511

表 B.1（续）

单位为毫米

模数 m	齿顶非工作段		凸齿工作段		过渡段		凹齿工作段	
	y	x	y	x	y	x	y	x
6	0.000	0.000	0.669	1.665	5.400	4.156	7.559	5.452
	0.006	0.168	0.788	1.786	5.447	4.222	7.647	5.463
	0.023	0.335	0.893	1.890	5.577	4.389	7.782	5.480
	0.052	0.500	1.001	1.992	5.718	4.546	7.916	5.500
	0.093	0.663	1.109	2.092	5.870	4.693	8.051	5.523
	0.145	0.822	1.220	2.190	6.032	4.829	8.185	5.548
	0.208	0.978	1.332	2.286	6.203	4.953	8.318	5.575
	0.281	1.128	1.446	2.380	6.382	5.065	8.451	5.604
	0.365	1.274	1.562	2.472	6.568	5.165	8.583	5.636
	0.458	1.413	1.679	2.562	6.761	5.251	8.715	5.670
	0.562	1.543	1.797	2.650	6.959	5.323	8.846	5.707
	0.669	1.665	1.918	2.736	7.162	5.381	8.977	5.745
			2.039	2.819	7.369	5.425	9.107	5.786
			2.162	2.901	7.559	5.452	9.236	5.829
			2.287	2.980			9.364	5.875
			2.413	3.058			9.492	5.923
			2.540	3.133			9.618	5.972
			2.668	3.207			9.744	6.025
			2.798	3.279			9.869*	6.079*
			2.928	3.344			9.993	6.135
			3.061	3.410			10.116	6.194
			3.195	3.473			10.238	6.255
			3.329*	3.585			10.358	6.318
			3.464	3.594			10.478	6.383
			3.601	3.651			10.587	6.450
			3.738	3.705			10.714	6.519
			3.876	3.757			10.830	6.590
			4.016	3.806			10.945	6.663
			4.156	3.853			11.058	6.739
			4.296	3.898			11.171	6.816
			4.438	3.940			11.281	6.895
			4.580	3.979			11.391	6.976
			4.723	4.016			11.499	7.059
			4.867	4.051			11.606	7.144
			5.011	4.083			11.711	7.230
			5.156	4.112			11.814	7.319
			5.301	4.139			11.916	7.409
			5.399	4.156			12.000	7.485
							12.115	7.595
							12.212	7.691
							12.308	7.788
							12.402	7.887
							12.494	7.987
							12.584	8.089
							12.672	8.193

表 B.1（续）

单位为毫米

模数 m	齿顶非工作段		凸齿工作段		过渡段		凹齿工作段	
	y	x	y	x	y	x	y	x
	0.000	0.000	0.691	1.765	6.300	4.778	8.817	6.364
	0.004	0.136	0.714	1.790	6.432	4.974	8.920	6.376
	0.019	0.317	0.831	1.914	6.579	5.162	9.078	6.396
	0.048	0.496	0.951	2.036	6.739	5.340	9.235	6.420
	0.088	0.673	1.072	2.156	6.910	5.506	9.392	6.446
	0.141	0.846	1.196	2.273	7.093	5.659	9.548	6.475
	0.206	1.015	1.321	2.388	7.286	5.800	9.703	6.507
	0.283	1.180	1.449	2.502	7.489	5.927	9.850	6.541
	0.370	1.338	1.578	2.612	7.699	6.039	10.013	6.578
	0.469	1.490	1.710	2.721	7.917	6.136	10.167	6.618
	0.578	1.635	1.843	2.827	8.141	6.218	10.320	6.660
	0.690	1.765	1.978	2.931	8.371	6.284	10.472	6.705
			2.115	3.033	8.604	6.333	10.624	6.753
			2.254	3.132	8.817	6.364	10.774	6.804
			2.395	3.229			10.924	6.857
			2.537	3.323			11.073	6.912
			2.680	3.415			11.221	6.970
			2.826	3.504			11.367	7.031
			2.972	3.591			11.513*	7.095*
			3.121	3.675			11.658	7.161
			3.270	3.756			11.801	7.229
			3.422	3.835			11.943	7.300
7			3.574	3.911			12.084	7.373
			3.728	3.985			12.224	7.449
			3.883*	4.056*			12.362	7.527
			4.039	4.124			12.499	7.608
			4.197	4.189			12.634	7.691
			4.355	4.252			12.768	7.777
			4.515	4.312			12.901	7.864
			4.675	4.369			13.032	7.955
			4.837	4.423			13.161	8.047
			5.000	4.474			13.289	8.141
			5.163	4.523			13.415	8.238
			5.327	4.569			13.539	8.337
			5.492	4.611			13.662	8.438
			5.658	4.651			13.703	8.542
			5.824	4.688			13.902	8.647
			5.991	4.722			14.000	8.736
			6.159	4.754			14.134	8.864
			6.298	4.777			14.247	8.976
							14.359	9.089
							14.460	9.205
							14.575	9.322
							14.681	9.441
							14.704	9.562

表 B.1（续）　　　　　　　　　　　　　　　　　　单位为毫米

模数 m	齿顶非工作段		凸齿工作段		过渡段		凹齿工作段	
	y	x	y	x	y	x	y	x
	0.000	0.000	0.789	2.017	7.200	5.460	10.077	7.273
	0.004	0.155	0.816	2.046	7.351	5.684	10.195	7.287
	0.022	0.362	0.950	2.188	7.519	5.899	10.375	7.310
	0.054	0.567	1.086	2.327	7.701	6.102	10.554	7.337
	0.101	0.769	1.225	2.464	7.898	6.292	10.733	7.367
	0.162	0.967	1.367	2.598	8.106	6.468	10.912	7.400
	0.236	1.160	1.510	2.730	8.327	6.628	11.090	7.436
	0.323	1.348	1.656	2.859	8.558	6.773	11.267	7.475
	0.423	1.529	1.804	2.986	8.799	6.901	11.443	7.518
	0.536	1.703	1.954	3.110	9.048	7.013	11.619	7.563
	0.661	1.869	2.107	3.231	9.305	7.106	11.794	7.612
	0.789	2.017	2.261	3.350	9.567	7.181	11.968	7.663
			2.418	3.466	9.833	7.238	12.141	7.718
			2.576	3.579	10.077	7.273	12.314	7.775
			2.737	3.690			12.485	7.836
			2.899	3.798			12.655	7.900
			3.063	3.903			12.824	7.966
			3.229	4.004			12.991	8.036
			3.397	4.104			13.158*	8.108*
			3.567	4.200			13.323	8.183
			3.738	4.293			13.487	8.262
			3.910	4.383			13.649	8.343
8			4.085	4.470			13.810	8.427
			4.260	4.554			13.970	8.513
			4.438*	4.635*			14.128	8.603
			4.616	4.713			14.284	8.695
			4.796	4.788			14.439	8.790
			4.977	4.859			14.592	8.888
			5.160	4.928			14.744	8.988
			5.343	4.993			14.893	9.091
			5.528	5.055			15.041	9.196
			5.714	5.114			15.187	9.305
			5.901	5.169			15.331	9.415
			6.088	5.221			15.473	9.528
			6.277	5.270			15.613	9.644
			6.466	5.316			15.752	9.762
			6.656	5.358			15.888	9.882
			6.847	5.397			16.000	9.984
			7.039	5.433			16.153	10.130
			7.198	5.460			16.283	10.258
							16.410	10.387
							16.535	10.519
							16.658	10.653
							16.778	10.790
							16.896	10.928

表 B.1（续） 单位为毫米

模数	齿顶非工作段		凸齿工作段		过渡段		凹齿工作段	
m	y	x	y	x	y	x	y	x
	0.000	0.000	0.888	2.269	8.100	6.143	11.336	8.182
	0.005	0.175	0.918	2.302	8.270	6.395	11.469	8.197
	0.025	0.407	1.069	2.461	8.459	6.637	11.671	8.224
	0.061	0.637	1.222	2.613	8.664	6.865	11.873	8.254
	0.114	0.865	1.378	2.771	8.885	7.079	12.075	8.288
	0.182	1.088	1.537	2.923	9.120	7.276	12.276	8.325
	0.265	1.305	1.699	3.071	9.368	7.457	12.476	8.366
	0.363	1.517	1.863	3.216	9.628	7.620	12.675	8.410
	0.476	1.721	2.029	3.359	9.899	7.764	12.874	8.457
	0.603	1.916	2.199	3.498	10.179	7.889	13.072	8.509
	0.743	2.102	2.370	3.635	10.468	7.994	13.268	8.563
	0.888	2.269	2.544	3.769	10.762	8.079	13.464	8.621
			2.720	3.899	11.062	8.143	13.659	8.683
			2.898	4.027	11.336	8.182	13.853	8.747
			3.079	4.151			14.045	8.816
			3.261	4.272			14.237	8.887
			3.446	4.390			14.427	8.962
			3.633	4.505			14.615	9.040
			3.822	4.616			14.803*	9.122*
			4.012	4.725			14.988	9.206
			4.205	4.829			15.173	9.294
			4.399	4.931			15.356	9.386
9			4.595	5.029			15.537	9.480
			4.793	5.123			15.716	9.578
			4.992*	5.214*			15.894	9.678
			5.193	5.302			16.070	9.782
			5.396	5.386			16.244	9.889
			5.600	5.467			16.416	9.999
			5.805	5.544			16.587	10.111
			6.011	5.617			16.755	10.227
			6.219	5.687			16.921	10.346
			6.428	5.753			17.086	10.468
			6.638	5.815			17.248	10.592
			6.849	5.874			17.408	10.719
			7.061	5.929			17.565	10.849
			7.274	5.980			17.720	10.982
			7.488	6.028			17.873	11.110
			7.703	6.072			18.000	11.232
			7.919	6.112			18.172	11.397
			8.097	6.142			18.318	11.540
							18.461	11.686
							18.602	11.834
							18.740	11.985
							18.875	12.138
							19.008	12.294

表 B.1（续）

单位为毫米

模数	齿顶非工作段		凸齿工作段		过渡段		凹齿工作段	
m	y	x	y	x	y	x	y	x
10	0.000	0.000	0.986	2.522	9.000	6.825	12.596	9.091
	0.005	0.194	1.020	2.558	9.189	7.105	12.743	9.108
	0.028	0.452	1.137	2.735	9.399	7.374	12.968	9.138
	0.068	0.708	1.358	2.908	9.627	7.628	13.193	9.171
	0.126	0.961	1.532	3.079	9.872	7.865	13.417	9.209
	0.202	1.208	1.708	3.247	10.133	8.085	13.640	9.250
	0.295	1.450	1.888	3.412	10.409	8.286	13.862	9.295
	0.404	1.685	2.070	3.574	10.698	8.466	14.084	9.344
	0.529	1.912	2.255	3.732	10.998	8.627	14.304	9.397
	0.670	2.129	2.443	3.887	11.310	8.766	14.524	9.454
	0.826	2.336	2.633	4.039	11.631	8.882	14.743	9.515
	0.986	2.522	2.826	4.188	11.958	8.976	14.960	9.579
			3.022	4.333	12.291	9.047	15.177	9.647
			3.220	4.474	12.596	9.091	15.392	9.719
			3.421	4.612			15.606	9.795
			3.624	4.747			15.818	9.875
			3.829	4.878			16.030	9.958
			4.037	5.006			16.239	10.045
			4.246	5.131			16.447	10.135
			4.455	5.252			16.654	10.229
			4.677	5.366			16.859	10.327
			4.886	5.478			17.062	10.428
			5.106	5.586			17.263	10.533
			5.326	5.693			17.463	10.642
			5.547	5.794			17.660	10.754
			5.770	5.891			17.856	10.869
			5.995	5.985			18.049	10.987
			6.222	6.074			18.240	11.110
			6.450	6.159			18.430	11.235
			6.679	6.241			18.617	11.364
			6.910	6.318			18.802	11.495
			7.142	6.392			18.984	11.631
			7.736	6.461			19.164	11.769
			7.610	6.527			19.342	11.910
			7.846	6.588			19.517	12.055
			8.083	6.645			19.689	12.202
			8.320	6.698			19.859	12.353
			8.559	6.746			20.000	12.480
			8.798	6.791			20.191	12.663
			8.997	6.825			20.353	12.822
							20.512	12.894
							20.669	13.149
							20.822	13.317
							20.972	13.487
							21.120	13.660

表 B.2　Ⅱ型滚刀齿形　　　　　　　　　　　　　　单位为毫米

模数 m	齿顶非工作段		凸齿工作段		过渡段		凹齿工作段	
	y	x	y	x	y	x	y	x
	0.000	0.000	0.171	0.421	1.350	1.039	1.890	1.362
	0.003	0.063	0.193	0.443	1.353	1.044	1.912	1.365
	0.011	0.115	0.219	0.470	1.394	1.096	1.946	1.369
	0.023	0.167	0.246	0.495	1.438	1.145	1.979	1.374
	0.040	0.217	0.274	0.520	1.487	1.190	2.013	1.380
	0.061	0.265	0.301	0.545	1.539	1.230	2.046	1.386
	0.086	0.311	0.330	0.569	1.595	1.265	2.080	1.393
	0.115	0.355	0.358	0.593	1.654	1.296	2.113	1.400
	0.148	0.397	0.387	0.616	1.778	1.341	2.146	1.408
	0.171	0.421	0.417	0.638	1.842	1.355	2.179	1.417
			0.447	0.661	1.890	1.362	2.212	1.426
			0.477	0.682			2.244	1.436
			0.508	0.703			2.277	1.446
			0.539	0.724			2.309	1.457
			0.570	0.744			2.341	1.460
			0.602	0.763			2.373	1.480
			0.634	0.782			2.405	1.492
			0.666	0.800			2.436	1.505
			0.699	0.818			2.467*	1.519*
			0.732	0.835			2.498	1.533
			0.765	0.852			2.529	1.548
1.5			0.799	0.868			2.560	1.563
			0.832*	0.883*			2.590	1.579
			0.866	0.898			2.620	1.595
			0.901	0.912			2.649	1.612
			0.935	0.926			2.679	1.629
			0.970	0.939			2.708	1.647
			1.005	0.952			2.736	1.665
			1.041	0.963			2.765	1.684
			1.076	0.975			2.793	1.703
			1.112	0.985			2.821	1.723
			1.147	0.995			2.848	1.743
			1.183	1.004			2.875	1.764
			1.220	1.013			2.902	1.785
			1.256	1.021			2.928	1.807
			1.292	1.029			2.954	1.829
			1.329	1.035			2.979	1.851
			1.350	1.039			3.000	1.870
							3.029	1.898
							3.053	1.922
							3.077	1.946
							3.100	1.971
							3.123	1.996
							3.146	2.021
							3.168	2.047

表 B.2（续） 单位为毫米

模数 m	齿顶非工作段		凸齿工作段		过渡段		凹齿工作段	
	y	x	y	x	y	x	y	x
	0.000	0.000	0.228	0.562	1.800	1.385	2.520	1.816
	0.001	0.042	0.257	0.591	1.844	1.446	2.549	1.820
	0.004	0.084	0.292	0.626	1.867	1.473	2.594	1.826
	0.010	0.126	0.328	0.660	1.890	1.500	2.639	1.833
	0.018	0.168	0.365	0.694	1.915	1.525	2.684	1.840
	0.027	0.209	0.402	0.727	1.940	1.550	2.729	1.848
	0.039	0.249	0.439	0.759	1.967	1.574	2.773	1.857
	0.054	0.289	0.478	0.790	1.994	1.596	2.817	1.867
	0.070	0.328	0.516	0.821	2.022	1.618	2.861	1.878
	0.088	0.366	0.556	0.851	2.050	1.639	2.905	1.889
	0.108	0.403	0.596	0.881	2.080	1.659	2.949	1.901
	0.130	0.439	0.636	0.910	2.110	1.678	2.993	1.914
	0.154	0.474	0.677	0.938	2.140	1.695	3.036	1.928
	0.180	0.508	0.718	0.965	2.172	1.712	3.079	1.942
	0.207	0.540	0.760	0.992	2.203	1.728	3.122	1.957
	0.228	0.562	0.802	1.018	2.236	1.742	3.164	1.973
			0.845	1.043	2.269	1.755	3.206	1.990
			0.888	1.067	2.302	1.767	3.248	2.007
			0.932	1.091	2.336	1.778	3.290*	2.025*
			0.976	1.114	2.370	1.788	3.331	2.044
			1.020	1.136	2.404	1.797	3.372	2.064
			1.065	1.157	2.439	1.804	3.413	2.084
2			1.110*	1.178*	2.473	1.810	3.453	2.105
			1.155	1.198	2.520	1.816	3.493	2.127
			1.201	1.217			3.532	2.149
			1.247	1.235			3.572	2.172
			1.294	1.252			3.610	2.196
			1.340	1.269			3.649	2.220
			1.387	1.285			3.686	2.245
			1.435	1.300			3.724	2.271
			1.482	1.314			3.761	2.297
			1.530	1.327			3.797	2.324
			1.578	1.339			3.833	2.352
			1.626	1.351			3.869	2.380
			1.674	1.362			3.904	2.409
			1.723	1.372			3.938	2.438
			1.772	1.381			3.972	2.469
			1.800	1.385			4.000	2.494
							4.039	2.530
							4.071	2.562
							4.103	2.595
							4.134	2.628
							4.165	2.661
							4.195	2.695
							4.200	2.701

表 B.2（续）　　　　　　　　　　　　　　　　　　　单位为毫米

模数	齿顶非工作段		凸齿工作段		过渡段		凹齿工作段	
m	y	x	y	x	y	x	y	x
	0.000	0.000	0.256	0.632	2.025	1.558	2.835	2.044
	0.005	0.095	0.289	0.665	2.030	1.566	2.868	2.047
	0.017	0.173	0.329	0.704	2.090	1.644	2.918	2.054
	0.035	0.250	0.369	0.743	2.157	1.718	2.969	2.062
	0.060	0.325	0.410	0.780	2.230	1.785	3.019	2.070
	0.092	0.398	0.452	0.817	2.309	1.845	3.070	2.079
	0.129	0.467	0.494	0.854	2.393	1.898	3.120	2.089
	0.173	0.533	0.537	0.889	2.481	1.944	3.169	2.101
	0.222	0.595	0.581	0.924	2.572	1.982	3.219	2.112
	0.256	0.632	0.625	0.958	2.667	2.012	3.268	2.125
			0.670	0.991	2.763	2.033	3.318	2.139
			0.716	1.023	2.835	2.044	3.367	2.153
			0.761	1.055			3.415	2.169
			0.808	1.086			3.464	2.185
			0.855	1.116			3.512	2.202
			0.903	1.145			3.560	2.220
			0.951	1.173			3.607	2.239
			0.999	1.201			3.654	2.258
			1.048	1.227			3.701*	2.279*
			1.098	1.253			3.740	2.300
			1.147	1.278			3.794	2.322
			1.190	1.302			3.839	2.344
2.25			1.249*	1.325*			3.885	2.368
			1.300	1.347			3.930	2.392
			1.351	1.369			3.974	2.418
			1.403	1.389			4.018	2.443
			1.455	1.409			4.061	2.470
			1.508	1.427			4.105	2.498
			1.561	1.445			4.147	2.526
			1.614	1.462			4.189	2.555
			1.667	1.478			4.231	2.584
			1.721	1.493			4.272	2.615
			1.775	1.507			4.312	2.646
			1.829	1.520			4.352	2.678
			1.884	1.532			4.392	2.710
			1.938	1.543			4.430	2.743
			1.993	1.553			4.469	2.777
			2.025	1.558			4.500	2.806
							4.543	2.847
							4.580	2.883
							4.616	2.919
							4.651	2.956
							4.685	2.994
							4.719	3.032
							4.752	3.071

表 B.2（续）

单位为毫米

模数 m	齿顶非工作段		凸齿工作段		过渡段		凹齿工作段	
	y	x	y	x	y	x	y	x
	0.000	0.000	0.285	0.703	2.250	1.732	3.150	2.271
	0.001	0.053	0.321	0.739	2.333	1.842	3.187	2.275
	0.006	0.105	0.365	0.783	2.394	1.907	3.243	2.282
	0.012	0.158	0.410	0.825	2.458	1.967	3.299	2.291
	0.022	0.210	0.456	0.867	2.527	2.033	3.355	2.300
	0.034	0.261	0.502	0.908	2.600	2.074	3.411	2.311
	0.049	0.312	0.549	0.949	2.675	2.120	3.466	2.322
	0.067	0.361	0.597	0.988	2.754	2.160	3.522	2.334
	0.087	0.410	0.646	1.027	2.836	2.194	3.577	2.347
	0.110	0.450	0.695	1.064	2.919	2.223	3.632	2.362
	0.135	0.504	0.744	1.101	3.005	2.246	3.686	2.377
	0.163	0.549	0.795	1.137	3.092	2.263	3.741	2.393
	0.192	0.593	0.846	1.172	3.150	2.271	3.795	2.410
	0.225	0.635	0.898	1.207			3.849	2.428
	0.259	0.676	0.950	1.240			3.902	2.447
	0.285	0.703	1.003	1.272			3.955	2.467
			1.056	1.304			4.008	2.488
			1.110	1.335			4.060	2.509
			1.163	1.365			4.112	2.532*
			1.217	1.393			4.164	2.555
			1.271	1.421			4.215	2.580
			1.331	1.448			4.266	2.605
2.5			1.397*	1.473*			4.316	2.631
			1.444	1.497			4.365	2.658
			1.501	1.521			4.416	2.686
			1.559	1.544			4.464	2.715
			1.617	1.566			4.513	2.745
			1.675	1.586			4.561	2.775
			1.734	1.606			4.608	2.807
			1.793	1.625			4.655	2.839
			1.853	1.643			4.701	2.872
			1.912	1.659			4.746	2.906
			1.972	1.674			4.791	2.940
			2.032	1.689			4.836	2.975
			2.093	1.702			4.880	3.012
			2.154	1.715			4.923	3.048
			2.215	1.726			4.965	3.086
			2.250	1.732			5.000	3.118
							5.048	3.163
							5.089	3.203
							5.128	3.244
							5.168	3.285
							5.206	3.327
							5.243	3.369
							5.250	3.377

表 B.2（续）   单位为毫米

模数	齿顶非工作段		凸齿工作段		过渡段		凹齿工作段	
m	y	x	y	x	y	x	y	x
	0.000	0.000	0.313	0.772	2.475	1.905	3.465	2.498
	0.006	0.116	0.353	0.813	2.481	1.914	3.505	2.503
	0.020	0.212	0.402	0.861	2.555	2.011	3.567	2.511
	0.043	0.386	0.451	0.908	2.637	2.100	3.629	2.520
	0.074	0.397	0.501	0.954	2.726	2.182	3.690	2.531
	0.112	0.406	0.552	0.999	2.822	2.256	3.751	2.542
	0.158	0.571	0.604	1.043	2.924	2.321	3.813	2.555
	0.212	0.652	0.657	1.087	3.032	2.377	3.874	2.568
	0.272	0.727	0.710	1.129	3.144	2.423	3.934	2.583
	0.313	0.772	0.764	1.171	3.259	2.460	3.995	2.598
			0.819	1.211	3.377	2.486	4.055	2.615
			0.874	1.251	3.465	2.498	4.115	2.633
			0.931	1.290			4.174	2.651
			0.987	1.327			4.233	2.671
			1.045	1.364			4.292	2.692
			1.103	1.400			4.351	2.714
			1.162	1.434			4.409	2.737
			1.221	1.468			4.466	2.761
			1.281	1.500			4.523*	2.786*
			1.341	1.532			4.580	2.812
			1.402	1.562			4.637	2.838
			1.464	1.592			4.692	2.866
2.75			1.526*	1.620*			4.748	2.895
			1.588	1.647			4.803	2.925
			1.651	1.673			4.857	2.956
			1.715	1.690			4.911	2.987
			1.779	1.722			4.964	3.020
			1.843	1.745			5.017	3.053
			1.907	1.767			5.069	3.088
			1.972	1.787			5.120	3.123
			2.038	1.807			5.171	3.160
			2.103	1.825			5.221	3.197
			2.169	1.842			5.270	3.235
			2.236	1.858			5.319	3.274
			2.320	1.873			5.367	3.313
			2.369	1.886			5.415	3.354
			2.436	1.899			5.462	3.395
			2.475	1.905			5.500	3.430
							5.553	3.480
							5.598	3.524
							5.641	3.568
							5.684	3.613
							5.726	3.659
							5.768	3.706
							5.808	3.754

表 B.2（续）

单位为毫米

模数	齿顶非工作段		凸齿工作段		过渡段		凹齿工作段	
m	y	x	y	x	y	x	y	x
	0.000	0.000	0.342	0.843	2.700	2.079	3.780	2.725
	0.002	0.063	0.385	0.887	2.766	2.170	3.824	2.730
	0.007	0.126	0.438	0.939	2.835	2.250	3.891	2.739
	0.015	0.189	0.492	0.990	2.910	2.325	3.959	2.749
	0.026	0.252	0.547	1.041	2.991	2.395	4.026	2.761
	0.041	0.313	0.603	1.090	3.075	2.459	4.093	2.773
	0.059	0.374	0.659	1.138	3.165	2.517	4.159	2.787
	0.080	0.434	0.716	1.186	3.257	2.569	4.226	2.801
	0.105	0.492	0.775	1.232	3.354	2.614	4.292	2.817
	0.132	0.549	0.834	1.277	3.453	2.652	4.358	2.834
	0.162	0.605	0.893	1.322	3.554	2.683	4.424	2.852
	0.195	0.659	0.954	1.365	3.658	2.707	4.489	2.872
	0.231	0.711	1.015	1.407	3.763	2.723	4.554	2.892
	0.269	0.761	1.077	1.448	3.780	2.725	4.618	2.914
	0.311	0.810	1.140	1.488			4.682	2.937
	0.342	0.843	1.203	1.527			4.746	2.960
			1.267	1.565			4.810	2.985
			1.332	1.601			4.872	3.011
			1.397	1.637			4.935*	3.039*
			1.463	1.671			4.997	3.067
			1.530	1.704			5.058	3.096
			1.597	1.737			5.119	3.127
3			1.665*	1.767*			5.180	3.158
			1.733	1.797			5.239	3.190
			1.801	1.826			5.299	3.224
			1.871	1.853			5.357	3.259
			1.940	1.879			5.415	3.294
			2.010	1.904			5.473	3.331
			2.081	1.927			5.529	3.368
			2.152	1.950			5.586	3.407
			2.233	1.971			5.641	3.447
			2.295	1.991			5.696	3.487
			2.367	2.009			5.750	3.528
			2.439	2.027			5.803	3.571
			2.512	2.043			5.856	3.614
			2.584	2.058			5.907	3.658
			2.657	2.071			5.958	3.704
			2.700	2.079			6.000	3.743
							6.058	3.797
							6.106	3.844
							6.154	3.893
							6.201	3.942
							6.247	3.993
							6.292	4.044
							6.300	4.052

表 B.2（续）

单位为毫米

模数	齿顶非工作段		凸齿工作段		过渡段		凹齿工作段	
m	y	x	y	x	y	x	y	x
	0.000	0.000	0.391	0.972	3.149	2.425	4.409	3.180
	0.002	0.073	0.399	0.981	3.233	2.536	4.461	3.186
	0.008	0.147	0.460	1.042	3.314	2.629	4.539	3.197
	0.017	0.219	0.521	1.103	3.401	2.716	4.618	3.209
	0.031	0.292	0.584	1.162	3.494	2.797	4.696	3.222
	0.048	0.363	0.647	1.220	3.592	2.872	4.774	3.236
	0.069	0.433	0.711	1.277	3.696	2.939	4.852	3.252
	0.093	0.503	0.777	1.333	3.804	2.999	4.930	3.269
	0.121	0.571	0.843	1.388	3.915	3.051	5.007	3.288
	0.153	0.637	0.911	1.442	4.030	3.095	5.084	3.308
	0.188	0.701	0.979	1.495	4.148	3.131	5.160	3.329
	0.226	0.764	1.048	1.546	4.268	3.159	5.237	3.351
	0.268	0.825	1.118	1.596	4.409	3.180	5.312	3.375
	0.312	0.883	1.189	1.645			5.388	3.400
	0.360	0.939	1.261	1.692			5.463	3.427
	0.391	0.972	1.334	1.739			5.537	3.455
			1.407	1.784			5.611	3.484
			1.482	1.828			5.684	3.514
			1.556	1.870			5.757*	3.546*
			1.632	1.911			5.829	3.579
			1.709	1.951			5.901	3.613
			1.786	1.990			5.972	3.649
3.5			1.863	2.027			6.043	3.685
			1.942*	2.062*			6.112	3.723
			2.021	2.097			6.181	3.762
			2.100	2.130			6.250	3.803
			2.180	2.161			6.318	3.844
			2.261	2.192			6.385	3.887
			2.342	2.221			6.451	3.931
			2.424	2.248			6.516	3.976
			2.506	2.274			6.581	4.022
			2.589	2.298			6.645	4.069
			2.672	2.321			6.708	4.118
			2.755	2.343			6.770	4.167
			2.839	2.363			6.831	4.218
			2.923	2.382			6.892	4.269
			3.007	2.399			6.951	4.322
			3.092	2.415			7.000	4.367
			3.149	2.425			7.067	4.430
							7.124	4.486
							7.180	4.543
							7.234	4.601
							7.288	4.659
							7.341	4.719
							7.350	4.729

表 B.2（续）　　　　　　　　　　　　　　　　　　单位为毫米

模数 m	齿顶非工作段		凸齿工作段		过渡段		凹齿工作段	
	y	x	y	x	y	x	y	x
	0.000	0.000	0.447	1.111	3.599	2.771	5.039	3.635
	0.002	0.084	0.456	1.121	3.695	2.898	5.098	3.642
	0.009	0.168	0.525	1.191	3.787	3.005	5.188	3.654
	0.020	0.251	0.595	1.260	3.887	3.105	5.278	3.667
	0.035	0.333	0.667	1.328	3.993	3.197	5.367	3.682
	0.055	0.415	0.739	1.395	4.106	3.282	5.456	3.699
	0.078	0.495	0.813	1.460	4.224	3.359	5.545	3.717
	0.106	0.575	0.888	1.524	4.347	3.427	5.634	3.736
	0.138	0.652	0.964	1.587	4.475	3.487	5.722	3.755
	0.175	0.728	1.041	1.648	4.606	3.537	5.810	3.780
	0.215	0.802	1.119	1.708	4.741	3.579	5.898	3.804
	0.258	0.873	1.198	1.767	4.878	3.610	5.985	3.830
	0.306	0.942	1.278	1.824	5.039	3.635	6.071	3.858
	0.357	1.009	1.359	1.880			6.157	3.886
	0.411	1.073	1.441	1.934			6.243	3.917
	0.447	1.111	1.524	1.987			6.328	3.948
			1.608	2.039			6.412	3.982
			1.693	2.089			6.496	4.017
			1.779	2.137			6.579*	4.053*
			1.865	2.184			6.662	4.090
			1.953	2.230			6.744	4.129
			2.041	2.274			6.825	4.170
			2.129	2.316			6.906	4.212
			2.219	2.357			6.985	4.255
4			2.309	2.396			7.064	4.300
			2.400	2.434			7.143	4.346
			2.492	2.470			7.220	4.394
			2.584	2.505			7.297	4.442
			2.677	2.538			7.372	4.493
			2.770	2.569			7.447	4.544
			2.864	2.599			7.521	4.597
			2.958	2.627			7.594	4.651
			3.053	2.653			7.666	4.706
			3.149	2.678			7.737	4.763
			3.244	2.701			7.807	4.820
			3.340	2.722			7.876	4.879
			3.437	2.742			7.944	4.940
			3.534	2.760			8.000	4.991
			3.599	2.771			8.077	5.064
							8.142	5.127
							8.205	5.192
							8.268	5.258
							8.329	5.325
							8.389	5.393
							8.400	5.405

表 B.2（续）

单位为毫米

模数	齿顶非工作段		凸齿工作段		过渡段		凹齿工作段	
m	y	x	y	x	y	x	y	x
	0.000	0.000	0.502	1.250	4.049	3.119	5.668	4.091
	0.002	0.094	0.513	1.261	4.156	3.262	5.735	4.098
	0.010	0.189	0.591	1.340	4.260	3.382	5.836	4.112
	0.022	0.282	0.670	1.418	4.373	3.494	5.937	4.127
	0.039	0.375	0.750	1.494	4.492	3.598	6.038	4.144
	0.061	0.467	0.832	1.569	4.619	3.694	6.138	4.162
	0.088	0.557	0.914	1.643	4.752	3.780	6.238	4.183
	0.120	0.646	0.999	1.715	4.890	3.857	6.338	4.205
	0.156	0.734	1.084	1.785	5.034	3.924	6.437	4.229
	0.196	0.819	1.171	1.854	5.182	3.981	6.536	4.254
	0.241	0.902	1.259	1.922	5.333	4.028	6.634	4.281
	0.290	0.982	1.348	1.988	5.488	4.063	6.732	4.310
	0.344	1.060	1.438	2.052	5.668	4.091	6.830	4.341
	0.401	1.135	1.529	2.115			6.926	4.373
	0.462	1.207	1.621	2.176			7.023	4.408
	0.502	1.250	1.715	2.236			7.118	4.443
			1.809	2.294			7.213	4.481
			1.904	2.350			7.308	4.520
			2.001	2.405			7.401*	4.561*
			2.098	2.458			7.494	4.603
			2.196	2.509			7.587	4.647
			2.295	2.559			7.678	4.693
4.5			2.395	2.606			7.769	4.740
			2.496*	2.652*			7.858	4.789
			2.598	2.697			7.947	4.839
			2.700	2.739			8.035	4.891
			2.803	2.780			8.122	4.944
			2.907	2.819			8.208	4.999
			3.011	2.856			8.294	5.055
			3.116	2.891			8.378	5.113
			3.222	2.924			8.461	5.173
			3.328	2.956			8.543	5.234
			3.435	2.986			8.624	5.296
			3.542	3.014			8.704	5.359
			3.649	3.039			8.783	5.425
			3.758	3.064			8.860	5.491
			3.866	3.086			8.937	5.559
			3.975	3.106			9.000	5.616
			4.049	3.119			9.066	5.698
							9.159	5.770
							9.231	5.843
							9.301	5.917
							9.370	5.992
							9.438	6.069
							9.449	6.082

表 B.2（续）

单位为毫米

模数 m	齿顶非工作段		凸齿工作段		过渡段		凹齿工作段	
	y	x	y	x	y	x	y	x
	0.000	0.000	0.558	1.388	4.499	3.465	6.298	4.545
	0.003	0.105	0.570	1.401	4.618	3.624	6.372	4.554
	0.011	0.209	0.656	1.489	4.734	3.758	6.484	4.569
	0.025	0.314	0.744	1.575	4.858	3.882	6.596	4.585
	0.044	0.417	0.833	1.660	4.991	3.998	6.708	4.604
	0.068	0.519	0.924	1.743	5.132	4.104	6.920	4.625
	0.098	0.619	1.016	1.825	5.280	4.200	6.931	4.647
	0.133	0.718	1.110	1.905	5.434	4.286	7.042	4.672
	0.173	0.815	1.205	1.984	5.593	4.360	7.152	4.698
	0.218	0.910	1.301	2.060	5.758	4.424	7.262	4.727
	0.268	1.002	1.398	2.135	5.926	4.475	7.371	4.757
	0.323	1.091	1.497	2.209	6.097	4.515	7.480	4.789
	0.382	1.178	1.597	2.280	6.298	4.545	7.588	4.823
	0.446	1.261	1.699	2.350			7.696	4.859
	0.514	1.341	1.801	2.418			7.803	4.897
	0.558	1.388	1.905	2.484			7.909	4.937
			2.010	2.549			8.015	4.979
			2.116	2.611			8.120	5.022
			2.223	2.672			8.224*	5.067*
			2.331	2.731			8.327	5.114
			2.440	2.788			8.429	5.163
			2.550	2.843			8.531	5.214
			2.661	2.896			8.632	5.266
5			2.773*	2.947*			8.731	5.321
			2.886	2.996			8.830	5.377
			3.000	3.044			8.928	5.434
			3.114	3.089			9.025	5.494
			3.230	3.132			9.120	5.555
			3.346	3.173			9.215	5.617
			3.462	3.212			9.309	5.682
			3.580	3.249			9.401	5.748
			3.698	3.284			9.492	5.815
			3.816	3.317			9.582	5.884
			3.935	3.348			9.671	5.955
			4.055	3.377			9.759	6.027
			4.175	3.404			9.845	6.101
			4.296	3.429			9.930	6.176
			4.417	3.451			10.000	6.240
			4.499	3.465			10.096	6.331
							10.177	6.411
							10.256	6.492
							10.334	6.574
							10.411	6.658
							10.486	6.743
							10.499	6.758

表 B.2（续）

单位为毫米

模数 m	齿顶非工作段		凸齿工作段		过渡段		凹齿工作段	
	y	x	y	x	y	x	y	x
	0.000	0.000	0.614	1.527	4.948	3.811	6.928	5.000
	0.003	0.115	0.627	1.541	5.080	3.967	7.009	5.009
	0.012	0.230	0.722	1.638	5.207	4.133	7.133	5.025
	0.027	0.345	0.819	1.733	5.344	4.270	7.256	5.044
	0.048	0.458	0.917	1.826	5.490	4.398	7.379	5.064
	0.075	0.571	1.016	1.918	5.645	4.514	7.502	5.087
	0.108	0.681	1.118	2.008	5.808	4.620	7.624	5.112
	0.146	0.790	1.221	2.096	5.977	4.714	7.746	5.139
	0.190	0.897	1.325	2.182	6.153	4.796	7.868	5.168
	0.240	1.001	1.431	2.266	6.333	4.866	7.988	5.199
	0.295	1.102	1.538	2.349	6.519	4.922	8.109	5.232
	0.355	1.201	1.647	2.430	6.707	4.966	8.228	5.268
	0.420	1.296	1.757	2.508	6.928	5.000	8.347	5.305
	0.490	1.387	1.869	2.585			8.466	5.345
	0.565	1.475	1.982	2.660			8.583	5.387
	0.614	1.527	2.096	2.733			8.700	5.430
			2.211	2.804			8.817	5.476
			2.328	2.872			8.932	5.524
			2.445	2.939			9.046*	5.574*
			2.564	3.004			9.160	5.626
			2.684	3.067			9.273	5.679
			2.806	3.127			9.384	5.735
			2.928	3.185			9.495	5.793
5.5			3.051*	3.242*			9.605	5.852
			3.175	3.296			9.713	5.914
			3.300	3.348			9.821	5.977
			3.426	3.397			9.927	6.043
			3.553	3.445			10.033	6.110
			3.680	3.490			10.137	6.179
			3.809	3.533			10.239	6.249
			3.938	3.574			10.341	6.322
			4.067	3.613			10.441	6.396
			4.198	3.649			10.540	6.472
			4.329	3.683			10.638	6.550
			4.460	3.715			10.734	6.630
			4.593	3.744			10.829	6.711
			4.725	3.771			10.923	6.794
			4.858	3.796			11.000	6.864
			4.948	3.811			11.105	6.964
							11.195	7.052
							11.282	7.141
							11.368	7.231
							11.452	7.324
							11.535	7.417
							11.549	7.434

表 B.2（续）　　　　　　　　　　　　　　　　　　　　　　　单位为毫米

模数 m	齿顶非工作段		凸齿工作段		过渡段		凹齿工作段	
	y	x	y	x	y	x	y	x
	0.000	0.000	0.669	1.666	5.398	4.159	7.557	5.456
	0.003	0.126	0.684	1.681	5.542	4.350	7.645	5.466
	0.013	0.251	0.787	1.787	5.681	4.510	7.781	5.484
	0.030	0.376	0.893	1.891	5.830	4.660	7.915	5.504
	0.052	0.500	1.000	1.992	5.990	4.799	8.050	5.526
	0.082	0.622	1.108	2.092	6.158	4.926	8.183	5.551
	0.117	0.743	1.219	2.190	6.336	5.042	8.317	5.578
	0.159	0.862	1.331	2.286	6.520	5.144	8.450	5.608
	0.208	0.978	1.445	2.381	6.712	5.234	8.582	5.639
	0.262	1.092	1.561	2.473	6.909	5.310	8.714	5.673
	0.322	1.202	1.670	2.563	7.111	5.372	8.845	5.710
	0.387	1.310	1.796	2.651	7.317	5.419	8.976	5.748
	0.458	1.414	1.917	2.737	7.557	5.456	9.106	5.789
	0.535	1.513	2.038	2.820			9.235	5.833
	0.616	1.609	2.161	2.902			9.363	5.878
	0.669	1.666	2.286	2.982			9.491	5.926
			2.412	3.059			9.617	5.976
			2.539	3.134			9.743	6.028
			2.667	3.207			9.868*	6.082*
			2.797	3.278			9.992	6.139
			2.928	3.346			10.115	6.197
6			3.060	3.412			10.237	6.258
			3.193	3.476			10.358	6.321
			3.328*	3.537*			10.477	6.386
			3.463	3.596			10.596	6.453
			3.599	3.653			10.713	6.522
			3.737	3.707			10.829	6.594
			3.875	3.759			10.944	6.667
			4.014	3.809			11.058	6.742
			4.154	3.856			11.170	6.819
			4.295	3.900			11.281	6.898
			4.437	3.942			11.390	6.979
			4.579	3.982			11.498	7.062
			4.722	4.019			11.605	7.147
			4.865	4.054			11.710	7.234
			5.010	4.086			11.813	7.323
			5.154	4.115			11.915	7.413
			5.300	4.142			12.000	7.489
			5.398	4.159			12.115	7.599
							12.212	7.695
							12.307	7.792
							12.401	7.891
							12.493	7.991
							12.583	8.094
							12.599	8.111

表 B.2（续） 单位为毫米

模数 m	齿顶非工作段		凸齿工作段		过渡段		凹齿工作段	
	y	x	y	x	y	x	y	x
	0.000	0.000	0.690	1.766	6.296	4.781	8.815	6.368
	0.004	0.136	0.713	1.790	6.466	5.025	8.918	6.380
	0.014	0.272	0.830	1.914	6.617	5.211	9.076	6.401
	0.032	0.407	0.950	2.036	6.780	5.386	9.233	6.424
	0.057	0.540	1.071	2.156	6.954	5.549	9.390	6.450
	0.088	0.673	1.195	2.274	7.140	5.699	9.546	6.479
	0.127	0.803	1.320	2.389	7.335	5.837	9.702	6.511
	0.172	0.932	1.448	2.502	7.540	5.960	9.857	6.545
	0.224	1.057	1.577	2.613	7.753	6.069	10.011	6.582
	0.283	1.180	1.709	2.722	7.973	6.162	10.165	6.622
	0.347	1.300	1.842	2.828	8.198	6.240	10.318	6.664
	0.418	1.416	1.977	2.932	8.428	6.302	10.471	6.709
	0.495	1.528	2.114	3.034	8.815	6.368	10.622	6.757
	0.578	1.636	2.253	3.133			10.773	6.807
	0.666	1.739	2.393	3.230			10.922	6.860
	0.690	1.766	2.535	3.324			11.071	6.916
			2.679	3.416			11.219	6.974
			2.824	3.505			11.366	7.035
			2.971	3.592			11.512*	7.098*
			3.119	3.676			11.656	7.164
			3.269	3.758			11.800	7.233
			3.420	3.837			11.942	7.304
			3.573	3.913			12.083	7.377
7			3.726	3.987			12.222	7.453
			3.881*	4.058*			12.361	7.531
			4.038	4.126			12.498	7.612
			4.195	4.192			12.633	7.695
			4.354	4.254			12.767	7.780
			4.513	4.314			12.900	7.868
			4.674	4.371			13.031	7.958
			4.835	4.426			13.160	8.051
			4.998	4.477			13.288	8.145
			5.161	4.526			13.414	8.242
			5.325	4.572			13.538	8.341
			5.490	4.614			13.661	8.443
			5.656	4.654			13.782	8.546
			5.823	4.692			13.901	8.651
			5.990	4.726			14.000	8.741
			6.157	4.757			14.133	8.869
			6.296	4.781			14.246	8.980
							14.358	9.094
							14.467	9.209
							14.575	9.327
							14.680	9.446
							14.698	9.467

表 B.2（续）

单位为毫米

模数 m	齿顶非工作段		凸齿工作段		过渡段		凹齿工作段	
	y	x	y	x	y	x	y	x
	0.000	0.000	0.788	2.018	7.195	5.466	10.073	7.281
	0.004	0.155	0.814	2.046	7.390	5.745	10.191	7.294
	0.016	0.311	0.948	2.188	7.562	5.958	10.371	7.318
	0.036	0.465	1.085	2.327	7.748	6.158	10.550	7.345
	0.065	0.618	1.223	2.464	7.948	6.344	10.730	7.374
	0.101	0.769	1.365	2.598	8.160	6.517	10.908	7.407
	0.145	0.918	1.508	2.730	8.383	6.674	11.086	7.443
	0.197	1.064	1.654	2.860	8.617	6.815	11.253	7.483
	0.256	1.208	1.802	2.987	8.860	6.939	11.440	7.525
	0.323	1.348	1.952	3.111	9.111	7.046	11.616	7.570
	0.397	1.485	2.104	3.232	9.369	7.135	11.791	7.619
	0.478	1.618	2.259	3.351	9.632	7.205	11.965	7.670
	0.565	1.746	2.415	3.468	10.073	7.281	12.138	7.725
	0.660	1.869	2.574	3.581			12.310	7.782
	0.760	1.987	2.734	3.692			12.481	7.843
	0.788	2.018	2.897	3.800			12.652	7.907
			3.061	3.905			12.820	7.973
			3.227	4.007			12.988	8.043
			3.394	4.106			13.155*	8.115*
			3.564	4.202			13.320	8.190
			3.735	4.296			13.484	8.268
			3.908	4.386			13.646	8.350
8			4.082	4.473			13.808	8.433
			4.258	4.558			13.967	8.520
			4.435*	4.639*			14.125	8.610
			4.613	4.717			14.282	8.702
			4.793	4.792			14.437	8.797
			4.974	4.863			14.590	8.895
			5.157	4.932			14.741	8.995
			5.340	4.997			14.891	9.098
			5.525	5.059			15.039	9.204
			5.711	5.118			15.185	9.312
			5.897	5.174			15.329	9.423
			6.085	5.226			15.471	9.536
			6.274	5.276			15.611	9.652
			6.463	5.321			15.749	9.770
			6.653	5.364			15.885	9.890
			6.844	5.403			16.000	9.992
			7.036	5.439			16.151	10.139
			7.195	5.466			16.281	10.266
							16.408	10.396
							16.533	10.528
							16.656	10.662
							16.776	10.799
		⋮					16.797	10.822

表 B.2（续） 单位为毫米

模数 m	齿顶非工作段		凸齿工作段		过渡段		凹齿工作段	
	y	x	y	x	y	x	y	x
	0.000	0.000	0.887	2.270	8.094	6.149	11.332	8.191
	0.005	0.175	0.916	2.302	8.314	6.463	11.464	8.206
	0.018	0.349	1.067	2.461	8.507	6.703	11.667	8.233
	0.041	0.523	1.220	2.618	8.717	6.928	11.869	8.263
	0.073	0.695	1.376	2.772	8.941	7.138	12.071	8.296
	0.114	0.865	1.535	2.923	9.180	7.332	12.272	8.333
	0.163	1.033	1.697	3.071	9.431	7.508	12.472	8.374
	0.221	1.198	1.861	3.217	9.694	7.667	12.671	8.418
	0.288	1.359	2.027	3.360	9.968	7.807	12.870	8.466
	0.363	1.517	2.196	3.500	10.250	7.927	13.068	8.517
	0.446	1.671	2.367	3.637	10.540	8.027	13.264	8.571
	0.537	1.820	2.541	3.770	10.836	8.106	13.460	8.629
	0.636	1.964	2.717	3.901	11.332	8.191	13.655	8.691
	0.742	2.103	2.895	4.029			13.849	8.755
	0.855	2.235	3.076	4.153			14.041	8.823
	0.887	2.270	3.259	4.275			14.233	8.895
			3.443	4.393			14.423	8.970
			3.630	4.508			14.612	9.048
			3.819	4.619			14.799*	9.130*
			4.009	4.728			14.985	9.214
			4.202	4.833			15.169	9.302
			4.396	4.934			15.352	9.393
9			4.592	5.033			15.533	9.488
			4.790	5.127			15.713	9.505
			4.989*	5.219*			15.891	9.686
			5.190	5.306			16.067	9.790
			5.392	5.391			16.241	9.897
			5.596	5.471			16.413	10.007
			5.801	5.549			16.584	10.120
			6.008	5.622			16.752	10.235
			6.215	5.692			16.919	10.354
			6.424	5.758			17.083	10.476
			6.634	5.821			17.245	10.601
			6.846	5.880			17.405	10.728
			7.058	5.935			17.563	10.858
			7.271	5.987			17.718	10.991
			7.485	6.034			17.871	11.127
			7.699	6.078			18.000	11.241
			7.915	6.119			18.170	11.406
			8.094	6.149			18.316	11.550
							18.459	11.696
							18.600	11.844
							18.738	11.995
							18.873	12.149
							18.897	12.175

表 B.2（续）　　　　　　　　　　　　　　单位为毫米

模数 m	齿顶非工作段		凸齿工作段		过渡段		凹齿工作段	
	y	x	y	x	y	x	y	x
	0.000	0.000	0.985	2.522	8.992	6.834	12.590	9.103
	0.005	0.194	1.017	2.557	9.238	7.183	12.737	9.120
	0.020	0.388	1.185	2.734	9.452	7.449	12.962	9.150
	0.046	0.581	1.355	2.908	9.685	7.700	13.187	9.183
	0.081	0.772	1.529	3.080	9.935	7.933	13.411	9.220
	0.126	0.961	1.705	3.248	10.200	8.148	13.634	9.261
	0.181	1.147	1.885	3.413	10.479	8.345	13.856	9.307
	0.246	1.330	2.067	3.575	10.771	8.521	14.078	9.355
	0.320	1.510	2.252	3.733	11.075	8.676	14.299	9.408
	0.403	1.685	2.439	3.889	11.389	8.810	14.518	9.465
	0.496	1.856	2.630	4.041	11.712	8.921	14.737	9.526
	0.597	2.022	2.823	4.189	12.040	9.009	14.955	9.590
	0.706	2.182	3.018	4.335	12.590	9.103	15.171	9.658
	0.824	2.336	3.216	4.477			15.387	9.730
	0.950	2.483	3.417	4.615			15.601	9.806
	0.985	2.522	3.620	4.750			15.813	9.885
			3.825	4.881			16.024	9.968
			4.033	5.009			16.234	10.055
10			4.242	5.135			16.442*	10.146*
			4.454	5.251			16.649	10.240
			4.668	5.370			16.854	10.338
			4.884	5.483			17.057	10.439
			5.101	5.592			17.258	10.544
			5.321	5.698			17.458	10.652
			5.542	5.799			17.655	11.746
			5.766	5.897			17.851	10.879
			5.990	5.991			18.045	10.998
			6.217	6.080			18.236	11.120
			6.445	6.166			18.426	11.246
			6.674	6.248			18.613	11.375
			6.905	6.326			18.798	11.507
			7.137	6.399			18.980	11.642
			7.371	6.469			19.160	11.780
			7.605	6.534			19.338	11.922
			7.841	6.596			19.513	12.067
			8.078	6.653			19.686	12.214
			8.315	6.706			19.856	12.365
			8.554	6.755			20.000	12.492
			8.793	6.800			20.188	12.675
			8.992	6.834			20.350	12.835
							20.509	12.997
							20.666	13.162
							20.819	13.330
							20.970	13.501
							20.996	13.531

B.2 理论初始接触点处的齿厚值应符合图 B.2 和表 B.3、表 B.4 的规定。

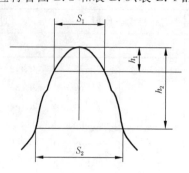

图 B.2

表 B.3 Ⅰ型滚刀齿厚 单位为毫米

m	h_1	S_1	h_2	S_2	m	h_1	S_1	h_2	S_2
1.5	0.832	1.766	2.468	3.038	4.5	2.497	5.302	7.402	9.118
2	1.110	2.356	3.290	4.050	5	2.774	5.892	8.224	10.130
2.25	1.249	2.650	3.701	4.556	5.5	3.051	6.482	9.047	11.146
2.5	1.387	2.944	4.112	5.064	6	3.329	7.070	9.869	12.158
2.75	1.526	3.240	4.524	5.570	7	3.883	8.112	11.513	14.190
3	1.665	3.534	4.935	6.076	8	4.438	9.270	13.158	16.216
3.5	1.942	4.124	5.757	7.090	9	4.992	10.426	14.803	18.244
4	2.220	4.712	6.580	8.102	10	5.547	11.588	16.447	20.270

表 B.4 Ⅱ型滚刀齿厚 单位为毫米

m	h_1	S_1	h_2	S_2	m	h_1	S_1	h_2	S_2
1.5	0.832	1.766	2.467	3.038	4.5	2.496	5.305	7.401	9.121
2	1.110	2.356	3.290	4.050	5	2.773	5.894	8.224	10.135
2.25	1.249	2.650	3.701	4.558	5.5	3.051	6.484	9.046	11.148
2.5	1.387	2.946	4.112	5.064	6	3.328	7.074	9.868	12.164
2.75	1.526	3.240	4.523	5.572	7	3.881	8.116	11.512	14.197
3	1.665	3.534	4.935	6.078	8	4.435	9.277	13.155	16.230
3.5	1.942	4.124	5.757	7.092	9	4.989	10.437	14.799	18.259
4	2.219	4.714	6.579	8.105	10	5.542	11.599	16.442	20.291

ICS 25.100.10
J 41

中华人民共和国国家标准

GB/T 14661—2007
代替 GB/T 14661—1993

可转位 A 型刀夹

Cartridges, type A, for indexable inserts

(ISO 5611:1995, Cartridges, type A, for indexable inserts—
Dimensions, MOD)

2006-06-25 发布

2007-11-01 实施

中华人民共和国国家质量监督检验检疫总局
中国国家标准化管理委员会 发布

前　言

本标准修改采用 ISO 5611:1995《可转位 A 型刀夹　尺寸》。

本标准与 ISO 5611:1995 相比主要差异如下：

——删除 ISO 引言,增加了前言;

——"本国际标准"改为"本标准";

——规范性引用文件中的国际标准用我国国家标准替代;

——对 4.1"柄部"进行了重新编辑,并按最新标准修改了图注;

——对 4.2 进行了重新编辑,并将"刀尖圆弧计算值"编辑进表 2;

——增加了技术要求、标记示例、标志和包装及附录 A。

本标准代替 GB/T 14661—1993《可转位 A 型刀夹》。

本标准与 GB/T 14661—1993 相比主要变化如下：

——修改了"范围";

——修改了"规范性引用文件";

——修改了 4.2 中基准点 K 的定义;

——修改了标志和包装的要求;

——增加了可转位 A 型刀夹的标记要求;

——取消了"性能试验"。

本标准的附录 A 为资料性附录。

本标准由中国机械工业联合会提出。

本标准由全国刀具标准化技术委员会(SAC/TC 91)归口。

本标准起草单位:成都工具研究所。

本标准主要起草人:樊瑾。

本标准所代替标准的历次版本发布情况为：

——GB/T 14661—1993。

可转位 A 型刀夹

1 范围

本标准规定了可转位 A 型刀夹的型式和尺寸、型号表示规则、基准点 K、标记示例、技术要求、标志和包装等基本要求。

本标准适用于用螺钉倾斜安装在镗刀杆或其他刀体上,进行端切(进给方向与刀夹长度方向平行)、侧切(进给方向与刀夹长度方向垂直)和端切与侧切的装可转位刀片的刀夹。

2 规范性引用文件

下列文件中的条款通过本标准的引用而成为本标准的条款。凡是注日期的引用文件,其随后所有的修改单(不包括勘误的内容)或修订版均不适用于本标准,然而,鼓励根据本标准达成协议的各方研究是否可使用这些文件的最新版本。凡是不注日期的引用文件,其最新版本适用于本标准。

GB/T 2078 带圆孔的硬质合金可转位刀片(GB/T 2078—1987,eqv ISO 3364:1985)

GB/T 2080 沉孔硬质合金可转位刀片(GB/T 2080—1987,eqv ISO 6987-1:1983)

GB/T 5343.1 可转位车刀及刀夹 第 1 部分:型号表示规则(GB/T 5343.1—2007,ISO 5608:1995,MOD)

3 型号表示规则

可转位 A 型刀夹的型号表示规则按 GB/T 5343.1 的规定,其中第七位用 CA 表示可转位 A 型刀夹。

4 型式和尺寸

4.1 柄部型式和尺寸

可转位 A 型刀夹的柄部型式与尺寸按图 1 和表 1 的规定。

——用于 $h_1 = 6^{1)}$、$8^{2)}$、10 和 12 mm 的刀夹:

单位为毫米

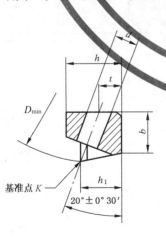
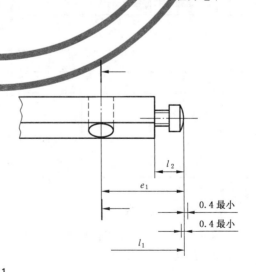

图 1

----

1) 刀夹选用 GB/T 2078 中的刀片。

2) 刀夹选用 GB/T 2080 中的刀片。

——用于 $h_1=16$、20 mm 的刀夹：

单位为毫米

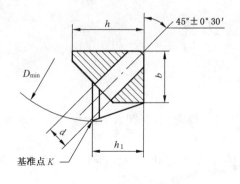
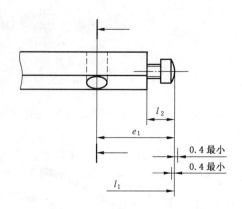

——用于 $h_1=25$ mm 的刀夹：

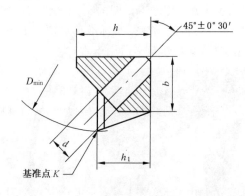
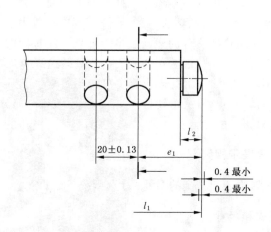

图 1(续)

表 1

单位为毫米

h_1 ± 0.08	h max	b max	e_1	l_2	t ± 0.13	d	紧固螺钉
6	8.5	6	12	4.5	3.5	$4^{+0.5}_{0}$	M3.5
8	11	8	17	6	4.5	4.5	M4
10	15	11	20	8	5	7	M6
12	20	16	20	8	6	7	M6
16	25	20	25	8	0	9	M8
20	30	20	30	10	0	9	M8
25	35	25	30	10	0	11	M10

4.2 尺寸 l_1、f 和 h_1 的确定

4.2.1 尺寸 l_1 是指基准点 K 到刀夹柄部末端的距离，其中包括调整螺钉处在中间位置时的长度 l_2 在内；尺寸 f 是指基准点 K 到刀夹基准侧面的距离；尺寸 h_1 是指基准点 K 到刀夹安装面的距离。见图 2。

4.2.2 基准点 K 按以下规定：

    a) 当 $K_r \leqslant 90°$ 时，基准点 K 是主切削平面 P_s、平行于假定工作平面 P_f 且相切于刀尖圆弧的平面和包含前刀面 A_r 的三个平面的交点。

    b) 当 $K_r > 90°$ 时，基准点 K 是平行于假定工作平面 P_f 且相切于刀尖圆弧的平面，垂直于假定工

作平面 P_f 且相切于刀尖圆弧的平面和包含前刀面 A_r 的三个平面的交点。

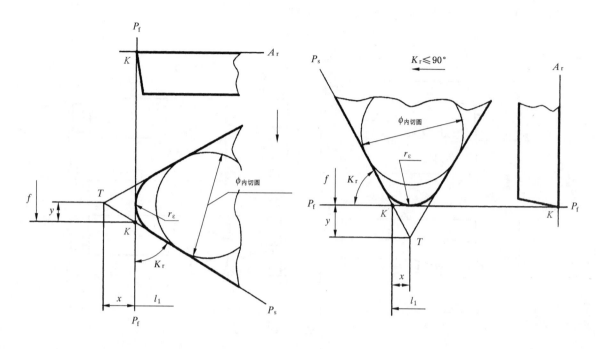

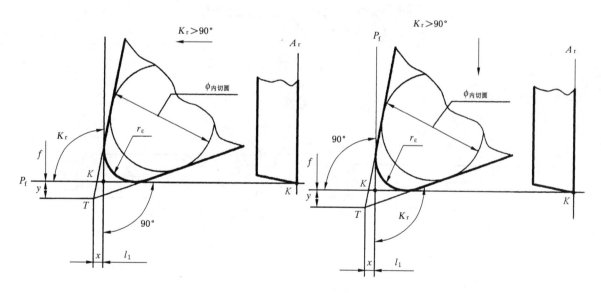

图 2

4.2.3 基准刀片的刀尖圆弧公称半径 r_ε 按表 2 中的规定。

表 2

单位为毫米

内切圆直径	4.76	5.56	6.35	7.94	9.525	12.7	15.875	19.05
刀尖圆弧半径 r_ε	0.4				0.8		1.2	
刀尖圆弧半径计算值	0.397				0.794		1.191	

4.2.4 当刀尖圆弧半径 r_ε 不同于表 2 规定的值时，尺寸 l_1 和 f 应用 x 和 y 值（图 2）进行修正。x 和 y 值是从基准点 K 至理论刀尖 T 在两个相互垂直方向的距离。

4.3 A 型刀夹的型式和尺寸

可转位 A 型刀夹的型式、尺寸和偏差应按图 3 和表 3、表 4 的规定。

第一类

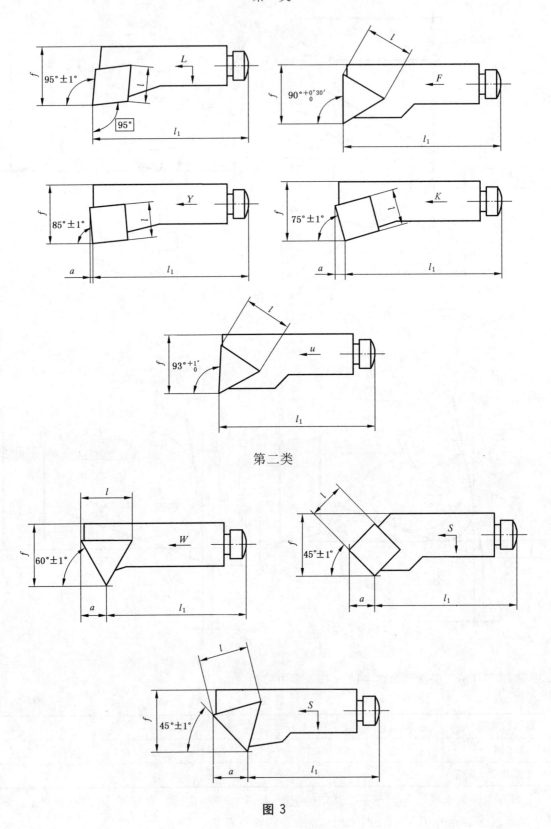

第二类

图 3

第三类

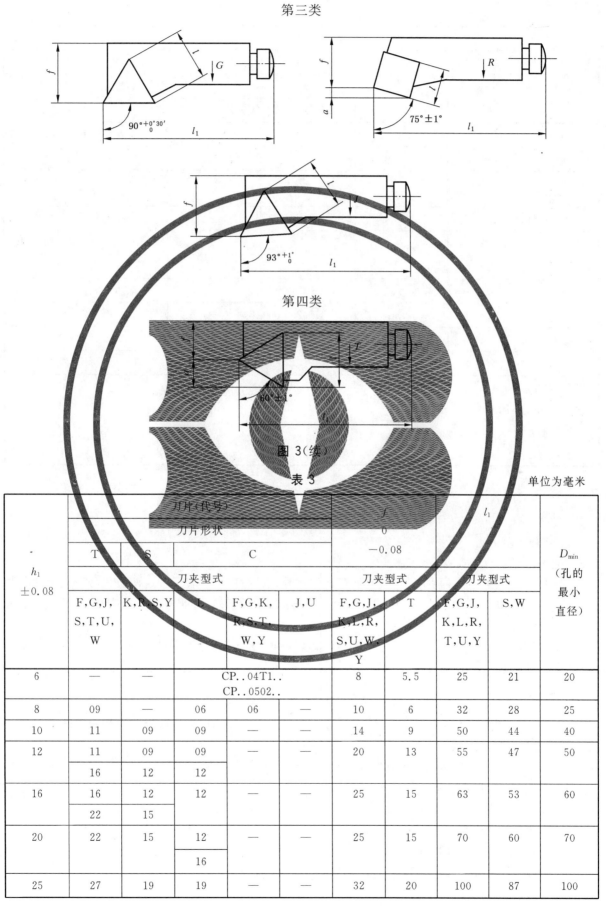

第四类

图3（续）

表3

单位为毫米

h_1 ±0.08	T 刀夹型式 F,G,J,S,T,U,W	S 刀夹型式 K,R,S,Y	C 刀夹型式 L	C 刀夹型式 F,G,K,R,S,T,W,Y	C 刀夹型式 J,U	f 0 −0.08 刀夹型式 F,G,J,K,L,R,S,U,W,Y	f 0 −0.08 刀夹型式 T	l_1 刀夹型式 F,G,J,K,L,R,T,U,Y	l_1 刀夹型式 S,W	D_{min} （孔的最小直径）
6	—	—		CP..04T1.. CP..0502..		8	5.5	25	21	20
8	09	—	06	06	—	10	6	32	28	25
10	11	09	09	—	—	14	9	50	44	40
12	11	09	09	—	—	20	13	55	47	50
	16	12	12							
16	16	12	12	—	—	25	15	63	53	60
	22	15								
20	22	15	12	—	—	25	15	70	60	70
			16							
25	27	19	19	—	—	32	20	100	87	100

表 4 单位为毫米

h_1	a(Y,K,W,S,R 型刀夹)					
	刀夹型式					
	K,R	S			T,W	Y
		刀片型式 T	刀片型式 S	刀片型式 C		
6	1.1[a]	—	—	3.1[a]	2.2[a]	0.4[a]
	1.3[b]	—	—	3.7[b]	2.6[b]	0.4[a]
8	1.6	6.1	—	4.3	4.3[c] 3[d]	0.6
10	2.2	7	6.1	—	5	0.8
12	2.2	7	6.1	—	5	0.8
	3.1	10.2	8.3	—	7.2	1
16	3.1	10.2	8.3	—	7.2	1
	3.8	14.1	10.2	—	10	1.3
20	3.8	14.1	10.2	—	10	1.3
25	4.6	17.2	12.5		12.2	1.6

[a] 适用刀片 CP..04T1..。

[b] 适用刀片 CP..0502..。

[c] T 型刀片。

[d] C 型刀片。

5 标记

5.1 名称

可转位 A 型刀夹。

5.2 型号

A 型刀夹型号中,未注明第一位代号和第四位代号,仅用符号"."表示。这两位代号所表示的夹紧方式和所装刀片的法后角大小,由生产厂自定,其代号按 GB/T 5343.1 的规定补充完整。

5.3 标准编号

示例:刀尖高度为 12 mm,刀杆长度为 12 mm,刀片边长 12 mm 的 95°端切及侧切右切可转位 A 型刀夹(L 型)为:可转位 A 型刀夹 .CL.R12CA-12 GB/T 14661—2007

6 外观和表面粗糙度

6.1 可转位 A 型刀夹刀片夹紧应牢固,装卸与转位要方便,刀片与刀片槽底面、刀片与刀垫及刀垫与刀片槽底面间不得有缝隙。

6.2 刀片切削刃应光整,表面不得有裂纹、崩刃等影响使用性能的缺陷。

6.3 刀夹尾部的轴向调整螺钉不得有轴向窜动。

6.4 刀夹各零件表面不得有锈迹、裂纹和毛刺;各种钢制零件应经表面处理。

6.5 刀夹各部位的表面粗糙度的上限值为:

——刀片槽底面与两侧定位面:$Ra3.2\ \mu m$;

——安装面与基准侧面:$Ra1.6\ \mu m$;

——其余表面:$Ra6.3\ \mu m$。

7 材料和硬度

7.1 刀夹所用的刀片精度等级不低于 M 级,并应符合 GB/T 2078、GB/T 2080 的规定。

7.2 刀夹的抗拉强度不得低于 1 200 N/mm²。

7.3 刀夹硬度为 40 HRC～50 HRC;与刀片直接接触的定位面的硬度不低于 45 HRC;夹紧元件的硬度不低于 40 HRC。

7.4 如刀片下装有刀垫,刀垫硬度不低于 55 HRC。

8 标志和包装

8.1 标志

8.1.1 产品上应标志:
　　——制造厂或销售商的商标;
　　——可转位 A 型刀夹型号。

8.1.2 包装盒上应标志:
　　——制造厂或销售商的名称、地址和商标;
　　——可转位 A 型刀夹标记;
　　——刀片型号;
　　——件数。

8.2 包装

刀夹包装前应经防锈处理。成包的刀夹应防止运输过程中的磕碰和损伤。

附 录 A
（资料性附录）
可转位 A 型刀夹的安装尺寸

A.1 安装尺寸

可转位 A 型刀夹的安装尺寸按表 A.1 和图 A.1 的规定。

表 A.1　　　　　　　　　　　　　　　　　　　　　　　单位为毫米

h_1 ±0.08	6	8	10	12	16	20	25
D min	20	25	40	50	60	70	100
D_1 min	30	36	55	75	75	90	115
B min	9	12	16	21	26	31	36
紧固螺钉	M3.5	M4	M6	M6	M8	M8	M10

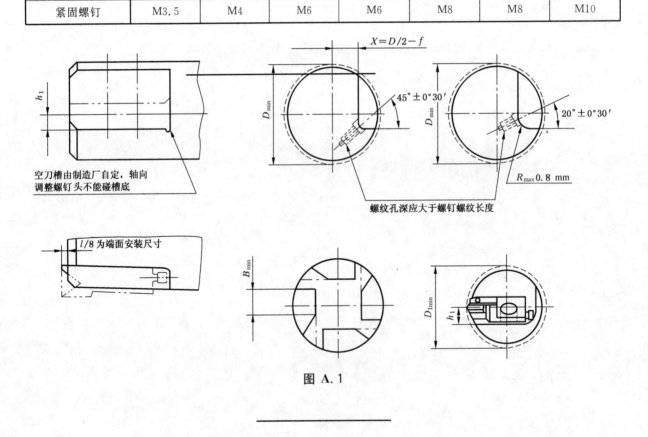

图 A.1

前　　言

　　本标准非等效采用国际标准 ISO 504:1975《硬质合金车刀　代号和标志》。本标准中的第一个符号为 01～09 的车刀代号的内容与国际标准在技术上等同,又增加了一些型式(品种)(10～17 号)。10～17号的内容是根据我国的实际情况增加的内容。此外,本标准在编写上与 ISO 504 有差别。

　　本标准是硬质合金车刀系列标准的一部分,GB/T 17985 在《硬质合金车刀》总标题下,包括三部分:

　　——第 1 部分(GB/T 17985.1):代号及标志;

　　——第 2 部分(GB/T 17985.2):外表面车刀;

　　——第 3 部分(GB/T 17985.3):内表面车刀。

本标准由国家机械工业局提出。

本标准由全国刀具标准化技术委员会归口。

本标准负责起草单位:北京第六工具厂。

本标准主要起草人:李德森、吕雪涛。

ISO 前言

　　ISO(国际标准化组织)是一个世界性的国家标准团体(ISO 成员体)的联盟。国际标准的制定一般由 ISO 的技术委员会进行。每个成员体如对某个为此已建立技术委员会的题目感兴趣,均有权派代表参加该技术委员会工作。与 ISO 有联络的政府性和非政府性的国际组织也可参加国际标准工作。

　　由技术委员会采纳的国际标准草案,在由 ISO 理事会接收为国际标准之前,均提交给成员体表决。

　　在 1972 年以前,根据技术委员会工作结果出版了 ISO 建议,目前这些文件正在被转变为 ISO 标准。作为转变的一部分,ISO/TC29 技术委员会已复审了 ISO/R504,并且认为该建议在技术上适合转变。因此,用国际标准 ISO 504 代替 ISO/R504:1966 且技术上等同。

ISO/R514 提交给成员体,以下各成员体投了赞成票:

澳 大 利 亚	法　　　国	葡 萄 牙
奥 地 利	德　　　国	西 班 牙
比 利 时	匈 牙 利	瑞　　典
巴　　西	印　　度	瑞　　士
加 拿 大	意 大 利	土 耳 其
智　　利	朝　　鲜	英　　国
哥 伦 比 亚	荷　　兰	美　　国
捷克斯洛伐克	新 西 兰	苏　　联
丹　　麦	波　　兰	南 斯 拉 夫

没有成员体对国际标准建议投反对票。

下列成员体对 ISO/R504 转变为 ISO 投反对票:

　　瑞士

　　美国

中华人民共和国国家标准

硬质合金车刀
第 1 部分:代号及标志

GB/T 17985.1—2000
neq ISO 504:1975

Turning tools with carbide tips
Part 1:Designation and marking

---

1 范围

本标准规定了 GB/T 17985.2 和 GB/T 17985.3 所规定的硬质合金外表面车刀和内表面车刀的代号表示规则及标志。

本标准适用于米制尺寸的硬质合金外表面车刀和内表面车刀的代号表示。

2 引用标准

下列标准所包含的条文,通过在本标准中引用而构成为本标准的条文。本标准出版时,所示版本均为有效。所有标准都会被修订,使用本标准的各方应探讨使用下列标准最新版本的可能性。

GB/T 2075—1998 切削加工用硬切削材料的用途 切屑形式大组和用途小组的分类代号

GB/T 17985.2—2000 硬质合金车刀 第 2 部分:外表面车刀

GB/T 17985.3—2000 硬质合金车刀 第 3 部分:内表面车刀

3 代号表示规则

硬质合金车刀代号由按规定顺序排列的一组字母和数字组成,共有六个符号,分别表示其各项特征。

a) 第一个符号用两位数字表示车刀头部的型式(见表 1);

b) 第二个符号用一字母表示车刀的切削方向(见 4.2);

c) 第三个符号用两位数字表示车刀的刀杆高度,如果高度不足两位数字时,则在该数前面加"0"(见 4.3);

d) 第四个符号用两位数字表示车刀的刀杆宽度,如果宽度不足两位数字时,则在该数前面加"0"(见 4.3);

e) 第五个符号用"-"表示该车刀的长度符合 GB/T 17985.2 或 GB/T 17985.3 的规定;

f) 第六个符号用一字母和两位数字表示车刀所焊刀片按 GB/T 2075 中规定的硬切削材料的用途小组代号。

4 代号的规定

4.1 车刀型式的符号按表 1。

表 1 车刀型式和符号

符号	车 刀 型 式	名称	符号	车 刀 型 式	名称
01		70° 外圆车刀	10		90° 内孔车刀
02		45° 端面车刀	11		45° 内孔车刀
03		95° 外圆车刀	12		内螺纹 车刀
04		切槽车刀	13		内切槽 车刀
05		90° 端面车刀	14		75° 外圆车刀
06		90° 外圆车刀	15		B型 切断车刀
07		A型 切断车刀	16		外螺纹 车刀
08		75° 内孔车刀	17		皮带轮 车刀
09		95° 内孔车刀			

4.2 车刀切削方向的符号为：

　　a) R 为右切削车刀；

　　b) L 为左切削车刀。

4.3 刀杆截面尺寸的符号，以毫米计按下列示例：

　　——0808，用于每边为 8 mm 的正方形截面；

　　——2516，用于高为 25 mm 和宽为 16 mm 的矩形截面；

　　——25，用于直径为 25 mm 的圆形截面。

4.4 车刀代号示例：

　　正方形截面 25×25 mm，用途小组为 P20 的硬质合金刀片，06 型右切削车刀的代号为：

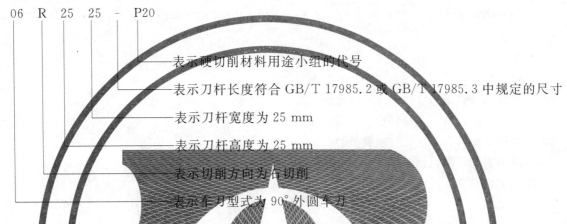

```
06   R   25   25   -   P20
```

|——表示硬切削材料用途小组的代号
|——表示刀杆长度符合 GB/T 17985.2 或 GB/T 17985.3 中规定的尺寸
|——表示刀杆宽度为 25 mm
|——表示刀杆高度为 25 mm
|——表示切削方向为右切削
|——表示车刀型式为 90°外圆车刀

5 标志

5.1 车刀上应按 GB/T 2075 的规定作如下标志：

　　"切屑形式大组"的色标：涂在刀杆的后部（见图 1），其颜色为：

　　P 组——蓝色；M 组——黄色；K 组——红色

5.2 车刀代号应标志在车刀左侧面（见图 1）。

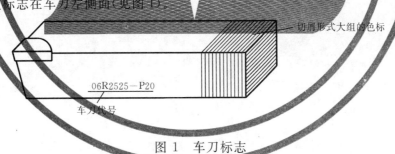

切屑形式大组的色标

06R2525—P20

车刀代号

图 1　车刀标志

前　　言

本标准非等效采用国际标准 ISO 243:1975《硬质合金车刀　外表面车刀》。本标准中车刀头部型式符号为 01～07 的车刀的型式尺寸,在内容上与 ISO 243:1975 等效。14～17 号车刀是根据我国的实际情况增加的部分。本标准"第 4 章　技术要求"和"第 5 章　标志和包装"是根据我国的实际情况增加的内容。

本标准是硬质合金车刀系列标准的一部分,GB/T 17985 在《硬质合金车刀》总标题下,包括三部分:

——第 1 部分(GB/T 17985.1):代号及标志;

——第 2 部分(GB/T 17985.2):外表面车刀;

——第 3 部分(GB/T 17985.3):内表面车刀。

本标准由国家机械工业局提出。

本标准由全国刀具标准化技术委员会归口。

本标准负责起草单位:北京第六工具厂。

本标准主要起草人:吕雪涛、李德森。

ISO 前言

ISO(国际标准化组织)是一个世界性的国家标准团体(ISO 成员体)的联盟。国际标准的制定一般由 ISO 的技术委员会进行。每个成员体如对某个为此已建立技术委员会的题目感兴趣,均有权派代表参加该技术委员会工作。与 ISO 有联络的政府性和非政府性的国际组织也可参加国际标准工作。

由技术委员会采纳的国际标准草案,在由 ISO 理事会接收为国际标准之前,均提交给成员体表决。

在 1972 年以前,根据技术委员会工作结果出版了 ISO 建议;目前这些文件正在被转变为 ISO 标准。作为转变的一部分,ISO/TC29 技术委员会已复审了 ISO/R243,并且认为该建议在技术上适合转变。因此,用国际标准 ISO 243 代替 ISO/R243:1961 且技术上等同。

ISO/R243 提交给成员体,以下各成员体投了赞成票:

比 利 时	印 度	葡 萄 牙
捷克斯洛伐克	意 大 利	罗马尼亚
法 国	墨 西 哥	南 非
德 国	荷 兰	瑞 典
希 腊	巴基斯坦	英 国
匈 牙 利	波 兰	苏 联

下列成员体由于技术原因对国际标准建议投了反对票:

奥地利

瑞士

美国

中华人民共和国国家标准

硬质合金车刀
第 2 部分:外表面车刀

GB/T 17985.2—2000
neq ISO 243:1975

Turning tools with carbide tips
Part 2:External tools

1 范围

本标准规定了硬质合金外表面车刀的型式、尺寸、技术要求和标志包装的基本要求。

本标准适用于各种焊接式硬质合金外表面车刀(以下简称"车刀")。

2 引用标准

下列标准所包含的条文,通过在本标准中引用而构成为本标准的条文。本标准出版时,所示版本均为有效。所有标准都会被修订,使用本标准的各方应探讨使用下列标准最新版本的可能性。

GB/T 2075—1998 切削加工用硬切削材料的用途 切屑形式大组和用途小组的分类代号

GB/T 17985.1—2000 硬质合金车刀 第1部分:代号及标志

YS/T 253—1994 硬质合金焊接车刀片

YS/T 79—1994 硬质合金焊接刀片

3 型式和尺寸

3.1 车刀的型式和尺寸共 11 种,分别按图 1~图 11 和表 1~表 11 的规定。

国家质量技术监督局 2000-02-18 批准　　　　　　　　　　　　　2000-06-01 实施

3.1.1 70°外圆车刀

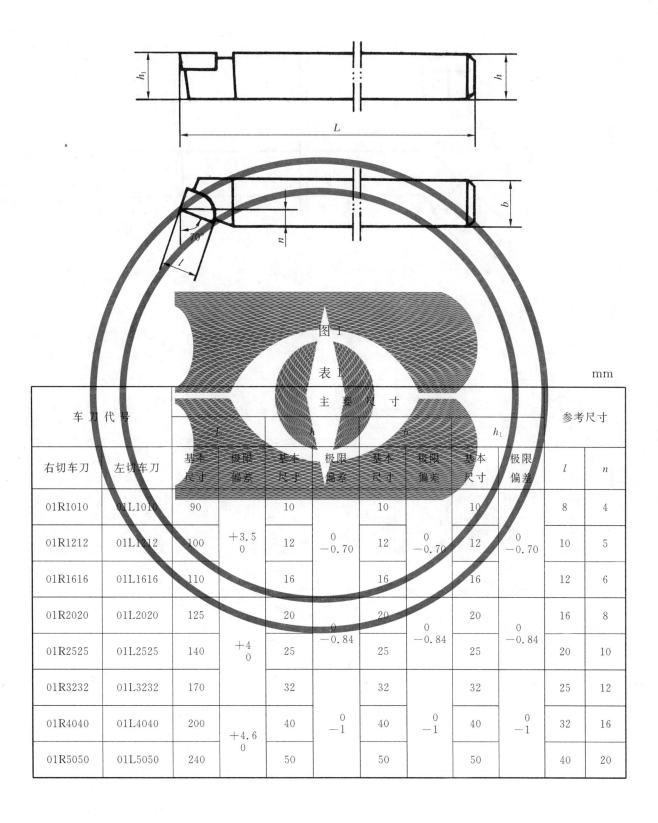

图 1

表 1

mm

车刀代号		主 要 尺 寸								参考尺寸	
		l		h		b		h_1			
右切车刀	左切车刀	基本尺寸	极限偏差	基本尺寸	极限偏差	基本尺寸	极限偏差	基本尺寸	极限偏差	l	n
01R1010	01L1010	90		10		10		10		8	4
01R1212	01L1212	100	+3.5 0	12	0 −0.70	12	0 −0.70	12	0 −0.70	10	5
01R1616	01L1616	110		16		16		16		12	6
01R2020	01L2020	125		20	0 −0.84	20	0 −0.84	20	0 −0.84	16	8
01R2525	01L2525	140	+4 0	25		25		25		20	10
01R3232	01L3232	170		32		32		32		25	12
01R4040	01L4040	200	+4.6 0	40	0 −1	40	0 −1	40	0 −1	32	16
01R5050	01L5050	240		50		50		50		40	20

3.1.2 45°端面车刀

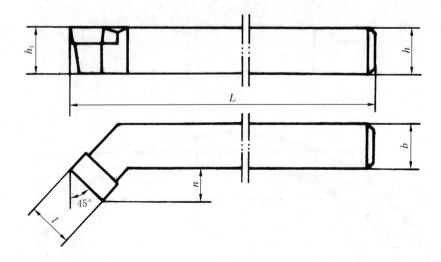

图 2

表 2
mm

车刀代号		主要尺寸								参考尺寸	
		L		h		b		h_1			
右切车刀	左切车刀	基本尺寸	极限偏差	基本尺寸	极限偏差	基本尺寸	极限偏差	基本尺寸	极限偏差	l	n
02R1010	02L1010	90		10		10		10		8	6
02R1212	02L1212	100	+3.5 0	12	0 −0.70	12	0 −0.70	12	0 −0.70	10	7
02R1616	02L1616	110		16		16		16		12	8
02R2020	02L2020	125	+4 0	20	0 −0.84	20	0 −0.84	20	0 −0.84	16	10
02R2525	02L2525	140		25		25		25		20	12
02R3232	02L3232	170		32		32		32		25	14
02R4040	02L4040	200	+4.6 0	40	0 −1	40	0 −1	40	0 −1	32	18
02R5050	02L5050	240		50		50		50		40	22

3.1.3 95°外圆车刀

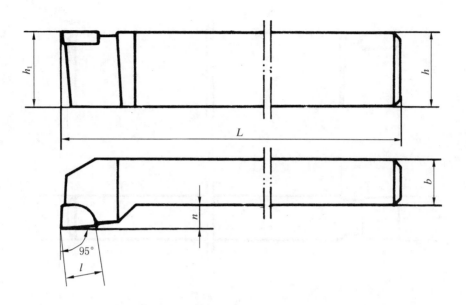

图 3

表 3

mm

车刀代号		主 要 尺 寸								参考尺寸	
		L		h		b		h_1			
右切车刀	左切车刀	基本尺寸	极限偏差	基本尺寸	极限偏差	基本尺寸	极限偏差	基本尺寸	极限偏差	l	n
03R1610	03L1610	110	+3.5 0	16	0 −0.70	10	0 −0.70	16	0 −0.70	8	5
03R2012	03L2012	125	+4 0	20	0 −0.84	12	0 −0.84	20	0 −0.84	10	6
03R2516	03L2516	140		25		16		25		12	8
03R3220	03L3220	170		32		20		32		16	10
03R4025	03L4025	200	+4.6 0	40	0 −1	25	0 −1	40	0 −1	20	12
03R5032	03L5032	240		50		32		50		25	14

3.1.4 切槽车刀

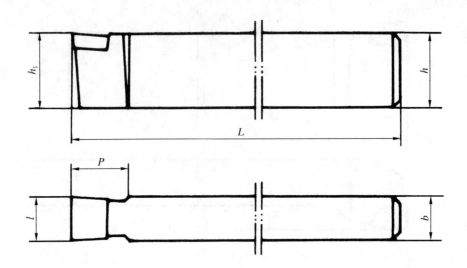

图 4

表 4   mm

| 车刀代号 | 主 要 尺 寸 | | | | | | | | 参 考 尺 寸 | |
| | L | | h | | b | | h_1 | | | |
	基本尺寸	极限偏差	基本尺寸	极限偏差	基本尺寸	极限偏差	基本尺寸	极限偏差	l	P
04R2012	125	+4 0	20	0 −0.84	12	0 −0.84	20	0 −0.84	12	20
04R2516	140		25		16		25		16	25
04R3220	170		32		20		32		20	32
04R4025	200	+4.6 0	40	0 −1	25	0 −1	40	0 −1	25	40
04R5032	240		50		32		50		32	50

3.1.5 90°端面车刀

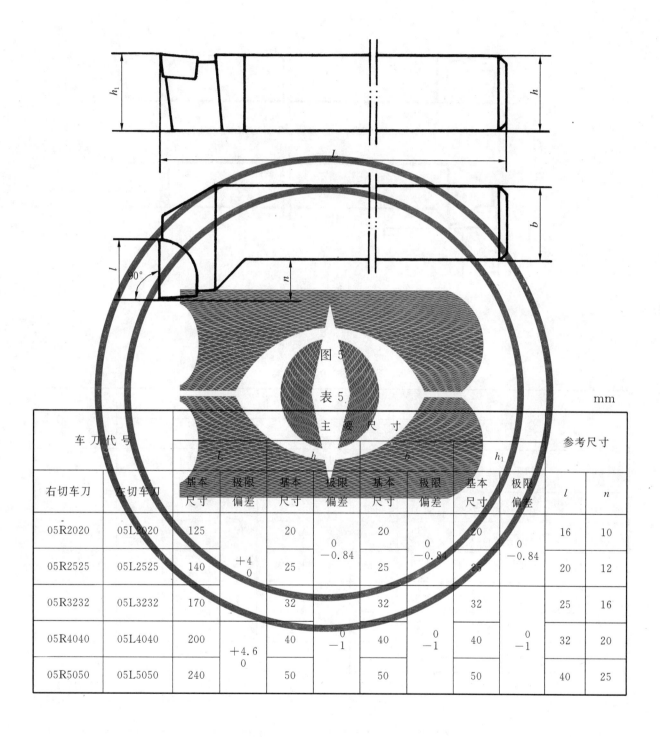

图 5

表 5

mm

车刀代号		L		h		h		h_1		参考尺寸	
右切车刀	左切车刀	基本尺寸	极限偏差	基本尺寸	极限偏差	基本尺寸	极限偏差	基本尺寸	极限偏差	l	n
05R2020	05L2020	125	+4 0	20	0 −0.84	20	0 −0.84	20	0 −0.84	16	10
05R2525	05L2525	140		25		25		25		20	12
05R3232	05L3232	170		32		32		32		25	16
05R4040	05L4040	200	+4.6 0	40	0 −1	40	0 −1	40	0 −1	32	20
05R5050	05L5050	240		50		50		50		40	25

3.1.6 90°外圆车刀

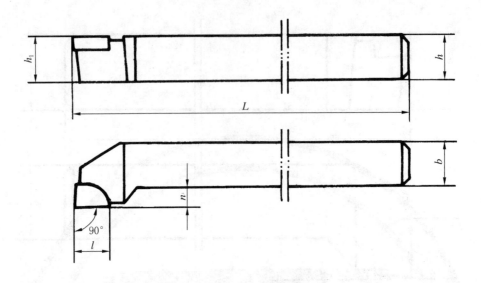

图 6

表 6

mm

车刀代号		主 要 尺 寸								参考尺寸	
		L		h		b		h_1			
右切车刀	左切车刀	基本尺寸	极限偏差	基本尺寸	极限偏差	基本尺寸	极限偏差	基本尺寸	极限偏差	l	n
06R1010	06L1010	90	+3.5 0	10	0 −0.70	10	0 −0.70	10	0 −0.70	8	4
06R1212	06L1212	100		12		12		12		10	5
06R1616	06L1616	110		16		16		16		12	6
06R2020	06L2020	125	+4 0	20	0 −0.84	20	0 −0.84	20	0 −0.84	16	8
06R2525	06L2525	140		25		25		25		20	10
06R3232	06L3232	170		32		32		32		25	12
06R4040	06L4040	200	+4.6 0	40	0 −1	40	0 −1	40	0 −1	32	14
06R5050	06L5050	240		50		50		50		40	18

3.1.7 A 型切断车刀

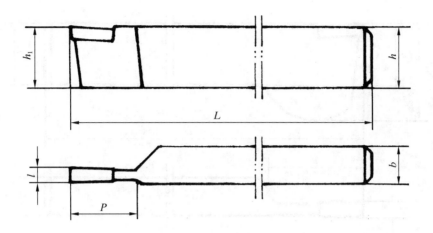

图 7

表 7   mm

车刀代号		主 要 尺 寸								参考尺寸	
		L		h		b		h_1			
右切车刀	左切车刀	基本尺寸	极限偏差	基本尺寸	极限偏差	基本尺寸	极限偏差	基本尺寸	极限偏差	l	P
07R1208	07L1208	100	+3.5 0	12	0 −0.70	8	0 −0.70	12	0 −0.70	3	12
07R1610	07L1610	110		16		10		16		4	14
07R2012	07L2012	125	+4 0	20	0 −0.84	12	0 −0.84	20	0 −0.84	5	16
07R2516	07L2516	140		25		16		25		6	20
07R3220	07L3220	170		32		20		32		8	25
07R4025	07L4025	200	+4.6 0	40	0 −1	25	0 −1	40	0 −1	10	32
07R5032	07L5032	240		50		32		50		12	40

3.1.8 B型切断车刀

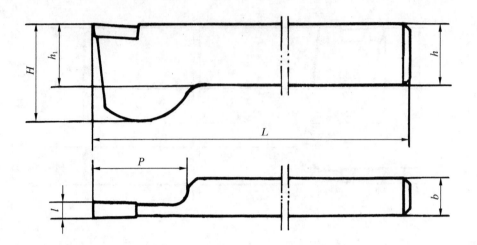

图 8

表 8   mm

车刀代号		主 要 尺 寸								参考尺寸		
		L		h		b		h_1				
右切车刀	左切车刀	基本尺寸	极限偏差	基本尺寸	极限偏差	基本尺寸	极限偏差	基本尺寸	极限偏差	l	P	H
15R1208	15L1208	100	+3.5 0	12	0 −0.70	8	0 −0.70	12	0 −0.70	3	12	20
15R1610	15L1610	110		16		10		16		4	14	26
15R2012	15L2012	125	+4 0	20	0 −0.84	12	0 −0.84	20	0 −0.84	5	16	30
15R2516	15L2516	140		25		16		25		6	20	40
15R3220	15L3220	170		32	0 −1	20	0 −1	32	0 −1	8	25	47
15R4025	15L4025	200	+4.6 0	40		25		40		10	32	45

3.1.9 75°外圆车刀

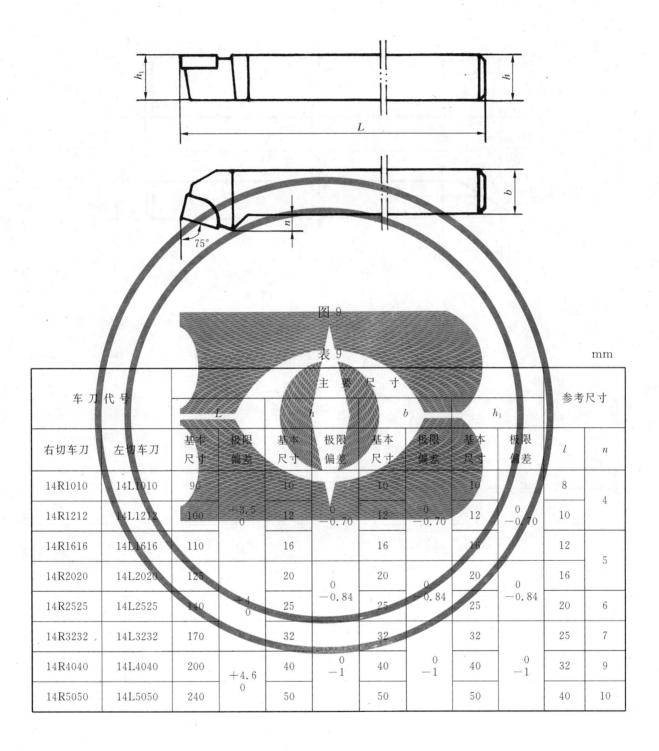

图 9

表 9 mm

车刀代号		主 要 尺 寸								参考尺寸	
		L		h		b		h_1			
右切车刀	左切车刀	基本尺寸	极限偏差	基本尺寸	极限偏差	基本尺寸	极限偏差	基本尺寸	极限偏差	l	n
14R1010	14L1010	90	+3.5 0	10	0 −0.70	10	0 −0.70	10	0 −0.70	8	4
14R1212	14L1212	100		12		12		12		10	
14R1616	14L1616	110		16		16		16		12	5
14R2020	14L2020	125	+4 0	20	0 −0.84	20	0 −0.84	20	0 −0.84	16	
14R2525	14L2525	140		25		25		25		20	6
14R3232	14L3232	170		32		32		32		25	7
14R4040	14L4040	200	+4.6 0	40	0 −1	40	0 −1	40	0 −1	32	9
14R5050	14L5050	240		50		50		50		40	10

3.1.10 外螺纹车刀

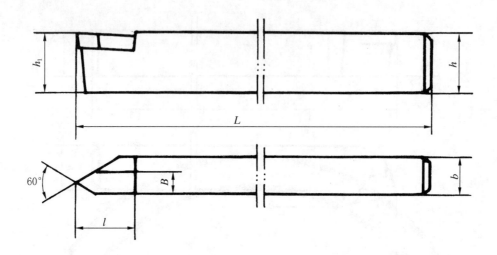

图 10

表 10   mm

车 刀 代 号	主 要 尺 寸								参 考 尺 寸	
	L		h		b		h_1			
	基本尺寸	极限偏差	基本尺寸	极限偏差	基本尺寸	极限偏差	基本尺寸	极限偏差	l	B
16R1208	100	+3.5 0	12	0 −0.70	8	0 −0.70	12	0 −0.70	10	4
16R1610	110		16		10		16		16	6
16R2012	125		20	0 −0.84	12		20	0 −0.84		8
16R2516	140	+4 0	25		16	0 −0.84	25		20	
16R3220	170		32	0 −1	20		32	0 −1	22	10

3.1.11 皮带轮车刀

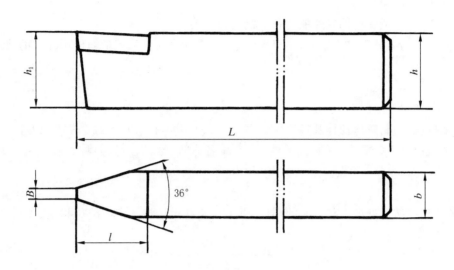

图 11

表 11   mm

车刀代号	主 要 尺 寸								参 考 尺 寸	
	L		h		b		h_1			
	基本尺寸	极限偏差	基本尺寸	极限偏差	基本尺寸	极限偏差	基本尺寸	极限偏差	l	B
17R1212	100	$+3.5$ 0	12	0 -0.70	12	0 -0.70	12	0 -0.70	20	3
17R1610	110		16		10		16			
17R2012	125	$+4$ 0	20	0 -0.84	12		20	0 -0.84	25	4
17R2516	140		25		16	0 -0.84	25			
17R3220	170		32	0 -1	20		32	0 -1	30	5.5

3.2 标记示例

代号为 06R2525-P20 的硬质合金车刀：

车刀 06R2525-P20 GB/T 17985.2—2000

4 技术要求

4.1 车刀前角推荐值为 $10°(\gamma_0 = 10°)$，后角大小由制造厂自行确定。所用刀片优先选用 YS/T 253、YS/T 79 规定的刀片。

4.2 车刀表面不得有锈迹、毛刺，锐角应倒钝，车刀刀杆应经表面处理。

4.3 焊接刀片时，刀片主、副切削刃应按车刀规格大小不同伸出刀杆 0.3～1 mm（车刀规格小的取小值，规格大的取大值）。

4.4 车刀各部位的表面粗糙度最大允许值按以下规定：

——安装面与基准侧面：$Ra6.3\ \mu m$；

——前面、主后面、副后面：$Ra3.2\ \mu m$。

4.5 车刀刀杆用 45 钢或其他同等性能的材料制造。

4.6 车刀刀片与车刀刀杆焊接应牢固，不得有铜瘤、烧伤、脱焊、缝隙等影响使用性能的缺陷。

5 标志和包装

5.1 标志

5.1.1 车刀上应标志：制造厂商标及按 GB/T 17985.1—2000 中 5.1 和 5.2 规定的内容。

5.1.2 车刀的包装盒上应标志：国家标准编号、产品名称、代号、制造厂名称、地址、商标、件数和制造年月。

5.2 包装

车刀包装前应经防锈处理。包装必须牢固，并能防止在运输过程中的磕碰和损伤。

前　　言

　　本标准非等效采用国际标准 ISO 514:1975《硬质合金车刀　内表面车刀》。本标准中车刀头部型式符号为 08～09 的车刀的型式尺寸,在内容上与 ISO 514:1975 等效。10～13 号车刀是根据我国的实际情况增加的部分。本标准"第 4 章　技术要求"和"第 5 章　标志和包装"是根据我国的实际情况增加的内容。

　　本标准是硬质合金车刀系列标准的一部分,GB/T 17985 在《硬质合金车刀》总标题下,包括三部分:

　　——第 1 部分(GB/T 17985.1):代号及标志;

　　——第 2 部分(GB/T 17985.2):外表面车刀;

　　——第 3 部分(GB/T 17985.3):内表面车刀。

　　本标准由国家机械工业局提出。

　　本标准由全国刀具标准化技术委员会归口。

　　本标准负责起草单位:北京第六工具厂。

　　本标准主要起草人:吕雪涛、李德森。

ISO 前言

ISO(国际标准化组织)是一个世界性的国家标准团体(ISO 成员体)的联盟。国际标准的制定一般由 ISO 的技术委员会进行。每个成员体如对某个为此已建立技术委员会的题目感兴趣,均有权派代表参加该技术委员会工作。与 ISO 有联络的政府性和非政府性的国际组织也可参加国际标准工作。

由技术委员会采纳的国际标准草案,在由 ISO 理事会接收为国际标准之前,均提交给成员体表决。

在 1972 年以前,根据技术委员会工作结果出版了 ISO 建议,目前这些文件正在被转变为 ISO 标准。作为转变的一部分,ISO/TC29 技术委员会已复审了 ISO/R514,并且认为该建议在技术上适合转变。因此,用国际标准 ISO 514 代替 ISO/R 514:1966 且技术上等同。

国际标准建议 R514 提交给成员体,以下各成员体投了赞成票:

澳 大 利 亚	德 国	西 班 牙
奥 地 利	匈 牙 利	瑞 典
比 利 时	印 度	土 耳 其
巴 西	意 大 利	英 国
智 利	朝 鲜	美 国
哥 伦 比 亚	荷 兰	苏 联
捷 克 斯 洛 伐 克	新 西 兰	南 斯 拉 夫
丹 麦	波 兰	
法 国	葡 萄 牙	

下列成员体由于技术原因对国际标准建议投了反对票:

加拿大

瑞士

下列成员体对 ISO/R 514 转变为 ISO 投反对票:

波兰

瑞士

美国

中华人民共和国国家标准

硬质合金车刀
第 3 部分：内表面车刀

GB/T 17985.3—2000
neq ISO 514：1975

Turning tools with carbide tips
Part 3：Internal tools

1 范围

本标准规定了硬质合金内表面车刀的型式、尺寸、技术要求和标志包装的基本要求。

本标准适用于各种焊接式硬质合金内表面车刀（以下简称"车刀"）。

2 引用标准

下列标准所包含的条文,通过在本标准中引用而构成为本标准的条文。本标准出版时,所示版本均为有效。所有标准都会被修订,使用本标准的各方应探讨使用下列标准最新版本的可能性。

GB/T 2075—1998 切削加工用硬切削材料的用途 切屑形式大组和用途小组的分类代号

GB/T 17985.1—2000 硬质合金车刀 第 1 部分：代号及标志

YS/T 253—1994 硬质合金焊接车刀片

YS/T 79—1994 硬质合金焊接刀片

3 型式和尺寸

3.1 车刀的型式和尺寸共 6 种,分别按图 1～图 6 和表 1～表 6 的规定。

国家质量技术监督局 2000-02-18 批准　　　　　　　　　　　　　　2000-06-01 实施

3.1.1 75°内孔车刀

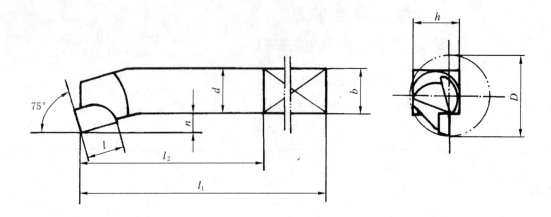

图 1

表 1   mm

车刀代号	主要尺寸								参考尺寸			
	l_1		h		b		l_2		l	n	d	D_{min}
	基本尺寸	极限偏差	基本尺寸	极限偏差	基本尺寸	极限偏差	基本尺寸	极限偏差				
08R0808	125	+4 0	8	0 −0.58	8	0 −0.58	40	+2.5 0	5	3	8	14
08R1010	150		10		10		50		6	4	10	18
08R1212	180		12	0 −0.70	12	0 −0.70	63	+3 0	8	5	12	21
08R1616	210	+4.6 0	16		16		80		10	6	16	27
08R2020	250	+5.2 0	20	0 −0.84	20	0 −0.84	100	+3.5 0	12	8	20	34
08R2525	300		25		25		125	+4 0	16	10	25	43
08R3232	355	+5.7 0	32	0 −1	32	0 −1	160		20	12	32	52

3.1.2 95°内孔车刀

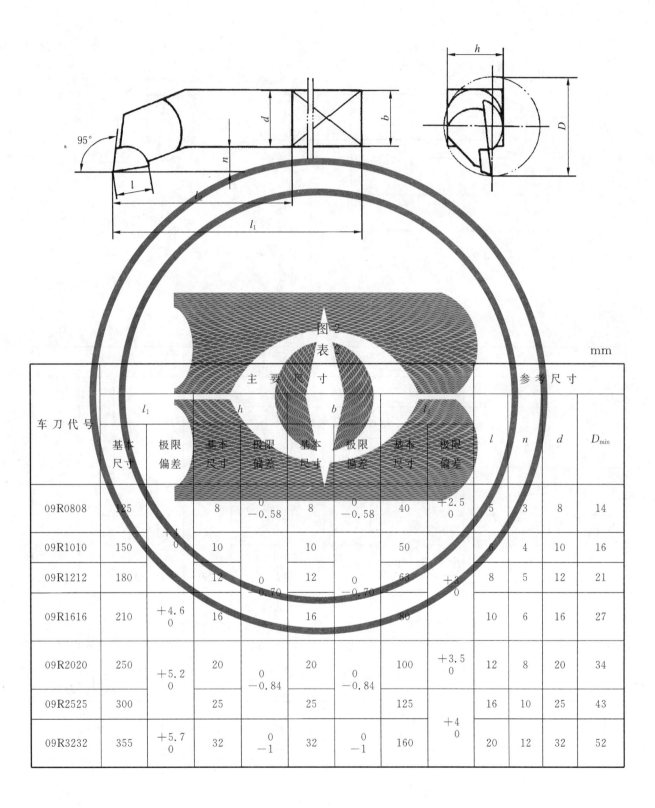

图 2

表 2

mm

车刀代号	主 要 尺 寸								参 考 尺 寸			
	l_1		h		b		l		l	n	d	D_{min}
	基本尺寸	极限偏差	基本尺寸	极限偏差	基本尺寸	极限偏差	基本尺寸	极限偏差				
09R0808	125		8	0 −0.58	8	0 −0.58	40	+2.5 0	5	3	8	14
09R1010	150	+4 0	10		10		50		6	4	10	16
09R1212	180		12	0 −0.70	12	0 −0.70	63	+3 0	8	5	12	21
09R1616	210	+4.6 0	16		16		80		10	6	16	27
09R2020	250	+5.2 0	20	0 −0.84	20	0 −0.84	100	+3.5 0	12	8	20	34
09R2525	300		25		25		125		16	10	25	43
09R3232	355	+5.7 0	32	0 −1	32	0 −1	160	+4 0	20	12	32	52

3.1.3 90°内孔车刀

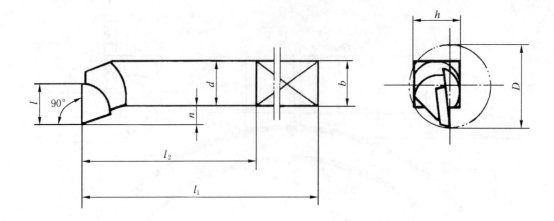

图 3

表 3   mm

车刀代号	主 要 尺 寸								参 考 尺 寸			
	l_1		h		b		l_2		l	n	d	D_{min}
	基本尺寸	极限偏差	基本尺寸	极限偏差	基本尺寸	极限偏差	基本尺寸	极限偏差				
10R0808	125	+4 0	8	0 −0.58	8	0 −0.58	40	+2.5 0	5	3	8	14
10R1010	150		10		10		50		6	4	10	16
10R1212	180		12	0 −0.70	12	0 −0.70	63	+3 0	8	5	12	21
10R1616	210	+4.6 0	16		16		80		10	6	16	27
10R2020	250	+5.2 0	20	0 −0.84	20	0 −0.84	100	+3.5 0	12	8	20	34
10R2525	300		25		25		125		16	10	25	43
10R3232	355	+5.7 0	32	0 −1	32	0 −1	160	+4 0	20	12	32	52

3.1.4 45°内孔车刀

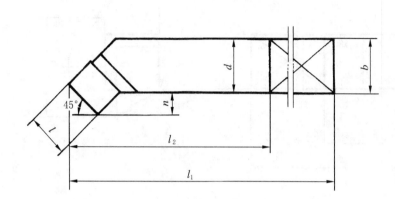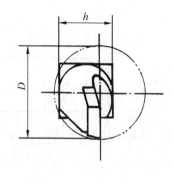

图 4

表 4   mm

车刀代号	主 要 尺 寸								参 考 尺 寸			
	l_1		h		b		l_2		l	n	d	D_{min}
	基本尺寸	极限偏差	基本尺寸	极限偏差	基本尺寸	极限偏差	基本尺寸	极限偏差				
11R0808	125	+4 0	8	0 −0.58	8	0 −0.58	40	+2.5 0	5	3	8	14
11R1010	150	+4 0	10		10		50		6	4	10	18
11R1212	180		12	0 −0.70	12	0 −0.70	63	+3 0	8	5	12	21
11R1616	210	+4.6 0	16		16		80		10	6	16	27
11R2020	250	+5.2 0	20	0 −0.84	20	0 −0.84	100	+3.5 0	12	8	20	34
11R2525	300		25		25		125	+4 0	16	10	25	43
11R3232	355	+5.7 0	32	0 −1	32	0 −1	160		20	12	32	52

3.1.5 内螺纹车刀

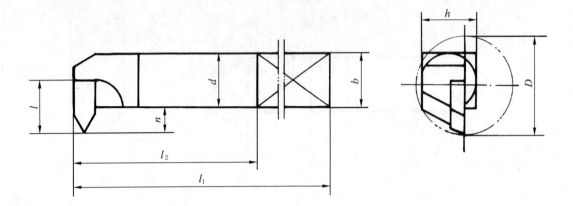

图 5

表 5　　　　　　　　　　　　　　　　　　　　mm

车刀代号	主要尺寸								参考尺寸			
	l_1		h		b		l_2		l	n	d	D_{min}
	基本尺寸	极限偏差	基本尺寸	极限偏差	基本尺寸	极限偏差	基本尺寸	极限偏差				
12R0808	125	+4 0	8	0 −0.58	8	0 −0.58	40	+2.5 0	5	4	8	15
12R1010	150		10		10		50		6	5	10	19
12R1212	180		12	0 −0.70	12	0 −0.70	63	+3 0	8	6	12	22
12R1616	210	+4.6 0	16		16		80		10	8	16	29
12R2020	250	+5.2 0	20	0 −0.84	20	0 −0.84	100	+3.5 0	12	10	20	36
12R2525	300		25		25		125	+4 0	16	12	25	45
12R3232	355	+5.7 0	32	0 −1	32	0 −1	160		20	14	32	54

3.1.6 内切槽车刀

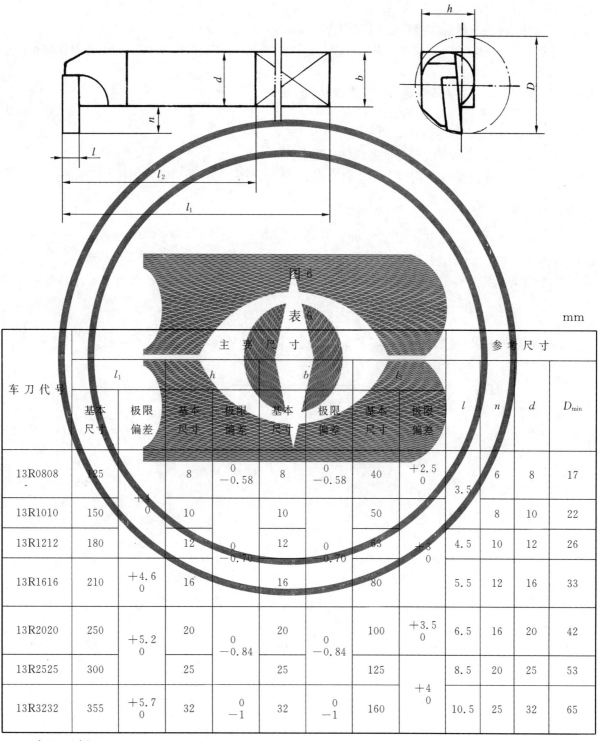

图6

表6

mm

车刀代号	主 要 尺 寸								参 考 尺 寸			
	l_1		h		b		l_2		l	n	d	D_{min}
	基本尺寸	极限偏差	基本尺寸	极限偏差	基本尺寸	极限偏差	基本尺寸	极限偏差				
13R0808	125	+4 0	8	0 −0.58	8	0 −0.58	40	+2.5 0	3.5	6	8	17
13R1010	150		10		10		50			8	10	22
13R1212	180		12	0 −0.70	12	0 −0.70	63	+3 0	4.5	10	12	26
13R1616	210	+4.6 0	16		16		80		5.5	12	16	33
13R2020	250	+5.2 0	20	0 −0.84	20	0 −0.84	100	+3.5 0	6.5	16	20	42
13R2525	300		25		25		125	+4 0	8.5	20	25	53
13R3232	355	+5.7 0	32	0 −1	32	0 −1	160		10.5	25	32	65

3.2 标记示例

代号为10R2020-P10的硬质合金车刀：

车刀 10R2020-P10 GB/T 17985.3—2000

4 技术要求

4.1 车刀前角推荐值为 $8°(\gamma_0 = 8°)$，后角大小由制造厂自行确定。所用刀片优先选用 YS/T 253、YS/T 79规定的刀片。

4.2 车刀表面不得有锈迹、毛刺，锐角应倒钝，车刀刀杆应经表面处理。

4.3 焊接刀片时，刀片主、副切削刃应按车刀规格大小不同伸出刀杆 0.3~0.6 mm（车刀规格小的取小值，规格大的取大值）。

4.4 车刀各部位的表面粗糙度最大允许值按以下规定：
　　——安装面与基准侧面：$Ra6.3\ \mu m$；
　　——前面、主后面、副后面：$Ra3.2\ \mu m$。

4.5 车刀刀杆用 45 钢或其他同等性能的材料制造。

4.6 车刀刀片与车刀刀杆焊接应牢固，不得有铜瘤、烧伤、脱焊、缝隙等影响使用性能的缺陷。

5 标志和包装

5.1 标志

5.1.1 车刀上应标志：制造厂商标及按 GB/T 17985.1—2000 中 5.1 和 5.2 规定的内容。

5.1.2 车刀的包装盒上应标志：国家标准编号、产品名称、代号、制造厂名称、地址、商标、件数和制造年月。

5.2 包装

　　车刀包装前应经防锈处理。包装必须牢固，并能防止在运输过程中的磕碰和损伤。

ICS 25.100.99
J 41

中华人民共和国国家标准

GB/T 20335—2006/ISO 5609:1998

装可转位刀片的镗刀杆(圆柱形) 尺寸

Boring bars (tool holders with cylindrical shank) for indexable inserts—
Dimensions

(ISO 5609:1998,Boring bars for indexable inserts—Dimensions,IDT)

2006-07-20 发布

2007-01-01 实施

中华人民共和国国家质量监督检验检疫总局
中国国家标准化管理委员会 发布

前　言

本标准等同采用 ISO 5609:1998《装可转位刀片的镗刀杆　尺寸》(英文版)。

本标准等同翻译 ISO 5609:1998。

为便于使用,本标准做了下列编辑性修改:

——用小数点"."代替作为小数点的逗号",";

——用"本标准"代替"本国际标准";

——将资料性附录 A 作为参考文献;

——删除了国际标准前言;

——用采用国际标准的我国标准代替对应的国际标准。

本标准由中国机械工业联合会提出。

本标准由全国刀具标准化技术委员会归口。

本标准主要起草单位:成都工具研究所。

本标准主要起草人:樊瑾。

装可转位刀片的镗刀杆(圆柱形)　尺寸

1　范围

本标准规定了装可转位刀片的整体钢制圆柱形镗刀杆的通用尺寸,并规定了优先采用的镗刀杆。

2　规范性引用文件

下列文件中的条款通过本标准的引用而成为本标准的条款。凡是注日期的引用文件,其随后所有的修改单(不包括勘误的内容)或修订版均不适用于本标准,然而,鼓励根据本标准达成协议的各方研究是否可使用这些文件的最新版本。凡是不注日期的引用文件,其最新版本适用于本标准。

ISO 3002-1:1982　切削和磨削加工的基本参数　第1部分:刀具工作部分的几何参数　通用术语、基准坐标系、刀具角度和工作角度、断屑器

3　代号

镗刀杆的代号在GB/T 20336中规定。

4　尺寸

4.1　通用尺寸

见图1和表1。

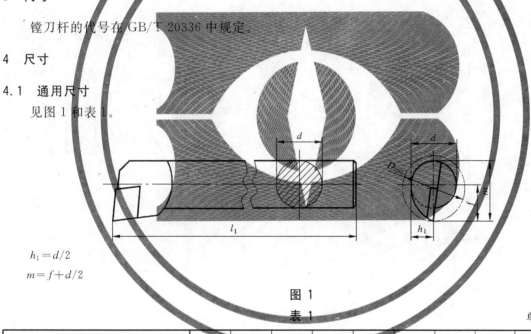

$$h_1 = d/2$$
$$m = f + d/2$$

图1

表1

单位为毫米

柄部直径	d	g7		08	10	12	16	20	25	32	40	50	60
柄部长度	l_1	k16	优先系列	80	100	125	150	180	200	250	300	350	400
			其次系列	100	125	150	200	250	300	350	400	450	500
尺寸	f	$^{0}_{-0.25}$		6	7	9	11	13	17	22	27	35	43
镗孔的最小直径	D_{min}			11	13	16	20	25	32	40	50	63	80

注:柄上可制出一个或多个削平面,由制造厂自定。

4.2　尺寸 l_1 和 f 的规定

4.2.1　长度尺寸 l_1 是指基准点K(见图2至图5)到刀柄末端的距离;尺寸 f 是指基准点K和镗刀杆轴线之间的距离。

4.1中规定的尺寸 l_1 和 f,是指装有符合4.2.3规定的刀尖圆弧半径的基准刀片的镗刀杆。

4.2.2 基准点 K 的定义:

符合 ISO 3002-1:1982 规定,并通过主切削刃上选定点(如主切削刃和内切圆的切点)的平面 P_f(假定工作平面)和平面 P_s(主切削平面)。

a) 当 $\kappa_r \leqslant 90°$ 时,基准点 K 是 P_s 平面与相切于刀尖圆弧半径,且包含前刀面 A_γ,并平行于平面 P_f 的平面的交点(见图 2 和图 3)。

b) 当 $\kappa_r > 90°$ 时,基准点 K 是相切于刀尖圆弧半径,且平行于 P_f 的平面与相切于刀尖圆弧半径,并包含前刀面 A_γ,且垂直于 P_f 的平面的交点(见图 4 和图 5)。

4.2.3 用于定义尺寸 l_1 和 f 的基准刀片的刀尖圆弧半径 r_ε 是刀片内切圆直径的函数值,见表 2。

表 2   单位为毫米

内切圆直径	6.35	7.94	9.525	12.7	15.875	19.05
刀尖圆弧半径 r_ε(公称值)	0.4		0.8		1.2	

4.2.4 镗刀杆可以安装尺寸符合第 5 章中规定的任意刀尖圆弧半径 r_ε 的刀片。

刀尖圆弧半径 r_ε 不同于 4.2.3 的规定时,尺寸 l_1 和 f 必须用 x 和 y 值进行修正,x 和 y 值是指基准点 K 到理论刀尖 T 的距离(见图 2 至图 5)。

新的尺寸 l_1 和 f 用符合 4.2.3 规定的刀尖圆弧半径或用实际的刀尖圆弧半径对应的 x 和 y 值进行修正。

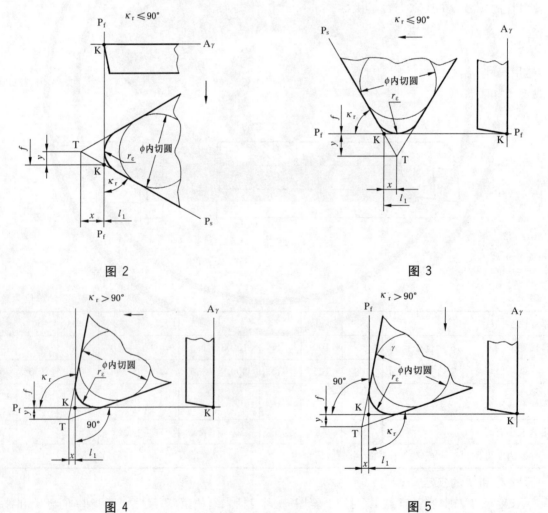

图 2   图 3

图 4   图 5

5 优先采用的镗刀杆

见表3。

表 3

单位为毫米

型式		d g7	08	10	12	16	20	25	32	40	50	60
型式		l_1 k16	80	100	125	150	180	200	250	300	350	400
		f $\begin{smallmatrix}0\\-0.25\end{smallmatrix}$	6	7	9	11	13	17	22	27	35	43
		D_{min}	11	13	16	20	25	32	40	50	63	80
F		l(代号)	06	06	—	—	—	—	—	—	—	—
F		l(代号)	—	11	11	11	11/16	16	16	16/22	22	22/27
K		l(代号)	—	—	—	09	09	09/12	12	12/15	15/19	15/19
L		l(代号)	06	06	06	09	09	12	12	12	16/19	16/19
L		l W型刀片(代号)	L3	04	04	04/06	06	06/08	06/08	06/08	—	—

表 3（续）　　　　　　　　　　　　　　单位为毫米

Q		l（代号）	—	—	07	07	11	11/15	11/15	15	15	—
		l（代号）	—	—	—	11	11/13	13/16	16	16	—	—
U		l（代号）	—	—	07	07	11/15	11/15	15	15	15/19	15/19
		l（代号）	—	—	—	11	11/13	13	16	—	—	—

306

参 考 文 献

[1] GB/T 20336 装可转位刀片的镗刀杆（圆柱形） 代号（GB/T 20336—2006，ISO 6261:1995，
    IDT）

[2] ISO 883:1985，Indexable hardmetal（carbide）inserts with rounded corners, without fixing
    hole — Dimensions.

[3] ISO 3364:1997，Indexable hardmetal（carbide）inserts with rounded corners，with cylindrical
    fixing hole — Dimensions.

[4] ISO 6987:1998，Indexable hard material inserts with rounded corners，with partly cylindrical
    fixing hole — Dimensions.

ICS 25.100.99
J 41

中华人民共和国国家标准

GB/T 20336—2006/ISO 6261:1995

装可转位刀片的镗刀杆（圆柱形） 代号

Boring bars（tool holders with cylindrical shank）for indexable inserts—
Designation

（ISO 6261:1995,IDT）

2006-07-20 发布

2007-01-01 实施

中华人民共和国国家质量监督检验检疫总局
中国国家标准化管理委员会 发 布

前　言

本标准等同采用 ISO 6261:1995《装可转位刀片的镗刀杆(圆柱形)　代号》(英文版)。

本标准等同翻译 ISO 6261:1995。

为便于使用,本标准做了下列编辑性修改:

——用小数点"."代替作为小数点的逗号",";

——用"本标准"代替"本国际标准";

——用采用国际标准的我国标准代替对应的国际标准;

——将资料性附录 A 作为参考文献;

——删除了国际标准前言。

本标准由中国机械工业联合会提出。

本标准由全国刀具标准化技术委员会归口。

本标准主要起草单位:成都工具研究所。

本标准主要起草人:樊瑾。

装可转位刀片的镗刀杆(圆柱形) 代号

1 范围

本标准规定了带标准尺寸 f(见 GB/T 20335)、装可转位刀片的镗刀杆(圆柱柄刀杆)的代号表示规则。

带矩形柄的可转位车刀、仿形车刀和刀夹的代号在 GB/T 5343.1 中规定。

2 规范性引用文件

下列文件中的条款通过本标准的引用而成为本标准的条款。凡是注日期的引用文件,其随后所有的修改单(不包括勘误的内容)或修订版均不适用于本标准,然而,鼓励根据本标准达成协议的各方研究是否可使用这些文件的最新版本。凡是不注日期的引用文件,其最新版本适用于本标准。

GB/T 20335 装可转位刀片的镗刀杆(圆柱形) 尺寸(GB/T 20335—2006,ISO 5609:1998,IDT)

3 代号表示规则说明

镗刀杆的代号共有九个符号,分别表示刀片和刀杆的尺寸和特征。

除标准代号[符号(1)至(9)]外,制造厂为了更好地描述其产品特征可以最多增加三个字母和(或)三个数字符号,但要用破折号将其与标准代号分开。

不得擅自增加或扩展本标准所规定的符号规则。最好在遵循本标准的同时,在设计图纸或技术要求中做出必要说明。

代号表示规则中应包含的九个符号的定义如下:

(1) 用字母符号表示刀具[1]结构的符号(见 4.1);

(2) 用数字符号表示刀杆直径的符号(见 4.2);

(3) 用字母符号表示刀具长度的符号(见 4.3);"—"破折号不计入符号内;

(4) 用字母符号表示刀片夹紧方法的符号(见 4.4);

(5) 用字母符号表示刀片形状的符号(见 4.5)[2];

(6) 用字母符号表示刀具型式的符号(见 4.6);

(7) 用字母符号表示刀片法向后角的符号(见 4.7);

(8) 用字母符号表示刀具切削方向的符号(见 4.8);

(9) 用数字符号表示刀片尺寸的符号(见 4.9)[2]。

示例:

S 25R-CTFPR16 整体钢制刀具,刀杆直径 25 mm,长度 200 mm,顶面夹紧,边长为 16 mm 且法后角为 11°的正三角形刀片,刀具型式"F"形,右切削。

F 32S-MSKNR12 带钢制刀杆和防震装置的硬质合金刀具,刀杆直径 32 mm,长度 250 mm,顶面和孔夹紧,边长为 12 mm 且法后角为 0°的正方形刀片,刀具型式"K"形,右切削。

4 符号

4.1 刀具结构的符号—号位(1)

见表1。

---

1) 本标准中的术语"刀具"是指镗刀杆(圆柱形刀杆)。

2) 按 GB/T 2076 中的规定。

表 1

字母符号	刀具结构
S	整体钢制刀具
A	带润滑孔的整体钢制刀具
B	带防震装置的整体钢制刀具
D	带防震装置和润滑孔的整体钢制刀具
C	带钢制刀杆的硬质合金刀具
E	带钢制刀杆和润滑孔的硬质合金刀具
F	带钢制刀杆和防震装置的硬质合金刀具
G	带钢制刀杆,防震装置和润滑孔的硬质合金刀具
H	重金属刀具
J	带润滑孔的重金属刀具

4.2 刀杆直径的符号—号位(2)

表示刀杆直径的数字符号是指用毫米为单位的直径值,如果直径值是一位数,则在数字前加"0"。

示例:刀柄直径为 25 mm   符号为 25

刀柄直径为 8 mm   符号为 08

4.3 刀具长度的符号—号位(3)

见表 2。

表 2

字母符号	刀具长度/mm
F	80
G	90
H	100
J	110
K	125
L	140
M	150
N	160
P	170
Q	180
R	200
S	250
T	300
U	350
V	400
W	450
Y	500
X	特殊长度,待规定

4.4 刀片夹紧方法的符号—号位(4)

见表 3。

表 3

字母符号	夹紧方法
C	顶面夹紧(无孔刀片)
M	顶面和孔夹紧(带孔刀片)
P	孔夹紧(带孔刀片)
S	螺钉孔夹紧(带孔刀片)

4.5 刀片形状的符号—号位(5)

见表4。

表 4

字母符号	刀片形状	
H	正六边形刀片	
O	正八边形刀片	
P	正五边形刀片	等边和等角刀片
S	正方形刀片	
T	正三角形刀片	
C	刀尖角为80°菱形刀片	
D	刀尖角为55°菱形刀片	
E	刀尖角为75°菱形刀片	
M	刀尖角为86°菱形刀片	等边但不等角刀片
V	刀尖角为35°菱形刀片	
W	刀尖角为80°六边形刀片	
L	矩形刀片	不等边但等角刀片
A	刀尖角为85°平行四边形刀片	
B	刀尖角为82°平行四边形刀片	不等边不等角刀片
K	刀尖角为55°平行四边形刀片	
R	圆形刀片	圆形刀片
注:刀尖角是指较小的角。		

4.6 刀具型式的符号—号位(6)

见表5。

表 5

字母符号	刀具型式	
F	90°	90°主偏角,偏心柄,端面切削
K	75°	75°主偏角,偏心柄,端面切削

表 3

字母符号	夹紧方法
C	顶面夹紧(无孔刀片)
M	顶面和孔夹紧(带孔刀片)
P	孔夹紧(带孔刀片)
S	螺钉孔夹紧(带孔刀片)

4.5 刀片形状的符号—号位(5)

见表4。

表 4

字母符号	刀片形状	
H	正六边形刀片	
O	正八边形刀片	
P	正五边形刀片	等边和等角刀片
S	正方形刀片	
T	正三角形刀片	
C	刀尖角为80°菱形刀片	
D	刀尖角为55°菱形刀片	
E	刀尖角为75°菱形刀片	
M	刀尖角为86°菱形刀片	等边但不等角刀片
V	刀尖角为35°菱形刀片	
W	刀尖角为80°六边形刀片	
L	矩形刀片	不等边但等角刀片
A	刀尖角为85°平行四边形刀片	
B	刀尖角为82°平行四边形刀片	不等边不等角刀片
K	刀尖角为55°平行四边形刀片	
R	圆形刀片	圆形刀片
注:刀尖角是指较小的角。		

4.6 刀具型式的符号—号位(6)

见表5。

表 5

字母符号	刀具型式	
F		90°主偏角,偏心柄,端面切削
K		75°主偏角,偏心柄,端面切削

表 6

字母符号	刀片法向后角
A	3°
B	5°
C	7°
D	15°
E	20°
F	25°
G	30°
N	0°
P	11°

注：对不等边刀片，是指较长边的法向后角。

4.8 刀具切削方向的符号—号位(8)

见表7。

表 7

字母符号	刀具切削方向
R	右切削
L	左切削

4.9 刀片尺寸的符号—号位(9)

见表8。

表 8

刀片形状	数字符号
等边和等角刀片(H,O,P,S,T)和等边但不等角刀片(C,D,E,M,V,W)	表示刀片尺寸的符号是指刀片的边长，不计小数。 示例：边长为 16.5 mm 符号是 16
不等边但等角刀片(L)和不等边不等角刀片(A,B,K)	表示刀片尺寸的符号是指刀片的主切削刃或较长切削刃的长度，不计小数。 示例：主切削刃的长度为 19.5 mm 符号是 19
圆形刀片(R)	表示刀片尺寸的符号是指刀片的直径值，不计小数。 示例：直径为 15.875 mm 符号是 15

注：如果最终保留的符号值是一位数，则在数字前加"0"。

示例：切削刃长度为 9.525 mm

符号为 09

参 考 文 献

[1] GB/T 2076 切削刀具用可转位刀片型号表示规则(GB/T 2076—1987,eqv ISO 1832:1985)

[2] GB/T 5343.1 可转位车刀及刀夹型号表示规则(GB/T 5343.1—1993,eqv ISO 5608:1989)

ICS 25.100.99
J 41

中华人民共和国国家标准

GB/T 21950—2008

盘形径向剃齿刀

Plunge shaving cutters

2008-06-03 发布

2009-01-01 实施

中华人民共和国国家质量监督检验检疫总局
中国国家标准化管理委员会 发布

前　言

本标准的附录 A 为规范性附录,附录 B、附录 C 为资料性附录。

本标准由中国机械工业联合会提出。

本标准由全国刀具标准化技术委员会(SAC/TC 91)归口。

本标准起草单位:重庆工具厂有限责任公司。

本标准主要起草人:李建谊、刘勇。

盘形径向剃齿刀

1 范围

本标准规定了 A 级加工圆柱齿轮(按 GB/T 10095)用盘形径向剃齿刀的结构型式、主要尺寸、技术要求和标志、包装的基本要求。

本标准适用于加工法向模数 1.25 mm~5 mm 圆柱齿轮的盘形径向剃齿刀。

2 规范性引用文件

下列文件中的条款通过本标准的引用而成为本标准的条款。凡是注日期的引用文件,其随后所有的修改单(不包括勘误的内容)或修订版均不适用于本标准,然而,鼓励根据本标准达成协议的各方研究是否可使用这些文件的最新版本。凡是不注日期的引用文件,其最新版本适用于本标准。

GB/T 10095(所有部分) 圆柱齿轮 精度制(GB/T 10095—2008,ISO 1328:1995/1997,IDT)

3 型式和尺寸

3.1 盘形径向剃齿刀的结构型式按图 1 的规定。

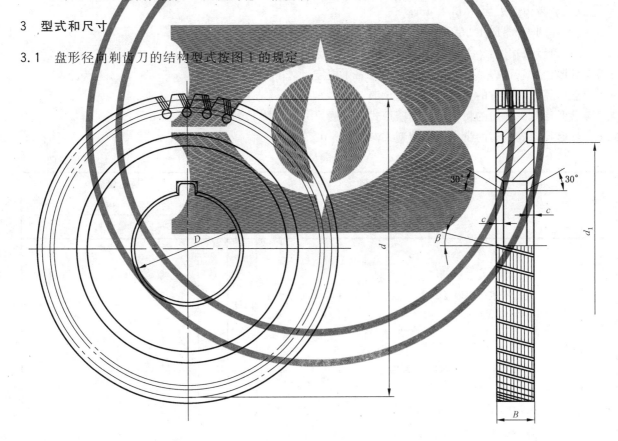

C 尺寸及是否加轴台由各制造厂家自行决定。

图 1

3.2 盘形径向剃齿刀的尺寸

3.2.1 盘形径向剃齿刀按其公称分圆直径分为 d=180 mm 和 d=240 mm 两种。

3.2.2 盘形径向剃齿刀内孔直径 D=63.5 mm,按用户要求可做成 D=100 mm,此时内孔可不做键槽。

3.2.3 盘形径向剃齿刀分圆螺旋角 β、旋向、齿数 Z 和剃齿刀齿宽 B 根据被剃齿轮分圆螺旋角、旋向、齿数、齿宽设计决定。

3.2.4 盘形径向剃齿刀 d_1 不小于 $\phi140$ mm。

3.3 标记示例

法向模数 $m_n=2$ mm、公称分圆直径 $d=240$ mm、螺旋角 $\beta=12°$ 右旋、A 级盘形径向剃齿刀的标记为:盘形径向剃齿刀 $m_n2\times240\times12°$ A GB/T 21950—2008

法向模数 $m_n=2$ mm、公称分圆直径 $d=240$ mm、螺旋角 $\beta=12°$ 左旋、A 级盘形径向剃齿刀的标记为:盘形径向剃齿刀 $m_n2\times240\times12°$ 左 A GB/T 21950—2008

4 技术要求

4.1 盘形径向剃齿刀用普通高速钢制造,也可用高性能高速钢制造。

4.2 盘形径向剃齿刀工作部分硬度:普通高速钢为 63 HRC~66 HRC;高性能高速钢为 64 HRC 以上。

4.3 盘形径向剃齿刀表面不得有裂纹,切削刃不得有崩刃、烧伤及其他影响使用性能的缺陷。

4.4 盘形径向剃齿刀表面粗糙度最大允许值按以下规定:

——内孔表面:$Ra0.16$ μm;

——两支承端面:$Ra0.32$ μm;

——齿侧表面:$Rz1.6$ μm;

——小齿齿侧表面:$Ra3.2$ μm;

——外圆表面:$Ra1.25$ μm;

——刀齿两端面:$Ra1.25$ μm。

4.5 盘形径向剃齿刀主要制造精度应符合表 1 规定。

4.6 盘形径向剃齿刀的键槽尺寸按附录 A。

4.7 盘形径向剃齿刀的切削刃的沟槽型式和深度尺寸参见附录 B。

4.8 盘形径向剃齿刀的齿根退刀槽型式参见附录 C。

表 1

单位为微米

序号	检验项目及示意图	公差代号	精度等级	法向模数 m_n /mm		
				1.25~2	>2~3.5	>3.5~5
1	孔径偏差 注:内孔配合表面两端超出公差的喇叭口长度的总和应小于配合表面全长的 25%。键槽两侧超出公差部分的宽度,每侧应小于键宽的一半。	δD	A		H3	
			B		H4	
2	两支承端面对内孔轴线的端面全跳动 	δd_{1x}	A		5	
			B		7	

表 1（续）

单位为微米

序号	检验项目及示意图	公差代号	精度等级	法向模数 m_n /mm		
				1.25～2	>2～3.5	>3.5～5
3	外圆直径偏差 $+\Delta d_a$ $-\Delta d_a$ 	δd_a	A	±400		
			B	±400		
4	齿形误差 实际有效端面齿形 Δf_f 设计端面齿形　有效齿形范围 基圆 包容剃齿刀实际有效端面齿形的两条最近的设计齿形的法向距离。 径向剃齿刀齿形曲线由制造单位根据齿轮参数确定，也可由用户提供	δf_f	A	4	5	6
			B	5	6	7
5	齿向误差 设计齿向线 实际齿向线 ΔF_β　剃刀宽度 在盘形轴向剃齿刀齿高中部齿宽范围内，包容实际齿向线的两条最近的设计齿向线之间的端面距离。 径向剃齿刀齿向修形曲线由制造单位根据齿轮参数确定，也可由用户提供	δF_β	A	±7		
			B	±9		

表 1（续）   单位为微米

序号	检验项目及示意图	公差代号	精度等级	法向模数 m_n /mm		
				1.25～2	>2～3.5	>3.5～5
6	刀齿两侧面齿向的对称度 在一个刀齿不同齿侧上测量的齿向误差的代数差	$\delta F_\beta'$	A	4		
			B	6		
7	齿顶高偏差 与一定齿厚相适应的齿顶高偏差	δh_a	A	+25 0	+25 0	+35 0
			B	+25 0	+25 0	+35 0
8	齿距偏差	δf_p	A	±3		
			B	±5		

表1（续）

序号	检验项目及示意图	公差代号	精度等级	法向模数 m_n /mm		
				1.25～2	>2～3.5	>3.5～5
9	齿距累积误差 	δF_p	A		12	
			B		20	
10	齿圈径向跳动 	δF_r	A		10	
			B		20	
11	相邻齿面同一切削小齿错位量误差 	δf_s	A		±50	
			B		±60	

表 1（续）

单位为微米

序号	检验项目及示意图	公差代号	精度等级	法向模数 m_n /mm		
				1.25~2	>2~3.5	>3.5~5
12	同一齿面切削小齿齿距累积误差	δF_t	A	100/10 齿		
			B	120/10 齿		
13	切削小齿的齿距误差	δf_t	A	±40		
			B	±50		

5 标志和包装

5.1 标志

5.1.1 在盘形径向剃齿刀端面上应标志：

    a) 制造厂商标；

    b) 法向模数；

    c) 基准齿形角；

    d) 公称分圆直径；

    e) 齿数；

    f) 螺旋角；

    g) 螺旋方向（右旋不标）；

    h) 精度等级；

    i) 被剃工件齿数；

    j) 材料（普通高速钢不标）；

    k) 制造年月。

5.1.2 在包装盒上应标志：

    a) 制造厂或销售商名称、地址和商标；

    b) 标记示例内容；

    c) 制造年月。

5.2 包装

盘形径向剃齿刀包装前应经防锈处理，并应采取措施防止在包装、运输过程中产生损伤。

附 录 A
（规范性附录）
盘形径向剃齿刀的键槽尺寸

A.1 盘形径向剃齿刀的键槽尺寸应按图 A.1 的规定。

单位为毫米

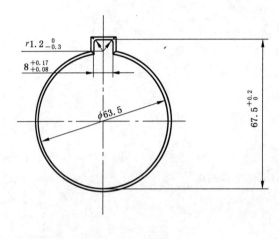

图 A.1

附 录 B
（资料性附录）
盘形径向剃齿刀切削刃的沟槽型式和深度尺寸

B.1 盘形径向剃齿刀的切削刃沟槽型式和深度尺寸应按图 B.1 和表 B.1 的规定。

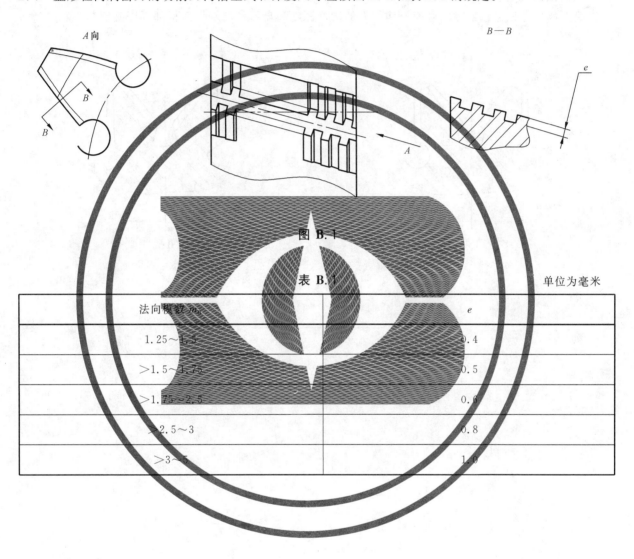

图 B.1

表 B.1

单位为毫米

法向模数 m_n	e
1.25~1.5	0.4
>1.5~1.75	0.5
>1.75~2.5	0.6
>2.5~3	0.8
>3~5	1.0

附　录　C

（资料性附录）

盘形径向剃齿刀的齿根退刀槽型式

C.1　盘形径向剃齿刀的齿根退刀槽型式按图 C.1 的规定。

退刀槽尺寸根据盘形径向剃齿刀切削刃的沟槽深度和盘形径向剃齿刀根部强度确定。

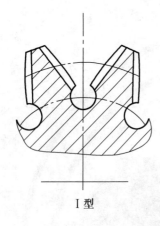 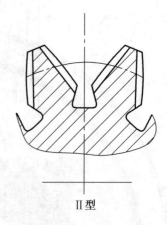

Ⅰ型　　　　　　　　　　　　　　Ⅱ型

图 C.1

ICS 25.100.20
J 41

中华人民共和国国家标准

GB/T 28247—2012

盘 形 齿 轮 铣 刀

Rotary gear milling cutters

2012-03-09 发布

2012-07-01 实施

中华人民共和国国家质量监督检验检疫总局
中国国家标准化管理委员会 发布

前　言

本标准按照 GB/T 1.1—2009 给出的规则起草。

本标准由中国机械工业联合会提出。

本标准由全国刀具标准化技术委员会(SAC/TC 91)归口。

本标准起草单位:重庆工具厂有限责任公司、成都工具研究所有限公司。

本标准主要起草人:丁卫东、沈士昌。

盘 形 齿 轮 铣 刀

1 范围

本标准规定了盘形齿轮铣刀的基本型式和尺寸、技术条件、标志和包装的基本要求。

本标准适用于基准齿形角为 20°，模数为 0.3 mm～16 mm(按 GB/T 1357)的盘形齿轮铣刀。

2 规范性引用文件

下列文件对于本文件的应用是必不可少的。凡是注日期的引用文件，仅注日期的版本适用于本文件。凡是不注日期的引用文件，其最新版本(包括所有的修改单)适用于本文件。

GB/T 1357 通用机械和重型机械用圆柱齿轮 模数

GB/T 6132 铣刀和铣刀刀杆的互换尺寸(GB/T 6132—2006,ISO 240:1994,IDT)

3 型式和尺寸

3.1 盘形齿轮铣刀的基本型式和尺寸按图 1 和表 1 的规定。

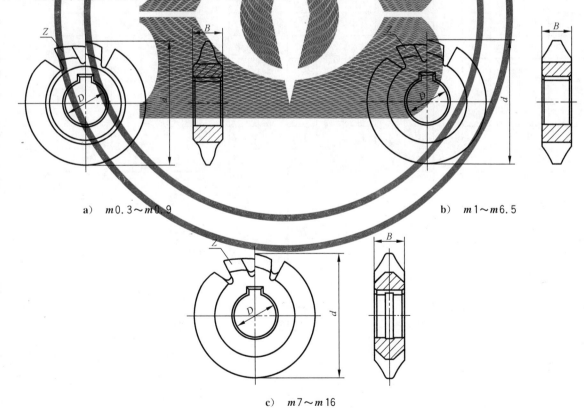

a) $m0.3\sim m0.9$

b) $m1\sim m6.5$

c) $m7\sim m16$

图 1

表 1　　　　　　　　　　　　　　　　　　　　　　　　　　　　　　　　　　　单位为毫米

B = 铣刀号

模数系列 1	模数系列 2	d	D	1	1½	2	2½	3	3½	4	4½	5	5½	6	6½	7	7½	8	齿数 Z	铣切深度
0.3																			20	0.66
	0.35																			0.77
0.40																				0.88
0.50		16	40	4		4		4		4		4		4		4		4	18	1.10
0.60																				1.32
	0.70																		16	1.54
0.80																				1.76
	0.90																			1.98
1.00			50																14	2.20
1.25				4.8		4.6		4.4		4.2		4.1		4.0		4.0		4.0		2.75
1.50			55	5.6		5.4		5.2		5.1		4.9		4.7		4.5		4.2		3.30
	1.75	22	60	6.5		6.3		6.0		5.8		5.6		5.4		5.2		4.9		3.85
2.00				7.3		7.1		6.8		6.6		6.3		6.1		5.9		5.5		4.40
	2.25			8.2		7.9		7.6		7.3		7.1		6.8		6.5		6.1		4.95
2.50			65	9.0		8.7		8.4		8.1		7.8		7.5		7.2		6.8	12	5.50
	2.75		70	9.9		9.6		9.2		8.8		8.5		8.2		7.9		7.4		6.05
3.00				10.7		10.4		10.0		9.6		9.2		8.9		8.5		8.1		6.60
	3.25	27	75	11.5		11.2		10.7		10.3		9.9		9.6		9.3		8.8		7.15
	3.50			12.4		12.0		11.5		11.1		10.7		10.3		9.9		9.4		7.70
	3.75			13.3		12.8		12.3		11.9		11.4		11.0		10.5		10.0		8.25
4.00			80	14.1		13.7		13.1		12.6		12.2		11.7		11.2		10.7	11	8.80
	4.50			15.3		14.9		14.4		13.9		13.6		13.1		12.6		12.0		9.90
5.00			90	16.8		16.3		15.8		15.4		14.9		14.5		13.9		13.2		11.00
	5.50		95	18.4		17.9		17.3		16.7		16.3		15.8		15.3		14.5		12.10
6.00			100	19.9		19.4		18.8		18.1		17.6		17.1		16.4		15.7		13.20
	6.50	32	105	21.4		20.8		20.2		19.4		19.0		18.4		17.8		17.0		14.30
	7.00			22.9		22.3		21.6		20.9		20.3		19.7		19.0		18.2		15.40
8.00			110	26.1		25.3		24.4		23.7		23.0		22.3		21.5		20.7		17.60
	9.00		115	29.2	28.7	28.3	28.1	27.6	27.0	26.6	26.1	25.9	25.4	25.1	24.7	24.3	23.9	23.3	10	19.80
10			120	32.2	31.7	31.2	31.0	30.4	29.8	29.3	28.7	28.5	28.0	27.6	27.2	26.7	26.3	25.7		22.00
	11		135	35.3	34.8	34.3	34.0	33.3	32.7	32.1	31.5	31.3	30.7	30.3	29.9	29.3	28.9	28.2		24.20
12		40	145	38.3	37.7	37.2	36.9	36.1	35.5	35.0	34.3	34.0		33.0	32.4	31.7	31.3	30.6		26.40
	14		160	44.7	44.0	43.4	43.0	42.1	41.3	40.6	39.8	39.5	38.8	38.4	37.7	37.0	36.3	35.5		30.80
16			170	50.7	49.9	49.3	48.7	47.8	46.8	46.1	45.1	44.8	44.0	43.5	42.8	41.9	41.3	40.3		35.20

3.2 每一种模数的铣刀,均由 8 个或 15 个刀号组成一套。每一刀号的铣刀所铣齿轮的齿数范围列于表 2 中。

表 2

铣刀号		1	$1\frac{1}{2}$	2	$2\frac{1}{2}$	3	$3\frac{1}{2}$	4	$4\frac{1}{2}$	5	$5\frac{1}{2}$	6	$6\frac{1}{2}$	7	$7\frac{1}{2}$	8
齿轮齿数	8 个一套	12~13		14~16		17~20		21~25		26~34		35~54		55~134		≥135
	15 个一套	12	13	14	15~16	17~18	19~20	21~22	23~25	26~29	30~34	35~41	42~54	55~79	80~134	

3.3 铣刀的键槽尺寸和公差按 GB/T 6132 的规定。对于模数不大于 2 mm 的铣刀,允许不作键槽。

3.4 铣刀齿形应符合附录 A 的规定。

3.5 标记示例:

模数 $m=10$ mm,3 号的盘形齿轮铣刀标记为:

盘形齿轮铣刀 m10-3 GB/T 28247—2012

4 技术要求

4.1 铣刀用 W6Mo5Cr4V2 或其他同等性能的高速钢制造。

4.2 铣刀工作部分硬度为 63 HRC~66 HRC。

4.3 铣刀表面不得有裂纹、崩刃、烧伤及其他影响使用性能的缺陷。

4.4 铣刀表面粗糙度的上限值按表 3 规定。

表 3

单位为微米

检查表面	表面粗糙度参数
内孔表面	Ra1.25
两端面	Ra1.25
刀齿前面	Ra1.25
齿形铲背面($m \leqslant 16$ mm)	Rz12.5
齿形铲背面($m > 16$ mm)	Rz25

4.5 铣刀外径 d 的极限偏差按 h16，厚度 B 的极限偏差按 h13。

4.6 铣刀内孔 D 的极限偏差按 H7。

4.7 铣刀的其余制造公差不应超过表 4 的规定。

表 4　　　　　　　　　　　　　　　　　　　　　　　　单位为毫米

序号	检查项目		模 数						
			0.3～0.75	>0.75～2.00	>2.00～3.50	>3.50～6.30	>6.30～10.00	>10.00～16.00	>16.00～25.00
1	在切深范围内刀齿前面的径向性		0.05	0.07	0.10	0.13	0.16	0.25	0.35
2	周刃对内孔轴心线的径向圆跳动	铣刀一转	0.04	0.05	0.05	0.06	0.07	0.07	0.09
		相邻齿	0.06	0.07	0.07	0.08	0.10	0.10	0.13
3	侧刃的法向圆跳动		0.06	0.08	0.08	0.10	0.10	0.12	0.15
4	两端面的平行度		0.01	0.015	0.02	0.02	0.025	0.03	0.035
5	铣刀两端面到同一直径上任意齿形点的距离差		0.20	0.20	0.25	0.25	0.25	0.30	0.35
6	齿形公差	渐开线部分	0.05	0.06	0.08	0.08	0.10	0.12	0.14
		齿顶及圆角部分	0.08	0.10	0.12	0.12	0.16	0.16	0.18

5 标志和包装

5.1 标志

5.1.1 铣刀端面应标有:制造厂商标、模数、基准齿形角、铣刀号数、所铣齿轮齿数范围。

5.1.2 在包装盒上应标有:制造厂名称、地址和商标、产品名称、模数、基准齿形角、铣刀号数、材料、制造年份、本标准编号。

5.2 包装

铣刀包装前应经防锈处理,并应采取措施防止在包装、运输中产生损伤。

附　录　A

（规范性附录）

铣刀过渡曲线的齿形坐标及渐开线各点的坐标

（$m=100$　$\alpha=20°$　$f^*=1$　$c^*=0.2$）

A.1　铣刀过渡曲线图按图 A.1，齿形坐标按表 A.1，渐开线坐标按表 A.2。

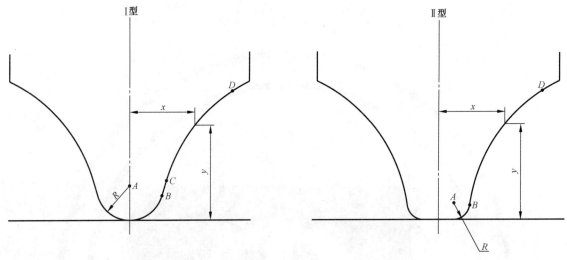

说明：

B　——齿底圆弧与直线（Ⅰ型）或渐开线（Ⅱ型）衔接点坐标；

C　——直线与渐开线衔接点坐标；

D　——顶圆与渐开线交点坐标；

x、y——渐开线各点的坐标；

A　——齿底圆弧中心；

R　——圆弧半径。

图 A.1

表 A.1　铣刀过渡曲线的齿形坐标　　　　　单位为毫米

铣刀	计算齿形时所依据齿数	分组后每一铣刀所适用的齿数		齿形上过渡曲线部分的各点坐标							
				B 点		C 点		圆弧中心		D 点	
		8 个的一组	15 个的一组	y_B	x_B	y_C	x_C	$y_r=R$	x_r	y_D	x_D
1	12	12～13	12	58.777	64.144	85.848	66.512	64.388	0	203.516	151.018
$1\frac{1}{2}$	13		13	58.071	63.373	82.032	65.469	61.615	0	205.142	148.545
2	14	14～16	14	57.423	62.676	78.205	64.493	62.915	0	206.492	146.391
$2\frac{1}{2}$	15		15～16	56.851	62.042	74.397	63.577	62.279	0	207.628	144.499
3	17	17～20	17～18	55.829	60.927	66.956	61.900	61.160	0	209.429	141.329
$3\frac{1}{2}$	19		19～20	53.806	59.728	61.249	60.506	60.045	0	210.877	138.779

表 A.1（续） 单位为毫米

铣刀	计算齿形时所依据齿数	分组后每一铣刀所适用的齿数		齿形上过渡曲线部分的各点坐标							
				B 点		C 点		圆弧中心		D 点	
		8个的一组	15个的一组	y_B	x_B	y_C	x_C	$y_r=R$	x_r	y_D	x_D
4	21	21～25	21～22	51.548	58.760	57.152	59.299	59.060	0	211.849	136.682
$4\frac{1}{2}$	23		23～25	49.719	57.612	53.789	58.213	58.238	0	212.697	134.927
5	26	26～34	26～29	47.551	56.417	49.740	56.793	57.243	0	213.700	132.773
$5\frac{1}{2}$	30		30～34	45.388	55.174	45.635	55.222	56.228	0	214.666	130.536
6	35	35～54	35～41	41.857	53.656			53.286	1.600	215.537	128.427
$6\frac{1}{2}$	42		42～54	38.114	51.988			49.890	5.307	216.373	126.284
7	55	55～134	55～79	33.736	49.886			45.768	5.796	217.314	123.704
$7\frac{1}{2}$	80		80～134	29.376	47.621			41.190	8.162	218.213	121.042
8	135	≥135	≥135	25.518	45.471			36.953	10.332	218.973	118.600

单位为毫米

表 A.2 渐开线各点的坐标

铣刀号	1		1½		2		2½		3		3½		4		4½	
渐开线各点的坐标	y	x	y	x	y	x	y	x	y	x	y	x	y	x	y	x
													57.152	59.299	53.789	58.213
													60.000	59.717	60.000	59.300
								66.956	61.900	61.249	60.506	70.000	61.769	70.000	61.594
	85.848	66.512	82.032	65.467	78.205	64.493	74.397	63.577	70.000	62.358	70.000	62.006	80.000	64.465	80.000	64.409
	90.000	67.729	90.000	67.716	80.000	64.883	80.000	64.780	80.000	64.635	80.000	64.537	90.000	67.669	90.000	67.663
	100.000	71.381	100.000	71.368	90.000	67.705	90.000	67.697	90.000	67.684	90.000	67.675	100.000	71.317	100.000	71.311
	110.000	75.865	110.000	75.766	100.000	71.357	100.000	71.348	100.000	71.335	100.000	71.325	110.000	75.371	110.000	75.323
	120.000	81.078	120.000	80.826	110.000	75.684	110.000	75.617	110.000	75.511	110.000	75.432	120.000	79.807	120.000	79.679
	130.000	86.972	130.000	86.506	120.000	80.618	120.000	80.445	120.000	80.172	120.000	79.966	130.000	84.606	130.000	84.365
	140.000	93.525	140.000	92.785	130.000	86.122	130.000	85.800	130.000	85.290	130.000	84.906	140.000	89.756	140.000	89.370
	150.000	100.730	150.000	99.656	140.000	92.175	140.000	91.663	140.000	90.851	140.000	90.237	150.000	95.251	150.000	94.687
	160.000	108.594	160.000	107.117	150.000	98.769	150.000	98.025	150.000	96.845	150.000	95.951	160.000	101.083	160.000	100.310
	170.000	117.130	170.000	115.179	160.000	105.901	160.000	104.881	160.000	103.265	160.000	102.042	170.000	107.250	170.000	106.237
	180.000	126.362	180.000	123.855	170.000	113.576	170.000	112.234	170.000	110.112	170.000	108.507	180.000	113.750	180.000	112.465
	190.000	136.322	190.000	133.167	180.000	121.803	180.000	120.089	180.000	117.386	180.000	115.346	190.000	120.582	190.000	118.993
	200.000	147.053	200.000	143.144	190.000	130.596	190.000	128.457	190.000	125.093	190.000	122.561	200.000	127.751	200.000	125.821
	210.000	158.606	210.000	153.820	200.000	139.976	200.000	137.350	200.000	133.238	200.000	130.155	210.000	135.257	210.000	132.952
	220.000	171.050	220.000	165.239	210.000	149.966	210.000	146.787	210.000	141.832	210.000	138.133	220.000	143.104	220.000	140.387
	230.000	184.466	230.000	177.455	220.000	160.597	220.000	156.789	220.000	150.886	220.000	146.502	230.000	151.297	230.000	148.129
	240.000	198.959	240.000	190.534	230.000	171.905	230.000	167.382	230.000	160.415	230.000	155.270	240.000	159.844	240.000	156.182
	250.000	214.664	250.000	204.556	240.000	183.935	240.000	178.597	240.000	170.435	240.000	164.448	250.000	168.751	250.000	164.552
	260.000	231.754	260.000	219.621	250.000	196.739	250.000	190.471	250.000	180.967	250.000	174.047	260.000	178.027	260.000	173.243
	270.000	250.461	270.000	235.857	260.000	210.383	260.000	203.048	260.000	192.034	260.000	184.081	270.000	187.682	270.000	182.263
					270.000	224.943	270.000	216.380	270.000	203.662	270.000	194.567				

表 A.2（续）

单位为毫米

铣刀号	5		5½		6		6½		7		7½		8	
	y	x	x	y	x	y	x	y	x	y	x	y	x	y
渐开线各点的坐标	49.740	56.793	55.222	45.635	53.656	41.857	51.988	33.114	49.886	28.736	47.621	29.376	45.471	25.518
											47.808	30.000	46.935	30.000
							52.450	40.000	51.615	40.000	50.864	40.000	50.243	40.000
	50.000	56.837	56.123	50.000	55.555	50.000	55.050	50.000	54.511	50.000	54.017	50.000	53.609	50.000
	60.000	58.871	58.490	60.000	58.172	60.000	57.882	60.000	57.567	60.000	57.274	60.000	57.030	60.000
	70.000	61.403	61.225	70.000	61.073	70.000	60.931	70.000	60.76	70.000	60.630	70.000	60.507	70.000
	80.000	64.347	64.288	80.000	64.236	80.000	64.188	80.000	64.134	80.000	64.083	80.000	64.039	80.000
	90.000	67.657	67.652	90.000	67.646	90.000	67.641	90.000	67.636	90.000	67.631	90.000	67.626	90.000
	100.000	71.304	71.297	100.000	71.291	100.000	71.285	100.000	71.279	100.000	71.273	100.000	71.267	100.000
	110.000	75.266	75.211	110.000	75.161	110.000	75.113	110.000	75.059	110.000	75.007	110.000	74.962	110.000
	120.000	79.529	79.381	120.000	79.243	120.000	79.120	120.000	78.974	120.000	78.832	120.000	78.710	120.000
	130.000	84.081	83.800	130.000	83.547	130.000	83.302	130.000	83.021	130.000	82.748	130.000	82.511	130.000
	140.000	88.914	88.461	140.000	88.052	140.000	87.655	140.000	87.199	140.000	86.752	140.000	86.364	140.000
	150.000	94.021	93.358	150.000	92.760	150.000	92.176	150.000	91.504	150.000	90.845	150.000	90.269	150.000
	160.000	99.397	98.488	160.000	97.665	160.000	96.862	160.000	95.935	160.000	95.024	160.000	94.227	160.000
	170.000	105.040	103.848	170.000	102.767	170.000	101.711	170.000	100.491	170.000	99.289	170.000	98.235	170.000
	180.000	110.946	109.434	180.000	108.063	180.000	106.721	180.000	105.171	180.000	103.640	180.000	102.295	180.000
	190.000	117.115	115.245	190.000	113.550	190.000	111.891	190.000	109.973	190.000	108.076	190.000	106.406	190.000
	200.000	123.545	121.280	200.000	119.228	200.000	117.220	200.000	114.896	200.000	112.596	200.000	110.567	200.000
	210.000	130.237	127.539	210.000	125.096	210.000	122.706	210.000	119.939	210.000	117.199	210.000	114.778	210.000
	220.000	137.191	134.021	220.000	131.153	220.000	128.438	220.000	125.102	220.000	121.885	220.000	119.039	220.000
	230.000	144.410	140.727	230.000	137.399	230.000	134.174	230.000	130.384	230.000	126.653	230.000	123.350	230.000
	240.000	151.894	147.656	240.000	143.833	240.000	140.101	240.000	135.784	240.000	131.504	240.000	127.711	240.000
	250.000	159.647	154.811	250.000	150.456	250.000	146.210	250.000	141.302	250.000	136.436	250.000	132.121	250.000
	260.000	167.672	162.193	260.000	157.269	260.000	152.473	260.000	146.937	260.000	141.449	260.000	136.580	260.000
	270.000	175.973	169.804	270.000	164.272	270.000	158.893	270.000	152.689	270.000	146.543	270.000	141.087	270.000

ICS 25.100
J 41

中华人民共和国国家标准

GBT 28249—2012

带轮滚刀　型式和尺寸

The types and dimensions of timing belt wheel hobs

2012-03-09 发布

2012-07-01 实施

中华人民共和国国家质量监督检验检疫总局
中国国家标准化管理委员会　发布

前　言

本标准按照 GB/T 1.1—2009 给出的规则起草。

本标准由中国机械工业联合会提出。

本标准由全国刀具标准化技术委员会(SAC/TC 91)归口。

本标准起草单位:哈尔滨第一工具制造有限公司。

本标准主要起草人:董英武、于继龙、宋铁福、王家喜、张强、孙先君。

带轮滚刀　型式和尺寸

1　范围

本标准规定了带轮滚刀的型式和尺寸。

本标准适用于加工节距 5.080 mm～31.750 mm,基本齿廓按加工 GB/T 11361 的带轮用的带轮滚刀。

2　规范性引用文件

下列文件对于本文件的应用是必不可少的。凡是注日期的引用文件,仅注日期的版本适用于本文件。凡是不注日期的引用文件,其最新版本(包括所有的修改单)适用于本文件。

GB/T 6132　铣刀和铣刀刀杆的互换尺寸

GB/T 11361　同步带传动　梯形齿带轮

GB/T 28251　带轮滚刀和带模滚刀　技术条件

3　型式和尺寸

3.1　滚刀型式分为Ⅰ型、Ⅱ型,Ⅰ型用于加工渐开线齿廓带轮;Ⅱ型用于加工直边齿廓带轮。

3.2　滚刀的型式和尺寸按图 1 和表 1 的规定。

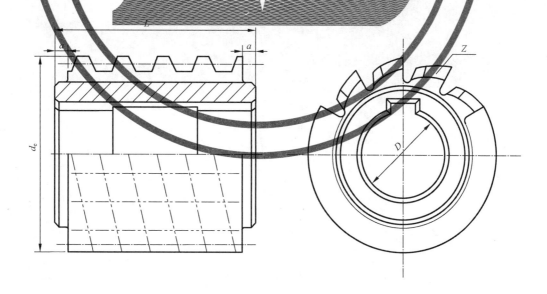

图 1

表 1   单位为毫米

节距 P_b	带轮型号	d_e	L	d	a	槽数 Z
5.080	XL	50	50	22		
9.525	L	63	71	27		
12.700	H	80	90	32	5	14
22.225	XH	118	125	40		
31.750	XXH	150	170	50		12

3.3 滚刀做成单头、右旋、容屑槽为平行于其轴线的直槽。

3.4 滚刀前角为 0°。

3.5 Ⅰ型滚刀的法向齿形尺寸按附录 A 的规定，Ⅱ型滚刀的轴向齿形尺寸按附录 B 的规定。滚刀的计算尺寸按附录 C 的规定。

3.6 键槽的尺寸和偏差按 GB/T 6132 的规定。

3.7 标记示例：

节距 P_b＝12.700 mm，用于加工带轮齿数范围 14～19 的Ⅰ型带轮滚刀标记为：

带轮滚刀 12.700 14～19 Ⅰ GB/T 28249—2012

3.8 滚刀的技术要求按 GB/T 28251 的规定。

附　录　A

（规范性附录）

Ⅰ型带轮滚刀的齿形尺寸

A.1　滚刀的法向齿形尺寸按图 A.1 和表 A.1 的规定。

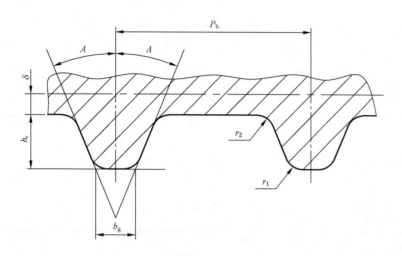

图 A.1

表 A.1

单位为毫米

节距 P_b	5.080	9.525	12.700		22.225	31.750
带轮型号	XL	L	H		XH	XXH
带轮齿数 Z	≥10		14～19	＞19	≥18	
齿半角 A	25°	20°				
齿高 h_r	1.45	2.18	2.64		6.93	10.34
齿顶厚 b_g	1.295	3.125	4.265		7.615	11.635
齿顶圆角半径 r_1	0.61	0.86	1.47		2.01	2.69
齿根圆角半径 r_2	0.61	0.53	1.04	1.42	1.93	2.82
两倍节根距 2δ	0.508	0.762	1.372		2.794	3.048

附　录　B

（规范性附录）

Ⅱ型带轮滚刀齿形尺寸

B.1　滚刀的轴向齿形尺寸按图 B.1 和表 B.1 的规定。

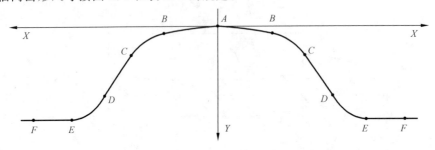

图 B.1

表 B.1

单位为毫米

节距 P_b	加工齿数 范围	AB 段		BC 段		CD 段		DE 段		EF 段	
		X	Y	X	Y	X	Y	X	Y	X	Y
5.080	10～20	0.000 0	0.000 0	0.454 3	0.007 6	0.636 4	0.143 6	1.196 4	1.149 4	1.881 5	1.650 0
		0.050 5	0.000 1	0.485 0	0.010 4	0.744 6	0.313 7	1.314 5	1.354 7	2.227 5	1.650 0
		0.101 0	0.000 4	0.514 4	0.016 6	0.847 3	0.483 5	1.409 6	1.461 5	2.488 3	1.650 0
		0.151 5	0.000 8	0.541 5	0.025 8	0.944 2	0.652 6	1.502 1	1.534 6		
		0.202 0	0.001 5	0.564 4	0.036 9	1.034 9	0.820 5	1.594 7	1.586 5		
		0.252 4	0.002 4	0.579 6	0.046 7	1.119 2	0.986 4	1.688 6	1.622 0		
		0.302 9	0.003 4					1.784 0	1.643 0		
		0.353 4	0.004 6								
		0.403 9	0.006 0								
	21～72	0.000 0	0.000 0	0.432 5	0.003 8	0.678 4	0.192 6	1.214 4	1.189 4	1.879 6	1.650 0
		0.096 1	0.000 2	0.469 2	0.006 7	0.777 1	0.362 0	1.329 3	1.376 3	2.257 6	1.650 0
		0.144 2	0.000 4	0.505 1	0.013 9	0.872 3	0.530 4	1.424 5	1.476 7	2.541 5	1.650 0
		0.192 2	0.000 8	0.539 2	0.025 4	0.963 7	0.697 6	1.515 9	1.544 8		
		0.240 3	0.001 2	0.570 3	0.040 6	1.051 3	0.863 4	1.606 4	1.592 6		
		0.288 4	0.001 7	0.595 5	0.057 5	1.134 9	1.027 5	1.696 9	1.624 9		
		0.336 4	0.002 3	0.607 7	0.068 2			1.787 9	1.643 8		
		0.384 5	0.003 0								
9.525	12～20	0.000 0	0.000 0	0.765 1	0.011 0	1.548 1	0.390 4	2.100 4	1.599 9	3.414 6	2.670 0
		0.085 0	0.000 1	0.908 1	0.023 5	1.636 7	0.566 0	2.352 0	2.092 1	4.148 2	2.670 0
		0.170 1	0.000 5	1.037 1	0.053 6	1.722 3	0.741 0	2.532 9	2.306 5	4.701 0	2.670 0
		0.255 1	0.001 2	1.169 9	0.101 8	1.804 7	0.915 2	2.706 6	2.449 0		
		0.340 1	0.002 2	1.298 5	0.169 5	1.883 9	1.088 5	2.880 1	2.549 0		
		0.425 1	0.003 4	1.419 3	0.257 6	1.959 7	1.260 5	3.055 4	2.616 8		
		0.501 2	0.004 9	1.521 9	0.361 1	2.031 9	1.431 1	3.233 3	2.656 7		
		0.595 2	0.006 6								
		0.689 3	0.008 7								

表 B.1（续）

单位为毫米

节距 P_b	加工齿数范围	AB 段		BC 段		CD 段		DE 段		EF 段	
		X	Y	X	Y	X	Y	X	Y	X	Y
9.525	21~120	0.000 0	0.000 0	0.733 7	0.005 5	1.598 1	0.462 5	2.133 6	1.700 1	3.390 4	2.670 0
		0.081 5	0.000 1	0.876 7	0.016 9	1.681 5	0.643 0	2.362 9	2.131 7	4.178 2	2.670 0
		0.163 1	0.000 3	1.018 7	0.047 1	1.762 6	0.822 4	2.540 7	2.332 8	4.769 8	2.670 0
		0.244 6	0.000 6	1.158 9	0.097 2	1.841 6	1.000 7	2.711 3	2.466 3		
		0.326 1	0.001 1	1.296 1	0.169 1	1.918 2	1.177 8	2.880 2	2.559 3		
		0.407 6	0.001 7	1.427 3	0.265 5	1.992 4	1.353 5	3.049 2	2.621 7		
		0.489 2	0.002 5	1.544 3	0.386 4	2.064 2	1.527 6	3.219 2	2.658 0		
		0.570 7	0.003 3								
		0.652 2	0.004 4								
12.700	14~20	0.000 0	0.000 0	1.074 8	0.016 4	2.251 6	0.670 0	2.645 7	1.548 7	4.489 3	3.050 0
		0.119 5	0.000 2	1.267 1	0.034 6	2.311 9	0.796 9	3.017 6	2.254 1	5.499 7	3.050 0
		0.238 9	0.000 8	1.457 8	0.077 9	2.370 9	0.923 4	3.273 3	2.552 3	6.261 2	3.050 0
		0.358 4	0.001 8	1.646 0	0.147 5	2.428 6	1.049 5	3.515 0	2.748 1		
		0.477 8	0.003 2	1.829 9	0.246 3	2.485 0	1.175 1	3.754 7	2.885 0		
		0.597 2	0.005 1	2.006 3	0.378 0	2.540 0	1.300 3	3.996 1	2.977 5		
		0.716 6	0.007 3	2.165 4	0.513 8	2.593 5	1.424 8	4.240 5	3.031 8		
		0.836 0	0.009 9								
		0.955 4	0.013 0								
	21~156	0.000 0	0.000 0	1.024 6	0.006 7	2.311 8	0.771 3	2.721 9	1.754 0	4.423 5	3.050 0
		0.113 8	0.000 1	1.225 1	0.022 4	2.373 4	0.913 6	3.029 7	2.326 4	5.529 4	3.050 0
		0.227 7	0.000 3	1.424 7	0.065 5	2.433 9	1.055 5	3.271 9	2.597 0	6.359 5	3.050 0
		0.341 5	0.000 7	1.622 7	0.136 2	2.493 5	1.196 5	3.501 0	2.776 8		
		0.455 4	0.001 3	1.818 2	0.230 9	2.552 1	1.336 9	3.733 5	2.901 8		
		0.569 2	0.002 1	2.008 6	0.382 0	2.609 7	1.476 7	3.962 6	2.985 5		
		0.683 1	0.003 0	2.187 2	0.571 3	2.666 3	1.615 7	4.192 4	3.034 0		
		0.796 9	0.004 0								
		0.910 8	0.005 3								
22.225	18~26	0.000 0	0.000 0	2.821 7	0.046 9	3.690 2	0.377 8	5.776 7	5.004 2	8.428 2	7.140 0
		0.313 6	0.000 6	3.013 4	0.064 8	3.798 7	0.661 1	6.278 4	5.985 1	9.913 6	7.140 0
		0.627 2	0.002 3	3.195 3	0.105 5	4.175 4	1.400 9	6.648 5	6.416 9	11.030 0	7.140 0
		0.940 8	0.005 2	3.367 7	0.168 0	4.534 4	2.136 7	7.002 8	6.702 2		
		1.254 4	0.009 3	3.523 1	0.249 2	4.875 0	2.866 9	7.354 9	6.901 4		
		1.567 9	0.014 5	3.645 7	0.336 9	5.196 3	3.589 7	7.708 8	7.035 5		
		1.881 5	0.020 9			5.497 2	4.303 1	8.066 2	7.113 9		
		2.194 9	0.028 4								
		2.508 3	0.037 1								
	27~120	0.000 0	0.000 0	2.735 2	0.026 7	3.794 9	0.475 0	5.820 4	5.145 4	8.394 2	7.140 0
		0.303 9	0.000 3	2.943 5	0.044 1	3.985 0	0.911 5	6.293 1	6.040 4	9.961 2	7.140 0
		0.607 9	0.001 3	3.148 2	0.088 2	4.323 0	1.634 6	6.658 8	6.453 1	11.137 4	7.140 0
		0.911 8	0.003 0	3.346 3	0.159 0	4.648 7	2.352 0	7.008 5	6.726 0		
		1.215 8	0.005 3	3.531 8	0.256 0	4.961 7	3.062 9	7.354 2	6.915 4		
		1.519 7	0.008 2	3.692 9	0.373 2	5.261 7	3.766 2	7.699 3	7.042 2		
		1.823 6	0.011 9			5.548 1	4.460 8	8.045 7	7.115 7		
		2.127 5	0.016 2								
		2.431 4	0.021 1								

表 B.1（续）

单位为毫米

节距 P_b	加工齿数范围	AB 段		BC 段		CD 段		DE 段		EF 段	
		X	Y	X	Y	X	Y	X	Y	X	Y
31.750	18～120	0.000 0	0.000 0	3.562 2	0.036 4	6.519 7	2.098 1	8.879 6	7.628 6	12.305 5	10.310 0
		0.395 8	0.000 5	4.016 6	0.074 8	6.956 8	3.043 6	9.501 5	8.830 1	14.372 0	10.310 0
		0.791 7	0.001 8	4.466 3	0.172 1	7.377 3	3.981 5	9.985 1	9.383 5	15.923 4	10.310 0
		1.187 5	0.004 1	4.907 3	0.330 6	7.780 4	4.910 5	10.450 0	9.750 5		
		1.583 3	0.007 2	5.333 0	0.554 1	8.165 6	5.829 2	10.911 2	10.006 0		
		1.979 2	0.011 2	5.728 9	0.843 9	8.532 2	6.735 9	11.373 0	10.177 4		
		2.375 0	0.016 2	6.053 8	1.175 6			11.837 3	10.277 1		
		2.770 7	0.022 0								
		3.166 5	0.028 8								

附　录　C
（规范性附录）
滚刀的计算尺寸

C.1　滚刀的计算尺寸按图 C.1 所示，表 C.1 给出 I 型滚刀计算尺寸数据，表 C.2 给出 II 型滚刀计算尺寸数据。

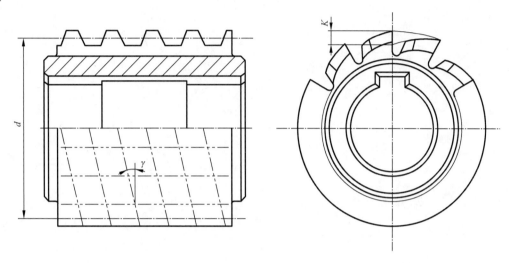

图 C.1

表 C.1

单位为毫米

节距	加工齿数范围	d	γ	K
5.080	≥10	46.692	1°59′	2.5
9.525		57.978	3°00′	3.0
12.700	≥14	73.448	3°09′	4.0
22.225	≥18	101.446	4°00′	5.0
31.750		126.372	4°35′	8.0

表 C.2

单位为毫米

节距	加工齿数范围	d	γ	K
5.080	10～20	46.700	1°57′	2.5
	21～27	46.192	2°00′	
9.525	12～20	57.598	2°58′	3.0
	21～120	56.898	3°03′	
12.700	14～20	73.582	3°06′	4.0
	21～156	72.582	3°12′	
22.225	18～26	102.426	3°55′	5.0
	27～120	100.926	4°01′	
31.750	18～120	126.332	4°35′	8.0

ICS 25.100
J 41

中华人民共和国国家标准

GB/T 28250—2012

带模滚刀 型式和尺寸

The types and dimensions of timing belt mold hobs

2012-03-09 发布
2012-07-01 实施

中华人民共和国国家质量监督检验检疫总局
中国国家标准化管理委员会 发布

前　言

本标准按照 GB/T 1.1—2009 给出的规则起草。

本标准由中国机械工业联合会提出。

本标准由全国刀具标准化技术委员会(SAC/TC 91)归口。

本标准起草单位:哈尔滨第一工具制造有限公司。

本标准主要起草人:董英武、于继龙、宋铁福、王家喜、张强、孙先君。

带模滚刀 型式和尺寸

1 范围

本标准规定了带模滚刀的型式和尺寸。

本标准适用于加工节距 5.080 mm～31.750 mm，基本齿廓按加工 GB/T 11616 同步带的带模用的带模滚刀。

2 规范性引用文件

下列文件对于本文件的应用是必不可少的。凡是注日期的引用文件，仅注日期的版本适用于本文件。凡是不注日期的引用文件，其最新版本（包括所有的修改单）适用于本文件。

GB/T 6132 铣刀和铣刀刀杆的互换尺寸

GB/T 11616 同步带尺寸

GB/T 28251 带轮滚刀和带模滚刀 技术条件

3 型式和尺寸

3.1 滚刀的型式和尺寸按图 1 和表 1 的规定。

3.2 滚刀用于加工直边齿廓带模。

3.3 滚刀做成单头、右旋、容屑槽为平行于其轴线的直槽。

3.4 滚刀前角为 0°。

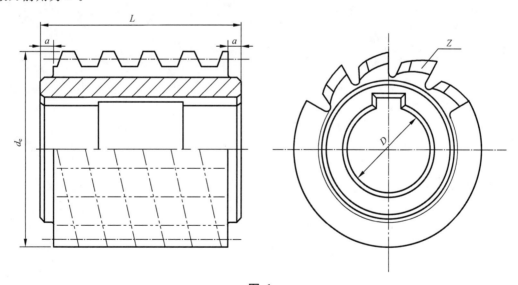

图 1

表 1

单位为毫米

节距 P_b	带型号	d_e	L	D	a	槽数 Z
5.080	XL	50	50	22		
9.525	L	63	71	27		14
12.700	H	80	90	32	5	
22.225	XH	118	125	40		
31.750	XXH	150	170	50		12

3.5 滚刀的轴向齿形尺寸按附录 A 的规定,滚刀的计算尺寸按附录 B 的规定。

3.6 键槽的尺寸和偏差按 GB/T 6132 的规定。

3.7 标记示例:

节距 P_b=12.700 mm 的带模滚刀标记为:带模滚刀 12.700 GB/T 28250—2012。

3.8 滚刀的技术要求按 GB/T 28251 的规定。

附　录　A
（规范性附录）
带模滚刀齿形尺寸

A.1 滚刀的轴向齿形尺寸按图 A.1 和表 A.1 的规定。

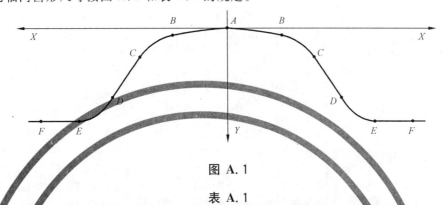

图 A.1

表 A.1

单位为毫米

节距 P_b	加工齿数范围	AB 段		BC 段		CD 段		DE 段		EF 段	
		X	Y	X	Y	X	Y	X	Y	X	Y
5.080	30～130	0.000 0	0.000 0	0.469 8	0.002 9	0.725 5	0.130 3	1.169 6	1.021 2	1.540 3	1.270 0
		0.052 2	0.000 0	0.512 8	0.006 1	0.794 2	0.260 5	1.228 1	1.117 1	2.112 2	1.270 0
		0.104 4	0.000 1	0.555	0.014 9	0.861 1	0.389 8	1.281 1	1.172 6	2.541 5	1.270 0
		0.156 6	0.000 3	0.597	0.029 3	0.926 3	0.518 3	1.333 1	1.210 9		
		0.208 8	0.000 6	0.638	0.049 9	0.989 8	0.645 7	1.384 8	1.237 8		
		0.261 0	0.000 9	0.676 5	0.076 9	1.051 6	0.772 1	1.436 5	1.256 0		
		0.313 2	0.001 3	0.710	0.109 5	1.111 5	0.897 3	1.488 3	1.266 5		
		0.365 4	0.001 8								
		0.417 6	0.002 3								
9.525	33～160	0.000 0	0.000 0	1.312 7	0.011 0	1.663 2	0.182 0	2.189 6	1.529 5	2.701 0	1.910 0
		0.145 9	0.000 1	1.374 0	0.016 1	1.745 0	0.380 0	2.271 5	1.687 5	3.882 6	1.910 0
		0.291 7	0.000 5	1.434 7	0.029 3	1.824 6	0.576 4	2.344 2	1.769 7	4.769 4	1.910 0
		0.437 6	0.001 2	1.494 5	0.051 2	1.902 1	0.771 1	2.415 6	1.825 3		
		0.583 5	0.002 2	1.552 6	0.082 5	1.977 4	0.963 9	2.486 8	1.864 0		
		0.729 3	0.003 4	1.607 4	0.124 0	2.050 4	1.154 6	2.558 0	1.890 0		
		0.875 2	0.004 9	1.654 1	0.174 0	2.121 1	1.343 2	2.629 4	1.905 1		
		1.021 0	0.006 7								
		1.169 6	0.008 7								
12.700	48～340	0.000 0	0.000 0	1.542 0	0.007 2	2.419 6	0.571 3	2.794 4	1.553 3	3.804 0	2.290 0
		0.171 3	0.000 1	1.674 2	0.017 2	2.475 0	0.713 3	2.954 0	1.854 6	5.263 9	2.290 0
		0.342 7	0.000 4	1.806 0	0.045 3	2.529 7	0.854 8	3.098 0	2.015 2	6.359 1	2.290 0
		0.514 0	0.000 8	1.937 2	0.092 9	2.583 9	0.995 7	3.239 7	2.124 1		
		0.685 4	0.001 4	2.067 3	0.162 7	2.637 5	1.136 1	3.380 6	2.200 1		
		0.856 7	0.002 2	2.195 4	0.260 2	2.690 4	1.275 8	3.521 6	2.251 0		
		1.028 0	0.003 2	2.318 7	0.395 1	2.742 7	1.414 9	3.662 6	2.280 3		
		1.199 4	0.004 4								
		1.370 7	0.005 7								

表 A.1（续）   单位为毫米

节距 P_b	加工齿数范围	AB 段		BC 段		CD 段		DE 段		EF 段	
		X	Y	X	Y	X	Y	X	Y	X	Y
22.225	50~200	0.000 0	0.000 0	3.226 0	0.016 6	3.968 9	0.355 8	5.879 9	5.205 4	7.441 0	6.350 0
		0.358 5	0.000 2	3.363 4	0.027 1	4.236 2	0.996 9	6.128 1	5.676 2	9.552 6	6.350 0
		0.716 9	0.000 8	3.499 4	0.055 9	4.529 2	1.715 3	6.350 7	5.925 1	11.136 6	6.350 0
		1.075 4	0.001 9	3.632 5	0.103 7	4.814 7	2.427 5	6.569 5	6.093 6		
		1.433 8	0.003 3	3.760 4	0.171 6	5.092 7	3.133 1	6.787 2	6.211 1		
		1.792 3	0.005 1	3.877 8	0.259 4	5.363 0	3.831 6	7.004 8	6.289 7		
		2.150 7	0.007 4			5.625 4	4.522 5	7.222 6	6.335 1		
		2.509 2	0.010 1								
		2.867 6	0.013 1								
31.750	56~144	0.000 0	0.000 0	5.147 1	0.033 4	6.014 8	0.413 8	8.944 4	7.865 5	11.215 7	9.530 0
		0.571 9	0.000 4	5.314 4	0.046 5	6.375 6	1.306 4	9.300 2	8.544 9	13.904 9	9.530 0
		1.143 8	0.001 7	5.479 4	0.081 7	6.839 4	2.430 7	9.623 3	8.907 8	15.922 2	9.530 0
		1.715 8	0.003 7	5.639 7	0.139 5	7.289 4	3.544 0	9.941 9	9.154 1		
		2.287 7	0.006 6	5.791 1	0.220 0	7.725 2	4.645 2	10.259 6	9.326 2		
		2.859 6	0.010 3	5.924 8	0.319 9	8.146 5	5.733 2	10.577 6	9.441 4		
		3.431 5	0.014 8			8.553 0	6.807 1	10.896 2	9.508 1		
		4.003 4	0.020 2								
		4.575 2	0.026 4								

附 录 B

（规范性附录）

滚刀的计算尺寸

B.1 滚刀的计算尺寸按图 B.1 所示，表 B.1 给出滚刀计算尺寸数据。

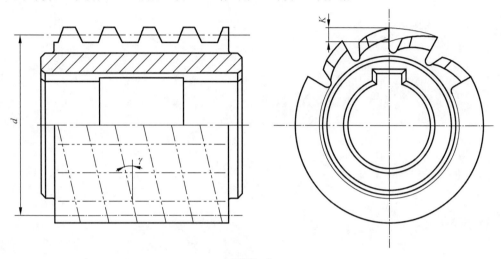

图 B.1

表 B.1

单位为毫米

节距	加工齿数范围	d	γ	K
5.080	30～130	46.952	1°58′	2.5
9.525	33～160	58.418	2°58′	3.0
12.700	48～340	74.048	3°08′	4.0
22.225	50～200	104.506	3°53′	5.0
31.750	56～144	127.892	4°32′	8.0

ICS 25.100
J 41

中华人民共和国国家标准

GB/T 28251—2012

带轮滚刀和带模滚刀 技术条件

The technical specifications for timing belt wheel hobs
and timing belt mold hobs

2012-03-09 发布
2012-07-01 实施

中华人民共和国国家质量监督检验检疫总局
中国国家标准化管理委员会 发布

前　言

本标准按照 GB/T 1.1—2009 给出的规则起草。

本标准由中国机械工业联合会提出。

本标准由全国刀具标准化技术委员会(SAC/TC 91)归口。

本标准起草单位:哈尔滨第一工具制造有限公司。

本标准主要起草人:董英武、于继龙、宋铁福、王家喜、张强、孙先君。

带轮滚刀和带模滚刀　技术条件

1　范围

本标准规定了带轮滚刀和带模滚刀的技术要求、标志和包装的基本要求。

本标准适用于按 GB/T 28249 和 GB/T 28250 加工的带轮滚刀和带模滚刀。

2　规范性引用文件

下列文件对于本文件的应用是必不可少的。凡是注日期的引用文件,仅注日期的版本适用于本文件。凡是不注日期的引用文件,其最新版本(包括所有的修改单)适用于本文件。

GB/T 28249　带轮滚刀　型式和尺寸

GB/T 28250　带模滚刀　型式和尺寸

3　技术要求

3.1　滚刀表面不得有裂纹、烧伤及其他影响使用性能的缺陷。

3.2　滚刀表面粗糙度的上限值按表 1 规定。

表 1

单位为微米

检 查 表 面	表面粗糙度参数	表 面 粗 糙 度 值
内孔表面	Ra	0.63
轴台端面		0.63
轴台外圆表面		1.25
刀齿前面		0.63
刀齿后面		0.63
刀齿顶面		0.63

3.3　滚刀外圆直径的极限偏差按 h 15,总长的极限偏差按 js 15。

3.4　滚刀制造的主要公差按表 2 的规定。

表 2

单位为毫米

序号	检查项目	公差代号	节距		
			5.080,9.525	12.700	22.225,31.750
			公差		
1	孔径极限偏差	δ_D	H6		
2	轴台对内孔轴线的径向圆跳动	δ_{dir}	0.008	0.010	0.012
3	轴台对内孔轴线的端面圆跳动	δ_{dix}	0.006	0.008	0.010

表 2（续）　　　　　　　　　　　　　　　　　　　　单位为毫米

序号	检查项目	公差代号	节距		
			5.080,9.525	12.700	22.225,31.750
			公差		
4	刀齿对内孔轴线的径向圆跳动	δ_{der}	0.045	0.053	0.065
5	刀齿前面的径向性	δ_{fr}	0.036	0.043	0.054
6	容屑槽的相邻周节差	δ_{fp}	0.045	0.054	0.065
7	容屑槽周节的最大累积误差	δ_{Fp}	0.085	0.100	0.125
8	刀齿前面对内孔轴线的平行度	δ_{fx}	0.049	0.058	0.073
9	齿形公差	δ_{ff}	0.030	0.040	0.060
10	齿厚极限偏差	δ_{Sx}	±0.025	±0.030	±0.040
11	全齿高极限偏差	δ_h	$\begin{matrix}0\\-0.040\end{matrix}$	$\begin{matrix}0\\-0.050\end{matrix}$	$\begin{matrix}0\\-0.065\end{matrix}$
12	齿距极限偏差	δ_{Px}	±0.009	±0.011	±0.014
13	任意三个齿距长度内齿距的最大累积误差	Δ_{Px3}	±0.013	±0.016	±0.020
14	齿顶圆角半径极限偏差	δ_{r1}	±0.03		
15	齿根圆角极限偏差	δ_{r2}	±0.03		
14、15 项只适用于 I 型带轮滚刀。					

3.5 滚刀用普通高速钢制造,也可用高性能高速钢制造。

3.6 滚刀切削部分硬度:普通高速钢为 63 HRC～66 HRC;高性能高速钢为不低于 64 HRC。

4 标志和包装

4.1 标志

4.1.1 滚刀端面上应标志:制造厂商标、型式、节距、带轮型号或带型号、螺旋升角、加工齿数范围、材料(普通高速钢不标)及制造年份。

4.1.2 包装盒上应标志:产品名称、标准号、制造厂名称、地址、商标、型式、节距、带轮型或带型号、加工齿数范围、材料、件数及制造年份。

4.2 包装

滚刀包装前应经防锈处理,包装应牢固,防止在运输过程中受到损伤。

ICS 25.100
J 41

中华人民共和国国家标准

GB/T 28252—2012

磨 前 齿 轮 滚 刀

Hobs for pre-grinding gear

2012-03-09 发布

2012-07-01 实施

中华人民共和国国家质量监督检验检疫总局
中国国家标准化管理委员会 发 布

前　言

本标准按照 GB/T 1.1—2009 给出的规则起草。

本标准由中国机械工业联合会提出。

本标准由全国刀具标准化技术委员会(SAC/TC 91)归口。

本标准起草单位:重庆工具厂有限责任公司、成都工具研究所有限公司。

本标准主要起草人:沈宏、沈士昌。

磨 前 齿 轮 滚 刀

1 范围

本标准规定了整体磨前齿轮滚刀的基本型式和尺寸、技术条件、标志和包装的基本要求。

本标准适用于模数 1 mm～10 mm(按 GB/T 1357)的滚刀。

2 规范性引用文件

下列文件对于本文件的应用是必不可少的。凡是注日期的引用文件,仅注日期的版本适用于本文件。凡是不注日期的引用文件,其最新版本(包括所有的修改单)适用于本文件。

GB/T 1357　通用机械和重型机械用圆柱齿轮　模数

GB/T 6132　铣刀和铣刀刀杆的互换尺寸

GB/T 9943　高速工具钢

3 型式和尺寸

3.1　滚刀的型式和尺寸按图1和表1的规定。

3.2　滚刀做成零度前角、单头、右旋、容屑槽为平行于轴线的直槽。按用户要求,滚刀可做成左旋。

3.3　滚刀的轴台直径及偏差由制造厂决定,其尺寸尽可能取大些。

3.4　滚刀的键槽尺寸及偏差应符合 GB/T 6132 的规定。

3.5　滚刀的计算尺寸应符合附录 A 的规定,滚刀的轴向齿形尺寸应符合附录 B 的规定。

3.6　标记示例:

模数 $m=2.5$ mm 齿顶凸角为 II 型的左旋磨前齿轮滚刀标记为:

磨前齿轮滚刀 m2.5 II L　GB/T 28252—2012

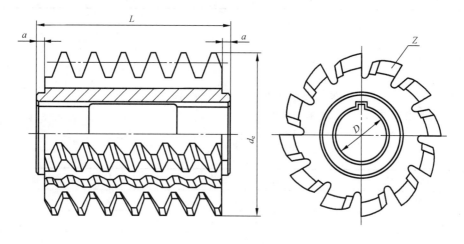

图 1

表 1 单位为毫米

模数系列		外径 d_e	全长 L	孔径 D	轴台长度 a	槽数 Z
I	II					
1		50	32	22		
1.25			40			
1.5		63	50			12
	1.75					
2				27		
	2.25	71	56			
2.5						
	2.75		63			
3.00		80	71			
	3.25					
	3.5			32	5	
	3.75	90	80			
4						
	4.5		90			
5		100	100			
	5.5	112	112			
6						10
	6.5	118	118	40		
	7		125			
8		125	132			
	9	140	152			
10		150	170	50		

4 技术条件

4.1 滚刀表面不应有裂纹、烧伤及其他影响使用性能的缺陷。

4.2 滚刀表面粗糙度按表 2 规定。

表 2 单位为微米

检查表面	表面粗糙度参数	表面粗糙度
内孔表面	Ra	0.63
端面	Ra	0.63
轴台外圆	Ra	1.25
刀齿前面	Ra	0.63
刀齿侧面	Ra	0.63
刀齿顶圆及圆角部分	Rz	3.2

4.3 滚刀的外径偏差为 h15,总长偏差为 js15,其余制造精度应符合表 3 的规定。

表 3 单位为微米

序号	检查项目及示意图	公差代号	模数/mm			
			1～2	>2～3.5	>3.5～6	>6～10
1	孔径偏差 1.内孔表面上超出公差的喇叭口长度应小于每边配合长度的 25%。键槽两侧超出公差部分的宽度,每侧不应大于键宽的一半。 2.在对孔作精度检查时,具有公称孔径的基准心轴(按 GB/T 1957 通端)应能通过孔	δ_D	H6			
2	轴台的径向圆跳动	δ_{dlr}	7	8	10	12
3	轴台的端面圆跳动	δ_{dlt}	5	6	8	10
4	刀齿的径向圆跳动 滚刀一转内,齿廓到内孔中心距离的最大差值	δ_{der}	40	45	53	65
5	刀齿前面的径向性 2.6 m 在测量范围内,容纳实际刀齿前面的两个平行于理论的平面间的距离	δ_{fr}	32	36	42	53

表3（续）

单位为微米

序号	检查项目及示意图	公差代号	模数/mm			
			1～2	>2～3.5	>3.5～6	>6～10
6	容屑槽的相邻周节差 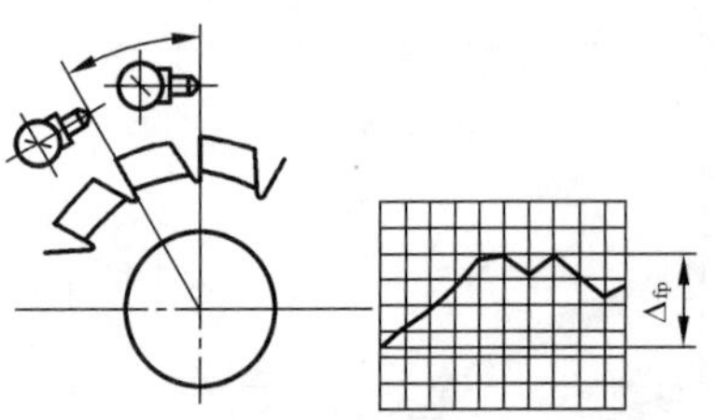 在滚刀分圆附近的同一圆周上，任意两个刀齿前面相互位置的最大偏差	δ_{fp}	40	45	53	65
7	容屑槽周节的最大累积误差 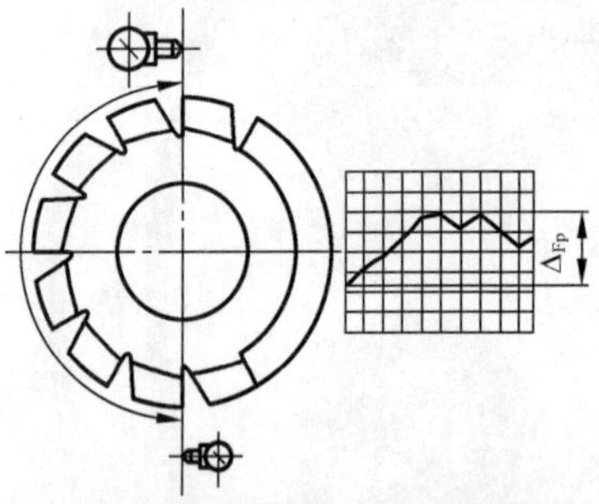 在滚刀分圆附近的同一圆周上，任意两个刀齿前面间相互位置的最大偏差	δ_{Fp}	75	85	100	125
8	刀齿前面于内孔轴线的平行度 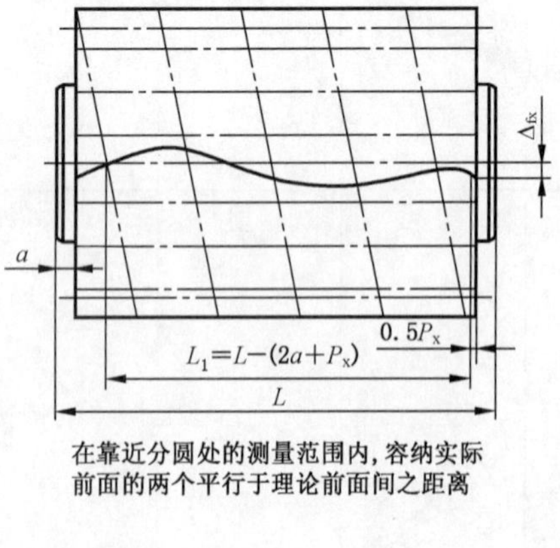 $L_1 = L - (2a + P_x)$ 在靠近分圆处的测量范围内，容纳实际前面的两个平行于理论前面间之距离	δ_{fx}	40	65	80	110

表 3（续）

单位为微米

序号	检查项目及示意图	公差代号	模数/mm			
			1~2	>2~3.5	>3.5~6	>6~10
9	齿形误差 在检查截面中的测量范围内，容纳实际齿形的两条理论直线齿形间的法向距离	δ_{ff}	14	16	19	24
10	齿厚偏差 在滚刀理论齿高处测量的齿厚对公称齿厚的偏差	δ_{Sx}	0 −60	0 −70	0 −85	0 −105
11	齿距最大偏差 在任意一排齿上，相邻刀齿轴向齿距的最大偏差	δ_{Px}	±13	±14	±16	±21
12	任意三个齿距内齿距的最大累积误差 	δ_{Px3}	±21	±22	±26	±34

表 3（续）　　　　　　　　　　　　　　　　　　　　　　单位为微米

序号	检查项目及示意图	公差代号	模数/mm			
			1～2	>2～3.5	>3.5～6	>6～10
13	相邻切削刃的螺旋线误差 相邻切削刃与内孔同心圆柱表面的交点对滚刀理论螺旋线的最大轴向误差	δ_Z	12	14	17	21
14	滚刀一转内切削刃的螺旋线误差 在滚刀一转内，切削刃与内孔同心圆柱表面的交点对理论螺旋线的最大轴向误差	δ_{Z1}	22	25	30	38
15	滚刀三转内切削刃的螺旋线误差 	δ_{Z3}	40	45	53	65
16	凸角厚度的偏差 	δ_H	±20			

4.4 滚刀的精度采用第一组检查方法检查,当生产条件不具备时,可采用第二组方法检查。

第一组:δ_Z、δ_{Z1}、δ_{Z3}、δ_{ff}、δ_{fr}、δ_{fp}、δ_{Fp}、δ_{d1r}、δ_{d1x}、δ_D、δ_{der}、δ_{Sx}、δ_H、δ_{hc}。

第二组:δ_{Px}、δ_{Px3}、δ_{ff}、δ_{fr}、δ_{fx}、δ_{fp}、δ_{Fp}、δ_{d1r}、δ_{d1x}、δ_D、δ_{der}、δ_{Sx}、δ_H、δ_{hc}。

4.5 滚刀齿侧面的磨光长度,当 $m \leqslant 4$ 时不少于齿长的二分之一;当 $m > 4$ 时不少于齿长的三分之一。

4.6 滚刀用 W6Mo5Cr4V2 等同性能普通高速钢或其他高性能高速钢制造,其金相组织应符合 GB/T 9943 的规定:其碳化物均匀度对于直径不大于 100 mm 的滚刀应不大于 4 级,对于直径大于 100 mm 的滚刀应不大于 5 级。

4.7 滚刀切削部分硬度:普通高速钢为 63 HRC～66 HRC;高性能高速钢为 ≥64 HRC。

5 标志和包装

5.1 滚刀端面上应标志:
——制造厂商标;
——模数;
——基准齿形角;
——滚刀分圆柱上的螺旋角;
——螺旋方向(右旋不标);
——材料(普通高速钢不标);
——制造年份;
——磨前代号。

5.2 包装盒上应标志:
——制造厂名称、地址和商标;
——产品标记;
——材料代号或牌号;
——制造年份。

5.3 包装

滚刀包装前应经防锈处理,包装应牢固,防止运输过程中产生损伤。

附　录　A
（规范性附录）
滚刀的基本计算尺寸

A.1 滚刀的计算尺寸按图 A.1 和表 A.1 的规定。

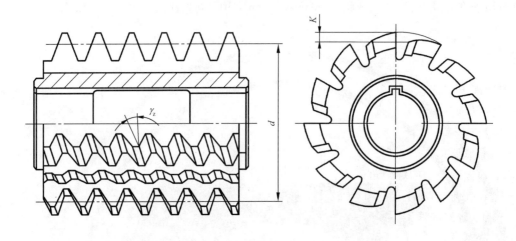

图 A.1

表 A.1　　　　　　　　　　　　　　　　　　　　单位为毫米

模数系列		d		K	γ_z	
		齿形系列			齿形系列	
Ⅰ	Ⅱ	Ⅰ、Ⅱ	Ⅲ		Ⅰ、Ⅱ	Ⅲ
1		46.60	46.5	2.5	1°14′	1°14′
1.25		45.93	45.8		1°34′	1°34′
1.5		58.11	57.96	3	1°29′	1°29′
	1.75	57.44	57.26		1°45′	1°45′
2		56.76	56.56		2°01′	2°02′
	2.25	63.88	63.66	4		
2.5		63.21	62.96		2°16′	2°17′
	2.75	62.54	62.26		2°31′	2°32′
3.00		70.76	70.46	4.5	2°26′	2°26′
	3.25	70.09	69.76		2°39′	2°40′
	3.5	69.41	69.06		2°53′	2°54′
	3.75	78.60	78.22	5	2°44′	2°45′
4		77.92	77.52		2°57′	2°57′
	4.5	76.37	75.92	6	3°23′	3°24′
5		84.92	84.42	6.5		

表 A.1（续）

模数系列		d		K	γ_z	
		齿形系列			齿形系列	
I	II	I、II	III		I、II	III
	5.5	95.47	94.92	7	3°18′	3°19′
6		94.12	93.52		3°39′	3°41′
	6.5	98.57	97.92	8	3°47′	3°48′
	7	97.22	96.52		4°08′	4°10′
8		101.48	100.68		4°31′	4°33′
	9	113.58	112.68	9	4°33′	4°35′
10		120.68	119.68	10	4°45′	4°48′

附　录　B
（规范性附录）
滚刀轴向齿形尺寸

B.1 滚刀轴向齿形尺寸按图 B.1 和表 B.1 的规定。

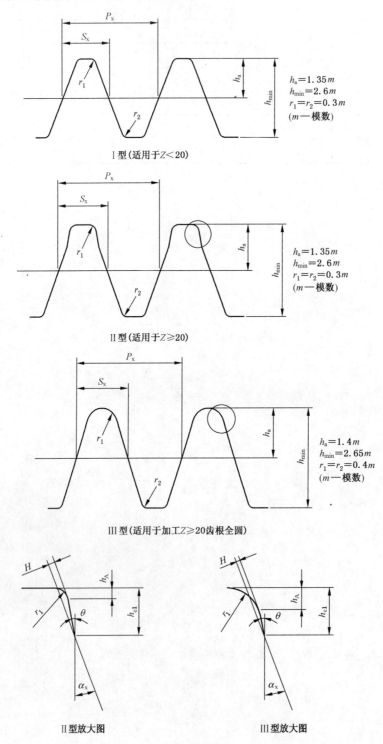

图 B.1

表 B.1　　　　　　　　　　　　　　　　　　　　　　　　　　　　　　单位为毫米

模数系列		α_x	P_x	S_x	H	h_A	h_{c1}		留磨量 Δ（单面）	θ
I	II						II 型	III 型		
1		20°	3.142	1.358	0.125	0.197	1.009	0.906	0.10	10°
1.25			3.928	1.751		0.247	1.084	0.956		
1.5			4.714	2.144		0.296	1.159	1.005		
	1.75		5.500	2.537		0.345	1.234	1.054		
2			6.287	2.824	0.2	0.395	1.855	1.650	0.15	11°
	2.25		7.073	3.217		0.444	1.907	1.699		
2.5		20°1′	7.860	3.611		0.493	1.980	1.748		
	2.75		8.648	4.005		0.543	2.025	1.798		
3			9.433	4.397		0.592	2.095	1.847		
	3.25		10.221	4.791		0.642	2.149	1.897		
	3.5		11.010	5.186		0.691	2.200	1.946		
	3.75		11.795	5.578		0.740	2.249	1.995		
4			12.583	5.966		0.790	2.610	2.338		
	4.5	20°2′	14.162	6.655	0.256	0.898	2.716	2.437	0.20	
5			15.735	7.442		0.987	2.819	2.556		
	5.5		17.308	8.228		1.086	2.917	2.655		
6			18.883	9.018		1.184	3.169	3.183		
	6.5		20.465	9.807		1.283	3.582	3.282		
	7	20°3′	22.048	10.492	0.330	1.382	4.353	4.020	0.25	13°
8			25.211	12.073		1.579	4.558	4.217		
	9		28.364	13.650		1.777	4.734	4.415		
10		20°4′	31.524	15.230		1.974	4.968	4.612		

ICS 25.100.99

J 41

备案号：19077—2006

中华人民共和国机械行业标准

J B/T 2494—2006
代替JB/T 2494.1，2494.2—1994

小模数齿轮滚刀

Fine-pith gear hobs

2006-10-14 发布 　　　　　　　　2007-04-01 实施

中华人民共和国国家发展和改革委员会 发布

前　言

本标准代替 JB/T 2494.1—1994《小模数齿轮滚刀　基本型式和尺寸》、JB/T 2494.2—1994《小模数齿轮滚刀　技术条件》。

本标准与 JB/T 2494.1—1994、JB/T 2494.2—1994 相比，主要变化如下：

——把基本型式尺寸和技术条件进行了合并；

——取消了性能试验。

本标准的附录 A、附录 B 为资料性附录。

本标准由中国机械工业联合会提出。

本标准由全国刀具标准化技术委员会（SAC/TC91）归口。

本标准主要起草单位：上海工具厂有限公司。

本标准主要起草人：魏莉、孟璋琪。

本标准所代替标准的历次版本发布情况：

——JB/T 2494.1—1994；

——JB/T 2494.2—1994。

小模数齿轮滚刀

1 范围

本标准规定了小模数齿轮滚刀（以下简称滚刀）的基本型式、尺寸和技术要求及标志、包装的基本要求。

本标准适用于加工模数 m 0.1mm～0.9mm、基本齿廓按 GB/T 2362 的齿轮用的滚刀。

本标准适用于单头右旋、容屑槽平行于轴线的直槽滚刀，直径分为 ϕ25、ϕ32 和 ϕ40 三种，精度等级分为 AAA、AA、A 和 B 四级，(按用户要求，滚刀可做成左旋)。

2 规范性引用文件

下列文件中的条款通过本标准的引用而成为本标准的条款。凡是注日期的引用文件，其随后所有的修改单（不包括勘误的内容）或修订版均不适用于本标准，然而，鼓励根据本标准达成协议的各方研究是否可使用这些文件的最新版本。凡是不注日期的引用文件，其最新版本适用于本标准。

GB/T 2362 小模数渐开线圆柱齿轮基本齿廓

GB/T 1957 光滑极限量规 技术条件（GB/T 1957—2006，ISO/DP 1938-2：1983 NEQ）

GB/T 6132 铣刀和铣刀刀杆的互换尺寸

GB/T 9943 高速工具钢棒 技术条件（GB/T 9943—1988，neq ASTM A600：1979）

3 基本型式和尺寸

3.1 滚刀的基本型式和尺寸按图 1 和表 1 的规定，键槽的尺寸和偏差按 GB/T 6132 的规定。滚刀的基本计算尺寸参见附录 A。滚刀的轴向齿形尺寸参见附录 B。

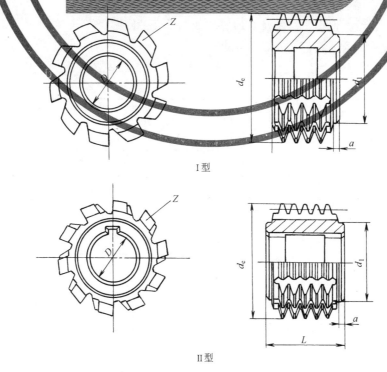

I 型

II 型

图 1

表　1

mm

模数系列		Ⅰ型												Ⅱ型					
		φ25						φ32						φ40					
Ⅰ	Ⅱ	d_e	L	D	d_1	α_{min}	齿数 Z	d_e	L	D	d_1	α_{min}	齿数 Z	d_e	L	D	d_1	α_{min}	齿数 Z
0.10								—	—	—	—	—	—	—	—	—	—	—	—
0.12																			
0.15			10				15												
0.20																			
0.25		25		8	15	2.5													
0.30																			
	0.35								15							25				
0.40			15				12			13	22	2.5	12	40		16	25	4	15
0.50								32							30				
0.60																			
	0.70		20				10		20				10						
0.80															40				
	0.90	—	—	—	—	—	—												

注：滚刀轴台直径由工具厂自行决定，其尺寸应尽可能大些。

3.2　标记示例：

模数 m=0.5mm、直径 φ25 mm 的 A 级小模数齿轮滚刀为：

小模数齿轮滚刀 m0.5×25A　JB/T 2494—2006

4　技术要求

4.1　滚刀表面不得有裂纹、崩刃、烧伤及其他影响使用性能的缺陷。

4.2　滚刀表面粗糙度的最大允许值按表 2 的规定。

表　2

μm

检查表面	表面粗糙度参数	滚刀精度等级			
		AAA	AA	A	B
		表面粗糙度数值			
内孔表面		0.16		0.32	0.63
轴台端面		0.32			0.63
轴台外圆	R_a	0.32		0.63	
刀齿前面		0.32		0.63	
刀齿侧面		0.32		0.63	
刀齿顶面及圆角部分	R_z	3.2			6.3

4.3　滚刀的外径公差按 h15，总长公差按 js15。

4.4　滚刀的主要公差应符合表 3 的规定。

表　3

μm

序　号	检查项目及示意	公差代号	精度等级	模　数 mm	
				≤0.5	>0.5~0.9
1	孔 径 公 差 注1：内孔配合表面上超出公差的喇叭口长度 AAA、AA 级滚刀应小于每边配合长度的20%，A、B 级滚刀应小于每边配合长度的25%。 注2：在对孔作精度检查时，具有公称直径的基准心轴（按 GB/T 1957）应能通过孔	δD	AAA	H4	
			AA	H5	
			AA	H5	
			B	H6	
2	轴台的径向圆跳动	δd_{1r}	AAA	3	
			AA		
			AA	4	
			B	5	
3	轴台的端面圆跳动	δd_{1x}	AAA	2	
			AA	3	
			AA	4	
			B	6	
4	刀齿的径向圆跳动 滚刀全长上，齿顶到内孔轴线距离的最大差值	δd_{er}	AAA	6	
			AA	8	
			AA	10	
			B	12	
5	刀齿前面的径向性 在测量范围内，容纳实际刀齿前面的两个平行于理论前面的平面间距离	δf_r	AAA	6	8
			AA	10	12
			A	14	16
			B	18	20
6	容屑槽的相邻周节差 在滚刀分度圆附近的同一圆周上，两相邻周节的最大差值	δf_p	AAA	8	10
			AA	12	14
			A	16	20
			B	20	25

表 3（续）

序　号	检查项目及示意	公差代号	精度等级	模　数 mm ≤0.5	>0.5～0.9
7	容屑槽周节的最大累积误差 在滚刀分度圆附近的同一圆周上，任意两个刀齿前面相互位置的最大误差	δF_p	AAA	12	14
			AA	16	18
			A	20	22
			B	25	28
8	刀齿前面对内孔轴线的平行度 在靠近分度圆处的测量范围内，容纳实际前面的两个平行于理论前面的平面间的距离	δf_x	AAA	6	
			AA	10	
			A	14	
			B	20	
9	齿形误差 在检查截面的测量范围内，容纳实际齿形的两条平行于理论齿形线间的法向距离	δf_f	AAA	1.5	2
			AA	2.5	3
			A	4	5
			B	5	7
10	齿厚偏差 在滚刀理论齿高处测量的齿厚对公称齿厚的偏差	δS_x	AAA	−10	−12
			AA	−14	−16
			A	−20	−22
			B	−25	−30

表 3（续）

序　号	检查项目及示意	公差代号	精度等级	模　数 mm	
				≤0.5	>0.5～0.9
11	齿距最大偏差 在任意一排齿上，相邻刀齿轴向齿距的最大偏差	δP_x	AAA	±2	±3
			AA	±3	±4
			A	±4	±5
			B	±5	±6
12	任意三个齿距长度的最大齿距累积偏差	δP_{x3}	AAA	±3	±4
			AA	±4	±6
			A	±6	±7
			B	±8	±9
13	相邻切削刃的螺旋线误差 相邻切削刃与内孔同心圆柱表面的交点对滚刀理论螺旋线的最大轴向误差	δZ	AAA	2	3
			AA	3	4
			A	4	5
			B	5	6
14	滚刀一转内切削刃的螺旋线误差 在滚刀一转内，切削刃与内孔同心圆柱表面的交点对理论螺旋线的最大轴向误差	δZ_1	AAA	3	4
			AA	4	5
			A	5	6
			B	7	8
15	滚刀三转内切削刃的螺旋线误差	δZ_3	AAA	5	6
			AA	6	7
			A	8	9
			B	10	12

　　滚刀的成品精度可采用下列两组中的任意一组进行检验，对于模数大于 0.5mm 的 AAA、AA 级滚刀必须用第一组方法检验。

　　a）第一组：ΔZ、ΔZ_1、ΔZ_3、Δf_f、Δf_r、Δf_x、Δf_p、ΔF_p、Δd_{1r}、Δd_{1x}、ΔD、Δd_{er}、ΔS_x；

　　b）第二组：ΔP_x、ΔP_{x3}、Δf_f、Δf_r、Δf_x、Δf_p、ΔF_p、Δd_{1r}、Δd_{1x}、ΔD、Δd_{er}、ΔS_x。

4.5　滚刀用 W6Mo5Cr4V2 或同等性能以上的其他高速钢制造，其金相组织应符合 GB/T 9943 的规定。其碳化物均匀度应不大于 3 级。

4.6　滚刀切削部分硬度为 63HRC～66HRC。

5　标志、包装

5.1　标志

5.1.1　滚刀端面上应标志：

　　a）制造厂或销售商商标；

　　b）模数；

　　c）基准齿形角；

　　d）分圆柱上螺旋升角；

　　e）螺旋方向（右旋不标）；

　　f）精度等级；

　　g）材料（普通高速钢不标）；

　　h）制造年月。

5.1.2　包装盒上应标志：

　　a）制造厂或销售商的名称、地址和商标；

　　b）产品名称；

　　c）标准号；

　　d）模数；

　　e）基准齿形角；

　　f）精度等级；

　　g）材料；

　　h）制造年月。

5.2　包装

滚刀包装前应经防锈处理，并应采取措施防止在包装运输中产生损伤。

附　录　A
（资料性附录）
滚刀的计算尺寸

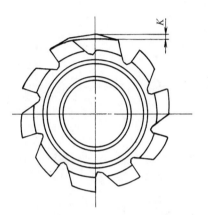 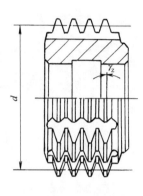

图　A.1
表　A.1

模 数 系 列		φ25			φ32			φ40		
I	II	d	K	γ_z	d	K	γ_z	d	K	γ_z
		mm			mm			mm		
0.10		24.35	0.6	0° 14′	—	—	—	—	—	—
0.12		24.30		0° 17′						
0.15		24.21		0° 21′						
0.20		24.08		0° 29′						
0.25		23.94		0° 36′						
0.30		23.77	0.8	0° 43′	30.67	1.0	0° 34′	38.62	1.25	0° 27′
	0.35	23.63		0° 51′	30.53		0° 39′	38.48		0° 31′
0.40		23.50		0° 59′	30.40		0° 45′	38.35		0° 36′
0.50		23.23		1° 14′	30.13		0° 57′	38.08		0° 45′
0.60		22.96		1° 30′	29.86		1° 09′	37.81		0° 55′
	0.70	22.65	1.0	1° 46′	29.54	1.25	1° 21′	37.54		1° 04′
0.80		22.38		2° 03′	29.27		1° 34′	37.27		1° 14′
	0.90	—	—	—	29.00		1° 47′	37.00		1° 24′

附 录 B

（资料性附录）

滚刀轴向齿形尺寸

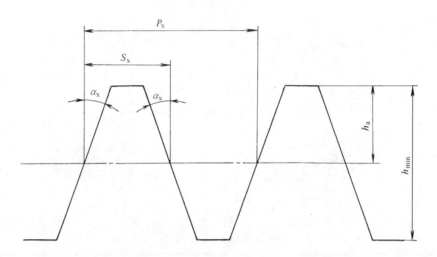

h_a=1.35m（m为模数；后同）；h_{min}=2.7m

图 B.1

表 B.1

模 数 系 列		α_x			P_x			S_x
I	II	$\phi25$	$\phi32$	$\phi40$	$\phi25$	$\phi32$	$\phi40$	
0.10					0.314			0.157
0.12					0.377			0.189
0.15		—	—		0.471	—	—	0.235
0.20					0.628			0.314
0.25					0.785			0.393
0.30		20°				0.942		0.471
	0.35					1.100		0.550
0.40						1.257		0.628
0.50			20°			1.571		0.785
0.60				20°	1.886	1.885		0.943
	0.70	20° 01′				2.200	2.199	1.100
0.80					2.515	2.514		1.257
	0.90	—	20° 01′			2.829	2.828	1.414

ICS 25.100.99
J 41
备案号：19078—2006

中华人民共和国机械行业标准

JB/T 3095—2006
代替JB/T 3095.1，3095.2—1994

小模数直齿插齿刀

Fine-pith gear shaper cutters for spur gear

2006-10-14 发布
2007-04-01 实施

中华人民共和国国家发展和改革委员会 发布

前　言

本标准代替 JB/T 3095.1—1994《小模数直齿插齿刀　基本型式和尺寸》、JB/T 3095.2—1994《小模数直齿插齿刀　技术条件》。

本标准与 JB/T 3095.1—1994、JB/T 3095.2—1994 相比，主要变化如下：

——把基本型式尺寸和技术条件进行了合并；

——取消了性能试验。

本标准的附录 A 是资料性附录。

本标准由中国机械工业联合会提出。

本标准由全国刀具标准化技术委员会（SAC/TC91）归口。

本标准主要起草单位：上海工具厂有限公司。

本标准主要起草人：魏莉、孟璋琪。

本标准所代替标准的历次版本发布情况：

——JB 3095—1982，JB/T 3095.1—1994；

——JB 3095—1982，JB/T 3095.2—1994。

小模数直齿插齿刀

1 范围

本标准规定了小模数直齿插齿刀(以下简称插齿刀)的基本型式、尺寸和技术要求及标志、包装的基本要求。

本标准适用于加工模数 $m0.1mm\sim0.9mm$ 的插齿刀。

按本标准制造的插齿刀，用于加工基本齿廓按 GB/T 2362 所规定的齿轮。

2 规范性引用文件

下列文件中的条款通过本标准的引用而成为本标准的条款。凡是注日期的引用文件，其随后所有的修改单（不包括勘误的内容）或修订版均不适用于本标准，然而，鼓励根据本标准达成协议的各方研究是否可使用这些文件的最新版本。凡是不注日期的引用文件，其最新版本适用于本标准。

GB/T 2362　小模数渐开线圆柱齿轮基本齿廓

3 基本型式和尺寸

3.1　盘形插齿刀（Ⅰ型）精度等级分为 AA、A、B 三级，基本型式和尺寸按图 1 和表 1、表 2 的规定。

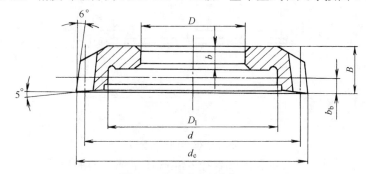

图 1　Ⅰ型盘形插齿刀

表 1　公称分度圆直径 40mm 盘形插齿刀的尺寸

mm

模　数 m	齿　数 Z	分度圆直径 d	d_e	D	D_1	b	b_b	B
0.20	199	39.80	40.424				0.40	
0.25	159	39.75	40.530				0.50	
0.30	131	39.30	40.236				0.60	
0.35	113	39.55	40.642			6	0.70	10
0.40	99	39.6	40.848	15.875	28		0.80	
0.50	80	40	41.560				1.00	
0.60	66	39.6	41.472				1.20	
0.70	56	39.2	41.384				1.40	
0.80	50	40	42.496			7	1.60	12
0.90	44	39.6	42.408				1.80	

表 2 公称分度圆直径 63mm 盘形插齿刀的尺寸

mm

模 数 m	齿 数 Z	分度圆直径 d	d_e	D	D_1	b	b_b	B
0.30	209	62.70	63.636				0.60	
0.35	181	63.35	64.442				0.70	
0.40	159	63.60	64.848			6	0.80	10
0.50	126	63.00	64.560	31.743	50		1.00	
0.60	105	63.00	64.872				1.20	
0.70	90	63.00	65.184				1.40	
0.80	80	64.00	66.496			7	1.60	12
0.90	72	64.80	67.608				1.80	

3.2 碗形插齿刀(Ⅱ型)精度等级为 AA、A、B 三级，基本型式和尺寸按图 2 和表 3 规定。

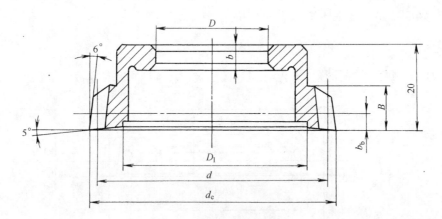

图 2 Ⅱ型碗形插齿刀

表 3 公称分度圆直径 63mm 碗形插齿刀的尺寸

mm

模 数 m	齿 数 Z	分度圆直径 d	d_e	D	D_1	b	b_b	B
0.30	209	62.70	63.636				0.60	
0.35	181	63.35	64.442				0.70	
0.40	159	63.60	64.848				0.80	10
0.50	126	63.00	64.560				1.00	
0.60	105	63.00	64.872	31.743	48	7	1.20	
0.70	90	63.00	65.184				1.40	
0.80	80	64.00	66.496				1.60	12
0.90	72	64.80	67.608				1.80	

3.3 锥柄插齿刀（Ⅲ型）精度等级为 A、B 二级，基本型式和尺寸按图 3 和表 4 规定。

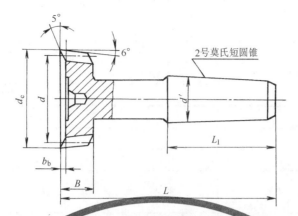

图3 Ⅲ型锥柄插齿刀

表4 公称分度圆直径25mm 锥柄插齿刀的尺寸

mm

模 数 m	齿 数 Z	分度圆直径 d	d_e	d'	b_b	B	L	L_1
0.10	249	24.90	25.212		0.20			
0.12	207	24.84	25.214		0.24	4.5		
0.15	165	24.75	25.218		0.30			
0.20	125	25.00	25.624		0.40			
0.25	99	24.75	25.530		0.50			
0.30	83	24.90	25.836		0.60			
0.35	71	24.85	25.942	17.981	0.70	6	70	40
0.40	63	25.20	26.448		0.80			
0.50	50	25.00	26.560		1.00			
0.60	40	24.00	25.872		1.20			
0.70	36	25.20	27.384		1.40	8		
0.80	32	25.60	28.096		1.60			
0.90	28	25.20	28.008		1.80			

3.4 标记示例：

模数 m=0.5mm、公称分度圆直径40mm、AA 级盘形插齿刀为：

盘形插齿刀 m0.5×40AA JB/T 3095—2006

模数 m=0.5mm、公称分度圆直径63mm、AA 级碗形插齿刀为：

碗形插齿刀 m0.5×63AA JB/T 3095—2006

模数 m=0.5mm、公称分度圆直径25mm、A 级锥柄插齿刀为：

锥柄插齿刀 m0.5×25A JB/T 3095—2006

4 技术要求

4.1 插齿刀切削刃应锋利，表面不得有裂纹、崩刃、烧伤及其他影响使用性能的缺陷。

4.2 插齿刀表面粗糙度的最大允许值按表5的规定。

表 5

μm

检查表面	表面粗糙度参数	插齿刀精度等级		
		AA	A	B
		表面粗糙度数值		
刀齿前面	R_a	0.32		0.63
齿侧表面	R_z	1.6		3.2
齿顶表面	R_a	0.32		0.63
内孔表面 外支承面	R_a	0.16		
内支承面		0.63		
锥柄表面	R_a	—	0.63	
颈部表面				

4.3 插齿刀内孔直径极限偏差应符合表6规定。

表 6

mm

内孔直径	极限偏差		
	AA	A	B
15.875	$^{+0.003}_{0}$		$^{+0.005}_{0}$
31.743	$^{+0.004}_{0}$		$^{+0.007}_{0}$

注：内孔配合表面两端超出公差的喇叭口长度的总和应小于配合表面全长的25%。

4.4 插齿刀前、后角偏差按如下规定：

前角偏差：

——AA级插齿刀：±6′；

——A级插齿刀：±8′；

——B级插齿刀：±12′。

齿顶后角偏差：±5′。

4.5 未注公差尺寸的公差按：孔H14、轴h14、其余Js16。

4.6 锥柄插齿刀柄部直径的偏差为 $^{-0.05}_{0}$ mm，圆锥半角的偏差不应超过±30″。

4.7 插齿刀的主要公差应符合表7、表8规定。

表 7

μm

序号	检查项目	公差代号	精度等级	公称分度圆直径 mm	模 数 mm	
					0.1~0.5	>0.5~0.9
1	有效部分的齿形误差 实际端面有效齿形 Δf_f 理论端面有效齿形 基圆	δf_f	AA	—	3	4
			A		4	5
			B		6	7

表 7（续）

序号	检查项目	公差代号	精度等级	公称分度圆直径 mm	模数 mm 0.1~0.5	>0.5~0.9
2	外圆径向圆跳动 $\boxed{\nearrow\ \delta d_{er}\ A}$	δd_{er}	AA	40		7
				63		8
			A	25		10
				40		11
				63		12
			B	25		
				40		14
				63		16

表 8

µm

序号	检查项目	公差代号	精度等级	结构形式	插齿刀的公称分度圆直径 mm 25 模数 mm 0.1~0.5	>0.5~0.9	40 0.1~0.5	>0.5~0.9	63 0.1~0.5	>0.5~0.9
1	齿圈径向圆跳动 $\boxed{\nearrow\ \delta F_{r}\ A}$	δF_{r}	A	锥柄	8	8	—		—	
			B	锥柄	10	10				
			AA	碗形盘形		—	6	6	7	7
			A				8	8	10	10
			B				12	12	14	14
2	外圆直径偏差 $+\delta d_e$ $-\delta d_e$	δd_e	AA	—	±100					
			A		±125					
			B		±160					

表 8（续）

序号	检 查 项 目	公差代号	精度等级	结构形式	插齿刀的公称分度圆直径 mm					
					25		40		63	
					模 数 mm					
					0.1~0.5	>0.5~0.9	0.1~0.5	>0.5~0.9	0.1~0.5	>0.5~0.9
3	分度圆处前面的斜向圆跳动	δf_r	AA	—	—	—	10	10	12	12
			A		12	12	16	16	16	16
			B		16	16	20	20	20	20
4	周节累积误差	δF_p	AA	—	—	—	8	8	10	10
			A		11	11	13	13	15	15
			B		16	16	18	18	20	20
5	周节偏差	δf_p	AA	—	—	—	3	3	3	3
			A				4	4	4	4
			B				6	6	6	6
6	与一定齿厚相应的齿顶高对理论尺寸的偏差	δh_a	AA	—	±10	±12	±10	±12	±10	±12
			A		±12	±14	±12	±14	±12	±14
			B		±14	±16	±14	±16	±14	±16

表 8（续）

序号	检查项目	公差代号	精度等级	结构形式	插齿刀的公称分度圆直径 mm					
					25		40		63	
					模数 mm					
					0.1~0.5	>0.5~0.9	0.1~0.5	>0.5~0.9	0.1~0.5	>0.5~0.9
7	内支承面对外支承面的平行度 δi_p	δi_p	AA	碗形 盘形				3		4
			A					4		5
			B					6		8
8	外支承面对内孔轴线的垂直度（在小于外支承面最大半径2mm~3mm范围内测量） δa_p	δa_p	AA	碗形 盘形				3		3
			A					4		4
			B					6		6
9	锥柄插齿刀柄部对轴心线的斜向圆跳动 δx_r	δx_r	A	锥柄				5		—
			B							

4.8 插齿刀用 W6M05Cr4V2 或同等以上性能的其他高速钢制造，其工作部分硬度为 63HRC~66HRC，锥柄部分硬度为 35HRC~50HRC。

5 标志、包装

5.1 标志

5.1.1 插齿刀上应标志：

　　a）制造厂或销售商商标；

　　b）公称分度圆直径；

　　c）模数；

　　d）基准齿形角；

　　e）齿数；

　　f）精度等级；

　　g）材料（普通高速钢不标）；

h）制造年月。

5.1.2　包装盒上应标志：

　　a）制造厂或销售商名称、地址和商标；

　　b）产品名称；

　　c）标准号；

　　d）公称分度圆直径；

　　e）模数；

　　f）基准齿形角；

　　g）精度等级；

　　h）材料；

　　i）制造年月。

5.2　包装

插齿刀在包装前应经防锈处理，并应采取措施防止在包装运输中产生损伤。

附　录　A
（资料性附录）
插齿刀的齿形尺寸

A.1　插齿刀端面齿形和测量截面中齿形见图A.1和图A.2。

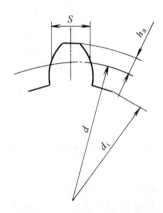

图 A.1　插齿刀端面齿形　　　　图 A.2　插齿刀测量截面中齿形

注1：ρ_{min}值是以插齿刀在测量截面上的齿形与齿条啮合时，齿条齿顶与渐开线接触点至基圆切点间的距离计算而得。

注2：ρ_{max}值是插齿刀在测量截面上齿形顶点至基圆切点的距离计算而得。

A.2　插齿刀的齿形尺寸按表A.1、表A.2、表A.3的规定。

表 A.1　公称分度圆直径 40mm 盘形插齿刀的齿形尺寸

mm

模　数 m	基圆直径 d_b	d_i	h_a	S	齿顶高系数 f	测量截面 l	起始点 ρ_{min}	终止点 ρ_{max}
0.20	37.359	39.344	0.312	0.345			6.099	7.441
0.25	37.312	39.180	0.390	0.431			5.976	7.640
0.30	36.890	38.616	0.468	0.517			5.783	7.765
0.35	37.124	38.752	0.546	0.603		1	5.712	8.007
0.40	37.171	38.688	0.624	0.690	1.35		5.606	8.212
0.50	37.547	38.860	0.780	0.862			5.445	8.661
0.60	37.171	38.232	0.936	1.034			5.147	8.953
0.70	36.796	37.604	1.092	1.207			4.544	8.996
0.80	37.547	38.176	1.248	1.379		2	4.451	9.491
0.90	37.171	37.548	1.404	1.551			4.152	9.758

注1：在插齿刀的基准截面中分度圆弧齿厚等于$\pi m/2$。

注2：l为渐开线测量截面与端截面间的距离。

表 A.2 公称分度圆直径 **63mm** 碗形插齿刀的齿形尺寸

mm

模 数 m	基圆直径 d_b	d_i	h_a	S	齿顶高系数 f	测量截面 l	起始点 ρ_{min}	终止点 ρ_{max}
0.30	58.855	62.016	0.468	0.517			9.818	11.821
0.35	59.465	62.552	0.546	0.603			9.815	12.141
0.40	59.700	62.688	0.624	0.690		1	9.744	12.389
0.50	59.136	61.860	0.780	0.862	1.35		9.409	12.686
0.60	59.136	61.632	0.936	1.034			9.177	13.073
0.70	59.136	61.404	1.092	1.207			8.644	13.203
0.80	60.075	62.176	1.248	1.379		2	8.589	13.753
0.90	60.826	62.748	1.404	1.551			8.493	14.261

注1：在插齿刀的基准截面中分度圆弧齿厚等于 $\pi m/2$。

注2：l 为渐开线测量截面与端截面间的距离。

表 A.3 公称分度圆直径 **25mm** 锥柄插齿刀的齿形尺寸

mm

模 数 m	基圆直径 d_b	d_i	h_a	S	齿顶高系数 f	测量截面 l	起始点 ρ_{min}	终止点 ρ_{max}
0.10	23.373	24.672	0.156	0.173			3.759	4.438
0.12	23.317	24.566	0.187	0.207			3.703	4.515
0.15	23.232	24.408	0.234	0.259			3.619	4.628
0.20	23.467	24.544	0.312	0.345			3.547	4.878
0.25	23.232	24.180	0.390	0.431		1	3.389	5.034
0.30	23.373	24.216	0.468	0.517			3.301	5.253
0.35	23.326	24.052	0.546	0.603	1.35		3.178	5.432
0.40	23.654	24.288	0.624	0.690			3.124	5.676
0.50	23.466	23.860	0.780	0.862			2.553	5.754
0.60	22.528	22.632	0.936	1.034			2.153	5.921
0.70	23.654	23.604	1.092	1.207		2	2.130	6.471
0.80	24.030	23.776	1.248	1.379			1.971	6.864
0.90	23.654	23.148	1.404	1.551			1.672	7.097

注1：在插齿刀的基准截面中分度圆弧齿厚等于 $\pi m/2$。

注2：l 为渐开线测量截面与端截面间的距离。

ICS 21.200

J 41

备案号：28686—2010

中华人民共和国机械行业标准

JB/T 3887—2010

代替 JB/T 3887—1999

渐开线直齿圆柱测量齿轮

Involute spur cylindrical measuring gears

2010-02-11 发布

2010-07-01 实施

中华人民共和国工业和信息化部 发布

前　言

本标准代替JB/T 3887—1999《渐开线直齿圆柱测量齿轮》。

本标准与JB/T 3887—1999相比，主要变化如下：

——规范性引用文件一章中，将引用的标准均改为国家颁布的最新版本。

——表1：将齿顶高代号"h_a"改为"h_{ap}"、齿高代号"h"改为"h_p"。

——表2：将术语"周节累积公差"改为"齿距累积总偏差"、"齿圈径向圆跳动公差"改为"径向跳动公差"、"齿形公差"改为"齿廓总偏差"、"周节极限偏差"改为"单个齿距偏差"、"齿向公差"改为"螺旋线总偏差"。将上述检验项目对应的测量齿轮分度圆直径分段和尺寸范围、齿轮模数分段和对应的各等级精度值进行了修改。

本标准由中国机械工业联合会提出。

本标准由全国刀具标准化技术委员会（SAC/TC91）归口。

本标准起草单位：成都工具研究所、哈尔滨第一工具制造有限公司。

本标准主要起草人：夏千、王家喜。

本标准所代替标准的历次版本发布情况为：

——JB/T 3887—1985；

——JB/T 3887—1999。

渐开线直齿圆柱测量齿轮

1 范围

本标准规定了渐开线直齿圆柱测量齿轮的型式和尺寸、技术要求及标志包装的基本要求。

本标准适用于在单面或双面啮合综合检查仪上，检查模数 1 mm～10 mm，齿形符合 GB/T 1356—2001，精度符合 GB/T 10095.1—2008 和 GB/T 10095.2—2008 规定的 4～9 级齿轮用的渐开线直齿圆柱测量齿轮（以下简称测量齿轮）。

2 规范性引用文件

下列文件中的条款通过本标准的引用而成为本标准的条款。凡是注日期的引用文件，其随后所有的修改单（不包括勘误的内容）或修订版均不适用于本标准，然而，鼓励根据本标准达成协议的各方研究是否可使用这些文件的最新版本。凡是不注日期的引用文件，其最新版本适用于本标准。

GB/T 1356—2001 通用机械和重型机械用圆柱齿轮 标准基本齿条齿廓（idt ISO 53：1998）

GB/T 2821—2003 齿轮几何要素代号（ISO 701：1998，IDT）

GB/T 3374—1992 齿轮基本术语（neq ISO/R 1122-1：1983）

GB/T 10095.1—2008 圆柱齿轮 精度制 第 1 部分：轮齿同侧齿面偏差的定义和允许值（ISO 1328-1：1995，IDT）

GB/T 10095.2—2008 圆柱齿轮 精度制 第 2 部分：径向综合偏差与径向跳动的定义和允许值（ISO 1328-2：1997，IDT）

3 测量齿轮基本术语、几何要素代号、偏差定义和代号

3.1 测量齿轮基本术语按 GB/T 3374 的规定。

3.2 测量齿轮几何要素代号按 GB/T 2821 的规定。

3.3 测量齿轮偏差定义和代号按 GB/T 10095.1 和 GB/T 10095.2 的规定。

4 型式和尺寸

测量齿轮的型式分为 A 型和 B 型两种，按图 1 所示，尺寸由表 1 给出。

5 技术要求

5.1 测量齿轮的精度等级和公差

5.1.1 测量齿轮应按 GB/T 10095 中规定的 2、3、4、5 级四种精度等级制造。

2 级精度的测量齿轮适用检验 GB/T 10095.1～10095.2 规定的 4 级齿轮。

3 级精度的测量齿轮适用检验 GB/T 10095.1～10095.2 规定的 5 级～6 级齿轮。

4 级精度的测量齿轮适用检验 GB/T 10095.1～10095.2 规定的 7 级齿轮。

5 级精度的测量齿轮适用检验 GB/T 10095.1～10095.2 规定的 8 级～9 级齿轮。

5.1.2 测量齿轮各检验项目和公差由表 2 给出。

5.2 材料和硬度

5.2.1 测量齿轮用 GCr15、CrWMn 以及与上述牌号具有同等性能的合金钢制造。

5.2.2 测量齿轮的硬度为 59 HRC～64 HRC。

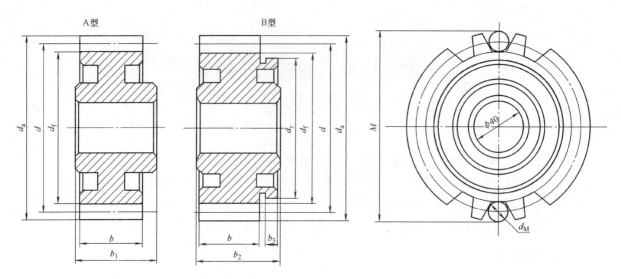

注：B 型测量齿轮按订货生产。

图　1

表　1

单位：mm

模数 m		齿数 z	分度圆直径 d	量柱直径 d_M	量柱测量距 M	齿顶高 h_{ap}	齿高 h_p	齿宽 b	总宽度		检验台直径 d_y	检验台宽度 b_3	渐开线齿形起始和终止点的曲率半径之差 $\rho_{max}-\rho_{min}$
第一系列	第二系列								A 型 b_1	B 型 b_2			
1.00		68	68.0	1.732	70.452	0.91	2.25				58		5.63
1.25		68	85.0	2.217	88.257	1.15	2.81	16	24	24	74		7.08
1.50		68	102.0	2.595	105.666	1.44	3.38				90	6	8.51
	1.75	60	105.0	3.106	109.560	1.68	3.94	20	28	28			9.91
2.00		56	112.0	3.468	116.908	1.96	4.50				96		11.32
	2.25	56	126.0	4.091	132.212	2.23	5.06	25	33	35	108		12.73
2.50		52	130.0	4.211	135.672	2.50	5.63				112		14.05
	2.75	46	126.5	4.773	133.247	2.75	6.19						15.32
3.00		42	126.0	5.176	133.239	3.00	6.75				110		16.59
	(3.25)	38	123.5	5.493	130.918	3.32	7.31				104		17.95
	3.50	36	126.0	6.212	135.044	3.57	7.88						19.20
	(3.75)	36	135.0	6.585	144.439	3.83	8.44	32	40	42	110	8	20.72
4.00		34	136.0	7.500	147.716	4.12	9.00						22.02
	4.50	30	135.0	8.282	147.602	4.73	10.13				106		24.83
5.00		28	140.0	8.767	152.478	5.30	11.25				112		27.33
	5.50	26	143.0	10.353	159.110	5.94	12.38				114		30.14
6.00		26	156.0	10.353	170.367	6.36	13.80				120		32.63
	(6.50)	24	156.0	10.950	170.610	6.83	14.95				122		35.04
	7.00	24	168.0	12.423	185.919	7.49	16.10	40	48	50	130		38.00
8.00		24	192.0	16.004	218.441	8.64	18.40				150		43.58

表 1（续）

模数 m 第一系列	模数 m 第二系列	齿数 z	分度圆直径 d	量柱直径 d_M	量柱测量距 M	齿顶高 h_{ap}	齿高 h_p	齿宽 b	总宽度 A型 b_1	总宽度 B型 b_2	检验台直径 d_y	检验台宽度 b_3	渐开线齿形起始和终止点的曲率半径之差 $\rho_{max}-\rho_{min}$
9.00		20	180.0	16.565	204.888	9.90	20.70	40	48	52	140	10	48.70
10.00		20	200.0	17.362	224.176	11.00	23.00	40	48	52	150	10	54.11

注 1：量柱测量距 M 是按分度圆弧齿厚等于 $\pi m/2$ 和压力角 α_p 等于 20° 计算得到。当检验变位齿轮时，用户需给出量柱测量距 M、齿顶高 h_{ap} 和渐开线齿形起始和终止的曲率半径之差（$\rho_{max}-\rho_{min}$），并按订货生产。

注 2：齿根圆直径 d_f 应不大于（d_a-2h_p），其中 h_p 为最小齿高、d_a 为齿顶圆直径。

注 3：模数为第二系列的测量齿轮应按订货生产。括号内的模数尽可能不选用。

表 2

单位：µm

序号	检验项目	代号	尺寸范围		精度等级 2	3	4	5
1	齿距累积总偏差	F_p	50≤d≤125	$1≤m_n≤2$	6.5	9.0	13.0	18.0
				$2<m_n≤3.5$	6.5	9.5	13.0	19.0
				$3.5<m_n≤6$	7.0	9.5	14.0	19.0
				$6<m_n≤10$	7.0	10.0	14.0	20.0
			125<d≤280	$1≤m_n≤2$	8.5	12.0	17.0	24.0
				$2<m_n≤3.5$	9.0	12.0	18.0	25.0
				$3.5<m_n≤6$	9.0	13.0	18.0	25.0
				$6<m_n≤10$	9.5	13.0	19.0	26.0
			280<d≤560	$1≤m_n≤2$	11.0	16.0	23.0	32.0
				$2<m_n≤3.5$	12.0	16.0	23.0	33.0
				$3.5<m_n≤6$	12.0	17.0	24.0	33.0
				$6<m_n≤10$	12.0	17.0	24.0	34.0
2	径向跳动公差	F_r	50≤d≤125	$1≤m_n≤2$	5.0	7.5	10.0	15.0
				$2<m_n≤3.5$	5.5	7.5	11.0	15.0
				$3.5<m_n≤6$	5.5	8.0	11.0	16.0
				$6<m_n≤10$	6.0	8.0	12.0	16.0
			125<d≤280	$1≤m_n≤2$	7.0	10.0	14.0	20.0
				$2<m_n≤3.5$	7.0	10.0	14.0	20.0
				$3.5<m_n≤6$	7.0	10.0	14.0	20.0
				$6<m_n≤10$	7.5	11.0	15.0	21.0
			280<d≤560	$1≤m_n≤2$	9.0	13.0	18.0	26.0
				$2<m_n≤3.5$	9.0	13.0	18.0	26.0
				$3.5<m_n≤6$	9.5	13.0	19.0	27.0
				$6<m_n≤10$	9.5	14.0	19.0	27.0

表 2（续）

序号	检验项目	代号	尺寸范围		精度等级			
					2	3	4	5
3	齿廓总偏差	F_a	$50 \leqslant d \leqslant 125$	$1 \leqslant m_n \leqslant 2$	2.1	2.9	4.1	6.0
				$2 < m_n \leqslant 3.5$	2.8	3.9	5.5	8.0
				$3.5 < m_n \leqslant 6$	3.4	4.8	6.5	9.5
				$6 < m_n \leqslant 10$	4.1	6.0	8.0	12.0
			$125 < d \leqslant 280$	$1 \leqslant m_n \leqslant 2$	2.4	3.5	4.9	7.0
				$2 < m_n \leqslant 3.5$	3.2	4.5	6.5	9.0
				$3.5 < m_n \leqslant 6$	3.7	5.5	7.5	11.0
				$6 < m_n \leqslant 10$	4.5	6.5	9.0	13.0
			$280 < d \leqslant 560$	$1 \leqslant m_n \leqslant 2$	2.9	4.1	6.0	8.5
				$2 < m_n \leqslant 3.5$	3.6	5.0	7.5	10.0
				$3.5 < m_n \leqslant 6$	4.2	6.0	8.5	12.0
				$6 < m_n \leqslant 10$	4.9	7.0	10.0	14.0
4	单个齿距偏差	f_{pt}	$50 \leqslant d \leqslant 125$	$1 \leqslant m_n \leqslant 2$	±1.9	±2.7	±3.8	±5.5
				$2 < m_n \leqslant 3.5$	±2.1	±2.9	±4.1	±6.0
				$3.5 < m_n \leqslant 6$	±2.3	±3.2	±4.6	±6.5
				$6 < m_n \leqslant 10$	±2.6	±3.7	±5.0	±7.5
			$125 < d \leqslant 280$	$1 \leqslant m_n \leqslant 2$	±2.1	±3.0	±4.2	±6.0
				$2 < m_n \leqslant 3.5$	±2.3	±3.2	±4.6	±6.5
				$3.5 < m_n \leqslant 6$	±2.5	±3.5	±5.0	±7.0
				$6 < m_n \leqslant 10$	±2.8	±4.0	±5.5	±8.0
			$280 < d \leqslant 560$	$1 < m_n \leqslant 2$	±2.4	±3.3	±4.7	
				$2 < m_n \leqslant 3.5$	±2.5	±3.6	±5.0	±7.0
				$3.5 < m_n \leqslant 6$	±2.7	±3.9	±5.5	±8.0
				$6 < m_n \leqslant 10$	±3.1	±4.4	±6.0	±8.5
5	螺旋线总偏差	F_β	$50 \leqslant d \leqslant 125$	$4 \leqslant b \leqslant 10$	2.4	3.3	4.7	6.5
				$10 < b \leqslant 20$	2.6	3.7	5.5	7.5
				$20 < b \leqslant 40$	3.0	4.2	6.0	8.5
				$40 < b \leqslant 80$	3.5	4.9	7.0	10.0
			$125 < d \leqslant 280$	$4 \leqslant b \leqslant 10$	2.5	3.6	5.0	7.0
				$10 < b \leqslant 20$	2.8	4.0	5.5	8.0
				$20 < b \leqslant 40$	3.2	4.5	6.5	9.0
				$40 < b \leqslant 80$	3.6	5.0	7.5	10.0
			$280 < d \leqslant 560$	$10 \leqslant b \leqslant 20$	3.0	4.3	6.0	8.5
				$20 < b \leqslant 40$	3.4	4.8	6.5	9.5
				$40 < b \leqslant 80$	3.9	5.5	7.5	11.0
6	齿厚极限偏差	E_{ss} E_{si}	$m_n = 1 \sim 3.5$		±39			
			$m_n > 3.5 \sim 6$		±62			
			$m_n > 6 \sim 10$		±98			

表 2（续）

序号	检 验 项 目	代号	尺寸范围		精 度 等 级			
					2	3	4	5
7	齿顶高极限偏差	E_{hap}	$m_n = 1 \sim 3.5$		0 −10	0 −15	0 −20	0 −30
			$m_n > 3.5 \sim 6$		0 −15	0 −20	0 −25	0 −40
			$m_n > 6 \sim 10$		0 −20	0 −25	0 −30	0 −50
8	检验台或支承端面对内孔中心线的端面圆跳动公差	T_{rt}	端面测量圆直径	$50 \sim 95$	2	3	4	4
				$>95 \sim 170$	2	4	5	5
9	检验台外圆表面对内孔中心线的径向圆跳动公差	T_{ry}	测量圆直径	$\leqslant 95$	2	3	4	4
				$>95 \sim 170$	3	4	5	5
10	齿顶圆径向圆跳动公差	T_{sa}	$m_n = 1 \sim 10$		20		30	
11	内孔极限偏差	E_D	$m_n = 1 \sim 10$		+3 0		+4 0	+5 0

注 1：齿顶高极限偏差 E_{hap} 是指与一定齿厚相应的齿顶高对理论尺寸的偏差。

注 2：内孔的圆柱度应在孔径极限偏差范围内，两端超出极限偏差的喇叭口总长度不应超过配合长度的25%。

5.2.3 测量齿轮在制造过程中应经稳定性处理。

5.3 外观和表面粗糙度

5.3.1 测量齿轮的各表面不得有裂纹、刻痕、烧伤、锈迹等缺陷。

5.3.2 测量齿轮表面粗糙度的上限值由表3中给出。

表 3

单位：μm

项 目		表面粗糙度参数
齿两侧工作面	2、3级测量齿轮	$Rz\ 0.8$
	4、5级测量齿轮	$Rz\ 1.6$
支承端面、检验台外圆表面和端面	2、3级测量齿轮	$Ra\ 0.16$
	4、5级测量齿轮	$Ra\ 0.32$
内孔表面		$Ra\ 0.16$

6 标志和包装

6.1 标志

6.1.1 产品非工作表面上应标志：

　　a）制造厂或销售商商标；

　　b）模数；

　　c）压力角；

　　d）齿数；

　　e）精度等级；

　　f）量柱测量距、量柱直径；

　　g）制造年月。

6.1.2 包装盒上应标志：

　　a）制造厂或销售商名称、地址、商标；

b）产品名称、模数、压力角、精度等级、标准编号；

c）材料代号或牌号；

d）件数；

e）制造年月。

6.2 包装

测量齿轮包装前应进行防锈处理。包装必须牢靠，并防止运输过程中的损伤。

ICS 25.100.99

J 41

备案号：19001—2006

中华人民共和国机械行业标准

JB/T 4103—2006
代替 JB/T 4103—1994
JB/T 4104—1994

剃前齿轮滚刀

Pre-shaving hob

2006-09-14 发布　　　　　　　　　　　　2007-03-01 实施

中华人民共和国国家发展和改革委员会 发布

前　言

本标准代替 JB/T 4103—1994《剃前齿轮滚刀　基本型式和尺寸》和 JB/T 4104—1994《剃前齿轮滚刀　技术条件》。

本标准与 JB/T 4103—1994、JB/T 4104—1994 相比，主要变化如下：

——将两项标准进行了整合；

——取消了对材料碳化物均匀度的规定；

——取消了"性能试验"一章；

——精度一章中，取消了"A 级滚刀必须采用前一组"的规定；

——表 3 中，增加第 14、第 15 两项中 A 级公差；

——表 3 中，对第 17、第 18、第 20 三项公差做了修改；

——表 3 中，取消第 19 项线性公差值（h_2、H_2），增加角度公差值（$\alpha\phi$）；

——取消表 B.1、表 B.2 中 h_2、H_2 尺寸，其余做了编辑性修改。

本标准的附录 A、附录 B 为资料性附录。

本标准由中国机械工业联合会提出。

本标准由全国刀具标准化技术委员会（SAC/TC91）归口。

本标准起草单位：哈尔滨第一工具有限公司。

本标准主要起草人：莽继成、曲建华、陈克天、董英武、王家喜。

本标准所代替标准的历次版本发布情况：

——JB/T 4103—1994；

——JB/T 4104—1994。

剃前齿轮滚刀

1 范围

本标准规定了模数 1mm～8mm 剃前齿轮滚刀（以下简称滚刀）的型式尺寸和技术要求。

本标准适用于模数 1mm～8mm、基本齿廓符合 GB/T 1356 的不变位渐开线圆柱齿轮的剃齿前滚削用 A 级和 B 级滚刀。

本标准适用于单头、右旋、容屑槽为平行于轴线的滚刀（按用户要求，滚刀可做成左旋）。

2 规范性引用文件

下列文件中的条款通过本标准的引用而成为本标准的条款。凡是注日期的引用文件，其随后所有的修改单（不包括勘误的内容）或修订版均不适用于本标准，然而，鼓励根据本标准达成协议的各方研究是否可使用这些文件的最新版本。凡是不注日期的引用文件，其最新版本适用于本标准。

GB/T 1356 通用机械和重型机械用圆柱齿轮 标准基本齿条齿廓（GB/T 1356—2001，idt ISO 53：1998）

GB/T 6132 铣刀和铣刀刀杆的互换尺寸（GB/T 6132—2006，ISO 240：1994，IDT）

3 型式尺寸

3.1 滚刀的型式尺寸按图 1 和表 1 规定。滚刀的计算尺寸参见附录 A，滚刀的轴向齿形分两种：Ⅰ型、Ⅱ型，尺寸参见附录 B。

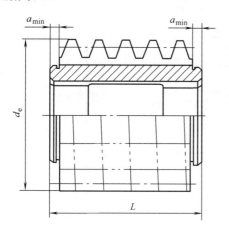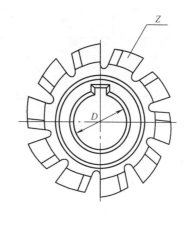

图 1

3.2 滚刀的键槽尺寸及偏差按 GB/T 6132。

3.3 滚刀的轴台直径由制造厂决定，其尺寸尽可能取大些。

3.4 标记示例：

模数 $m=3$mm 齿形为 Ⅰ 型的 A 级剃前齿轮滚刀为：

剃前齿轮滚刀 $m3$ Ⅰ A JB/T 4103—2006

4 技术要求

4.1 材料和硬度

滚刀用 W6Mo5Cr4V2 或同等性能的高速钢制造。切削部分硬度为 63HRC～66HRC。

JB/T 4103—2006

表 1

mm

模 数 系 列		d_e	L	D	a_{min}	Z
1	2					
1		50	32	22		
1.25			40			
1.5		63	50	27		
	1.75					
2						12
	2.25		56			
2.5		71				
	2.75		63			
3		80	71			
	3.25					
	3.5					
	3.75		80	32		
4		90			5	
	4.5		90			
5		100	100			
	5.5	112	112			10
6						
	6.5	118	118	40		
	7		125			
8		125	132			

4.2 外观和表面粗糙度

4.2.1 滚刀表面不得有裂纹、崩刃、烧伤及其他影响使用性能的缺陷。

4.2.2 滚刀表面粗糙度的最大允许值按表2的规定。

4.3 精度

4.3.1 滚刀外径 d_e 的极限偏差为 h15，全长 L 的极限偏差为 js15。

4.3.2 滚刀制造时的主要公差应符合表3规定。

4.3.3 表3检查参数中：ΔZ、ΔZ_1、ΔZ_3 与 ΔP_X、ΔP_{X3} 两组可任选一组均有效，推荐优先采用前一组。

410

表　2

μm

检 查 项 目	表面粗糙度参数	滚 刀 精 度 等 级	
		A	B
		表　面　粗　糙　度	
内 孔 表 面		0.32	0.63
端　　　面			
轴 台 外 圆	R_a	0.63	1.25
刀 齿 前 面			0.63
刀 齿 侧 面			
刀齿顶面及齿顶圆角	R_z	3.2	6.3

表　3

μm

序号	检查项目及示意	公差代号	精度等级	模　数 mm			
				1~2	>2~3.5	>3.5~6.3	>6.3~8
1	孔 径 偏 差 内孔配合表面上超出公差的喇叭口长度，应小于每边配合长度的25%；键槽两侧超出公差部分的宽度，每边应不大于键宽的 … 在对孔作精度检查时，具有公称直径的基准心轴应能通过孔	δD	A	H5			
			B	H6			
2	轴台的径向圆跳动 	δd_{1i}	A	5	5	6	8
			B	7	8	10	12
3	轴台的端面圆跳动 	δd_{1x}	A	4	4	5	6
			B	6	6	8	10
4	刀齿的径向圆跳动 	δd_{er}	A	22	25	30	38
			B	40	45	53	65
	滚刀一转内，齿廓到内孔中心距离的最大差值。						

表 3（续）

序号	检查项目及示意	公差代号	精度等级	模 数 mm			
				1～2	>2～3.5	>3.5～6.3	>6.3～8
5	刀齿前面的径向性 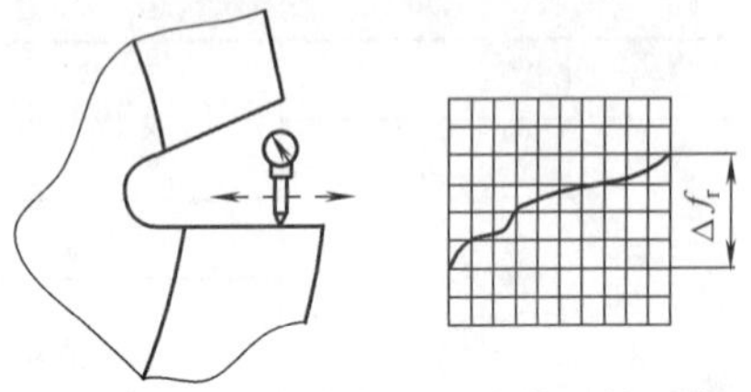 在测量范围内，容纳实际刀齿前面的两个平行于理论前面的平面之距离。	δf_r	A	18	20	24	30
			B	32	36	42	53
6	容屑槽的相邻周节差 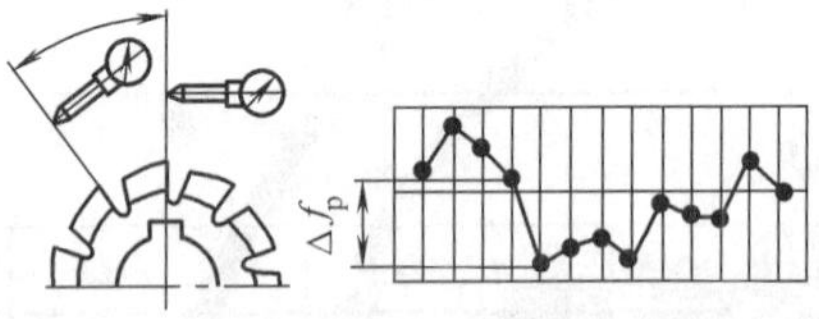 在滚刀分度圆附近的同一圆周上，两相邻周节的最大差值。	δf_p	A	22	25	30	38
			B	40	45	53	65
7	容屑槽周节的最大累积误差 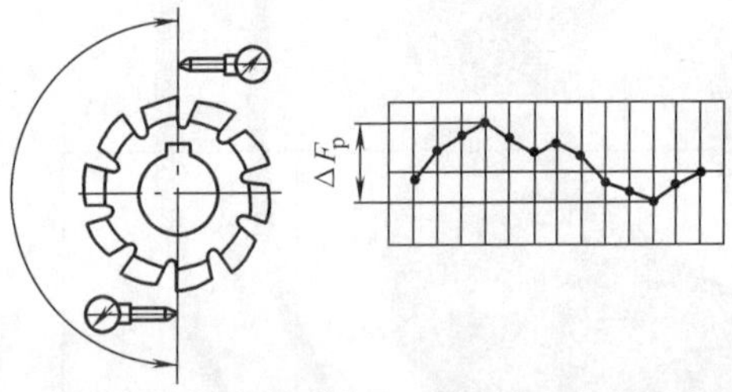 在滚刀分度圆附近的同一圆周上，任意两个刀齿前面的相互位置的最大误差。	δF_p	A	42	48	55	70
			B	75	85	100	125
8	刀齿前面与内孔轴线的平行度 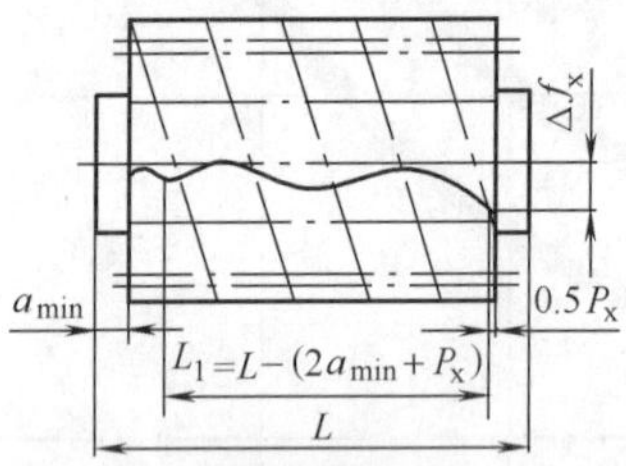 在靠近分度圆处的测量范围内，容纳实际前面的两个平行于理论前面的平面间距离。	δf_x	A	35	50	65	90
			B	40	65	80	110
9	齿形误差 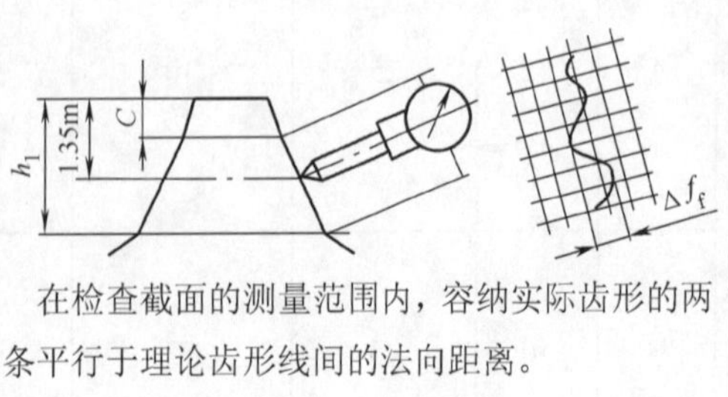 在检查截面的测量范围内，容纳实际齿形的两条平行于理论齿形线间的法向距离。 图示为Ⅱ型，Ⅰ型按节线向上1倍模数处为上部测量起始点。	δf_f	A	7	8	10	12
			B	14	16	19	24

表 3（续）

序号	检查项目及示意	公差代号	精度等级	模 数 mm			
				1～2	>2～3.5	>3.5～6.3	>6.3～8
10	齿厚偏差 在滚刀理论齿高处测量的齿厚对公称齿厚的偏差。	δS_x	A	±16	±18	±21	±26
			B	±20	±25	±30	±40
11	相邻切削刃螺旋线误差 相邻切削刃与内孔同心圆柱表面的交点对滚刀理论螺旋线的最大轴向误差。	δZ	A	6	7	9	11
			B	12	14	17	21
12	滚刀一转内切削刃的螺旋线误差 在滚刀一转内，切削刃与内孔同心圆柱表面的交点对理论螺旋线的最大轴向误差。	δZ_1	A	11	12	15	19
			B	22	25	30	38
13	滚刀三转内切削刃的螺旋线误差	δZ_3	A	20	22	26	34
			B	40	45	53	65
14	齿距最大偏差 在任意一排齿上，相邻刀齿轴向距离的最大偏差。	δP_x	A	±7	±8	±10	±12
			B	±13	±14	±16	±21

表 3（续）

序号	检查项目及示意	公差代号	精度等级	模 数 mm			
				1～2	>2～3.5	>3.5～6.3	>6.3～8
15	任意三个齿距长度内的最大累积误差	δP_{x3}	A	±12	±14	±16	±21
			B	±21	±22	±26	±34
16	触角高度偏差	δH_1	A	±15			
			B	±20			
17	尺寸 C 的偏差	δC	A	$C \leqslant 3mm \cdots\cdots \pm 100$			
			B	$C > 3mm \cdots\cdots \pm 150$			
18	尺寸 h_1 的偏差	δh_1	A	$h_1 \leqslant 8mm \cdots\cdots {}^{+50}_{-100}$			
			B	$h_1 > 8mm \cdots\cdots {}^{+100}_{-150}$			
19	α_ϕ 的偏差	$\delta \alpha_\phi$	A	±35′	±30′		±25′
			B				
20	尺寸 h_1 的一致性误差 $\delta h_{1t} = |h_{1l} - h_{1r}|$	δh_{1t}	A	$h_1 \leqslant 8mm \cdots\cdots 100$			
			B	$h_1 > 8mm \cdots\cdots 150$			

4.4 标志和包装

4.4.1 标志

4.4.1.1 滚刀端面上应标志：

　　a）制造厂商标；

　　b）模数；

　　c）基准齿形角；

　　d）滚刀分圆柱上的螺旋升角；

　　e）螺旋方向（右旋不标）；

　　f）齿形型式；

　　g）精度等级；

　　h）材料代号（普通高速钢不标）；

　　i）制造年月。

4.4.1.2 包装盒上应标志：

　　a）制造厂或销售商的商标、名称、地址；

　　b）产品名称；

　　c）模数；

　　d）齿形角；

　　e）齿形型式；

　　f）精度等级；

　　g）材料代号；

　　h）制造年月；

　　i）标准编号。

4.4.2 包装

滚刀包装前应经防锈处理，包装必须牢固，并应采取措施，防止在运输过程中的损伤。

附　录　A

（资料性附录）

滚刀的计算尺寸

剃前齿轮滚刀的计算尺寸见图 A.1 及表 A.1。

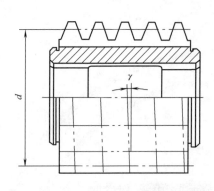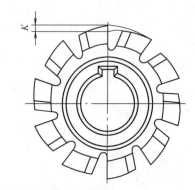

图　A.1

表　A.1

mm

模 数 系 列		d	γ	K
1	2			
1		46.6	1° 14′	2.5
1.25		45.93	1° 34′	
1.5		58.11	1° 29′	3
	1.75	57.44	1° 45′	
2		56.76	2° 01′	
	2.25	63.89		
2.5		63.21	2° 16′	4
	2.75	62.54	2° 31′	
3		70.76	2° 26′	4.5
	3.25	70.09	2° 39′	
	3.5	69.41	2° 53′	
	3.75	78.60	2° 44′	5
4		77.92	2° 57′	
	4.5	76.37	3° 23′	6
5		84.92		6.5
	5.5	95.47	3° 18′	7
6		94.12	3° 39′	
	6.5	98.57	3° 47′	8
	7	97.22	4° 08′	
8		101.48	4° 31′	

附　录　B
（资料性附录）
滚刀的轴向齿形尺寸

Ⅰ型滚刀的轴向齿形按图 B.1 和表 B.1，Ⅱ型滚刀的轴向齿形按图 B.2 和表 B.2。

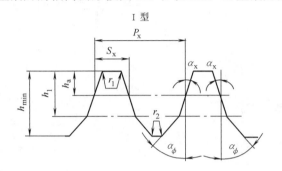

当 $Z_1 \leqslant 20$ 时，切出工件有沉割，有修缘；

当 $Z_1 > 20$ 时，切出工件无沉割，有修缘。

$h_a = 1.35m$；$r_1 = 0.2m$（m——模数；Z_1——被切齿轮齿数）

图　B.1

表　B.1

mm

模 数 系 列		Ⅰ 型							留剃量
1	2	h_1	h_{min}	r_2	α_x	P_x	Sx	α_ϕ	Δ
1		2.15	2.45			3.142	1.51		
1.25		2.69	3.06		20°	3.928	1.90	50°	
1.5		3.23	3.68	0.1		4.714	2.30		0.06
	1.75	3.76	4.29			5.500	2.69		
2		4.24	5.00			6.287	3.08		
	2.25	4.77	5.63	0.2		7.073	3.47		
2.5		5.30	6.25			7.860	3.86		
	2.75	5.83	6.88		20° 01′	8.648	4.25		0.07
3		6.45	7.80			9.433	4.65		
	3.25	6.99	8.45	0.3		10.221	5.04		
	3.5	7.53	9.10			11.010	5.43		
	3.75	8.06	9.75			11.794	5.81	40°	
4		8.60	10.40	0.4		12.583	6.20		
	4.5	9.68	11.70			14.162	6.99		0.09
5		10.75	13.00			15.735	7.78		
	5.5	11.83	14.30	0.5	20° 02′	17.307	8.56		
6		12.90	15.60			18.888	9.35		
	6.5	13.98	16.90			20.465	10.11		
	7	15.05	18.20	0.6		20.048	10.90		0.12
8		17.20	20.80		20° 03′	25.211	12.49		

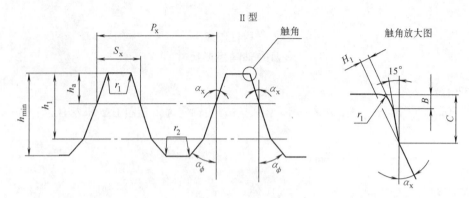

适用范围：$m \geqslant 2$ 且 $Z_1 > 20$　$r_1 = 0.2m$（m——模数；Z_1——被切齿轮齿数）切出工件齿根有沉割，齿顶有修缘。

图 B.2

表 B.2

mm

模数系列		II 型										留剃量
1	2	h_1	h_{min}	r_2	α_x	P_x	S_x	H_1	B	C	α_ϕ	Δ
2		4.24	5.00			6.287	3.08	0.055	0.60	1.21		0.06
	2.25	4.77	5.63	0.2		7.073	3.47		0.68	1.34		
2.5		5.30	6.25			7.860	3.86		0.75	1.41		
	2.75	5.83	6.88			8.648	4.25	0.060	0.83	1.49		0.07
3		6.45	7.80		20° 01′	9.433	4.65		0.90	1.56		
	3.25	6.99	8.45	0.3		10.221	5.04		0.98	1.64		
	3.5	7.53	9.10			11.010	5.43		1.05	1.71	40°	
	3.75	8.06	9.75			11.794	5.81		1.13	1.90		
4		8.60	10.40	0.4		12.583	6.20		1.20	1.98		
	4.5	9.68	11.70			14.162	6.99	0.070	1.35	2.13		0.09
5		10.75	13.00			15.735	7.78		1.50	2.28		
	5.5	11.83	14.30	0.5	20° 02′	17.307	8.56		1.65	2.43		
6		12.90	15.60			18.888	9.35		1.80	2.58		
	6.5	13.98	16.90			20.465	10.11		1.95	2.89		
	7	15.05	18.20	0.6	20° 03′	20.048	10.90	0.085	2.10	3.04		0.12
8		17.20	20.80			25.211	12.49		2.40	3.34		

ICS 25.100.25
J 41
备案号：19082—2006

中华人民共和国机械行业标准

JB/T 5613—2006
代替 JB/T 5613—1991

小径定心矩形花键拉刀

Straight spline broach with minor diameter center

2006-10-14 发布   2007-04-01 实施

中华人民共和国国家发展和改革委员会 发布

前　言

本标准代替 JB/T 5613—1991《小径定心矩形花键拉刀》。

本标准的附录 A、附录 B、附录 C 均为资料性附录。

本标准由中国机械工业联合会提出。

本标准由全国刀具标准化技术委员会（SAC/TC91）归口。

本标准起草单位：哈尔滨第一工具有限公司。

本标准主要起草人：王家喜、曲建华、宋铁福、陈克天。

本标准所代替标准的历次版本发布情况：

——JB/T 5613—1991。

小径定心矩形花键拉刀

1 范围

本标准规定了小径定心矩形花键拉刀的基本型式和尺寸。拉刀分两种型式，加工内花键小径带留磨量的简称留磨拉刀，加工内花键小径不带留磨量的简称不留磨拉刀。

本标准适用于按 GB/T 1144 中内花键定心直径公差带代号为 H7，槽宽公差带代号为 H9、H11 加工花键的小径定心矩形花键拉刀。

2 规范性引用文件

下列文件中的条款通过本标准的引用而成为本标准的条款。凡是注日期的引用文件，其随后所有的修改单（不包括勘误的内容）或修订版均不适用于本标准，然而，鼓励根据本标准达成协议的各方研究是否可使用这些文件的最新版本。凡是不注日期的引用文件，其最新版本适用于本标准。

GB/T 1144　矩形花键尺寸、公差和检验（GB/T 1144—2001，neq ISO 14：1982）

GB/T 3832.2　拉刀柄部　第 2 部分：圆柱形前柄

GB/T 3832.3　拉刀柄部　第 3 部分：圆柱形后柄

JB/T 9992　矩形花键拉刀　技术条件

3 型式尺寸

3.1 型式

拉刀结构型式按图 1。

3.2 尺寸

3.2.1　留磨拉刀的结构尺寸按表 1，柄部尺寸分别按 GB/T 3832.2 和 GB/T 3832.3 的规定。

3.2.2　不留磨拉刀的结构尺寸按表 2，柄部尺寸分别按 GB/T 3832.2 和 GB/T 3832.3 的规定。

3.2.3　留磨拉刀的参考尺寸参见附录 A。

3.2.4　不留磨拉刀的参考尺寸参见附录 B。

3.2.5　拉刀刀齿角度及刃带尺寸参见附录 C。

3.3 标记示例

花键规格为 6×28H7×34H10×7H11，拉削长度 30mm～50mm，前角为 15° 的留磨小径定心矩形花键拉刀：

留磨小径定心矩形花键拉刀 6×28H7×34H10×7H11，30～50，15° JB/T5613—2006

4 技术条件

按 JB/T 9992 的规定。

成组拉刀第二刀前导部

成组拉刀第一刀后导部

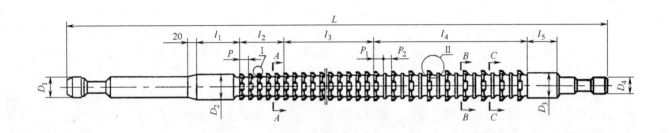

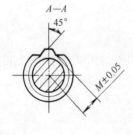

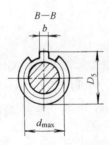

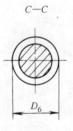

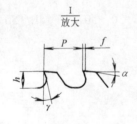

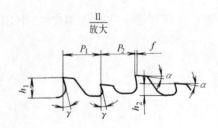

图　1

表 1

mm

工件参数				拉刀结构尺寸							
花键规格 N×d×D×B	拉削长度	花键倒角 C	b 花键槽宽公差带 H11	L^b	D_5	D_6	D_1	D_2	M	D_3	D_4
6×11×14×3	>10~18	0.2	3.036	550	14.070	10.818	10	10.60	4.90	10.80	—
	>18~30ª			515	12.600	—		12.55	—	12.55	
					14.070	10.818				10.80	
	>30~50ª			680	12.600	—		10.60	4.90	12.55	
					14.070	10.818		12.55	—	10.80	
6×13×16×3.5	>10~18	0.2	3.575	575	16.070	12.818	12	12.60	5.76	12.80	12
	>18~30ª			535	14.600	—		14.55	—	14.55	
					16.070	12.818				12.80	
	>30~50ª			690	14.600	—		12.60	5.76	14.55	
					16.070	12.818		14.55	—	12.80	
6×16×20×4	>10~18	0.2	4.075	605	20.084	15.818	14	15.60	7.04	15.80	12
	>18~30			760	18.150	—		18.10	—	18.10	
	>30~50ª			770	20.084	15.818		18.10	—	15.80	
	>50~80ª			965	18.150	—		15.60	7.04	18.10	
					20.084	15.818		18.10	—	15.80	
6×18×22×5	>10~18	0.3	5.075	620	22.083	17.818	16	17.60	8.03	17.80	16
	>18~30			750							
	>30~50			970							
	>50~80ª			920	20.150	—		20.10	—	20.10	
					22.084	17.818		20.10	—	17.80	
6×21×25×5	>10~18		5.075	605	25.084	20.821	20	20.60	9.14	20.80	20
	>18~30			715							
	>30~50			955							
	>50~80			1105							
6×23×26×6	>10~18	0.2	6.075	600	26.084	22.821	22	22.60	10.07	22.80	20
	>18~30			710							
	>30~50			865							
	>50~80			1000							
6×23×28×6	>10~18		6.075	700	28.084		22	22.60	10.12	22.80	20
	>18~30			845							
	>30~50	0.3		1050							
	>50~80			1225							
6×26×30×6	>10~18			645	30.084	25.821	25	25.60	11.22	25.80	25
	>18~30			770							
	>30~50			955							

表 1（续）

工 件 参 数				拉刀结构尺寸								
花键规格 $N \times d \times D \times B$	拉削长度	花键倒角 C	b 花键槽宽公差带 H11	L^b	D_5	D_6	D_1	D_2	M	D_3	D_4
$6 \times 26 \times 30 \times 6$	>50~80	0.3		1105	30.084				11.22		
$6 \times 26 \times 32 \times 6$	>10~18	0.4	6.075	750		25.821		25.60	11.28	25.80	
	>18~30			905							
	>30~50			1140	32.100						
	>50~80			1325							
$6 \times 28 \times 32 \times 7$	>10~18	0.3	7.090	645			25		12.21		
	>18~30			770							
	>30~50			955		27.821		27.60		27.80	
	>50~80			1105							25
$6 \times 28 \times 34 \times 7$	>10~18	0.4		750					12.27		
	>18~30			905	34.100						
	>30~50			1140							
	>50~80			1325							
$8 \times 32 \times 36 \times 6$	>10~18	0.3	6.075	655	36.100				13.40		
	>18~30			785							
	>30~50			975							
	>50~80			1130		31.775	28	31.50		31.75	
$8 \times 32 \times 38 \times 6$	>10~18	0.4		760					13.46		
	>18~30			920	38.100						
	>30~50			1160							
	>50~80			1350							
$8 \times 36 \times 40 \times 7$	>18~30	0.3	7.090	820	40.100				15.13		
	>30~50			1005							
	>50~80			1160							
	>80~120			1390		35.775	32	35.50		35.75	32
$8 \times 36 \times 42 \times 7$	>18~30	0.4		955					15.18		
	>30~50			1190	42.100						
	>50~80			1385							
	>80~120			1660							
$8 \times 42 \times 46 \times 8$	>18~30	0.3	8.090	820	46.100				17.58		
	>30~50			1005							
	>50~80			1160							
	>80~120			1390		41.775	36	41.50		41.75	40
$8 \times 42 \times 48 \times 8$	>18~30	0.4		955	48.100				17.63		
	>30~50			1190							
	>50~80			1385							

表 1（续）

花键规格 N×d×D×B	拉削长度	花键倒角 C	b 花键槽宽公差带 H11	L^b	D_5	D_6	D_1	D_2	M	D_3	D_4
8×42×48×8	>80~120	0.4	8.090	1660	48.100	41.775	36	41.50	17.63	41.75	
8×46×50×9	>18~30	0.3	9.090	820	50.100		40	45.50	19.30	45.75	40
	>30~50			1005							
	>50~80			1160							
	>80~120			1390		45.775					
8×46×54×9	>18~30	0.5		1090	54.120				19.42		
	>30~50			1380							
	>50~80			1605							
	>80~120 [a]			1285	50.400	—				50.35	
					54.120	45.775		50.35	—	45.75	
8×52×58×10	>18~30	0.4	10.090	975	58.120			51.45	21.80	51.75	50
	>30~50			1210							
	>50~80			1405							
	>80~120			1680		51.780					
8×52×60×10	>18~30	0.5		1110	60.120				21.86		
	>30~50			1400							
	>50~80			1625							
	>80~120 [a]			1315	56.350	—				56.30	
					51.730			56.30	—	51.75	
8×56×62×10	>18~30	0.4		975	60.120		50	55.45	23.25	55.75	50
	>30~50			1210							
	>50~80			1405							
	>80~120			1680		55.780					
8×56×65×10	>18~30	0.5		1175	65.120				23.30		
	>30~50			1485							
	>50~80 [a]			1150	60.900	—				60.85	
					65.120	55.780		60.85	—	55.75	
	>80~120 [a]			1370	60.900	—		55.45	23.30	60.85	
					65.120	55.780		60.85	—	55.75	
8×62×68×12	>18~30	0.4	12.110	975	68.120	61.780		61.45	25.97	61.75	
	>30~50			1210							
	>50~80			1405							
	>80~120			1680							

表 1（续）

工件参数				拉刀结构尺寸							
花键规格 N×d×D×B	拉削长度	花键倒角 C	b 花键槽宽公差带 H11	L[b]	D_5	D_6	D_1	D_2	M	D_3	D_4
8×62×72×12	>18~30	0.6	12.110	1245	72.120	61.780	50	61.45	26.08	61.75	50
	>30~50			1585							
	>50~80 [a]			1205	67.350	—				67.30	
					72.120	61.780		67.30	—	61.75	
	>80~120 [a]			1440	67.350	—		61.45	26.08	67.30	
					72.120	61.780		67.30	—	61.75	
10×72×78×12	>30~50	0.4		1195	78.120	71.780	63	71.45	29.58	71.75	63
	>50~80			1380							
	>80~120			1650							
10×72×82×12	>30~50	0.6		1575	82.140	71.780		71.45	29.59	71.75	
	>50~80 [a]			1225	77.400	—				77.35	
					82.140	71.780		77.35	—	71.75	
	>80~120 [a]			1445	77.400	—		71.45	29.59	77.35	
					82.140	71.780		77.35	—	71.75	
10×82×88×12	>30~50	0.4		1235	88.140	81.735	70	81.35	33.16	81.70	
	>50~80			1420							
	>80~120			1690							
10×82×92×12	>30~50	0.6		1575	92.140				33.28	87.25	
	>50~80 [a]			1225	87.300	—				87.25	
					92.140	81.735		87.25	—	81.70	
	>80~120 [a]			1445	87.300	—		81.35	33.28	87.25	
					92.140	81.735		87.25	—	81.70	
10×92×98×14	>30~50	0.4	14.110	1235	98.140	91.735		91.35	37.34	91.70	
	>50~80			1420							
	>80~120			1690							
10×92×102×14	>30~50	0.6		1575	102.140				37.45	97.25	
	>50~80 [a]			1225	97.300	—				97.25	
					102.140	91.735		97.25	—	91.70	
	>80~120 [a]			1445	97.300	—		91.35	37.45	97.25	
					102.140	91.735		97.25	—	91.70	
10×102×108×16	>30~50	0.4	16.110	1270	108.140	101.735	80	101.35	41.51	101.70	80
	>50~80			1445							
	>80~120			1725							
10×102×112×16	>30~50	0.6		1610	112.140				41.63		

表 1（续）

工件参数				拉刀结构尺寸							
花键规格 N×d×D×B	拉削长度	花键倒角 C	b 花键槽宽公差带 H11	L^b	D_5	D_6	D_1	D_2	M	D_3	D_4
10×102×112×16	>50~80[a]	0.6	16.110	1260	107.300	—		101.35	41.63	107.25	
					112.140	101.735		107.25	—	101.70	
	>80~120[a]			1485	107.300	—		101.35	41.63	107.25	
					112.140	101.735		107.25	—	101.70	
10×112×120×18	>30~50	0.5	18.110	1445							
	>50~80			1665	120.140	111.735	80	111.35	45.74	111.70	80
	>80~120[a]			1375	116.350	—				116.30	
					120.140	111.735		116.30		111.70	
10×112×125×18	>30~50[a]	0.6		1240	118.850	—		111.35	45.80	118.80	
					125.160	111.735		118.80		111.70	
	>50~80[a]			1415	118.850			111.35	45.80	118.80	
					125.160	111.735		118.80		111.70	
	>80~120[a]			1675	118.850			111.35	45.80	118.80	
					125.160	111.735		118.80		111.70	

[a] 两支一组。

[b] 参考值。

表 2

mm

工件参数				拉刀结构尺寸							
花键规格 N×d×D×B	拉削长度	花键倒角 C	b 花键槽宽公差带 H9	L^b	D_5	D_6	D_1	D_2	M	D_3	D_4
6×11×14×3	>10~18	0.2	3.025	353	14.070	11.018	10	10.80	4.90	11.00	—
	>18~30[a]			500	12.700	—				12.65	
					14.070	11.018		12.65	—	11.00	
	>30~50[a]			660	12.700	—		10.80	4.90	12.65	
					14.070	11.018		12.65	—	11.00	
6×13×16×3.5	>10~18		3.530	555	16.070	13.018	12	12.80	5.76	13.00	12
	>18~30[a]			520	14.700	—				14.65	
					16.070	13.018		14.65	—	13.00	
	>30~50[a]			670	14.700	—		12.80	5.76	14.65	
					16.070	13.018		14.65	—	13.00	
6×16×20×4	>10~18	0.3	4.030	590	20.084	16.018	14	15.80	7.04	16.00	
	>18~30			735							

表 2（续）

工件参数				拉刀结构尺寸							
花键规格 N×d×D×B	拉削长度	花键倒角 C	b 花键槽宽公差带 H9	L^b	D_5	D_6	D_1	D_2	M	D_3	D_4
6×16×20×4	>30~50[a]		4.030	750	18.250	—	14	15.80	7.04	18.20	12
					20.084	16.018		18.20	—	16.00	
	>50~80[a]			940	18.250	—		15.80	7.04	18.20	
					20.084	16.018		18.20	—	16.00	
6×18×22×5	>10~18	0.3	5.030	610	22.084	18.018	16	17.80	8.03	18.00	16
	>18~30			735							
	>30~50			950							
	>50~80[a]			895	20.250	—				20.20	
					22.084	18.018		20.20	—	18.00	
6×21×25×5	>10~18		5.030	600	25.084	21.021	20	20.80	9.14	21.00	16
	>18~30			710							
	>30~50			940							
	>50~80			1095							
6×23×26×6	>10~18	0.2	6.030	595	26.084	23.021	22	22.80	10.07	23.00	20
	>18~30			705							
	>30~50			855							
	>50~80			990							
6×23×28×6	>10~18	0.3	6.030	690	28.084				10.12		
	>18~30			825							
	>30~50			1030							
	>50~80			1195							
6×26×30×6	>10~18	0.3	6.030	640	30.084	26.021	25	25.80	11.23	26.00	25
	>18~30			765							
	>30~50			940							
	>50~80			1095							
6×26×32×6	>10~18	0.4	6.030	735	32.100				11.28		
	>18~30			890							
	>30~50			1120							
	>50~80			1300							
6×28×32×7	>10~18	0.3	7.036	640	32.100	28.021	25	27.80	12.21	28.00	25
	>18~30			760							
	>30~50			945							
	>50~80			1095							
6×28×34×7	>10~18	0.4	7.036	735	34.100	28.021		27.80	12.27	28.00	25
	>18~30			890							
	>30~50			1120							

表 2（续）

工件参数				拉刀结构尺寸							
花键规格 N×d×D×B	拉削长度	花键倒角 C	b 花键槽宽公差带 H9	L^b	D_5	D_6	D_1	D_2	M	D_3	D_4
6×28×34×7	>50~80	0.4	7.036	1300	34.100	28.021	25	27.80	12.27	28.00	
8×32×36×6	>10~18	0.3	6.030	645	36.100	32.025	28	31.75	13.40	32.00	25
	>18~30			770							
	>30~50			950							
	>50~80			1105							
8×32×38×6	>10~18	0.4		745	38.100				13.46		
	>18~30			905							
	>30~50			1140							
	>50~80			1325							
8×36×40×7	>18~30	0.3	7.036	805	40.100	36.025	32	35.75	15.13	36.00	32
	>30~50			985							
	>50~80			1135							
	>80~120			1360							
8×36×42×7	>18~30	0.4		940	42.100				15.18		
	>30~50			1170							
	>50~80			1355							
	>80~120			1630							
8×42×46×8	>18~30	0.3	8.036	805	46.100	42.025	36	41.75	17.58	42.00	40
	>30~50			985							
	>50~80			1135							
	>80~120			1360							
8×42×48×8	>18~30	0.4		940	48.100				17.63		
	>30~50			1170							
	>50~80			1355							
	>80~120			1630							
8×46×50×9	>18~30	0.3	9.036	805	50.100	46.025	40	45.75	19.30	46.00	40
	>30~50			985							
	>50~80			1135							
	>80~120			1360							
8×46×54×9	>18~30	0.5		1075	54.120				19.41		
	>30~50			1355							
	>50~80			1575							
	>80~120			1260	50.500	—				50.45	
					54.120	46.025		50.45	—	46.00	
8×52×58×10	>18~30	0.4	10.036	960	58.120	52.030	50	51.70	21.80	52.00	50
	>30~50			1190							

表 2（续）

工件参数				拉刀结构尺寸							
花键规格 N×d×D×B	拉削长度	花键倒角 C	b 花键槽宽公差带 H9	L^b	D_5	D_6	D_1	D_2	M	D_3	D_4
8×52×58×10	>50~80	0.4		1375	58.120				21.80		
	>80~120			1650							
8×52×60×10	>18~30	0.5		1100		52.030		51.70		52.00	
	>30~50			1385	60.120				21.86		
	>50~80			1610							
	>80~120 [a]			1290	56.500	—				56.45	
					60.120	52.030		56.45	—	52.00	
8×56×62×10	>18~30	0.4	10.036	960	62.120	55.030			23.25	56.00	
	>30~50			1190							
	>50~80			1375							
	>80~120			1650				55.70			
8×56×65×10	>18~30	0.5		1160	65.120	56.030	50		23.30		50
	>30~50			1465							
	>50~80 [a]			1140	61.000	—				60.95	
					65.120	56.030		60.95	—	56.00	
	>80~120 [a]			1355	61.000	—		55.70	23.30	60.95	
					65.120	56.030		60.95	—	56.00	
8×62×68×12	>18~30	0.4		960	68.120	62.030			25.97	62.00	
	>30~50			1190							
	>50~80			1375							
	>80~120			1650				61.70			
8×62×72×12	>18~30	0.6	12.043	1230	72.120				26.08		
	>30~50			1565							
	>50~80 [a]			1195	67.450	—				67.40	
					72.120	62.030		67.40	—	62.00	
	>80~120 [a]			1425	67.450	—		61.70	26.08	67.40	
					72.120	62.030		67.40	—	62.00	
10×72×78×12	>30~50	0.4		1160	78.120	72.030			29.58	72.00	
	>50~80			1340							
	>80~120			1600				71.70			
10×72×82×12	>30~50	0.6		1540	82.140		63		29.69		63
	>50~80 [a]			1210	77.500	—				77.45	
					82.140	72.030		77.45	—	72.00	
	>80~120 [a]			1430	77.500	—		71.70	29.69	77.45	
					82.140	72.035		77.45	—	72.00	
10×82×88×12	>30~50	0.4		1200	88.140	82.035	70	81.65	33.16	82.00	

表 2（续）

工件参数				拉刀结构尺寸							
花键规格 N×d×D×B	拉削长度	花键倒角 C	b 花键槽宽公差带 H9	L^b	D_5	D_6	D_1	D_2	M	D_3	D_4
10×82×88×12	>50~80	0.4		1380	88.140	82.035		81.65	33.16	82.00	
	>80~120			1640							
10×82×92×12	>30~50		12.043	1550	92.140				33.28		
	>50~80 [a]	0.6		1210	87.500	—				87.40	
					92.140	82.035		87.41	—	82.00	
	>80~120 [a]			1430	87.500			81.65	33.28	87.40	
					92.140	82.035		87.41	—	82.00	
10×92×98×14	>30~50			1200			70				63
	>50~80	0.4		1380	98.140	92.035			37.34	92.00	
	>80~120			1640				91.65			
10×92×102×14	>30~50		14.043	1550	102.140				37.45		
	>50~80 [a]	0.6		1200	97.500	—				97.45	
					102.140	92.035		97.45	—	92.00	
	>80~120 [a]			1430	97.500	—		91.65	37.45	97.45	
					102.140	92.035		97.45	—	92.00	
10×102×108×16	>30~50			1240					41.51		
	>50~80	0.4		1420	108.140	102.035				102.00	
	>80~120			1680				101.65			
10×102×112×16	>30~50		16.043	1590	112.140				41.63		
	>50~80 [a]	0.6		1250	107.500	—				107.45	
					112.140	102.035		107.45	—	102.00	
	>80~120 [a]			1470	107.500	—		101.65	41.63	107.45	
					112.140	102.035		107.45	—	102.00	
10×112×120×18	>30~50			1415	120.140	112.035	80			112.00	80
	>50~80	0.5		1625				111.65	47.74		
	>80~120 [a]			1345	116.500	—				116.45	
					120.140	112.035		116.45	—	112.00	
10×112×125×18	>30~50 [a]		18.043	1230	119.000	—		111.65	45.80	118.95	
					125.160	112.035		118.95	—	112.00	
	>50~80 [a]	0.6		1400	119.000	—		111.65	45.80	118.95	
					125.160	112.035		118.95	—	112.00	
	>80~120 [a]			1650	119.000	—		111.65	45.80	118.95	
					125.160	112.035		118.95	—	112.00	

[a] 两支一组。

[b] 参考值。

附 录 A
（资料性附录）
留磨拉刀的参考尺寸

表 A.1

mm

工件参数		拉刀结构参考尺寸												齿升量	
花键规格 N×d×D×B	拉削长度	齿部长度			容屑槽尺寸						d_{max}	l_1	l_5	花键齿	圆齿
		l_2	l_3	l_4	p	h	p_1	h_1	p_2	h_2					
6×11×14×3	>10~18	60	200	114.5	5	1.6	5.5	1.8	4.5	1.4	10.40	18	10	0.030	
	>18~30 [a]	98	224	—	7	2.5	—	—	—	—		30	15	0.025	
		—	168	148.5			7.5	2.5	5.5	2.0					
	>30~50 [a]	140	320	—	10		—	—	—	—		50	25		
		—	240	217.0			11.0	2.5	8.0	2.0					
6×13×16×3.5	>10~18	50	175	114.5	5	1.6	5.5	1.8	4.5	1.4	12.40	18	10	0.035	
	>18~30 [a]	84	196	—	7	2.5	—	—	—	—		30	15	0.030	
		—	133	148.5			7.5	2.5	5.5	2.0					
	>30~50 [a]	120	280	—	10		—	—	—	—		50	25		
		—	190	217.0			11.0	2.5	8.0	2.0					
6×16×20×4	>10~18	55	200	114.0	5	1.6	6.0	2.3	4.0	1.4	15.40	18	10	0.040	0.020
	>18~30	77	280	148.5	7	2.5	7.5	2.5	5.5	2.0		30	15		
	>30~50 [a]	140	350	—	10	2.5	—	—	—	—		50	25		
		—	270	217.5			10.5	2.5	8.5	2.5				0.030	
	>50~80 [a]	182	455	—	13	3.2	—	—	—	—		80	40		
		—	351	275.0			13.0	3.2	11.0	3.0					
6×18×22×5	>10~18	40	160	114.0	5	1.6	6.0	2.3	4.0	1.4	17.40	18	10	0.050	
	>18~30	56	224	148.5	7	2.5	7.5	2.5	5.5	2.0		30	15		
	>30~50	80	320	217.5	10	3.2	10.5	3.2	8.5	2.5		50	25		
	>50~80 [a]	130	390	—	13	4.0	—	—	—	—		80	40	0.040	
		—	247	275.0			13.0	4.0	11.0	3.0					
6×21×25×5	>10~18	35	130	104.0	5	1.6	6.0	2.3	4.0	1.4	20.40	18	10		
	>18~30	49	180	135.5	7	2.5	7.5	2.5	5.5	2.0		30	15		
	>30~50	77	286	209.0	11	4.0	11.0	4.0	9.0	2.5		50	25		
	>50~80	91	338	251.0	13	4.5	13.0	4.5	11.0	3.0		80	40		
6×23×26×6	>10~18	36	114	115	6	2.5	6.0	2.5	5.0	1.4	22.40	18	10	0.060	0.025
	>18~30	48	152	157	8	3.0	8.0	3.0	7.0	2.2		30	15		
	>30~50	66	209	209	11	4.0	11.0	4.0	9.0	2.5		50	25		
	>50~80	78	247	251	13	4.5	13.0	4.5	11.0	3.0		80	40		
6×23×28×6	>10~18	42	210	114.5	6	2.5	6.5	2.8	4.5	1.4		18	10		
	>18~30	56	280	156	8	3.0	9.0	3.0	6.0	2.2		30	15		
	>30~50	77	385	209	11	4.0	11.0	4.0	9.0	2.5		50	25		
	>50~80	91	455	251	13	4.5	13.0	4.5	11.0	3.0		80	40		
6×26×30×6	>10~18	42	156	114.5	6	2.5	6.5	2.5	4.5	1.4	25.40	18	10		
	>18~30	56	208	156.5	8	3.0	8.5	3.0	6.5	2.5		30	15		

表 A.1（续）

工件参数		拉刀结构参考尺寸													
花键规格 $N \times d \times D \times B$	拉削长度	齿部长度			容屑槽尺寸						d_{max}	l_1	l_5	齿升量	
		l_2	l_3	l_4	p	h	p_1	h_1	p_2	h_2				花键齿	圆齿
6×26×30×6	>30～50	77	286	209	11	4.0	11.0	4.0	9.0	2.5		50	25		
	>50～80	91	338	251	13	4.5	13.0	4.5	11.0	3.0		80	40		
6×26×32×6	>10～18	54	246	114	6	2.5	7.0	3.5	4.0	1.4	25.40	18	10		
	>18～30	72	328	156	8	3.0	9.0		6.0	2.0		30	15		
	>30～50	99	451	208.5	11	4.0	11.5	4.0	8.5	3.0		50	25		
	>50～80	117	533	251	13	4.5	13.0	4.5	11.0			80	40		
6×28×32×7	>10～18	42	156	114.5	6	2.5	6.5	2.3	4.5	1.4	27.40	18	10	0.025	
	>18～30	56	208	156.5	8	3.0	8.5	3.0	6.5	2.5		30	15		
	>30～50	77	286	209	11	4.0	11.0	4.0	9.0			50	25		
	>50～80	91	338	251	13	4.5	13.0	4.5	11.0	3.0		80	40		
6×28×34×7	>10～18	48	252	114	6	2.5	7.0	3.5	4.0	1.4		18	10		
	>18～30	64	336	156	8	3.0	9.0		6.0	2.0		30	15		
	>30～50	88	462	208.5	11	4.0	11.5	4.0	8.5	3.0		50	25		
	>50～80	104	546	251	13	4.5	13.0	4.5	11.0			80	40		
8×32×36×6	>10～18	54	144	125.5	6	2.5	6.5	2.3	4.5	1.5	31.30	18	10		
	>18～30	72	192	171.5	8	3.0	8.5	3.0	6.5	2.5		30	15		
	>30～50	99	264	229	11	4.0	11.0	4.0	9.0			50	25		
	>50～80	117	312	275	13	4.5	13.0	4.5	11.0	3.0		80	40	0.060	
8×32×38×6	>10～18	60	240	125	6	2.5	7.0	3.5	4.0	1.5		18	10		
	>18～30	80	320	171	8	3.0	9.0		6.0	2.5		30	15		
	>30～50	110	440	228.5	11	4.0	11.5	4.0	8.5			50	25		
	>50～80	130	520	275	13	4.5	13.0	4.5	11.0	3.0		80	40		
8×36×40×7	>18～30	72	192	171.5	8	3.0	8.5	3.0	6.5	2.5	35.30	30	15		
	>30～50	99	264	229	11	4.0	11.0	4.0	9.0			50	25		
	>50～80	117	312	275	13	4.5	13.0	4.5	11.0	3.0		80	40		
	>80～120	144	384	344	16	5.5	16.0	5.5	14.0			120	60		
8×36×42×7	>18～30	80	320	171	8	3.0	9.0	3.5	6.0	2.0		30	15	0.030	
	>30～50	110	440	228.5	11	4.0	11.5	4.0	8.5			50	25		
	>50～80	130	520	275	13	4.5	13.0	4.5	11.0	3.0		80	40		
	>80～120	160	640	344	16	5.5	16.0	5.5	14.0			120	60		
8×42×46×8	>18～30	72	192	171.5	8	3.0	8.5	3.0	6.5	2.5	41.30	30	15		
	>30～50	99	264	229	11	4.0	11.0	4.0	9.0			50	25		
	>50～80	117	312	275	13	4.5	13.0	4.5	11.0	3.0		80	40		
	>80～120	144	384	344	16	5.5	16.0	5.5	14.0			120	60		
8×42×48×8	>18～30	80	320	171	8	3.0	9.0	3.5	6.0	2.0		30	15		
	>30～50	110	440	228.5	11	4.0	11.5	4.0	8.5			50	25		
	>50～80	130	520	275	13	4.5	13.0	4.5	11.0	3.0		80	40		
	>80～120	160	640	344	16	5.5	16.0	5.5	14.0			120	60		

表 A.1（续）

工件参数		拉刀结构参考尺寸													
花键规格 $N×d×D×B$	拉削长度	齿部长度			容屑槽尺寸						d_{max}	l_1	l_5	齿升量	
		l_2	l_3	l_4	p	h	p_1	h_1	p_2	h_2				花键齿	圆齿
8×46×50×9	>18~30	72	192	171.5	8	3.0	8.5	3.0	6.5	2.5	45.30	30	15	0.060	0.030
	>30~50	99	264	229	11	4.0	11.0	4.0	9.0	2.5		50	25		
	>50~80	117	312	275	13	4.5	13.0	4.5	11.0	3.0		80	40		
	>80~120	144	384	344	16	5.5	16.0	5.5	14.0	3.0		120	60		
8×46×54×9	>18~30	88	448	171	8	3.0	9.0		6.0	2.0	45.30	30	15		
	>30~50	121	616	228	11	4.0	12.0	4.5	8.0	2.5		50	25		
	>50~80	143	728	274	13	4.5	14.0		10.0	3.0		80	40		
	>80~120 [a]	176	592	—	16	5.5	—	—	—	—		120	60		
		—	416	344			16.0	5.5	14.0	4.0					
8×52×58×10	>18~30	80	320	171	8	3.0	9.0	3.5	6.0	2.0	51.25	30	15		
	>30~50	110	440	228.5	11	4.0	11.5	4.0	8.5			50	25		
	>50~80	130	520	275	13	4.5	13.0	4.5	11.0	3.0		80	40		
	>80~120	160	640	344	16	5.5	16.0	5.5	14.0			120	60		
8×52×60×10	>18~30	96	440	171	8	3.0	9.0		6.0	2.0	51.25	30	15		
	>30~50	132	605	228	11	4.0	12.0	4.5	8.0	2.5		50	25		
	>50~80	156	715	274	13	4.5	14.0		10.0	3.0		80	40		
	>80~120 [a]	192	576	—	16	5.5	—	—	—	—		120	60		
		—	432	344			16.0	5.5	14.0	4.0					
8×56×62×10	>18~30	80	320	171	8	3.0	9.0	3.5	6.0	2.0	55.25	30	15		
	>30~50	110	440	228.5	11	4.0	11.5	4.0	8.5			50	25		
	>50~80	130	520	275	13	4.5	13.0	4.5	11.0	3.0		80	40		
	>80~120	160	640	344	16	5.5	16.0	5.5	14.0			120	60		
8×56×65×10	>18~30	96	504	171	8	3.0	9.0	5.0	6.0	2.0	55.25	30	15		
	>30~50	132	693	228	11	4.0	12.0		8.0	2.5		50	25		
	>50~80 [a]	156	520	—	13	4.5	—	—	—	—		80	40		
		—	390	274			14.0	5.0	10.0	3.0					
	>80~120 [a]	192	640	—	16	5.5	—	—	—	—		120	60		
		—	480	343			17.0	5.5	13.0	4.0					
8×62×68×12	>18~30	80	320	171	8	3.0	9.0	3.5	6.0	2.0	61.25	30	15		
	>30~50	110	440	228.5	11	4.0	11.5	4.0	8.5			50	25		
	>50~80	130	520	275	13	4.5	13.0	4.5	11.0	3.0		80	40		
	>80~120	160	640	344	16	5.5	16.0	5.5	14.0			120	60		
8×62×72×12	>18~30	104	568	171	8	3.0	9.0	5.5	6.0	2.0	61.25	30	15		
	>30~50	143	781	228	11	4.0	12.0	5.5	8.0	2.5		50	25		
	>50~80 [a]	169	559	—	13	4.5	—	—	—	—		80	40		
		—	455	274	13	4.5	14.0	5.5	10.0	3.0					

表 A.1（续）

工件参数		拉刀结构参考尺寸													
花键规格 N×d×D×B	拉削长度	齿部长度			容屑槽尺寸						d_{max}	l_1	l_5	齿升量	
		l_2	l_3	l_4	p	h	p_1	h_1	p_2	h_2				花键齿	圆齿
8×62×72×12	>80~120ᵃ	208	688	—	16	5.5	—	—	—	—	61.25	120	60	0.060	0.030
		—	560	342			18.0	5.5	12.0	4.0					
10×72×78×12	>30~50	110	407	228.5	11	4.5	11.5	4.0	8.5		71.25	50	25		
	>50~80	130	481	275	13	5.0	13.0	4.5	11.0	3.0		80	40		
	>80~120	160	592	344	16	6.0	16.0	5.5	14.0			120	60		
10×72×82×12	>30~50	132	726	228	11	4.5	12.0		8.0	2.5	71.25	50	25		
	>50~80ᵃ	156	533	—	13	5.0	—	—	—	—		80	40		
		—	416	274			14.0	5.5	10.0	3.0					
	>80~120ᵃ	192	656	—	16	6.0	—	—	—	—		120	60		
		—	512	342			18.0	5.5	12.0	4.0					
10×82×88×12	>30~50	121	396	228.5	11	4.5	11.5	4.0	8.5			50	25		
	>50~80	143	468	275	13	5.0	13.0	4.5	11.0	3.0		80	40		
	>80~120	176	576	344	16	6.0	16.0	5.5	14.0			120	60		
10×82×92×12	>30~50	143	715	228	11	4.5	12.0		8.0	2.5	81.15	50	25		
	>50~80ᵃ	169	520	—	13	5.0	—	—	—	—		80	40		
			416	274			14.0	5.5	10.0	3.0					
	>80~120ᵃ	208	640	—	16	6.0	—	—	—	—		120	60		
			512	342			18.0	5.5	12.0	4.0					
10×92×98×14	>30~50	121	396	228.5	11	4.5	11.5	4.0	8.5			50	25		
	>50~80	143	468	275	13	5.0	13.0	4.5	11.0	3.0		80	40		
	>80~120	176	576	344	16	6.0	16.0	5.5	14.0			120	60		
10×92×102×14	>30~50	143	715	228	11	4.0	12.0		8.0	2.5	91.15	50	25		
	>50~80ᵃ	169	520	—	13	5.0	—	—	—	—		80	40	0.065	0.035
			416	274			14.0	5.5	10.0	3.0					
	>80~120ᵃ	208	640	—	16	6.0	—	—	—	—		120	60		
			512	342			18.0	5.5	12.0	4.0					
10×102×108×16	>30~50	121	396	228.5	11	4.5	11.5	4.0	8.5			50	25		
	>50~80	143	468	275	13	5.0	13.0	4.5	11.0	3.0		80	40		
	>80~120	176	576	344	16	6.0	16.0	5.5	14.0			120	60		
10×102×112×16	>30~50	143	715	228	11	4.5	12.0		8.0	2.5	101.15	50	25		
	>50~80ᵃ	169	520	—	13	5.0	—	—	—	—		80	40		
		—	416	274			14.0	5.5	10.0	3.0					
	>80~120ᵃ	208	640	—	16	6.0	—	—	—	—		120	60		
		—	512	342			18.0	5.5	12.0	4.5					
10×112×120×18	>30~50	132	561	228	11	4.5	12.0	4.5	8.0	2.5	111.15	50	25		
	>50~80	156	653	274	13	5.0	14.0	5.0	10.0	3.0		80	40		
	>80~120ᵃ	192	544	—	16	6.0	—	—	—	—		120	60		
		—	400	344			16.0	5.5	14.0	4.0					
10×112×125×18	>30~50ᵃ	143	572	—	11	4.5	—	—	—	—	111.15	50	25		
		—	484	228			12.0	7.0	8.0	3.0					
	>50~80ᵃ	169	676	—	13	5.0	—	—	—	—		80	40		
		—	572	274			14.0	7.0	10.0	4.0					
	>80~120ᵃ	208	832	—	16	6.0	—	—	—	—		120	60		
		—	704	342			18.0	7.0	12.0	4.5					

ᵃ 两支一组。

附　录　B

（资料性附录）

不留磨拉刀的参考尺寸

表　B.1

mm

工件参数		拉刀结构参考尺寸													
花键规格 N×d×D×B	拉削长度	齿部长度			容屑槽尺寸						d_{max}	l_1	l_5	齿升量	
		l_2	l_3	l_4	p	h	p_1	h_1	p_2	h_2				花键齿	圆齿
6×11×14×3	>10~18	40	205	114.5	5	1.6	5.5	1.8	4.5	1.4	10.60	18	10	0.03	
	>18~30[a]	70	238	—	7		—	—	—	—		30	15		
		—	154	148.5		2.5	7.5	2.5	5.5	2.0				0.025	
	>30~50[a]	100	340	—	10		—	—	—	—		50	25		
		—	220	217			11.0	2.5	8.0	2.0					
6×13×16×3.5	>10~18	35	170	114.5	5	1.6	5.5	1.8	4.5	1.4	12.60	18	10	0.035	
	>18~30[a]	56	210	—	7		—	—	—	—		30	15		
		—	119	148.5		2.5	7.5	2.5	5.5	2.0				0.03	
	>30~50[a]	80	300	—	10		—	—	—	—		50	25		
		—	170	217			11.0	2.5	8.0	2.0					0.020
6×16×20×4	>10~18	40	200	114	5	1.6	6.0	2.3	4.0	1.4	15.60	18	10	0.040	
	>18~30	56	280	148.5	7		7.5	2.5	5.5	2.0		30	15		
	>30~50[a]	110	360	—	10	2.5	—	—	—	—		50	25		
		—	250	217.5			10.5	2.5	8.5	2.5				0.030	
	>50~80[a]	143	468	—	13	3.2	—	—	—	—		80	40		
		—	325	275			13.0	3.2	11.0	3.0					
6×18×22×5	>10~18	30	160	114	5	1.6	6.0	2.3	4.0	1.4	17.60	18	10	0.050	
	>18~30	42	224	148.5	7	2.5	7.5	2.5	5.5	2.0		30	15		
	>30~50	60	320	217.5	10	3.2	10.5	3.2	8.5	2.5		50	25		
	>50~80[a]	104	377	—	13	4	—	—	—	—		80	40	0.040	
		—	221	275			13.0	4.0	11.0	3.0					
6×21×25×5	>10~18	30	130	104	5	1.6	6.0	2.3	4.0	1.4	20.60	18	10		
	>18~30	42	182	135.5	7	2.5	7.5	2.5	5.5	2.0		30	15		
	>30~50	66	286	209	11	4.0	11.0	4.0	9.0	2.5		50	25		
	>50~80	78	338	251	13	4.5	13.0	4.5	11.0	3.0		80	40		
6×23×26×6	>10~18	24	120	115	6	2.5	6.0	2.3	5.0	1.4	22.60	18	10		
	>18~30	32	166	157	8	3.0	8.0	3.0	7.0	2.2		30	15		
	>30~50	44	220	209	11	4.0	11.0	4.0	9.0	2.5		50	25	0.060	0.025
	>50~80	52	260	251	13	4.5	13.0	4.5	11.0	3.0		80	40		
6×23×28×6	>10~18	36	204	114.5	6	2.5	6.5	2.8	4.5	1.4	22.60	18	10		
	>18~30	48	272	156	8	3.0	9.0	3.0	6.0	2.2		30	15		
	>30~50	66	374	209	11	4.0	11.0	4.0	9.0	2.5		50	25		
	>50~80	78	442	251	13	4.5	13.0	4.5	11.0	3.0		80	40		
6×26×30×6	>10~18	36	156	114.5	6	2.5	6.5	2.3	4.5	1.4	25.60	18	10		
	>18~30	48	208	156.5	8	3.0	8.5	3.0	6.5	2.5		30	15		

表 B.1（续）

工件参数		拉刀结构参考尺寸													齿升量	
花键规格 N×d×D×B	拉削长度	齿部长度			容屑槽尺寸						d_{max}	l_1	l_5			齿升量	
		l_2	l_3	l_4	p	h	p_1	h_1	p_2	h_2						花键齿	圆齿
6×26×30×6	>30~50	66	286	209	11	4.0	11.0	4.0	9.0	2.5		50	25				
	>50~80	78	338	251	13	4.5	13.0	4.5	11.0	3.0		80	40				
6×26×32×6	>10~18	42	246	114	6	2.5	7.0	3.5	4.0	1.4	25.60	18	10			0.025	
	>18~30	56	328	156	8	3.0	9.0	3.5	6.0	2.0		30	15				
	>30~50	77	451	208.5	11	4.0	11.5	4.0	8.5	3.0		50	25				
	>50~80	91	533	251	13	4.5	13.0	4.5	11.0	3.0		80	40				
6×28×32×7	>10~18	30	162	114.5	6	2.5	6.2	2.3	4.5	1.4	27.60	18	10				
	>18~30	40	216	156.5	8	3.0	8.5	3.0	6.5	2.5		30	15				
	>30~50	55	297	209	11	4.0	11.0	4.0	9.0	2.5		50	25				
	>50~80	65	351	251	13	4.5	13.0	4.5	11.0	3.0		80	40				
6×28×34×7	>10~18	42	246	114	6	2.5	7.0	3.5	4.0	1.4		18	10				
	>18~30	56	328	156	8	3.0	9.0	3.5	6.0	2.0		30	15				
	>30~50	77	451	208.5	11	4.0	11.5	4.0	8.5	3.0		50	25				
	>50~80	91	533	251	13	4.5	13.0	4.5	11.0	3.0		80	40				
8×32×36×6	>10~18	36	150	125.5	6	2.5	6.5	2.3	4.5	1.5	31.55	18	10			0.060	
	>18~30	48	200	171.5	8	3.0	8.5	3.0	6.5	2.5		30	15				
	>30~50	66	275	229	11	4.0	11.0	4.0	9.0	2.5		50	25				
	>50~80	78	325	275	13	4.5	13.0	4.5	11.0	3.0		80	40				
8×32×38×6	>10~18	48	240	125	6	2.5	7.0	3.5	4.0	1.5		18	10				
	>18~30	64	320	171	8	3.0	9.0	3.5	6.0	2.0		30	15				
	>30~50	88	440	228.5	11	4.0	11.5	4.0	8.5	3.0		50	25				
	>50~80	104	520	275	13	4.5	13.0	4.5	11.0	3.0		80	40				
8×36×40×7	>18~30	48	200	171.5	8	3.0	8.5	3.0	6.5	2.5	35.55	30	15				0.030
	>30~50	66	275	229	11	4.0	11.0	4.0	9.0	2.5		50	25				
	>50~80	78	325	275	13	4.5	13.0	4.5	11.0	3.0		80	40				
	>80~120	96	400	344	16	5.5	16	5.5	14	3.0		120	60				
8×36×42×7	>18~30	64	320	171	8	3.0	9.0	3.5	6.0	2.0		30	15				
	>30~50	88	440	228.5	11	4.0	11.5	4.0	8.5	3.0		50	25				
	>50~80	104	520	275	13	4.5	13.0	4.5	11.0	3.0		80	40				
	>80~120	128	640	344	16	5.5	16.0	5.5	14.0	3.0		120	60				
8×42×46×8	>18~30	48	200	171.5	8	3.0	8.5	3.0	6.5	2.5	41.55	30	15				
	>30~50	66	275	229	11	4.0	11.0	4.0	9.0	2.5		50	25				
	>50~80	78	325	275	13	4.5	13.0	4.5	11.0	3.0		80	40				
	>80~120	96	400	344	16	5.5	16.0	5.5	14.0	3.0		120	60				
8×42×48×8	>18~30	64	320	171	8	3.0	9.0	3.5	6.0	2.0		30	15				
	>30~50	88	440	228.5	11	4.0	11.5	4.0	8.5	3.0		50	25				

表 B.1（续）

花键规格 N×d×D×B	拉削长度	l_2	l_3	l_4	p	h	p_1	h_1	p_2	h_2	d_{max}	l_1	l_5	花键齿	圆齿
8×42×48×8	>50~80	104	520	275	13	4.5	13.0	4.5	11.0	3.0	41.55	80	40		
	>80~120	128	640	344	16	5.5	16.0	5.5	14.0			120	60		
8×46×50×9	>18~30	48	200	171.5	8	3.0	8.5	3.0	6.5	2.5		30	15		
	>30~50	66	275	229	11	4.0	11.0	4.0	9.0			50	25		
	>50~80	78	325	275	13	4.5	13.0	4.5	11.0	3.0		80	40		
	>80~120	96	400	344	16	5.5	16.0	5.5	14.0			120	60		
8×46×54×9	>18~30	72	448	171	8	3.0	9.0		6.0	2.0	45.55	30	15		
	>30~50	99	616	228	11	4.0	12.0	4.5	8.0	2.5		50	25		
	>50~80	117	728	274	13	4.5	13.0		10.0	3.0		80	40		
	>80~120 [a]	144	592	—	16	5.5	—	—	—	—		120	60		
		—	400	344			16.0	5.5	14.0	4.0					
8×52×58×10	>18~30	64	320	171	8	3.0	9.0	3.5	6.0	2.0		30	15		
	>30~50	88	440	228.5	11	4.0	11.5	4.0	8.5			50	25		
	>50~80	104	520	275	13	4.5	13.0	4.5	11.0	3.0		80	40		
	>80~120	128	640	344	16	5.5	16.0	5.5	14.0			120	60		
8×52×60×10	>18~30	72	456	171	8	3.0	9.0		6.0	2.0	51.50	30	15	0.060	0.030
	>30~50	99	627	228	11	4.0	12.0	4.5	8.0	2.5		50	25		
	>50~80	117	741	274	13	4.5	14.0		10.0	3.0		80	40		
	>80~120 [a]	144	608	—	16	5.5	—	—	—	—		120	60		
		—	400	344			16.0	5.5	14.0	4.0					
8×56×62×10	>18~30	64	320	171	8	3.0	9.0	3.5	6.0	2.0		30	15		
	>30~50	88	440	228.5	11	4.0	11.5	4.0	8.5			50	25		
	>50~80	104	520	275	13	4.5	13.0	4.5	11.0	3.0		80	40		
	>80~120	128	640	344	16	5.5	16.0	5.5	14.0			120	60		
8×56×65×10	>18~30	80	504	171	8	3.0	9.0	5.0	6.0	2.0	55.50	30	15		
	>30~50	110	693	228	11	4.0	12.0		8.0	2.5		50	25		
	>50~80 [a]	130	533	—	13	4.5	—	—	—	—		80	40		
		—	377	274			14.0	5.0	10.0	3.0					
	>80~120 [a]	160	656	—	16	5.5	—	—	—	—		120	60		
		—	464	343			17.0	5.5	13.0	4.0					
8×62×68×12	>18~30	64	320	171	8	3.0	9.0	3.5	6.0	2.0		30	15		
	>30~50	88	440	228.5	11	4.0	11.5	4.0	8.5			50	25		
	>50~80	104	520	275	13	4.5	13.0	4.5	11.0	3.0		80	40		
	>80~120	128	640	344	16	5.5	16.0	5.5	14.0		61.50	120	60		
8×62×72×12	>18~30	88	568	171	8	3.0	9.0		6.0	2.0		30	15		
	>30~50	121	781	228	11	4.0	12.0	5.5	8.0	2.5		50	25		
	>50~80 [a]	143	572	—	13	4.5	—	—	—	—		80	40		

表 B.1（续）

工件参数 花键规格 N×d×D×B	拉削长度	齿部长度 l2	l3	l4	容屑槽尺寸 p	h	p1	h1	p2	h2	dmax	l1	l5	齿升量 花键齿	圆齿
8×62×72×12	>50~80[a]	—	442	274	13	4.5	14.0	5.5	10.0	3.0	61.50	80	40	0.060	0.030
	>80~120[a]	176	704	—	16	5.5	—	—	—	—		120	60		
		—	544	342			18.0	5.5	12.0	4.0					
10×72×78×12	>30~50	88	396	228.5	11	4.5	11.5	4.0	8.5		71.50	50	25		
	>50~80	104	468	275	13	5.0	13.0	4.5	11.0	3.0		80	40		
	>80~120	128	576	344	16	6.0	16.0	5.5	14.0			120	60		
10×72×82×12	>30~50	110	715	228	11	4.5	12.0	5.5	8.0	2.5	71.50	50	25		
	>50~80[a]	130	546	—	13	5.0	—	—	—	—		80	40		
		—	403	274			14.0	5.5	10.0	3.0					
	>80~120[a]	160	672	—	16	6.0	—	—	—	—		120	60		
		—	496	342			18.0	5.5	12.0	4.0					
10×82×88×12	>30~50	88	396	228.5	11	4.5	11.5	4.0	8.5		81.45	50	25		
	>50~80	104	468	275	13	5.0	13.0	4.5	11.0	3.0		80	40		
	>80~120	128	576	344	16	6.0	16.0	5.5	14.0			120	60		
10×82×92×12	>30~50	121	715	228	11	4.5	12.0	5.5	8.0	2.5	81.45	50	25		
	>50~80[a]	143	533	—	13	5.0	—	—	—	—		80	40		
		—	403	274			14.0	5.5	10.0	3.0					
	>80~120[a]	176	636	—	16	6.0	—	—	—	—		120	60		
		—	496	342			18.0	5.5	12.0	4.0					
10×92×98×14	>30~50	88	396	228.5	11	4.5	11.5	4.0	8.5		91.45	50	25	0.065	0.035
	>50~80	104	468	275	13	5.0	13.0	4.5	11.0	3.0		80	40		
	>80~120	128	576	344	16	6.0	16.0	5.5	14.0			120	60		
10×92×102×14	>30~50	121	715	228	11	4.5	12.0	5.5	8.0	2.5	91.45	50	25		
	>50~80[a]	143	533	—	13	5.0	—	—	—	—		80	40		
		—	403	274			14.0	5.5	10.0	3.0					
	>80~120[a]	176	656	—	16	6.0	—	—	—	—		120	60		
		—	496	342			18.0	5.5	12.0	4.0					
10×102×108×16	>30~50	88	396	228.5	11	4.5	11.5	4.0	8.5		101.45	50	25		
	>50~80	104	468	275	13	5.0	13.0	4.5	11.0	3.0		80	40		
	>80~120	128	576	344	16	6.0	16.0	5.5	14.0			120	60		
10×102×112×16	>30~50	121	715	228	11	4.5	12.0	5.5	8.0	2.5	101.45	50	25		
	>50~80[a]	143	533	—	13	5.0	—	—	—	—		80	40		
		—	403	274			14.0	5.5	10.0	3.0					
	>80~120[a]	176	656	—	16	6.0	—	—	—	—		120	60		
		—	496	342			18.0	5.5	12.0	4.5					
10×112×120×18	>30~50	99	565	228	11	4.5	12.0	4.5	8.0	2.5	111.45	50	25		
	>50~80	117	663	274	13	5.0	14.0	5.0	10.0	3.0		80	40		

表 B.1（续）

工 件 参 数		拉刀结构参考尺寸													
花键规格 N×d×D×B	拉削长度	齿部长度			容 屑 槽 尺 寸						d_{max}	l_1	l_5	齿 升 量	
		l_2	l_3	l_4	p	h	p_1	h_1	p_2	h_2				花键齿	圆齿
10×112×120×18	>80~120 a	144	560	—	16	6.0	—	—	—	—		120	60		
		—	368	344			16.0	5.5	14.0	4.0					
10×112×125×18	>30~50 a	121	583	—	11	4.5	—	—	—	—	111.45	50	25	0.065	0.035
		—	462	228			12.0	7.0	8.0	3.0					
	>50~80 a	143	689	—	13	5.0	—	—	—	—		80	40		
		—	546	274			14.0	7.0	10.0	4.0					
	>80~120 a	176	848	—	16	6.0	—	—	—	—		120	60		
		—	672	342			18.0	7.0	12.0	4.5					
a 两支一组。															

附 录 C
（资料性附录）
刀齿角度及刃带

表 C.1

mm

被拉削材料	γ	切 削 齿		校 准 齿	
		α	f	α	f
低碳钢、耐热合金钢	18°	2° 30′	0.05~0.15	0° 30′	第一个校准齿为0.2，其后每齿以0.2递增到1
中碳钢	15°				
铸铁、黄铜	10°				
青铜、铅黄铜	5°				

ICS 25.100.25
J 41
备案号：19084—2006

中华人民共和国机械行业标准

JB/T 6357—2006
代替 JB/T 6357—1992

圆 推 刀

Round push broaches

2006-10-14 发布

2007-04-01 实施

中华人民共和国国家发展和改革委员会 发布

前　言

本标准代替 JB/T 6357—1992《圆推刀》。

本标准与 JB/T 6357—1992 相比，主要变化如下：

——删除了性能试验一章。

本标准由中国机械工业联合会提出。

本标准由全国刀具标准化技术委员会（SAC/TC91）归口。

本标准起草单位：哈尔滨第一工具有限公司。

本标准主要起草人：王家喜、曲建华、宋铁福、王雅兰。

本标准所代替标准的历次版本发布情况：

——JB/T 6357—1992。

圆 推 刀

1 范围

本标准规定了校正公差带代号为 H7、H8、H9 级光滑圆柱孔用圆推刀的型式尺寸、技术要求和标志、包装的基本要求。

本标准适用于基本直径 10mm～90mm 的圆推刀。

2 型式尺寸

2.1 圆推刀的型式尺寸见图 1 和表 1。

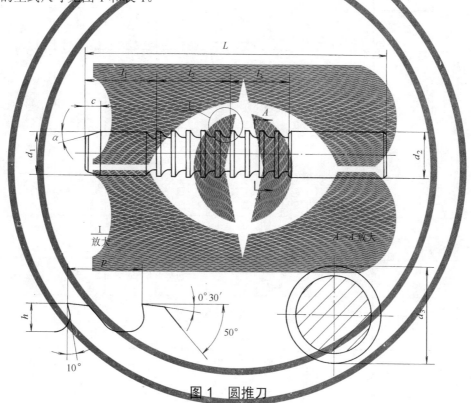

图 1 圆推刀

2.2 标记示例：

基本直径 10mm，校正公差带代号为 H7 的孔，推削长度为 10mm～30mm 的圆推刀为：

圆推刀 10H7 10～30 JB/T 6357—2006

3 技术要求

3.1 圆推刀切削刃应锋利。表面不得有裂纹、崩刃、锈迹及磨削烧伤等其他影响使用性能的缺陷。

3.2 圆推刀主要表面粗糙度的最大允许值按以下规定：

  a）刀齿刃带表面： R_z 1.6μm；

  b）刀齿前面和后面： R_z 3.2μm；

  c）前导部和后导部外圆表面：R_a 0.4μm；

  d）后端面： R_a 0.8μm。

表 1

mm

基本直径 第一系列	基本直径 第二系列	推削长度	d1 H7、H8 基本尺寸	d1 H7、H8 极限偏差(f7)	d1 H9 基本尺寸	d1 H9 极限偏差(f7)	d2 基本尺寸	d2 极限偏差(f7)	d3 H7 基本尺寸	d3 H7 极限偏差	d3 H8 基本尺寸	d3 H8 极限偏差	d3 H9 基本尺寸	d3 H9 极限偏差	L	l1	l2	l3	p	h	c	α
10		10~30	9.92	-0.013 / -0.028	9.94	-0.013 / -0.028	10	-0.013 / -0.028	10.015	0 / -0.005	10.022	0 / -0.007	10.036	0 / -0.008	130	30	30	30	6	1.8	5	15°
11		10~30	10.93	-0.016 / -0.034	10.95	-0.016 / -0.034	11	-0.016 / -0.034	11.018	0 / -0.005	11.027	0 / -0.007	11.043	0 / -0.012	130	30	30	30	6	1.8	5	15°
12		10~30	11.93	-0.016 / -0.034	11.95	-0.016 / -0.034	12	-0.016 / -0.034	12.018	0 / -0.005	12.027	0 / -0.007	12.043	0 / -0.012	130	30	30	30	6	1.8	5	15°
13		10~30	12.93	-0.016 / -0.034	12.95	-0.016 / -0.034	13	-0.016 / -0.034	13.018	0 / -0.005	13.027	0 / -0.007	13.043	0 / -0.012	130	30	30	30	6	1.8	5	15°
14		10~30	13.93	-0.016 / -0.034	13.95	-0.016 / -0.034	14	-0.016 / -0.034	14.018	0 / -0.005	14.027	0 / -0.007	14.043	0 / -0.012	130	30	30	30	6	1.8	5	15°
15		10~30	14.93	-0.016 / -0.034	14.95	-0.016 / -0.034	15	-0.016 / -0.034	15.018	0 / -0.005	15.027	0 / -0.007	15.043	0 / -0.012	130	30	30	30	6	1.8	5	15°
16	—	14~30	15.93	-0.016 / -0.034	15.95	-0.016 / -0.034	16	-0.016 / -0.034	16.018	0 / -0.005	16.027	0 / -0.007	16.043	0 / -0.012	130	30	30	30	6	2.2	5	15°
16		>30~50	15.93	-0.016 / -0.034	15.95	-0.016 / -0.034	16	-0.016 / -0.034	16.018	0 / -0.005	16.027	0 / -0.007	16.043	0 / -0.012	170	40	35	35	7	2.5	5	15°
17		14~30	16.93	-0.016 / -0.034	16.95	-0.016 / -0.034	17	-0.016 / -0.034	17.018	0 / -0.005	17.027	0 / -0.007	17.043	0 / -0.012	130	30	30	30	6	2.2	5	15°
17		>30~50	16.93	-0.016 / -0.034	16.95	-0.016 / -0.034	17	-0.016 / -0.034	17.018	0 / -0.005	17.027	0 / -0.007	17.043	0 / -0.012	170	40	35	35	7	2.5	5	15°
18		14~30	17.93	-0.016 / -0.034	17.95	-0.016 / -0.034	18	-0.016 / -0.034	18.018	0 / -0.005	18.027	0 / -0.007	18.043	0 / -0.012	130	30	30	30	6	2.2	5	15°
18		>30~50	17.93	-0.016 / -0.034	17.95	-0.016 / -0.034	18	-0.016 / -0.034	18.018	0 / -0.005	18.027	0 / -0.007	18.043	0 / -0.012	170	40	35	35	7	2.5	5	15°
19		14~30	18.94	-0.020 / -0.041	18.96	-0.020 / -0.041	19	-0.020 / -0.041	19.021	0 / -0.007	19.033	0 / -0.009	19.052	0 / -0.015	130	30	30	30	6	2.2	8	15°
19		>30~50	18.94	-0.020 / -0.041	18.96	-0.020 / -0.041	19	-0.020 / -0.041	19.021	0 / -0.007	19.033	0 / -0.009	19.052	0 / -0.015	170	40	35	35	7	2.5	8	15°
20		14~30	19.94	-0.020 / -0.041	19.96	-0.020 / -0.041	20	-0.020 / -0.041	20.021	0 / -0.007	20.033	0 / -0.009	20.052	0 / -0.015	130	30	30	30	6	2.2	8	15°
20		>30~50	19.94	-0.020 / -0.041	19.96	-0.020 / -0.041	20	-0.020 / -0.041	20.021	0 / -0.007	20.033	0 / -0.009	20.052	0 / -0.015	170	40	35	35	7	2.5	8	15°

参考值: l_1、l_2、l_3、p、h、c、α

表 1（续）

基本直径 第一系列	基本直径 第二系列	推削长度	d_1 H7、H8 基本尺寸	d_1 H7、H8 极限偏差(f7)	d_1 H9 基本尺寸	d_1 H9 极限偏差(f7)	d_2 基本尺寸	d_2 极限偏差(f7)	d_3 H7 基本尺寸	d_3 H7 极限偏差	d_3 H8 基本尺寸	d_3 H8 极限偏差	d_3 H9 基本尺寸	d_3 H9 极限偏差	L	l_1	l_2	l_3	p	H	c	α
21		14~30	20.94	−0.020 / −0.041	20.96	−0.020 / −0.041	21	−0.020 / −0.041	21.021	0 / −0.007	21.033	0 / −0.009	21.052	0 / −0.015	130	30	30	30	6	2.2	8	15°
		>30~50													170	40	35	35	7	2.5		
22		18~30	21.94		21.96		22		22.021		22.033		22.052		130	30	30	30	6	2.2		
		>30~50													170	40	35	35	7	3.0		
		>50~80													240	60	45	45	9	3.5		
24	—	18~30	23.94		23.96		24		24.021		24.033		24.052		130	30	30	30	6	2.2		
		>30~50													170	40	35	35	7	3.0		
		>50~80													240	60	45	45	9	3.5		
25		18~30	24.94		24.96		25		25.021		25.033		25.052		130	30	30	30	6	2.2		
		>30~50													170	40	35	35	7	3.0		
		>50~80													240	60	45	45	9	3.5		
26		18~30	25.94		25.96		26		26.021		26.033		26.052		130	30	30	30	6	2.2		
		>30~50													170	40	35	35	7	3.0		
		>50~80													240	60	45	45	9	3.5		

参考值: l_1、l_2、l_3、p、H、c、α

表 1（续）

基本直径 第一系列	基本直径 第二系列	推削长度	d_1 H7、H8 基本尺寸	d_1 H7、H8 极限偏差(f7)	d_1 H9 基本尺寸	d_1 H9 极限偏差(f7)	d_2 基本尺寸	d_2 极限偏差(f7)	d_3 H7 基本尺寸	d_3 H7 极限偏差	d_3 H8 基本尺寸	d_3 H8 极限偏差	d_3 H9 基本尺寸	d_3 H9 极限偏差	L	l_1	l_2	l_3	p	h	c	α
—	27	30~50	26.94	-0.020 -0.041	26.96	-0.020 -0.041	27	-0.020 -0.041	27.021	0 -0.007	27.033	0 -0.009	27.052	0 -0.015	170	40	35	35	7	3.0	8	15°
		>50~80													240	60	45	45	9	3.5		
		>80~120													340	90	60	60	12	4.5		
28	—	30~50	27.94		27.96		28		28.021		28.033		28.052		170	40	35	35	7	3.0		
		>50~80													240	60	45	45	9	3.5		
		>80~120													340	90	60	60	12	4.5		
30	—	30~50	29.94		28.96		30		30.021		30.033		30.052		170	40	35	35	7	3.0		
		>50~80													240	60	45	45	9	3.5		
		>80~120													340	90	60	60	12	4.5		
—	31	30~50	30.94	-0.025 -0.050	30.97	-0.025 -0.050	31	-0.025 -0.050	31.025		31.039	0 -0.012	31.062		170	40	35	35	7	3.0	10	
		>50~80													240	60	45	45	9	3.5		
		>80~120													340	90	60	60	12	4.5		
32	—	30~50	31.94		31.97		32		32.025		32.039		32.062		170	40	35	35	7	3.0		
		>50~80													240	60	45	45	9	3.5		
		>80~120													340	90	60	60	12	4.5		

参考值

表 1（续）

基本直径 第一系列	基本直径 第二系列	推削长度	d_1 H7、H8 基本尺寸	d_1 H7、H8 极限偏差(f7)	d_1 H9 基本尺寸	d_1 H9 极限偏差(f7)	d_2 基本尺寸	d_2 极限偏差(f7)	d_3 H7 基本尺寸	d_3 H7 极限偏差	d_3 H8 基本尺寸	d_3 H8 极限偏差	d_3 H9 基本尺寸	d_3 H9 极限偏差	L	l_1	l_2	l_3	p	h	c	α
34		30~50	33.94	−0.025 / −0.050	33.97	−0.025 / −0.050	34	−0.025 / −0.050	34.025	0 / −0.07	34.039	0 / −0.009	34.062	0 / −0.015	170	40	35	35	7	3.0	10	15°
34		>50~80													240	60	45	45	9	3.5		
34		>80~120													340	90	60	60	12	4.5		
	35	30~50	34.94	−0.025 / −0.050	34.97	−0.025 / −0.050	35	−0.025 / −0.050	35.025	0 / −0.07	35.039	0 / −0.009	35.062	0 / −0.015	170	40	35	35	7	3.0	10	15°
	35	>50~80													240	60	45	45	9	3.5		
	35	>80~120													340	90	60	60	12	4.5		
36		30~50	35.94	−0.025 / −0.050	35.97	−0.025 / −0.050	36	−0.025 / −0.050	36.025	0 / −0.07	36.039	0 / −0.009	36.062	0 / −0.015	170	40	35	35	7	3.0	10	15°
36		>50~80													240	60	45	45	9	3.5		
36		>80~120													340	90	60	60	12	4.5		
	37	30~50	36.94	−0.025 / −0.050	36.97	−0.025 / −0.050	37	−0.025 / −0.050	37.025	0 / −0.07	37.039	0 / −0.009	37.062	0 / −0.015	170	40	35	35	7	3.0	10	15°
	37	>50~80													240	60	45	45	9	3.5		
	37	>80~120													340	90	60	60	12	4.5		
38		30~50	37.94	−0.025 / −0.050	37.97	−0.025 / −0.050	38	−0.025 / −0.050	38.025	0 / −0.07	38.039	0 / −0.009	38.062	0 / −0.015	170	40	35	35	7	3.0	10	15°
38		>50~80													240	60	45	45	9	3.5		
38		>80~120													340	90	60	60	12	4.5		

参考值

表 1（续）

基本直径 第一系列	基本直径 第二系列	推削长度	d_1 H7、H8 基本尺寸	d_1 H7、H8 极限偏差(f7)	d_1 H9 基本尺寸	d_1 H9 极限偏差(f7)	d_2 基本尺寸	d_2 极限偏差(f7)	d_3 H7 基本尺寸	d_3 H7 极限偏差	d_3 H8 基本尺寸	d_3 H8 极限偏差	d_3 H9 基本尺寸	d_3 H9 极限偏差	L	l_1	l_2	l_3	p	h	c	α
40	—	30~50	39.94	−0.025 / −0.050	39.97	−0.025 / −0.050	40	−0.025 / −0.050	40.025	0 / −0.007	40.039	0 / −0.012	40.062	0 / −0.015	170	40	35	35	7	3.0	10	15°
		>50~80													240	60	45	45	9	3.5		
		>80~120													340	90	60	60	12	4.5		
42	—	30~50	41.94		41.97		42		42.025		42.039		42.062		170	40	35	35	7	3.0		
		>50~80													240	60	45	45	9	3.5		
		>80~120													340	90	60	60	12	4.5		
45	—	30~50	44.94		44.97		45		45.025		45.039		45.062		170	40	35	35	7	3.0		
		>50~80													240	60	45	45	9	3.5		
		>80~120													340	90	60	60	12	4.5		
—	47	30~50	46.94		46.97		47		47.025		47.039		47.062		170	40	35	35	7	3.0		
		>50~80													240	60	45	45	9	3.5		
		>80~120													340	90	60	60	12	4.5		
48	—	30~50	47.94		47.97		48		48.025		48.039		48.062		170	40	35	35	7	3.0		
		>50~80													240	60	45	45	9	3.5		
		>80~120													340	90	60	60	12	4.5		

表 1（续）

基本直径 第一系列	基本直径 第二系列	推削长度	d_1 H7、H8 基本尺寸	d_1 H7、H8 极限偏差(f7)	d_1 H9 基本尺寸	d_1 H9 极限偏差(f7)	d_2 基本尺寸	d_2 极限偏差(f7)	d_3 H7 基本尺寸	d_3 H7 极限偏差	d_3 H8 基本尺寸	d_3 H8 极限偏差	d_3 H9 基本尺寸	d_3 H9 极限偏差	L	l_1	l_2	l_3	p	h	c	α
50	—	30~50	49.94	−0.025 / −0.050	49.97	−0.025 / −0.050	50	−0.025 / −0.050	50.025	0 / −0.007	50.039	0 / −0.012	50.062	0 / −0.015	170	40	35	35	7	3.0	10	15°
		>50~80													240	60	45	45	9	3.5	10	15°
		>80~120													340	90	60	60	12	4.5	10	15°
—	52	30~50	51.95	−0.025 / −0.050	51.98	−0.025 / −0.050	52	−0.025 / −0.050	52.030	0 / −0.007	52.046	0 / −0.012	52.074	0 / −0.015	170	40	35	35	7	3.0	12	15°
		>50~80													240	60	45	45	9	3.5	12	15°
		>80~120													340	90	60	60	12	4.5	12	15°
53	—	30~50	52.95	−0.030 / −0.060	52.98	−0.030 / −0.060	53	−0.030 / −0.060	53.030	0 / −0.012	53.046	0 / −0.012	53.074	0 / −0.015	170	40	35	35	7	3.0	12	15°
		>50~80													240	60	45	45	9	3.5	12	15°
		>80~120													340	90	60	60	12	4.5	12	15°
—	54	30~50	53.95	−0.030 / −0.060	53.98	−0.030 / −0.060	54	−0.030 / −0.060	54.030	0 / −0.012	54.046	0 / −0.012	54.074	0 / −0.015	170	40	35	35	7	3.0	12	15°
		>50~80													240	60	45	45	9	3.5	12	15°
		>80~120													340	90	60	60	12	4.5	12	15°
—	55	30~50	54.95	−0.030 / −0.060	54.98	−0.030 / −0.060	55	−0.030 / −0.060	55.030	0 / −0.012	55.046	0 / −0.012	55.074	0 / −0.015	170	40	35	35	7	3.0	12	15°
		>50~80													240	60	45	45	9	3.5	12	15°
		>80~120													340	90	60	60	12	4.5	12	15°

参考值

表 1（续）

基本直径 第一系列	第二系列	推削长度	d_1 H7、H8 基本尺寸	d_1 H7、H8 极限偏差(f7)	d_1 H9 基本尺寸	d_1 H9 极限偏差(f7)	d_2 基本尺寸	d_2 极限偏差(f7)	d_3 H7 基本尺寸	d_3 H7 极限偏差	d_3 H8 基本尺寸	d_3 H8 极限偏差	d_3 H9 基本尺寸	d_3 H9 极限偏差	L	l_1	l_2	l_3	p	h	c	α
56	—	30~50	55.95	−0.030 / −0.060	55.98	−0.030 / −0.060	56	−0.030 / −0.060	56.030	0 / −0.009	56.046	0 / −0.012	56.074	0 / −0.015	170	40	35	35	7	3.0	12	15°
		>50~80													240	60	45	45	9	3.5		
		>80~120													340	90	60	60	12	4.5		
—	58	30~50	57.95	−0.030 / −0.060	57.98	−0.030 / −0.060	58	−0.030 / −0.060	58.030	0 / −0.009	58.046	0 / −0.012	58.074	0 / −0.015	170	40	35	35	7	3.0	12	15°
		>50~80													240	60	45	45	9	3.5		
		>80~120													340	90	60	60	12	4.5		
60	—	30~50	59.95	−0.030 / −0.060	59.98	−0.030 / −0.060	60	−0.030 / −0.060	60.030	0 / −0.009	60.046	0 / −0.012	60.074	0 / −0.015	170	40	35	35	7	3.0	12	15°
		>50~80													240	60	45	45	9	3.5		
		>80~120													340	90	60	60	12	4.5		
—	62	30~50	61.95	−0.030 / −0.060	61.98	−0.030 / −0.060	62	−0.030 / −0.060	62.030	0 / −0.009	62.046	0 / −0.012	62.074	0 / −0.015	170	40	35	35	7	3.0	12	15°
		>50~80													240	60	45	45	9	3.5		
		>80~120													340	90	60	60	12	4.5		
63	—	30~50	62.95	−0.030 / −0.060	62.98	−0.030 / −0.060	63	−0.030 / −0.060	63.030	0 / −0.009	63.046	0 / −0.012	63.074	0 / −0.015	170	40	35	35	7	3.0	12	15°
		>50~80													240	60	45	45	9	3.5		
		>80~120													340	90	60	60	12	4.5		

表 1（续）

基本直径 第一系列	基本直径 第二系列	推削长度	d_1 H7、H8 基本尺寸	d_1 H7、H8 极限偏差(f7)	d_1 H9 基本尺寸	d_1 H9 极限偏差(f7)	d_2 基本尺寸	d_2 极限偏差(f7)	d_3 H7 基本尺寸	d_3 H7 极限偏差	d_3 H8 基本尺寸	d_3 H8 极限偏差	d_3 H9 基本尺寸	d_3 H9 极限偏差	L	l_1	l_2	l_3	p	h	c	α
—	65	30～50	64.95	−0.030 −0.060	64.98	−0.030 −0.060	65	−0.030 −0.060	65.030	0 −0.009	65.046	0 −0.012	65.074	0 −0.015	170	40	35	35	7	3.0	12	15°
—	65	>50～80	64.95		64.98		65		65.030		65.046		65.074		240	60	45	45	9	3.5		
—	65	>80～120	64.95		64.98		65		65.030		65.046		65.074		340	90	60	60	12	4.5		
67	—	30～50	66.95	−0.030 −0.060	66.98	−0.030 −0.060	67	−0.030 −0.060	67.030	0 −0.009	67.046	0 −0.012	67.074	0 −0.015	170	40	35	35	7	3.0	12	15°
67	—	>50～80	66.95		66.98		67		67.030		67.046		67.074		240	60	45	45	9	3.5		
67	—	>80～120	66.95		66.98		67		67.030		67.046		67.074		340	90	60	60	12	4.5		
—	70	30～50	69.95	−0.030 −0.060	69.98	−0.030 −0.060	70	−0.030 −0.060	70.030	0 −0.009	70.046	0 −0.012	70.074	0 −0.015	170	40	35	35	7	3.0	12	15°
—	70	>50～80	69.95		69.98		70		70.030		70.046		70.074		240	60	45	45	9	3.5		
—	70	>80～120	69.95		69.98		70		70.030		70.046		70.074		340	90	60	60	12	4.5		
71	—	30～50	70.95	−0.030 −0.060	70.98	−0.030 −0.060	71	−0.030 −0.060	71.030	0 −0.009	71.046	0 −0.012	71.074	0 −0.015	170	40	35	35	7	3.0	12	15°
71	—	>50～80	70.95		70.98		71		71.030		71.046		71.074		240	60	45	45	9	3.5		
71	—	>80～120	70.95		70.98		71		71.030		71.046		71.074		340	90	60	60	12	4.5		
75	—	30～50	74.95	−0.030 −0.060	74.98	−0.030 −0.060	75	−0.030 −0.060	75.030	0 −0.009	75.046	0 −0.012	75.074	0 −0.015	170	40	35	35	7	3.0	12	15°
75	—	>50～80	74.95		74.98		75		75.030		75.046		75.074		240	60	45	45	9	3.5		
75	—	>80～120	74.95		74.98		75		75.030		75.046		75.074		340	90	60	60	12	4.5		

表 1（续）

基本直径 第一系列	基本直径 第二系列	推削长度	d_1 H7、H8 基本尺寸	d_1 H7、H8 极限偏差(f7)	d_1 H9 基本尺寸	d_1 H9 极限偏差(f7)	d_2 基本尺寸	d_2 极限偏差(f7)	d_3 H7 基本尺寸	d_3 H7 极限偏差	d_3 H8 基本尺寸	d_3 H8 极限偏差	d_3 H9 基本尺寸	d_3 H9 极限偏差	L	l_1	l_2	l_3	p	h	c	α
80		30~50	79.95	-0.030 / -0.060	79.98	-0.030 / -0.060	80	-0.030 / -0.060	80.030	0 / -0.009	80.046	0 / -0.012	80.074	0 / -0.015	170	40	35	35	7	3.0	12	15°
		>50~80		-0.030 / -0.060		-0.030 / -0.060		-0.030 / -0.060							240	60	45	45	9	3.5		
		>80~120		-0.036 / -0.071		-0.036 / -0.071		-0.036 / -0.071							340	90	60	60	12	4.5		
85	—	30~50	84.96	-0.030 / -0.060	84.98	-0.030 / -0.060	85	-0.030 / -0.060	85.035	0 / -0.009	85.054	0 / -0.015	85.087	0 / -0.015	170	40	35	35	7	3.0		
		>50~80		-0.030 / -0.060		-0.030 / -0.060		-0.030 / -0.060							240	60	45	45	9	3.5		
		>80~120		-0.036 / -0.071		-0.036 / -0.071		-0.036 / -0.071							340	90	60	60	12	4.5		
90		30~50	89.96	-0.030 / -0.060	89.98	-0.030 / -0.060	90	-0.030 / -0.060	90.035	0 / -0.009	90.054	0 / -0.015	90.087	0 / -0.015	170	40	35	35	7	3.0		
		>50~80		-0.030 / -0.060		-0.030 / -0.060		-0.030 / -0.060							240	60	45	45	9	3.5		
		>80~120		-0.036 / -0.071		-0.036 / -0.071		-0.036 / -0.071							340	90	60	60	12	4.5		

注 1：优先选用第一系列；

注 2：d_3 为校准齿直径。

3.3 切削齿外圆直径的极限偏差为±0.01mm；

相邻切削齿外圆直径齿升量差不大于 0.01mm。

3.4 校准齿及与其尺寸相同的切削齿外圆直径尺寸的一致性为 0.005mm，校准齿部分不允许有正锥度。

3.5 圆推刀几何角度的极限偏差按以下规定：

a）前角 $^{+2°}_{-1°}$；

b）切削齿后角 $^{+1°}_{0}$；

c）校准齿后角 $^{+30'}_{0}$。

3.6 圆推刀全长尺寸的极限偏差按 js17。

3.7 圆推刀校准齿及其相邻的两个切削齿的径向圆跳动公差不得超过表 2 中对校准齿外圆直径所规定的公差值。圆推刀后导部的径向圆跳动公差同校准齿。圆推刀其余部分的径向圆跳动公差在其尺寸公差范围内。圆推刀各部分的径向圆跳动应在同一个方向。

表 2

mm

被加工孔径精度等级	被加工孔直径					
	10	>10～18	>18～30	>30～50	>50～80	>80～90
	校准齿外圆直径极限偏差					
H7	0 −0.005		0 −0.007		0 −0.009	
H8	0 −0.007		0 −0.009		0 −0.012	0 −0.015
H9	0 −0.008	0 −0.012	0 −0.015			

3.8 圆推刀后导部端面对圆推刀基准轴线的垂直度公差为 0.02mm，并且端面只许中间内凹。

3.9 圆推刀用 W6Mo5Cr4V2 或同等以上性能的高速钢制造，其硬度为 63HRC~66HRC。

4 标志、包装

4.1 标志

4.1.1 圆推刀上应标志：

——制造厂或销售商商标；

——基本直径；

——材料；

——被校正孔公差带代号；

——推削长度。

4.1.2 包装盒上应标志：

——制造厂或销售商的名称、地址和商标；

——标记示例内容；

——材料代号或牌号；

——件数；

——制造年月。

4.2 包装

圆推刀在包装前应经防锈处理，包装必须牢固，并应采取措施防止在包装运输过程中的损伤。

ICS 25.100.99
J 41
备案号：19089—2006

中华人民共和国机械行业标准

JB/T 7427—2006
代替 JB/T 7427—1994

滚子链和套筒链链轮滚刀

Hobs for sprockets for roller chains

2006-10-14 发布   2007-04-01 实施

中华人民共和国国家发展和改革委员会 发布

前　言

本标准代替 JB/T 7427—1994《滚子链和套筒链链轮滚刀》。

本标准与 JB/T 7427—1994 相比，主要变化如下：

——取消了对材料碳化物均匀度的规定；

——取消了"性能试验"一章；

——只取一个精度等级,等同于原 C 级；

——表面粗糙度数值做了适当修改。

本标准的附录 A、附录 B 为资料性附录。

本标准由中国机械工业联合会提出。

本标准由全国刀具标准化技术委员会（SAC/TC91）归口。

本标准起草单位：太原工具厂。

本标准主要起草人：王建中、辛佳毅、姚永红。

本标准所代替标准的历次版本发布情况：

——JB/T 7427—1994。

滚子链和套筒链链轮滚刀

1 范围

本标准规定了滚子链和套筒链链轮滚刀（简称链轮滚刀）的基本型式，基本尺寸，技术要求。

本标准适用于加工 GB/T 1243 规定的链轮用不切顶链轮滚刀。

2 规范性引用文件

下列文件中的条款通过本标准的引用而成为本标准的条款。凡是注日期的引用文件，其随后所有的修改单（不包括勘误的内容）或修订版本不适用于本标准，然而，鼓励根据本标准达成协议的各方研究是否可使用这些文件的最新版本。凡是不注日期的引用文件，其最新版本适用于本标准。

GB/T 1243 短节距传动用精密滚子链和链轮（GB/T 1243—1997，eqv ISO 606：1994）

GB/T 6132 铣刀和铣刀刀杆的互换尺寸

3 型式和尺寸

3.1 链轮滚刀可做成单头、右旋、螺旋容屑槽或平行于其轴线的直容屑槽。

3.2 链轮滚刀的型式和尺寸按图 1 和表 1 的规定。滚刀的法向齿形尺寸参见附录 A，滚刀的计算尺寸见附录 B。

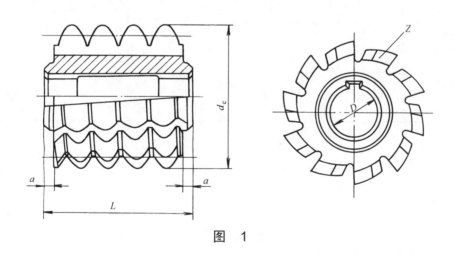

图 1

3.3 滚刀的键槽尺寸及偏差按 GB/T 6132。

3.4 滚刀的轴台直径由制造厂决定，其尺寸尽可能取大些。

3.5 标记示例：

链节距×滚子直径为 38.1×25.4 的链轮滚刀的标记为：

链轮滚刀 38.1×25.4 JB/T7427—2006

4 材料和硬度

4.1 材料

链轮滚刀用 W6Mo5Cr4V2 或同等性能的高速钢制造。

表　1

mm

规　格 节距×滚子直径	d_e	L	D	a 最小	Z
6.35×3.3	63	50			
8×5			27		12
9.525×5.08	71	63			
9.525×6.35					
12.7×7.95	80	71			
12.7×8.51					
15.875×10.16	90	80	32		
19.05×11.91	100	100			
19.05×12.07				5	
25.4×15.88	112	112			
31.75×19.05	125	132	40		10
38.1×22.23	140	150			
38.1×25.4					
44.45×25.4	160	180			
44.45×27.94					
50.8×28.58	180	200	50		
50.8×29.21					
63.5×39.37	200	240			9
63.5×39.68					

4.2　硬度

链轮滚刀的切削部分硬度应为 63HRC～66HRC。

5　外观和表面粗糙度

5.1　链轮滚刀表面不得有裂纹、崩刃、烧伤及其他影响使用性能的缺陷。

5.2　链轮滚刀的表面粗糙度的最大允许值按表 2 规定。

表　2

μm

检 查 表 面	表面粗糙度参数	表面粗糙度数值
内孔表面	R_a	0.32
端　　面		0.63
轴台外圆		1.25
刀齿前面		0.63
齿顶及齿侧表面	R_z	6.3

6 精度

6.1 链轮滚刀外径 d_e 公差为 h15，全长 L 的公差为 js15。

6.2 链轮滚刀制造时的主要公差应符合表 3 的规定。

表 3

μm

序号	检查项目	公差代号	链节距 mm				
			6.35~12.7	>12.7~19.05	>19.05~31.75	>31.75~44.45	>44.45~63.5
1	孔径偏差 内孔配合表面上超出公差的喇叭口长度，应小于每边配合长度的25%；键槽两侧超出公差部分的宽度，每边应不大于键宽的一半。在对孔作精度检查时，具有公称直径的基准心轴应能通过	δD	H6				
2	轴台径向圆跳动	δd_1	10	10	12	16	22
3	轴台端面圆跳动	δd_2	8	8	10	12	18
4	齿顶径向圆跳动	δd_e	70	70	90	150	180
5	刀齿前面径向性	δf_1	36	42	53	70	100
6	容屑槽相邻周节差	δf_2	50	70	90	120	190
7	容屑槽周节的最大累积误差	δf_p	80	120	140	180	220
8	刀齿前面对内孔轴线的平行度（仅用于直槽链轮滚刀）	δf_3	60	90	110	150	200
9	容屑槽导程误差（仅用于螺旋槽链轮滚刀）	δP_k	100mm：140				
10	齿形误差	δf_f	50	60	60	70	90
11	齿厚偏差 注：在滚刀理论齿高处测量的齿厚对理论齿厚的偏差	δS_x	0 −50	0 −60	0 −80	0 −100	0 −125
12	齿距最大偏差 注：在任意一排齿上，相邻刀齿轴向距离的最大偏差	δP_x	±28	±32	±40	±55	±75
13	任意三个齿距长度内的齿距最大累积误差	δP_{x3}	±45	±50	±70	±80	±120

7 标志和包装

7.1 标志

7.1.1 滚刀端面上应标志：

    a）制造厂或销售商商标；

    b）被加工链轮规格；

    c）分圆柱上的螺旋升角；

    d）螺旋槽导程；

    e）材料代号（普通材料不标）；

    f）制造年月。

7.1.2 包装盒上应标志：

    a）制造厂或销售商的商标、名称、地址；

    b）产品名称；

    c）被加工链轮规格；

    d）材料代号；

    e）制造年月；

    f）标准编号。

7.2 包装

链轮滚刀包装前应经防锈处理，包装必须牢固，并应采取措施，防止在包装运输过程中的损伤。

附 录 A
（资料性附录）
滚子链和套筒链链轮滚刀法向齿形尺寸

滚子链和套筒链链轮滚刀法向齿形尺寸按图 A.1 和表 A.1 的规定。

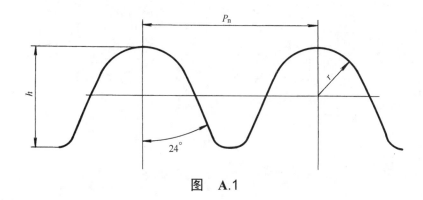

图 A.1

表 A.1

mm

规　格 节距×滚子直径	P_n	h	r
6.35×3.3	6.3792	3.64	1.67
8×5	8.0368	4.7	2.53
9.525×5.08	9.5688	5.48	2.57
9.525×6.35		5.66	3.21
12.7×7.95	12.7584	7.47	4.02
12.7×8.51		7.55	4.3
15.875×10.16	15.948	9.37	5.13
19.05×11.91	19.1376	11.22	6.10
19.05×12.07			
25.4×15.88	25.5168	14.93	8.02
31.75×19.05	31.8961	18.55	9.62
38.1×22.23	38.2753	22.17	11.23
38.1×25.4		22.62	12.83
44.45×25.4	44.6545	25.79	12.83
44.45×27.94		26.15	14.11
50.8×28.58	51.0337	29.41	14.43
50.8×29.21		29.5	14.75
63.5×39.37	63.7921	37.33	20.04
63.5×39.68			

附　录　B

（资料性附录）

滚子链和套筒链链轮滚刀计算尺寸

滚子链和套筒链链轮滚刀计算尺寸按图 B.1 和表 B.1 的规定。

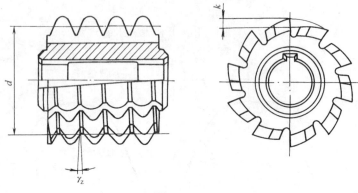

图　B.1

表　B.1

mm

规　格 节距×滚子直径	d	γ_z	k
6.35×3.3	58.62	1° 59′	4
8×5	64.80	2° 16′	4.5
9.525×5.08	64.72	2° 42′	
9.525×6.35	63.44	2° 45′	
12.7×7.95	70.72	3° 18′	5
12.7×8.51	70.16	3° 19′	
15.875×10.16	78.36	3° 43′	5.5
19.05×11.91	86.22	4° 03′	6
19.05×12.07			
25.4×15.88	94.28	4° 57′	7
31.75×19.05	103.84	5° 37′	8
38.1×22.23	115.42	6° 04′	9
38.1×25.4	112.22	6° 14′	
44.45×25.4	122.02	6° 41′	
44.45×27.94	119.46	6° 50′	10
50.8×28.58	128.82	7° 15′	
50.8×29.21	128.18	7° 17′	
63.5×39.37	137.20	8° 31′	12
63.5×39.68			

ICS 25.100.99
J 41
备案号：19091—2006

中华人民共和国机械行业标准

JB/T 7654—2006
代替 JB/T 7654.1—1994
JB/T 7654.2—1994

整体硬质合金小模数齿轮滚刀

Solid carbide fine-pith gear hobs

2006-10-14 发布 　　　　　　　　　　　2007-04-01 实施

中华人民共和国国家发展和改革委员会 发布

前　言

本标准代替 JB/T 7654.1—1994《整体硬质合金小模数齿轮滚刀　基本型式和尺寸》、JB/T7654.2—1994《整体硬质合金小模数齿轮滚刀　技术条件》。

本标准与 JB/T 7654.1—1994、JB/T 7654.2—1994 相比，主要变化如下：

——把基本型式尺寸和技术条件进行了合并；

——取消了性能试验。

本标准的附录 A、附录 B 为资料性附录。

本标准由中国机械工业联合会提出。

本标准由全国刀具标准化技术委员会（SAC/TC91）归口。

本标准主要起草单位：上海工具厂有限公司。

本标准主要起草人：魏莉、孟璋琪。

本标准所代替标准的历次版本发布情况：

——JB/T 7654.1—1994；

——JB/T 7654.2—1994。

整体硬质合金小模数齿轮滚刀

1 范围

本标准规定了整体硬质合金小模数齿轮滚刀（以下简称滚刀）的基本型式、尺寸和技术要求及标志、包装的基本要求。

本标准适用于加工模数 m 0.1mm～0.9mm、基本齿廓按 GB/T 2362 的齿轮用的滚刀。

本标准适用于单头右旋、容屑槽平行于轴线的直槽滚刀，直径分为 ϕ25 和 ϕ32 两种，精度等级分为 AAA、AA、A 和 B 四级，（按用户要求，滚刀可做成左旋）。

2 引用标准

下列文件中的条款通过本标准的引用而成为本标准的条款。凡是注日期的引用文件，其随后所有的修改单（不包括勘误的内容）或修订版均不适用于本标准，然而，鼓励根据本标准达成协议的各方研究是否可使用这些文件的最新版本。凡是不注日期的引用文件，其最新版本适用于本标准。

GB/T 1957　光滑极限量规

GB/T 2362　小模数渐开线圆柱齿轮基本齿廓

3 基本型式和尺寸

3.1 滚刀的基本型式和尺寸按图 1 和表 1 的规定。滚刀的基本计算尺寸参见附录 A。滚刀的轴向齿形尺寸参见附录 B。

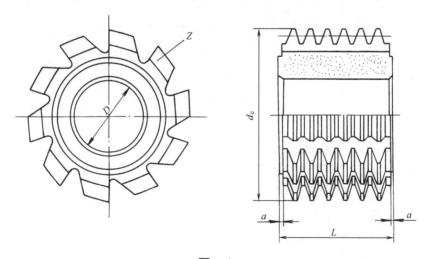

图　1

3.2 标记示例：

模数 m＝0.5mm、直径 ϕ25mm 的 A 级整体硬质合金小模数齿轮滚刀为：

整体硬质合金小模数齿轮滚刀 m 0.5×25 A　JB/T 7654—2006

4 技术要求

4.1 滚刀切削刃应锋利。表面不得有裂纹、崩刃、明显的空隙、波纹及其他影响使用性能的缺陷。

表　1

mm

模数系列		φ25					φ32				
I	II	d_e	L	D	a_{min}	齿数 Z	d_e	L	D	a_{min}	齿数 Z
0.10											
0.12											
0.15			8					—	—	—	—	—
0.20											
0.25											
0.30		25		8	0.3	12					
	0.35		10					12			
0.40											
0.50			12				32		13	0.4	12
0.60											
	0.70							16			
0.80			16								
	0.90	—	—	—	—	—		20			

注：滚刀轴台直径由工具厂自行决定，其尺寸应尽可能大些。

4.2　滚刀表面粗糙度的最大允许值按表2的规定。

表　2

μm

检 查 表 面	表面粗糙度 参　数	滚刀精度等级			
		AAA	AA	A	B
		表面粗糙度数值			
内孔表面	R_a	0.16	0.32		0.63
端　　面		0.32			0.63
刀齿前面		0.32	0.63		
刀齿侧面		0.32		0.63	
刀齿顶面、底面及圆角部分	R_z	3.2			6.3

4.3　滚刀的外径公差按 h15，总长公差按 js15。

4.4　切顶滚刀的全齿高公差按表3规定。

表　3

μm

模　数 mm		≤0.15	>0.15 ~0.25	>0.25 ~0.35	>0.35 ~0.4	>0.4 ~0.5	>0.5 ~0.6	>0.6 ~0.7	>0.7 ~0.8	>0.8 ~0.9
齿高	上偏差	0								
	下偏差	−6	−8	−10	−12	−15	−18	−20	−25	−28

4.5 滚刀的主要公差应符合表 4 规定。

表 4

μm

序号	检查项目及示意	公差代号	精度等级	模 数 mm	
				≤0.5	>0.5～0.9
1	孔径公差 注1：内孔配合表面上超出公差的喇叭口长度 AAA、AA级滚刀应小于配合长度的20%， A、B级滚刀应小于配合长度的25%。 注2：以对孔作精度检查时，具有公称直径的基准 芯轴（按 GB/T 1957）应能通过孔	δD	AAA	H4	
			AA	H5	
			A	H5	
			B	H6	
2	切顶滚刀齿底（在全长上）与内孔轴线的平行度 齿底到内孔中心距离的最大差值	δd_{il}	AAA	4	
			AA	5	
			A	6	
			B	8	
3	轴台的端面圆跳动	δd_{lx}	AAA	2	
			AA	3	
			A	4	
			B	5	
4	刀齿的径向圆跳动 滚刀全长上，齿廓到内孔轴线距离的最大差值	δd_{er}	AAA	6	
			AA	8	
			A	10	
			B	12	
5	刀齿前面的径向性 在测量范围内，容纳实际刀齿前面的两个平行 于理论前面的平面间距离	δf_r	AAA	6	8
			AA	10	12
			A	14	16
			B	18	20

表 4（续）

序号	检查项目及示意	公差代号	精度等级	模 数 mm ≤0.5	>0.5~0.9
6	容屑槽的相邻周节差 在滚刀分度圆附近的同一圆周上，两相邻周节的最大差值	δf_p	AAA	8	10
			AA	12	14
			A	16	20
			B	20	25
7	容屑槽周节的最大累积误差 在滚刀分度圆附近的同一圆周上，任意两个刀齿前面相互位置的最大误差	δF_p	AAA	12	14
			AA	16	18
			A	20	22
			B	25	28
8	刀齿前面对内孔轴线的平行度 $L_1=L-(2a+P_x)$ 在靠近分度圆处的测量范围内，容纳实际前面的两个平行于理论前面的平面间的距离	δf_x	AAA	6	
			AA	10	
			A	14	
			B	20	
9	齿形误差 在检查截面的测量范围内，容纳实际齿形的两条平行于理论齿形线间的法向距离	δf_f	AAA	1.5	2
			AA	2.5	3
			A	4	5
			B	6	8

表 4（续）

序号	检查项目及示意		公差代号	精度等级	模数 mm	
					≤0.5	>0.5～0.9
10	齿厚偏差 在滚刀理论齿高处测量的齿厚对公称齿厚的偏差	切顶	δS_x	AAA	+7	+9
				AA	+9	+12
				A	+12	+16
				B	+16	+20
		不切顶		AAA	−10	−12
				AA	−14	−16
				A	−20	−22
				B	−25	−30
11	齿距最大偏差 在任意一排齿上，相邻刀齿轴向齿距的最大偏差		δP_x	AAA	±2	±3
				AA	±3	±4
				A	±4	±5
				B	±5	±6
12	任意三个齿距长度的最大齿距累积偏差		δP_{x3}	AAA	±3	±4
				AA	±4	±6
				A	±6	±7
				B	±8	±9
13	相邻切削刃的螺旋线误差 相邻切削刃与内孔同心圆柱表面的交点对滚刀理论螺旋线的最大轴向误差		δZ	AAA	2	3
				AA	3	4
				A	4	5
				B	5	6

表 4（续）

序号	检查项目及示意	公差代号	精度等级	模数 mm	
				≤0.5	>0.5～0.9
14	滚刀一转内切削刃的螺旋线误差 在滚刀一转内，切削刃与内孔同心圆柱表面的交点对理论螺旋线的最大轴向误差	δZ_1	AAA	3	4
			AA	4	5
			A	5	6
			B	7	8
15	滚刀三转内切削刃的螺旋线误差	δZ_3	AAA	5	6
			AA	6	7
			A	8	9
			B	10	12

滚刀的成品精度可采用下列二组中的任意一组进行检验，对于模数大于 0.5mm 的 AAA、AA 级滚刀，必须采用第一组方法检验。

a）第一组：ΔZ、ΔZ_1、ΔZ_3、Δf_f、Δf_r、Δf_x、Δf_p、ΔF_p、Δd_{1x}、ΔD、Δd_{er}、ΔS_x、及Δd_{il}；

b）第二组：ΔP_x、ΔP_{x3}、Δf_f、Δf_r、Δf_x、Δf_p、ΔF_p、ΔS_x、Δd_{1x}、ΔD、Δd_{er}、及Δd_{il}；

4.6 切削有色金属、塑料及尼龙的滚刀用 K10 或同等性能以上的其他硬质合金制造；切削碳素钢或合金钢的滚刀用 M 类或同等性能以上的其他硬质合金制造。

5 标志和包装

5.1 标志

5.1.1 滚刀端面上应标志：

a）制造厂或销售商商标；

b）模数；

c）基准齿形角；

d）分圆柱上螺旋升角；

e）精度等级；

f）材料；

g）切顶（不切顶滚刀不标）；

h）制造年月。

5.1.2 包装盒上应标志：

a）制造厂或销售商名称、地址和商标；

b）产品名称；

c）标准号；

d）模数；

e）基准齿形角；

f）精度等级；

g）材料；

h）切顶（不切顶滚刀不标）；

i）制造年月。

5.2 包装

滚刀包装前应经防锈处理，并应采取措施防止在包装运输中产生损伤。

附 录 A

（资料性附录）

滚刀的基本计算尺寸

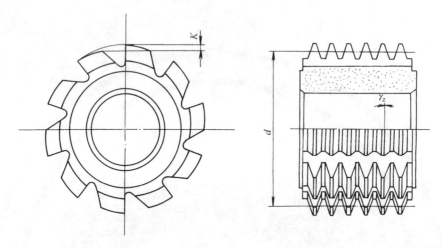

图 A.1

表 A.1

模数系列		ϕ25			ϕ32		
I	II	d	k	γ_z	d	k	γ_z
		mm			mm		
0.10		24.230		0° 14′			
0.12		24.176		0° 17′			
0.15		24.095		0° 21′	—	—	—
0.20		23.960		0° 29′			
0.25		23.825		0° 36′			
0.30		23.690		0° 44′	30.565		0° 34′
	0.35	23.555	1.0	0° 51′	30.430		0° 40′
0.40		23.420		0° 59′	30.295		0° 45′
0.50		23.150		1° 14′	30.025		0° 57′
0.60		22.880		1° 30′	29.775	1.25	1° 09′
	0.70	22.610		1° 46′	29.485		1° 22′
0.80		22.340		2° 03′	29.215		1° 34′
	0.90	—	—	—	28.945		1° 47′

附 录 B

（资料性附录）

滚刀轴向齿形尺寸

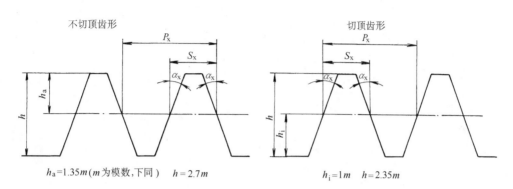

图 B.1

表 B.1

模 数 系 列		$\phi 25$				$\phi 32$			
		S_x		P_x	α_x	S_x		P_x	α_x
I	II	切顶	不切顶			切顶	不切顶		
0.10		0.165	0.157	0.314	20°	—	—	—	—
0.12		0.197	0.189	0.377					
0.15		0.244	0.235	0.471					
0.20		0.323	0.314	0.628					
0.25		0.402	0.393	0.785					
0.30		0.480	0.471	0.942		0.480	0.471	0.942	20°
	0.35	0.560	0.550	1.100		0.560	0.550	1.100	
0.40		0.640	0.628	1.257		0.640	0.628	1.257	
0.50		0.797	0.785	1.571		0.797	0.785	1.571	
0.60		0.955	0.943	1.886		0.955	0.943	1.886	
	0.70	1.114	1.100	2.200		1.114	1.100	2.200	
0.80		1.272	1.257	2.515		1.272	1.257	2.515	
	0.90	—	—	—	20° 01′	1.429	1.414	2.828	20° 01′

ICS 25.100.25
J 41
备案号：28689—2010

中华人民共和国机械行业标准

JB/T 7962—2010
代替 JB/T 7962—1999

圆拉刀　技术条件

Circular broaches — Technical specifications

2010-02-11 发布　　　　　　　　　　　2010-07-01 实施

中华人民共和国工业和信息化部 发布

前　言

本标准代替JB/T 7962—1999《圆拉刀　技术条件》。

本标准与JB/T 7962—1999相比，主要变化如下：

——在范围一章中，将"本标准规定了圆拉刀的技术要求和标志包装的基本要求"改为"本标准规定了圆拉刀的尺寸、材料和硬度、外观和表面粗糙度、标志和包装的基本要求"；

本标准由中国机械工业联合会提出。

本标准由全国刀具标准化技术委员会（SAC/TC91）归口。

本标准起草单位：成都工具研究所。

本标准主要起草人：夏千。

本标准所代替标准的历次版本发布情况为：

——JB/T 7962—1995；

——JB/T 7962—1999。

圆拉刀 技术条件

1 范围

本标准规定了圆拉刀的尺寸、材料和硬度、外观和表面粗糙度、标志和包装的基本要求。

本标准适用于加工公差等级为 IT7、IT8、IT9 的光滑圆柱孔的圆拉刀。

2 规范性引用文件

下列文件中的条款通过本标准的引用而成为本标准的条款。凡是注日期的引用文件，其随后所有的修改单（不包括勘误的内容）或修订版均不适用于本标准，然而，鼓励根据本标准达成协议的各方研究是否可使用这些文件的最新版本。凡是不注日期的引用文件，其最新版本适用于本标准。

GB/T 3832 拉刀柄部

3 尺寸

3.1 圆拉刀总长尺寸的极限偏差：

——总长尺寸小于或等于 1 000 mm 时，为 ±3 mm；

——总长尺寸大于 1 000 mm 时，为 ±5 mm。

3.2 圆拉刀柄部型式和基本尺寸按 GB/T 3832 的规定。

3.3 圆拉刀前导部和后导部外圆直径的公差为 f7。

3.4 圆拉刀几何角度的极限偏差：

——前角：$^{+2°}_{-1°}$；

——切削齿后角：$^{+1°}_{0}$；

——校准齿后角：$^{+0°30'}_{0}$。

3.5 圆拉刀粗切齿外圆直径的极限偏差和相邻齿直径齿升量差由表 1 给出。

表 1

单位：mm

直径齿升量	外圆直径的极限偏差	相邻齿直径齿升量差
≤0.06	±0.010	0.010
>0.06~0.10	±0.015	0.015
>0.10~0.12	±0.020	0.020
>0.12	±0.025	0.025

3.6 圆拉刀精切齿（与校准齿尺寸相同的精切齿除外）外圆直径的极限偏差为 $^{0}_{-0.01}$ mm。

3.7 圆拉刀校准齿及与其尺寸相同的精切齿外圆直径的极限偏差由表 2 给出。校准齿及与其尺寸相同的精切齿外圆直径尺寸的一致性为 0.005 mm。校准齿部分不允许有正锥度。

表 2

单位：mm

被加工孔的直径公差	外圆直径的极限偏差
≤0.018	0 −0.005
>0.018～0.027	0 −0.007
>0.027～0.036	0 −0.009
>0.036～0.046	0 −0.012
>0.046	0 −0.015

3.8 圆拉刀外圆表面对拉刀基准轴线的径向圆跳动公差：

3.8.1 圆拉刀校准齿及其相邻的两个精切齿的径向圆跳动公差不得超过表 2 中所规定的外圆直径极限偏差值，拉刀后导部的径向圆跳动公差同校准齿。

3.8.2 拉刀其余部分的径向圆跳动公差由表 3 给出。

表 3

单位：mm

圆拉刀总长与其基本直径的比值	径向圆跳动公差
≤15	0.03
>15～25	0.04
>25	0.06

3.8.3 圆拉刀各部分的径向圆跳动应在同一个方向。

3.9 圆拉刀柄部与卡爪接触的锥面对圆拉刀基准轴线的斜向圆跳动公差为 0.1 mm。

4 材料和硬度

4.1 圆拉刀用 W6Mo5Cr4V2 以及与其具有同等性能的高速工具钢制造。

4.2 圆拉刀热处理硬度如下，允许进行表面强化处理。

　　——刀齿和后导部：63 HRC～66 HRC；

　　——前导部：60 HRC～66 HRC；

　　——柄部：40 HRC～52 HRC。

5 外观和表面粗糙度

5.1 圆拉刀表面不应有裂纹，碰伤和锈迹。切削刃应锋利，不应有毛刺、钝口以及磨削烧伤等影响使用性能的缺陷。

5.2 圆拉刀容屑槽的连接应圆滑，不允许有台阶。

5.3 圆拉刀表面粗糙度的上限值由表 4 中给出。

表 4

单位：μm

项　　目		表面粗糙度参数
刀齿刃带表面		Ra 0.32
刀齿前面和后面	精切齿和校准齿	Ra 0.32
	粗切齿	Ra 0.63
前导部和后导部外圆表面		Ra 0.63
中心孔工作锥面		Ra 0.63
柄部外圆表面		Ra 1.25
容屑槽槽底磨光		Ra 2.5

6　标志和包装

6.1　标志

6.1.1　产品上应标志：

　　a）制造厂或销售商商标；

　　b）规格；

　　c）产品编号；

　　d）前角；

　　e）拉削长度；

　　f）材料代号（普通高速钢用 HSS 标志）；

　　g）制造年月。

6.1.2　包装盒上应标志：

　　a）制造厂或销售商名称、商标、地址；

　　b）产品名称、产品编号、规格、拉削长度、标准编号；

　　c）材料代号或牌号；

　　d）件数；

　　e）制造年月。

6.2　包装

圆拉刀包装前应进行防锈处理。包装必须牢靠，并能防止运输过程中的损伤。

ICS 25.100.99
J 41
备案号：28690—2010

中华人民共和国机械行业标准

JB/T 7967—2010
代替 JB/T 7967—1999

渐开线内花键插齿刀 型式和尺寸

Gear shaper cutters for internal involute splines
— Types and dimensions

2010-02-11 发布

2010-07-01 实施

中华人民共和国工业和信息化部 发布

前　言

本标准代替JB/T 7967—1999《渐开线内花键插齿刀　型式和尺寸》。

本标准与JB/T 7967—1999相比，主要变化如下：

——将齿顶高代号"h_a"改为"h_{ap}"；

本标准的附录A为规范性附录。

本标准由中国机械工业联合会提出。

本标准由全国刀具标准化技术委员会（SAC/TC91）归口。

本标准起草单位：成都工具研究所。

本标准主要起草人：夏千。

本标准所代替标准的历次版本发布情况为：

——JB/T 7967—1995；

——JB/T 7967—1999。

渐开线内花键插齿刀 型式和尺寸

1 范围

本标准规定了模数 1 mm～10 mm，标准压力角 30°，用于加工 GB/T 3478.1、GB/T 3478.2 所规定的平齿顶内花键的渐开线内花键插齿刀的基本型式和尺寸。渐开线内花键插齿刀的精度等级分为 A 级和 B 级。

本标准适用于渐开线内花键插齿刀（以下简称插齿刀）。

2 规范性引用文件

下列文件中的条款通过本标准的引用而成为本标准的条款。凡是注日期的引用文件，其随后所有的修改单（不包括勘误的内容）或修订版均不适用于本标准，然而，鼓励根据本标准达成协议的各方研究是否可使用这些文件的最新版本。凡是不注日期的引用文件，其最新版本适用于本标准。

GB/T 3478.1 圆柱直齿渐开线花键（米制模数 齿侧配合） 第 1 部分：总论（GB/T 3478.1—2008，ISO 4156-1：2005，MOD）

GB/T 3478.2 圆柱直齿渐开线花键（米制模数 齿侧配合） 第 2 部分：30°压力角尺寸表（GB/T 3478.2—2008，ISO 4156-2：2005，MOD）

GB/T 6082 直齿插齿刀 通用技术条件

3 尺寸

3.1 锥柄插齿刀

锥柄插齿刀有 25 mm，38 mm 两种公称分圆直径，其型式按图 1 所示，尺寸由表 1 和表 2 给出。

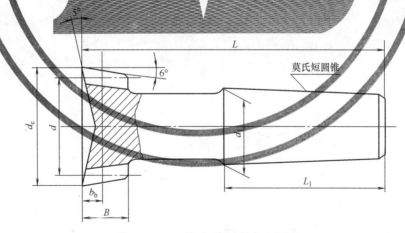

图 1 渐开线内花键锥柄插齿刀

表 1 公称分圆直径 25 mm

m	z	d	d_e	B	b_b	d_1	L_1	L	莫氏短圆锥号
		mm							
1	25	25.00	26.48		−0.5				
1.25	20	25.00	26.84	10	−0.6	17.981	40	75	2
1.5	16	24.00	26.22		−0.7				

表1 公称分圆直径 25 mm（续）

m	z	d	d_e	B	b_b	d_1	L_1	L	莫氏短圆锥号
					mm				
1.75	14	24.50	27.48		1.0				
2	12	24.00	27.40	12	1.1	17.981	40	80	2
2.5	10	25.00	29.22		1.4				
3	10	30.00	35.06		1.7				

注：在插齿刀的原始截面中，齿顶高系数为 h_{ap} *（见表 A.1），分圆弧齿厚等于 $\pi m/2$。

表2 公称分圆直径 38 mm

m	z	d	d_e	B	b_b	d_1	L_1	L	莫氏短圆锥号
					mm				
1.75	22	38.50	41.48		1.0				
2	19	38.00	41.80		3.0				
2.5	15	37.50	42.22	15	3.8	24.051	50	90	3
3	13	39.00	44.68		4.6				
3.5	11	38.50	43.64		−1.7				
4	10	40.00	46.72		2.3				

注：在插齿刀的原始截面中，齿顶高系数为 h_{ap} *（见表 A.2），分圆弧齿厚等于 $\pi m/2$。

3.2 碗形插齿刀

碗形插齿刀有 50mm、75mm、100mm、125mm 四种公称分圆直径，其型式按图2、图3所示，尺寸由表3～表6给出。

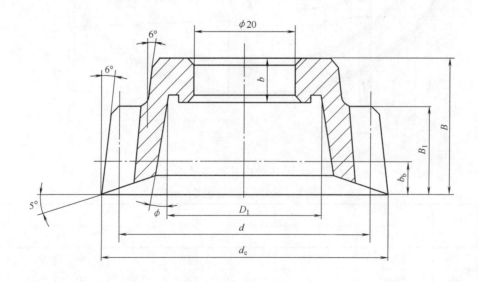

图2 碗形插齿刀（ϕ50）

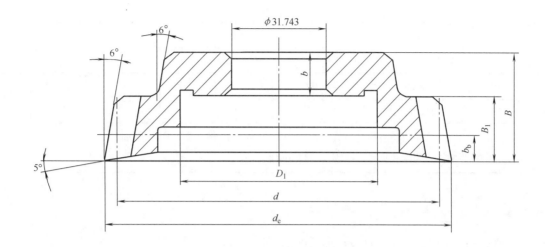

图 3 碗形插齿刀（ϕ75～ϕ125）

表 3 公称分圆直径 50 mm

m	z	d	d_e	D_1	b	b_b	B	B_1	ϕ
				mm					
3	16	48.00	53.68	30	10	4.6	27	20	10°
3.5	14	49.00	54.92			2.0			
4	13	52.00	59.52			6.1			
5	11	55.00	62.32			−2.3			

注：在插齿刀的原始截面中，齿顶高系数为 h_{ap}*（见表 A.3），分圆弧齿厚等于 $\pi m/2$。

表 4 公称分圆直径 75 mm

m	z	d	d_e	D_1	b	b_b	B	B_1
				mm				
3.5	21	73.50	80.10	50	10	5.3	32	20
4	19	76.00	83.52			6.1		
5	15	75.00	84.38			7.6		
6	13	78.00	86.71			−2.8		

注：在插齿刀的原始截面中，齿顶高系数为 h_{ap}*（见表 A.4），分圆弧齿厚等于 $\pi m/2$。

表 5 公称分圆直径 100 mm

m	z	d	d_e	D_1	b	b_b	B	B_1
				mm				
5	20	100.00	109.40	63	10	7.6	36	24
6	17	102.00	113.22			9.1		
8	12	96.00	109.37			4.6		
10	10	100.00	116.60			5.7		

注 1：在插齿刀的原始截面中，齿顶高系数为 h_{ap}*（见表 A.5），分圆弧齿厚等于 $\pi m/2$。

注 2：按用户需要插齿刀的内孔直径可做成 44.443 mm。

表6 公称分圆直径 125 mm

m	z	d	d_e	D_1	b	b_b	B	B_1
		mm						
8	16	128.00	142.92	80	13	12.0	40	28
10	13	130.00	147.92					

注1：在插齿刀的原始截面中，齿顶高系数为 h_{ap} *（见表 A.6），分圆弧齿厚等于 $\pi m/2$。

注2：按用户需要插齿刀的内孔直径可做成 44.443 mm。

4 技术条件

插齿刀的精度和技术要求按 GB/T 6082 的规定。

附　录　A
（规范性附录）
插齿刀的齿形尺寸

A.1 插齿刀的齿形型式按图 A.1 和图 A.2 所示，尺寸由表 A.1～A.7 给出。

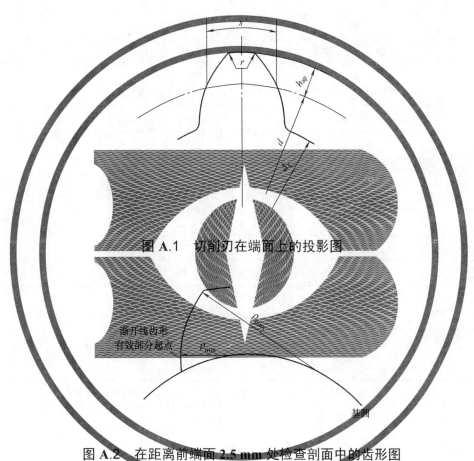

图 A.1　切削刃在端面上的投影图

渐开线齿形
有效部分起点

基圆

图 A.2　在距离前端面 2.5 mm 处检查剖面中的齿形图

表 A.1　公称分圆直径 25 mm 的锥柄插齿刀

模数 m	基圆直径 d_b	d_f	h_{ap}	s	r	ρ_{min}	ρ_{max}	齿顶高系数 $h_{ap}*$
				mm				
1	21.600	23.40	0.74	1.51	0	4.71	7.19	0.790
1.25		23.00	0.92	1.89		4.39	7.52	
1.5	20.736	21.60	1.11	2.27		3.82	7.58	
1.75	21.168	22.08	1.49	2.87		3.92	8.33	
2	20.736	21.24	1.70	3.28		3.51	8.54	
2.5	21.600	21.54	2.11	4.10	0.15	3.21	9.21	0.785
3	25.920	25.84	2.53	4.92		3.96	11.18	

注：ρ_{min} 值是按表 A.7 中插齿刀和所对应的内花键齿数 z_2 计算而得。

表A.2 公称分圆直径 **38 mm** 的锥柄插齿刀

模数 m	基圆直径 d_b	d_f	h_{ap}	s	r	ρ_{min}	ρ_{max}	齿顶高系数 $h_{ap}*$
	mm							
1.75	33.265	36.08	1.49	2.87	0	7.48	11.94	0.790
2	32.833	35.64	1.90	3.51		7.47	12.49	
2.5	32.401	34.54	2.36	4.39	0.15	6.96	12.88	0.785
3	33.697	35.47	2.84	5.27		6.94	14.03	
3.5	33.265	32.90	2.57	5.29	0.20	4.90	13.39	
4	34.561	34.48	3.36	6.56		5.45	15.02	0.780

注：ρ_{min} 值是按表 A.7 中插齿刀和所对应的内花键齿数 z_2 计算而得。

表A.3 公称分圆直径 **50 mm** 的碗形插齿刀

模数 m	基圆直径 d_b	d_f	h_{ap}	s	r	ρ_{min}	ρ_{max}	齿顶高系数 $h_{ap}*$
	mm							
3	41.473	44.46	2.84	5.27	0.15	9.24	16.38	0.785
3.5	42.337	44.18	2.96	5.74	0.20	8.32	16.75	
4	44.929	47.28	3.76	7.02		9.46	18.80	0.780
5	47.521	47.02	3.66	7.58	0.25	7.21	19.35	

注：ρ_{min} 值是按表 A.7 中插齿刀和所对应的内花键齿数 z_2 计算而得。

表A.4 公称分圆直径 **75 mm** 的碗形插齿刀

模数 m	基圆直径 d_b	d_f	h_{ap}	s	r	ρ_{min}	ρ_{max}	齿顶高系数 $h_{ap}*$
	mm							
3.5	63.505	69.36	3.30	6.14	0.20	15.30	23.64	0.785
4	65.665	71.28	3.76	7.02		15.56	25.05	0.780
5	64.801	69.08	4.69	8.76	0.25	14.50	26.21	
6	67.393	68.41	4.36	9.08	0.30	11.84	26.37	0.775

注：ρ_{min} 值是按表 A.7 中插齿刀和所对应的内花键齿数 z_2 计算而得。

表A.5 公称分圆直径 **100 mm** 的碗形插齿刀

模数 m	基圆直径 d_b	d_f	h_{ap}	s	r	ρ_{min}	ρ_{max}	齿顶高系数 $h_{ap}*$
	mm							
5	86.401	94.10	4.70	8.78	0.25	20.87	32.70	0.780
6	88.129	94.92	5.61	10.53	0.30	20.61	34.62	0.775
8	82.950	84.97	6.68	13.13	0.40	15.59	34.61	
10	86.401	86.20	8.30	16.40	0.50	14.42	38.00	0.770

注：ρ_{min} 值是按表 A.7 中插齿刀和所对应的内花键齿数 z_2 计算而得。

表 A.6　公称分圆直径 125 mm 的碗形插齿刀

模数 m	基圆直径 d_b	d_f	h_{ap}	s	r	ρ_{min}	ρ_{max}	齿顶高系数 h_{ap} *
				mm				
8	110.594	118.52	7.46	14.02	0.40	25.64	44.21	0.775
10	112.322	117.52	8.96	17.16	0.50	23.73	46.94	0.770

注：ρ_{min} 值是按表 A.7 中插齿刀和所对应的内花键齿数 z_2 计算而得。

表 A.7　插齿刀可加工内花键的最小齿数

插齿刀公称分圆直径 mm	25		38		50		75		100		125	
模数　m	z	z_2	z	z_2	z	z_2	z	z_2	z	z_2	z	z_2
1	25	30										
1.25	20	25										
1.5	16	21										
1.75	14	20	22	28								
2	12	18	19	26								
2.5	10	16	15	22								
3	10	16	13	20	16	23						
3.5			11	16	14	20	21	28				
4			10	16	13	20	19	26				
5					11	16	15	22	20	27		
6							13	18	17	24		
8									12	18	16	23
10									10	16	13	20

注 1：z——插齿刀齿数。

注 2：z_2——插齿刀可加工内花键的最小齿数。

ICS 25.100.25
J 41
备案号：34838—2012

中华人民共和国机械行业标准

JB/T 7969—2011
代替 JB/T 7969—1999

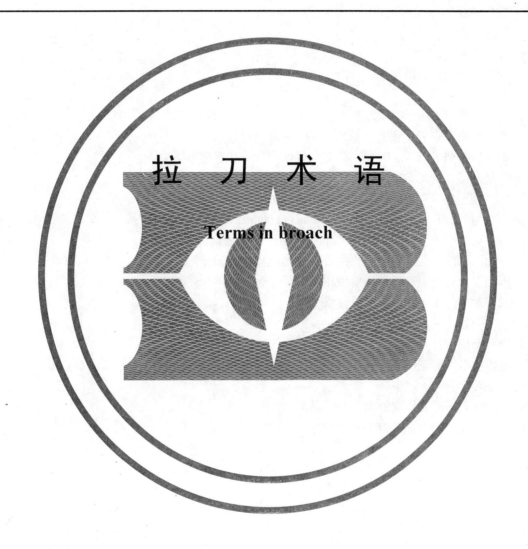

拉 刀 术 语

Terms in broach

2011-12-20 发布　　　　　　　　　　2012-04-01 实施

中华人民共和国工业和信息化部 发布

前　言

本标准代替JB/T 7969—1999《拉刀术语》。

本标准与JB/T 7969—1999相比，主要变化如下：

——修改了前言；

——修改了范围；

——增加了规范性引用文件；

——增加了条目编号；

——改变了编写方法，将拉刀名称、拉削方式、拉刀结构、其他等方面的术语归入"与结构参数有关的术语和定义"和"与型式有关的术语和定义"；

—— 删除了某些术语多余的对应英文，只保留唯一准确对应英文；

——将"颈部"英文定为"recess"；

——将"校正拉刀"英文定为"correcting broach"；

——将"相邻齿升量差"英文定为"adjacent cut per tooth difference"；

——将"尺寸一致性"英文定为"dimensional homogeneity"；

——增加了术语：支撑部、圆孔推刀、压光圆孔拉刀、三角花键拉刀、成形孔拉刀；

——增加了术语首字汉语拼音索引和术语英文索引；

——图形顺序等做了一定的编辑性修改。

本标准由中国机械工业联合会提出。

本标准由全国刀具标准化技术委员会（SAC/TC91）归口。

本标准主要起草单位：成都工具研究所。

本标准主要起草人：曾宇环。

本标准所代替标准的历次版本发布情况为：

——JB/T 7969—1995、JB/T 7969—1999。

拉 刀 术 语

1 范围

本标准规定了拉刀和拉削的术语、定义，同时列出了术语的英文对应词和索引。

本标准适用于各种拉刀。

2 规范性引用文件

下列文件中的条款通过本标准的引用而成为本标准的条款。凡是注日期的引用文件，其随后所有的修改单（不包括勘误的内容）或修订版均不适用于本标准，然而，鼓励根据本标准达成协议的各方研究是否可使用这些文件的最新版本。凡是不注日期的引用文件，其最新版本适用于本标准。

GB/T 12204 金属切削 基本术语（GB/T 12204—2010，ISO 3002-1:1982，ISO 3002-3:1984，ISO 3002-4:1984，MOD）

3 条目编号

本标准术语的条目编号全部按系统划分，章条号直接作为条目编号，不作特别的规定。

4 与结构参数有关的术语和定义

与切削有关的术语和定义按 GB/T 12204 的规定。

4.1

拉刀 **broach**

在拉力作用下进行切削的刀具，如图 1、图 2、图 3 所示。

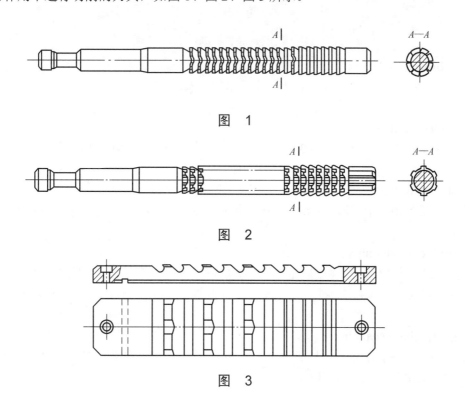

图 1

图 2

图 3

4.2

推刀　push broach

在压力作用下进行切削的刀具，如图4、图5所示。

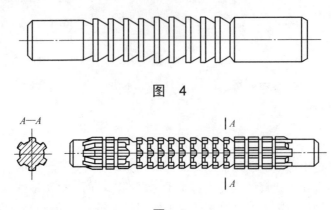

图　4

图　5

4.3

旋转拉刀　rotary broach

在转矩作用下进行切削的刀具，如图6所示。

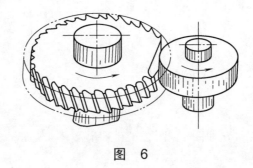

图　6

4.4

拉削方式　broaching layout

用拉刀（4.1）逐齿把加工余量从工件表面切下来的方式。

4.5

分层式　layer-stepping

将每层加工余量各用一个刀齿（4.43）切除的拉削方式（4.4），如图7a）～ f）所示。

4.6

分块式　skip-stepping

将每层加工余量各用一个刀齿（4.43）分块切除的拉削方式（4.4），如图7g）、h）所示。

4.7

同廓式　profile broaching

采用与被加工表面最终廓形相似的刀齿（4.43）廓形，按分层式（4.5）切除加工余量，仅最后一个切削齿（4.19）和校准齿（4.20）参与工件最终表面的形成，如图7a）、b）、c）所示。

4.8

渐成式　generating broaching

每个刀齿（4.43）按分层式（4.5）切除加工余量，而且各刀齿（4.43）的部分切削刃均参与工件最终表面的形成，如图7d）、e）、f）所示。

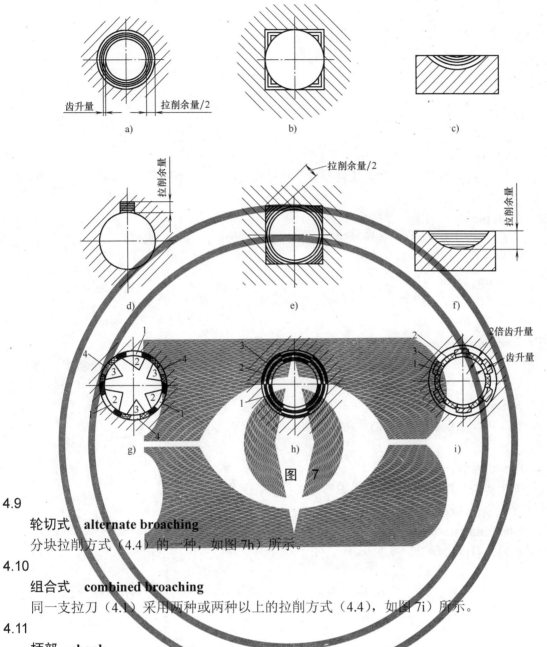

图 7

4.9

轮切式 alternate broaching

分块拉削方式（4.4）的一种，如图7h）所示。

4.10

组合式 combined broaching

同一支拉刀（4.1）采用两种或两种以上的拉削方式（4.4），如图7i）所示。

4.11

柄部 shank

前柄（4.12）和后柄（4.13）的总称或单独指前柄（4.12）。

4.12

前柄 pull end

拉刀（4.1）前端用于夹持和传递动力的柄部（4.11），如图8所示。

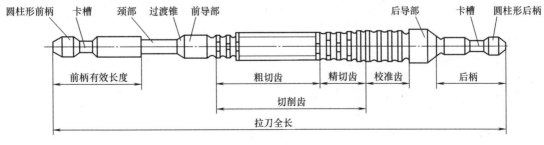

图 8

4.13

后柄　rear shank

拉刀（4.1）后端用于夹持或支承的柄部（4.11），见图8。

4.14

颈部　recess

前柄（4.12）与过渡锥（4.15）之间的连接部分，见图8。

4.15

过渡锥　pilot taper

引导拉刀（4.1）前导部（4.16）进入工件预加工孔的锥度部分，见图8。

4.16

前导部　front pilot

引导拉刀（4.1）切削齿（4.19）正确地进入工件待加工表面的部分，见图8。

4.17

粗切齿　roughing teeth

拉刀（4.1）上起粗加工作用的刀齿（4.43），见图8。

4.18

精切齿　semi-finishing teeth

拉刀（4.1）上起精加工作用的刀齿（4.43），见图8。

4.19

切削齿　cutting teeth

粗切齿（4.17）和精切齿（4.18）的总称，见图8。

4.20

校准齿　finishing teeth

几个尺寸形状相同，起校准和储备作用的刀齿（4.43），见图8。

4.21

挤压齿　burnishing teeth

挤光加工表面的刀齿（4.43），见图9。

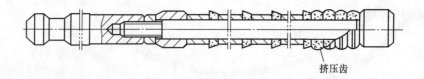

挤压齿

图　9

4.22

后导部　rear pilot

保证拉刀（4.1）最后刀齿（4.43）正确的离开工件的导向部分，见图8。

4.23

刀体　body

拉刀（4.1）的基体，见图10、图11。

4.24

镶嵌刀块　inserted blade

用机械联接方式装于刀体（4.23）上的刀块，见图11。

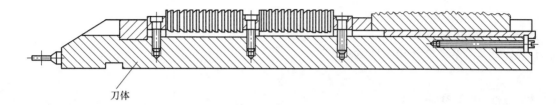

图 10

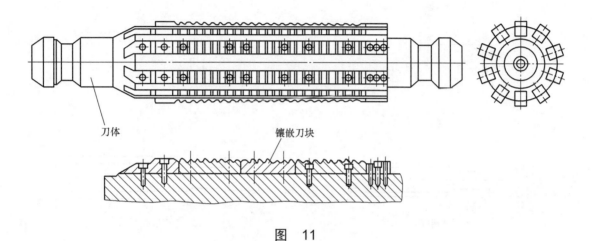

图 11

4.25

镶嵌刀块　inserted tool bit

用机械联接方式装于刀体（4.23）上的刀齿（4.43），见图12。

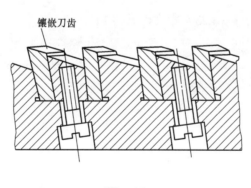

图 12

4.26

刀套　broach shell

安装在拉刀（4.1）上可更换的齿套或光套，见图13。

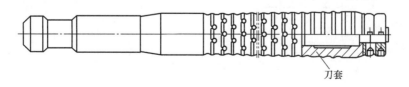

图 13

4.27

拉刀全长 overall length

拉刀（4.1）各部分长度之和，见图8。

4.28

矩形柄 rectangular shank

横截面是由矩形组成的柄部（4.11），见图14。

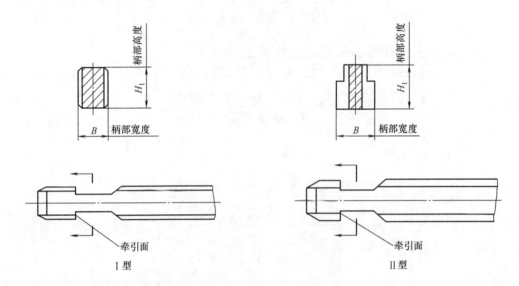

图 14

4.29

柄部宽度 shank width

矩形柄（4.28）横截面的刀体（4.23）宽度，见图14。

4.30

柄部高度 shank height

矩形柄（4.28）横截面的高度，见图14。

4.31

圆柱形柄 round shank

横截面是圆形的柄，见图15。

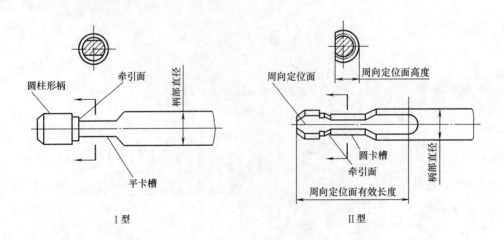

图 15

4.32

圆柱形前柄　**round type pull end**

前柄（4.12）是圆柱形的，见图8。

4.33

圆柱形后柄　**round type retriever**

后柄（4.13）是圆柱形的，见图8。

4.34

柄部直径　**shank diameter**

拉刀（4.1）柄部（4.11）与夹头或接套配合部分的直径，见图15。

4.35

前柄有效长度　**effective shank length**

拉刀（4.1）柄部（4.11）与夹头配合部分的设计长度，见图8。

4.36

周向定位面　**locating face**

拉刀（4.1）柄部（4.11）用于圆周方向定位的平面，见图15。

4.37

周向定位面高度　**height of locating face**

周向定位面（4.36）至拉刀（4.1）柄部（4.11）外圆的距离，见图15。

4.38

周向定位面有效长度　**effective length of locating face**

周向定位面（4.36）沿轴向的设计长度，见图15。

4.39

卡槽　**neck**

拉刀（4.1）柄部（4.11）与夹头连接的槽，见图8。

4.40

圆卡槽　**circular neck**

槽底为圆柱面的卡槽（4.39），见图15。

4.41

平卡槽　**flat neck**

槽底为圆平面的卡槽（4.39），见图15。

4.42

牵引面　**pulling face**

卡槽（4.39）与卡爪接触的承受拉力的表面，见图14、图15。

4.43

刀齿　**tooth**

由前面、后面、齿背以及侧面所构成的实体，见图16。

4.44

齿形　**tooth form**

刀齿（4.43）在主切削刃法截面内的形状，见图16。

4.45

刀齿廓形　**tooth profile**

刀齿（4.43）在基面上正投影的形状，见图17。

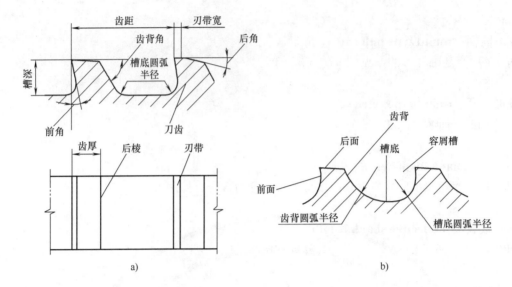

a)

b)

图 16

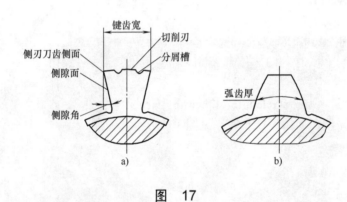

a)

b)

图 17

4.46

圆孔齿 round tooth

加工圆孔用的刀齿（4.43），见图18。

4.47

花键齿 spline tooth

加工花键用的刀齿（4.43），见图18。

4.48

倒角齿 chamfering tooth

加工倒角用的刀齿（4.43），见图18。

4.49

刀齿侧面 tooth side

见图17。

4.50

侧刃 side edge

刀齿（4.43）的副切削刃，见图17。

4.51

侧隙面 side relief

刀齿（4.43）的副后面，见图17。

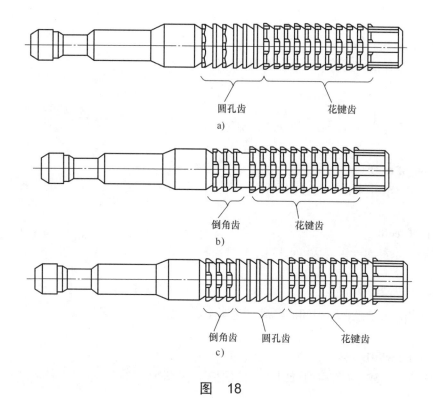

圆孔齿　　　　　花键齿

a)

倒角齿　　　　　花键齿

b)

倒角齿　　圆孔齿　　　花键齿

c)

图　18

4.52

导入面　approaching face

挤压齿（4.21）上最先进入工件的挤压齿（4.21）齿面，见图19。

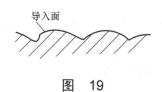

导入面

图　19

4.53

容屑槽　chip space

拉削时容纳切屑的空间，见图16。

4.54

槽底　bottom of gullet

容屑槽（4.53）最接近拉刀（4.1）轴线或刀体（4.23）的部分，见图16。

4.55

槽深　depth of gullet

从切削刃到容屑槽（4.53）槽底（4.54）的距离，见图16。

4.56

齿背　tooth back

连接刀齿（4.43）后面和槽底（4.54）圆弧面的部分，见图16。

4.57

齿背圆弧半径　back radius

曲线齿背（4.56）的圆弧半径，见图16。

4.58

槽底圆弧半径 gullet radius

槽底（4.54）连接前面和齿背（4.56）的圆弧半径，见图16。

4.59

后棱 heel

刀齿（4.43）后面与齿背（4.56）的交线，见图16。

4.60

齿数 number of teeth

切削速度方向的刀齿（4.43）数目。

4.61

齿组 group of teeth

切除同一层加工余量的一组刀齿（4.43）。

4.62

齿距 pitch

前后相邻两刀齿（4.43）切削刃间的距离，见图16。

4.63

齿厚 tooth land width

主切削刃和后棱（4.59）在切削平面上投影的距离，见图16a）。

4.64

键齿宽 tooth thickness

键槽拉刀、矩形花键拉刀刀齿（4.43）主切削刃在基面上的投影宽度，见图17a）。

4.65

弧齿厚 circular tooth thickness

见图17b）。

4.66

齿槽半角 space width half angle

三角花键拉刀等拉刀一个齿槽的两侧面夹角的一半，见图20。

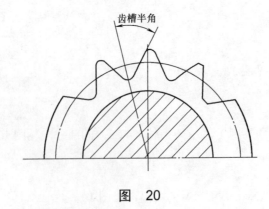

图 20

4.67

分屑槽 chip breakers

为了将切屑分成小段，在切削刃上设置的槽，见图17a）、图21a）、图22。

4.68

弧形槽 deep-slotted chip breaker

圆弧形分屑槽（4.67），见图21b）。

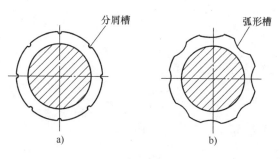

图 21

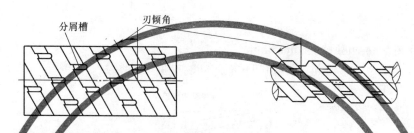

图 22

4.69

容屑系数 safety factor of chip space

在法截面内，容屑槽（4.53）的有效面积与切屑面积之比。

4.70

齿升量 cut per tooth

前后相邻两刀齿（4.43）或齿组（4.61）的高度差（半径差），它等于切削厚度，见图7。

4.71

相邻齿升量差 adjacent cut per tooth difference

相邻两刀齿（4.43）基本齿升量（4.70）的公差。

4.72

尺寸一致性 dimensional homogeneity

基本尺寸相同的刀齿（4.43）实际尺寸之间的允许差值。

4.73

跨棒距 measurement over pins

见图23。

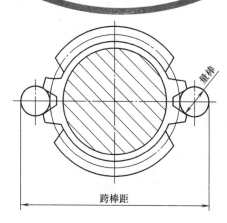

图 23

4.74

齿背角　back angle

直线齿背与切削平面之间的夹角，见图16。

4.75

侧隙角　side relief angle

刀齿（4.43）侧面与侧隙面之间的夹角，见图17a）。

4.76

刃倾角　tool cutting edge inclination

见图22。

4.77

分屑槽槽底后角　notcher clearance angle

分屑槽（4.67）槽底（4.54）切面与切削平面之间的夹角，见图24。

图　24

4.78

拉削速度　cutting speed

拉刀（4.1）的切削速度。

4.79

拉前孔　prepared hole

被拉削工件的预制孔。

4.80

拉削余量　stock removal

拉削的加工余量，见图7。

4.81

拉削长度　length of cut

工件被拉削表面的总长度。

4.82

拉削宽度　width of cut

一个刀齿（4.43）主切削刃在基面上投影的总长度。

4.83

同时工作齿数　number of teeth engaged

同时参加切削的齿数（4.60）。

4.84

拉削次数　number of strokes

切除全部加工余量所用的拉刀（4.1）重复使用次数。

4.85

拉削力　cutting force

拉削时的切削力。

4.86

单位拉削力　specific cutting force

单位切削宽度上的拉削力（4.85）。

4.87

导套　broach horn

切削键槽时，安装工件并对拉刀（4.1）起导向作用的辅具。

4.88

垫片　liner

拉削时用的刀垫。

4.89

量棒　pin

测量弧齿厚用的圆柱体，见图23。

4.90

支撑部　supporting part

对直径大于 60 mm 的大型拉刀（4.1），为防止其因自重下垂而影响加工质量和损坏刀齿（4.43），拉刀（4.1）的后导部（4.22）需加长，或在后导部（4.22）的后面做出直径较小的支撑，放在机床的托架中。

5　与型式有关的术语和定义

5.1

内拉刀　internal broach

加工工件内表面的拉刀（4.1），见图1、图2。

5.2

外拉刀　external broach

加工工件外表面的拉刀（4.1），见图3。

5.3

整体拉刀　solid broach

各部为一种材料并制成一体的拉刀（4.1），见图1～图5。

5.4

焊齿拉刀　tipped broach

焊接或粘接刀齿（4.43）的拉刀（4.1），见图25。

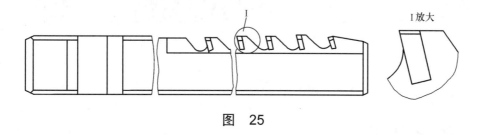

图　25

5.5

装配拉刀　built-up broach

用两个或两个以上零部件组装而成的拉刀（4.1），见图10、图11、图13。

5.6

镶齿拉刀　inserted blade broach

刀齿（4.43）用机械联接方法直接装在刀体（4.23）上的拉刀（4.1），见图 12。

5.7

高速钢拉刀　high speed steel broach

刀齿（4.43）材料为高速工具钢的拉刀（4.1）。

5.8

硬质合金拉刀　carbide broach

刀齿（4.43）材料为硬质合金的拉刀（4.1）。

5.9

粗拉刀　roughing broach

粗加工用的拉刀（4.1）。

5.10

精拉刀　finishing broach

精加工用的拉刀（4.1）。

5.11

挤压拉刀　burnishing broach

用于挤压被加工表面的拉刀（4.1），见图 9、图 26。

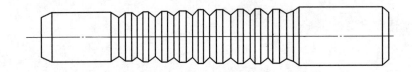

图　26

5.12

圆拉刀　round broach

加工圆柱形孔的拉刀（4.1），见图 1。

5.13

螺旋齿圆拉刀·helical toothed round broach

主切削刃呈螺旋线形的圆拉刀（5.12），见图 27。

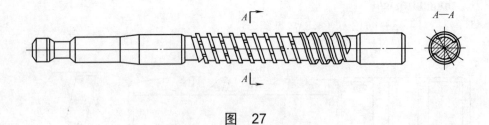

图　27

5.14

键槽拉刀　keyway broach

加工键槽的拉刀（4.1），如图 28 所示［工件截形如图 29f）所示］。

5.15

花键拉刀　spline broach

加工内花键的拉刀（4.1），见图 2、图 30。

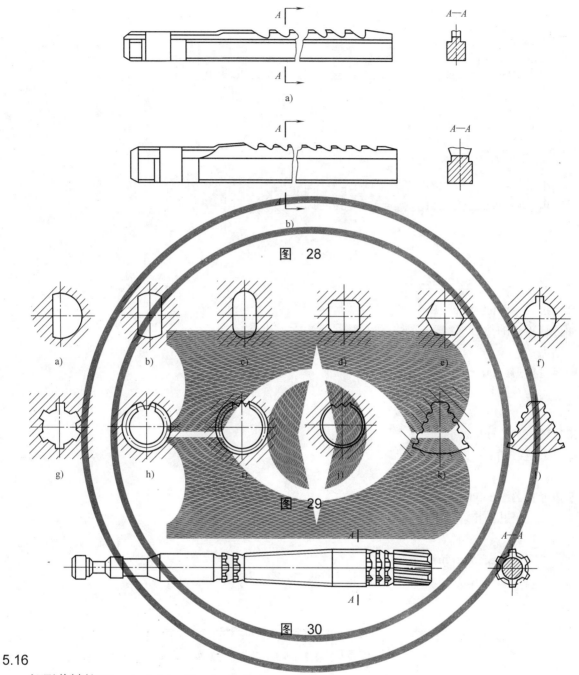

图 28

图 29

图 30

5.16

矩形花键拉刀 straight spline broach

加工矩形内花键的拉刀（4.1），见图 2［工件截形如图 29g）所示］。

5.17

螺旋花键拉刀 helical spline broach

加工螺旋内花键的拉刀（4.1），见图 30。

5.18

渐开线花键拉刀 involute spline broach

加工渐开线内花键的拉刀（4.1），见图 31［工件截形如图 29h）所示］。

5.19

锯齿花键拉刀 serration spline broach

加工锯齿形内花键的拉刀（4.1），见图 32［工件截形如图 29i）所示］。

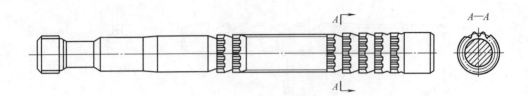

图 31

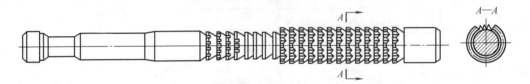

图 32

5.20

棘齿拉刀　**ratchet broach**

加工棘轮齿的拉刀（4.1），工件截形如图29j）所示。

5.21

内齿轮拉刀　**internal gear broach**

加工内齿轮的拉刀（4.1）。

5.22

来复线拉刀　**rifle broach**

加工来复线槽的拉刀（4.1）。

5.23

多边形拉刀　**polygonal broach**

加工多边形孔的拉刀（4.1）。

5.24

六方拉刀　**hexagonal broach**

加工六方形孔的拉刀（4.1），见图33［工件截形如图29e）所示］。

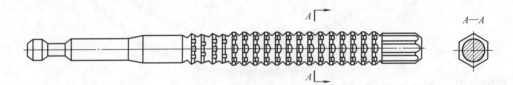

图 33

5.25

四方拉刀　**square broach**

加工正方形孔的拉刀（4.1），见图34［工件截形如图29d）所示］。

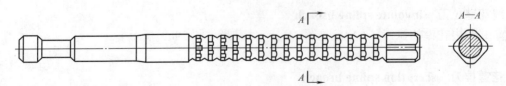

图 34

5.26

D 形拉刀　D shape broach

加工一平面与一圆柱表面相截的内成形表面的拉刀（4.1），工件截形如图29a）所示。

5.27

扁圆拉刀　flattened round broach

加工两平行平面与一圆柱表面的两对称部分相截的内成形表面的拉刀（4.1），工件截形如图29b）所示。

5.28

双半圆拉刀　double semicircular broach

加工两平行平面与两对称半圆柱表面相切的内成形表面的拉刀（4.1），工件截形如图29c）所示。

5.29

复合拉刀　combination broach

具有两种或两种以上刀齿（4.43）廓形的拉刀（4.1），见图18。

5.30

复合键槽拉刀　keyway broach with round teeth

带有圆孔齿或倒角齿的键槽拉刀（5.14）。

5.31

复合花键拉刀　spline broach with round teeth

带有圆孔齿或倒角齿的花键拉刀（5.15），见图18。

5.32

平面拉刀　slad broach

加工平面的拉刀（4.1），见图3。

5.33

槽拉刀　slotting broach

加工外表面上的槽的拉刀（4.1）。

5.34

榫槽拉刀　pine-tree form broachse for blade slots

加工涡轮盘上枞树形等叶片榫槽的拉刀（4.1），见图35［工件截形如图29k）所示］。

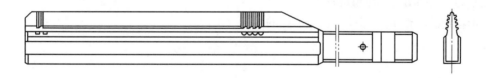

图　35

5.35

榫齿拉刀　pine-tree form broachse for blade

加工枞树形等叶片榫头的拉刀（4.1），见图36［工件截形如图29 l）所示］。

5.36

筒形拉刀　pot broach

在加工过程中拉刀（4.1）完全包容工件，加工工件外周廓形的拉刀（4.1）。

5.37

特形拉刀　broach for special profile

加工特殊廓形的专用拉刀（4.1）。

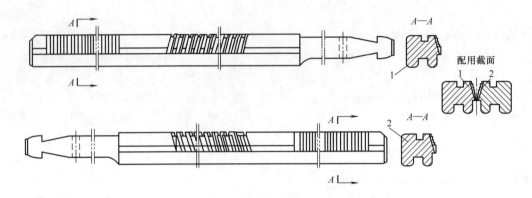

图　36

5.38

成组拉刀　set of broaches

依次拉削工件同一型面的两支或两支以上的一组拉刀（4.1）。

5.39

校正拉刀　correcting broach

用于校正被加工表面的形状和尺寸的拉刀（4.1）。

5.40

圆孔推刀　round push broach

没有柄部（4.11）和颈部（4.14），用于校正和修光热处理后（硬度小于 HRC45）的孔的推刀（4.2）。

5.41

压光圆孔拉刀　calendering round broach

也叫压光刀齿，在圆柱孔加工中起最后精加工作用，不切削金属，通过对内孔的挤压，使表层金属产生塑性变形。

5.42

三角花键拉刀　triangular spline broach

加工内三角花键的拉刀（4.1）。

5.43

成形孔拉刀　forming hole broach

加工矩形花键孔、渐开线花键孔等成形孔的拉刀（4.1）。

中 文 索 引

英 文 索 引

ICS 25.100.20
J 41
备案号：34839—2012

中华人民共和国机械行业标准

JB/T 8345—2011
代替 JB/T 8345—1996

弧齿锥齿轮铣刀 1：24 圆锥孔尺寸及公差

Gleason spiral bevel gear cutter 1：24 conical dimensions and tolerances

2011-12-20 发布

2012-04-01 实施

中华人民共和国工业和信息化部 发布

前　言

本标准代替JB/T 8345—1996《弧齿锥齿轮铣刀1：24圆锥孔尺寸及公差》。

本标准与JB/T 8345—1996相比，主要变化如下：

——增加了图1。

本标准的附录A为规范性附录。

本标准由中国机械工业联合会提出。

本标准由全国刀具标准化技术委员会（SAC/TC91）归口。

本标准起草单位：哈尔滨第一工具制造有限公司。

本标准主要起草人：宋铁福、王家喜、张强、宋国强。

本标准所替代标准的历次版本发布情况为：

——JB/T 8345—1996。

弧齿锥齿轮铣刀1：24圆锥孔尺寸及公差

1 范围

本标准规定了弧齿锥齿轮铣刀1：24圆锥孔的尺寸及公差。

本标准适用于锥度为1：24，圆锥长度6 mm～40 mm的弧齿锥齿轮铣刀用圆锥孔。

2 规范性引用文件

下列文件中的条款通过本标准的引用而成为本标准的条款。凡是注日期的引用文件，其随后所有的修改单（不包括勘误的内容）或修订版均不适用于本标准，然而，鼓励根据本部分达成协议的各方研究是否可使用这些文件的最新版本。凡是不注日期的引用文件，其最新版本适用于本标准。

GB/T 157 产品几何量技术规范（GPS） 圆锥的锥度与锥角系列（GB/T 157—2001，eqv ISO 1119:1998）

GB/T 11334 产品几何量技术规范（GPS） 圆锥公差

GB/T 23575 金属切削机床 圆锥表面涂色法检验及评定

3 圆锥孔型式、尺寸及公差

3.1 圆锥孔尺寸及公差的有关术语、符号、代号按 GB/T 157 和 GB/T 11334 的规定。

3.2 圆锥直径公差 T_D 以基本圆锥直径（圆锥大端直径）为基本尺寸，其基本尺寸及极限偏差值见表1。

3.3 圆锥的圆锥角公差 AT_α 与圆锥形状公差均应分布在圆锥直径公差 T_D 所确定的圆锥公差带内。

3.4 圆锥角公差 AT_α 用角度值表示，按单项双减极限偏差给出。圆锥角的基本角度及极限偏差值见表1。

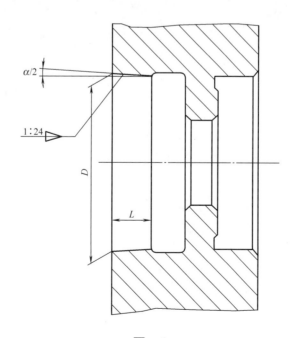

图 1

表 1

基本圆锥长度	圆锥大端直径		锥 度	圆 锥 角	
L	基本尺寸 *D*	极限偏差	M	基本角度 *α*	极限偏差
	mm				
≥6～40	58.221	+0.004 0	1：24＝0.0416 7	2°23′13.1″	−30″ −51″
	126.966	+0.005 0			
	126.835				

附　录　A
（规范性附录）
弧齿锥齿轮铣刀 1∶24 圆锥孔的检验

A.1　圆锥的大端直径误差采用塞规进行检查时，将直径换算成端面间隙，用塞尺检验。

A.2　圆锥的圆锥角误差和形状误差用综合塞规进行涂色检验，检验方法符合 GB/T 23575 的规定。

ICS 25.100.25

J 41

备案号：34847—2012

中华人民共和国机械行业标准

J B/T 9990.1—2011

代替 JB/T 9990.1—1999

直齿锥齿轮精刨刀
第 1 部分：型式和尺寸

Straight bevel gear finish generating cutter
—Part 1：Types and dimensions

2011-12-20 发布

2012-04-01 实施

中华人民共和国工业和信息化部 发布

前　言

JB/T 9990《直齿锥齿轮精刨刀》分为两个部分：

——第1部分：型式和尺寸；

——第2部分：技术条件。

本部分为JB/T 9990的第1部分。

本部分代替JB/T 9990.1—1999《直齿锥齿轮精刨刀　基本型式和尺寸》。

本部分与JB/T 9990.1—1999相比，只进行了编辑性修改。

本部分由中国机械工业联合会提出。

本部分由全国刀具标准化技术委员会（SAC/TC91）归口。

本部分起草单位：哈尔滨第一工具制造有限公司。

本部分主要起草人：宋铁福、王家喜、张强、宋国强。

本部分所代替标准的历次版本发布情况为：

——JB/T 9990.1—1999。

直齿锥齿轮精刨刀　第1部分：型式和尺寸

1　范围

JB/T 9990 的本部分规定了直齿锥齿轮精刨刀（以下简称刨刀）的型式和尺寸。刨刀的型式和尺寸分为四种：Ⅰ型（27×40）；Ⅱ型（33×75）；Ⅲ型（43×100）；Ⅳ型（60×125，75×125）。

本部分适用于模数为 0.3 mm～20 mm，基准齿形角为 20°的刨刀。

2　型式和尺寸

2.1　Ⅰ型（27×40）按图1和表1的规定。

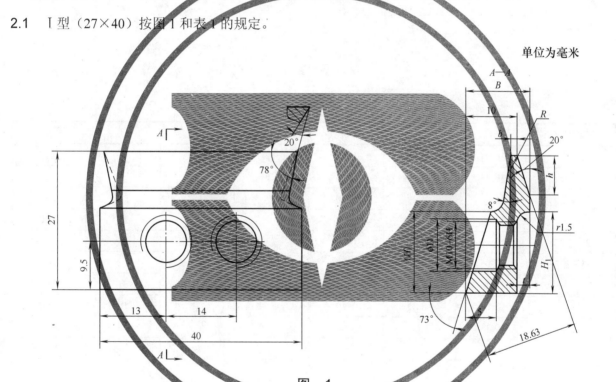

单位为毫米

图　1

表　1

单位为毫米

模数范围	B	h	b	H^b	t	H_1	R
0.3～0.4	10.36	1.0	0.12	25			0.10
0.5～0.6	10.54	1.5	0.20	24	0.5	21	0.15
0.7～0.8	10.73	2.0	0.28				0.21
1～1.25	11.16	3.2	0.40	23	1.0		0.30
1.375～1.75	11.53	4.2	0.60	22		18	0.40
2～2.25	11.93	5.3	0.80	20	1.5		0.60
2.5～2.75	12.36	6.5	1.00		2.0		0.75
3～3.25[a]	12.76	7.6	1.20	18	2.5	16	0.90

[a]　模数 3.25 尽量不用。

[b]　H 的数值为参考值。

2.2 Ⅱ型（33×75）按图2和表2的规定。

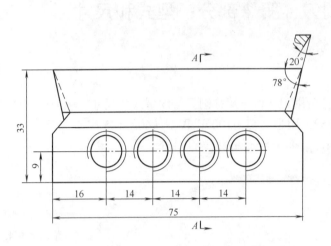

单位为毫米

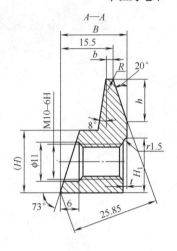

图 2

表 2

单位为毫米

模数范围	B	h	b	H^b	t	H_1	R
0.5～0.6	16.04	1.5	0.20	29	0.5	27	0.15
0.7～0.8	16.23	2.0	0.28				0.21
1～1.25	16.66	3.2	0.40		1.0	26	0.30
1.375～1.75	17.03	4.2	0.60			24	0.40
2～2.25	17.43	5.3	0.80	23		23	0.60
2.5～2.75	17.86	6.5	1.00			22	0.75
3～3.25[a]	18.26	7.6	1.20		1.5	21	0.90
3.5～3.75[a]	18.70	8.8	1.40			19	1.00
4～4.5	19.36	10.6	1.60	18		18	1.20
5～5.5	20.05	12.5	2.00			16.5	1.50

    [a] 模数 3.25 和 3.75 尽量不用。

    [b] H 的数值为参考值。

2.3 Ⅲ型（43×100）按图3和表3的规定。

表 3

单位为毫米

模数范围	B	h	b	H^b	t	H_1	R
1～1.25	14.70	3.3	0.4	35.0	1.0	36	0.30
1.375～1.75	15.03	4.2	0.6			35	0.40
2～2.25	15.43	5.3	0.8			33	0.60
2.5～2.75	15.86	6.5	1.0				0.75
3～3.35[a]	16.26	7.6	1.2	30.0	1.5	31	0.90
3.5～3.75[a]	16.70	8.8	1.4			30	1.00
4～4.5	17.36	10.6	1.6			28	1.20
5～5.5	18.05	12.5	2.0	22.5		27	1.50

表3（续）

模数范围	B	h	b	H^b	t	H_1	R
6～6.5	18.96	15.0	2.4			24	1.80
7	19.50	16.5	2.8	22.5		22	2.10
8	20.41	19.0	3.2		1.5	19	2.40
9	21.32	21.5	3.6	20.0		18	2.70
10	22.23	24.0	4.0	19.0		17	3.00

a 模数 3.25 和 3.75 尽量不用。

b H 的数值为参考值。

单位为毫米

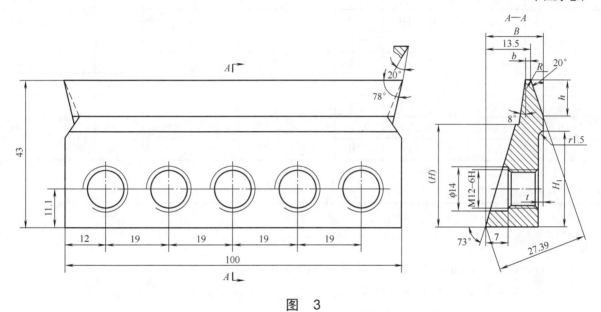

图 3

2.4 Ⅳ型（60×125，75×125）按图4和表4的规定。

单位为毫米

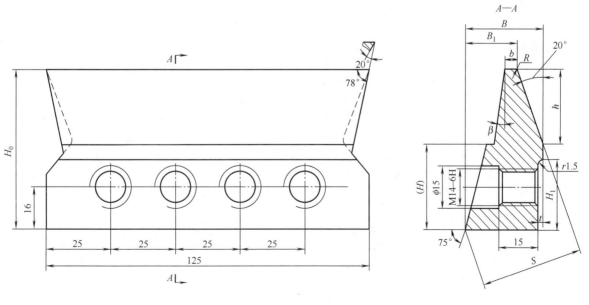

图 4

表 4　　　　　　　　　　　　　　　　　　　　　　　　　　　单位为毫米

模数范围	B	H_0	b	h	B_1	H^b	t	H_1	β	S	R
3~3.25ᵃ	23.26		1.2	7.6				48			0.90
3.5~3.75ᵃ	23.70		1.4	8.8		48		47			1.00
4~4.5	24.35		1.6	10.6				45			1.20
5~5.5	25.04		2.0	12.5				44			1.50
6~6.5	25.94		2.4	15.0		42		41			1.80
7	26.50	60	2.8	16.5	20.5		1.5	39	8°	39.78	2.10
8	27.41		3.2	19.0		38		36			2.40
9	28.32		3.6	21.5				34			2.70
10	29.23		4.0	24.0		32		31			3.00
11	29.89		4.4	25.8				29			3.30
12	30.72		4.8	28.1		30	2.0	26			3.60
14	42.44		5.6	32.8		34		38			4.20
16	44.15	75	6.4	37.5	30.5			33	12°	54.31	4.80
18	45.86		7.2	42.2		30	2.5	28			5.40
20	47.60		8.0	47.0		28		25			6.00

ᵃ 模数 3.25 和 3.75 尽量不用。

ᵇ H 的数值为参考值。

3 标记示例

模数 $m=4\ \text{mm}\sim4.5\ \text{mm}$ 的Ⅲ型直齿锥齿轮精刨刀的标记为：

刨刀　$m4\sim4.5$　Ⅲ　JB/T 9990.1—2011

ICS 25.100.25

J 41

备案号：34848—2012

中华人民共和国机械行业标准

JB/T 9990.2—2011

代替 JB/T 9990.2—1999

直齿锥齿轮精刨刀 第2部分：技术条件

Straight bevel gear finish generating cutter
—Part 2: Technical specifications

2011-12-20 发布

2012-04-01 实施

中华人民共和国工业和信息化部 发布

前　言

JB/T 9990《直齿锥齿轮精刨刀》分为两个部分：

——第1部分：型式和尺寸；

——第2部分：技术条件。

本部分是JB/T 9990的第2部分。

本部分代替JB/T 9990.2—1999《直齿锥齿轮精刨刀　技术条件》。

本部分与JB/T 9990.2—1999相比，只进行了编辑性修改。

本部分由中国机械工业联合会提出。

本部分由全国刀具标准化技术委员会（SAC/TC91）归口。

本部分起草单位：哈尔滨第一工具制造有限公司。

本部分主要起草人：宋铁福、王家喜、张强、宋国强。

本部分所代替标准的历次版本发布情况为：

——JB/T 9990.2—1999。

直齿锥齿轮精刨刀 第2部分：技术条件

1 范围

JB/T 9990 的本部分规定了直齿锥齿轮精刨刀（以下简称刨刀）的技术要求、标志和包装的基本要求。

本部分适用于模数为 0.3 mm～20 mm，基准齿形角为 20°的刨刀。

2 技术要求

2.1 刨刀用 W6Mo5Cr4V2 或同等性能的高速钢制造。其工作部分硬度为 63 HRC～66 HRC。

2.2 刨刀表面不应有脱碳层和软点。

2.3 刨刀表面不应有刻痕、裂纹、毛刺、磕刃、锈迹及烧伤等影响使用性能的缺陷。

2.4 刨刀表面粗糙度按图 1 和表 1 规定。

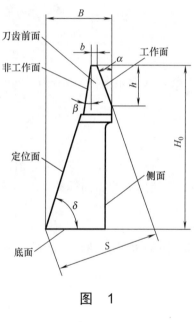

图 1

表 1

单位为微米

检 查 表 面	表 面 粗 糙 度
刀齿前面	$Ra0.63$
工作面	$Ra0.32$
非工作面	$Ra0.8$
定位面	$Ra0.63$
底面和侧面	$Ra0.8$
齿顶面和齿顶圆弧面	$Ra0.63$

2.5 α角的极限偏差按表 2 的规定。

2.6 齿顶宽 b 的极限偏差按表 2 的规定。

表　2

模数　　mm	0.3～0.8	>0.8～2.75	>2.75～6.5	>6.5～10	>10～20
α角的极限偏差	±6′	±5′	±4′	±3′	±2′
齿顶宽 b 的极限偏差	js11	js12	js13		js15

2.7 S 尺寸的极限偏差按表 3 的规定。

表　3

单位为毫米

规　格	27×40	33×75	43×100	60×125	75×125
S 尺寸的极限偏差	±0.02	±0.05			

2.8 δ角的极限偏差为±5′。

2.9 高度 H_0 的极限偏差按 js10。

2.10 底面宽度极限偏差为：

　　——$B \leqslant 18$，±0.055 mm；

　　——$B > 18～30$，±0.065 mm；

　　——$B > 30$，±0.080 mm。

2.11 β角的偏差为 $^{0}_{-40'}$。

2.12 全长的偏差按 js15。

2.13 螺钉孔中心线相互间以及中心线与底面距离偏差为±0.30 mm。

3　标志和包装

3.1　标志

3.1.1 刨刀底面上应清晰标志：制造厂商标、模数、基准齿形角、规格、材料（普通高速钢不标）。

3.1.2 包装盒上应标志：产品名称、制造厂名称、商标和地址、模数、基准齿形角、规格、材料、件数、制造年月、标准编号。

3.2　包装

刨刀在包装前应经防锈处理，并应采取措施，防止在运输过程中受到损伤。

ICS 25.100.25

J 41

备案号：34849—2012

中华人民共和国机械行业标准

JB/T 9992—2011

代替 JB/T 9992—1999

矩形花键拉刀技术条件

Rectangle spline broaches technical conditions

2011-12-20 发布

2012-04-01 实施

中华人民共和国工业和信息化部 发布

前　言

本标准代替JB/T 9992—1999《矩形花键拉刀　技术条件》。

本标准与JB/T 9992—1999相比，主要变化如下：

——将技术要求3.10拉刀柄部卡槽牵引面对拉刀基准轴线的斜向圆跳动公差为0.1 mm改为"0.05 mm"；

——将技术要求3.23拉刀热处理硬度——柄部45～58 HRC改为"45 HRC～52 HRC"，将"允许进行表面处理"的内容删除；

——将4.2包装中"封存有效期为一年"的内容删除；

——编辑性修改。

本标准由中国机械工业联合会提出。

本标准由全国刀具标准化技术委员会（SAC/TC91）归口。

本标准负责起草单位：恒锋工具股份有限公司。

本标准主要起草人：陈子彦、何勤松、夏永升。

本标准所代替标准的历次版本发布情况为：

——ZB J41 008—1989；

——JB/T 9992—1999。

矩形花键拉刀技术条件

1 范围

本标准规定了矩形花键拉刀（以下简称拉刀）的技术要求和标志包装的基本要求。

本标准适用于加工 GB/T 1144 中一般传动精度的小径定心内花键，其公差代号为 H7，槽宽公差代号为 H9、H11 的矩形花键拉刀。

2 规范性引用标准

下列文件中的条款通过本标准的引用而成为本标准的条款。凡是注日期的引用文件，其随后所有的修改单（不包括勘误的内容）或修订版均不适用于本标准，然而，鼓励根据本标准达成协议的各方研究是否可使用这些文件的最新版本。凡是不注日期的引用文件，其最新版本适用于本标准。

GB/T 1144　矩形花键尺寸、公差和检验

GB/T 3832　拉刀柄部

3 技术要求

3.1　拉刀表面不应有裂纹、碰伤、锈迹等影响使用性能的缺陷。

3.2　拉刀切削刃应锋利，不应有毛刺、崩刃和磨削烧伤。

3.3　拉刀容屑槽的连接应圆滑，不应有台阶，一般应磨光槽底。

3.4　拉刀主要表面粗糙度按以下规定：

——刀齿圆柱刃带表面，$Ra0.2\ \mu m$；

——精切齿和校准齿前面，$Ra0.2\ \mu m$；

——粗切齿前面，$Ra0.4\ \mu m$；

——刀齿后面，$Ra0.4\ \mu m$；

——花键齿两侧面，$Ra0.4\ \mu m$；

——前导部和后导部外圆柱表面，$Ra0.63\ \mu m$；

——中心孔工作锥面，$Ra0.4\ \mu m$；

——柄部外圆柱表面，$Ra1.25\ \mu m$。

3.5　拉刀粗切齿外圆直径的极限偏差与相邻齿齿升量差按表 1 的规定。

表　1

单位为毫米

齿升量	外圆直径的极限偏差	相邻齿齿升量差
≤0.03	±0.010	0.005
>0.03～0.05	±0.015	0.007
>0.05～0.06	±0.020	0.010
>0.06	±0.025	0.012

3.6　拉刀精切齿和校准齿外圆直径的极限偏差：

3.6.1　圆精切齿和校准齿外圆直径的极限偏差按表 2 的规定。

3.6.2　花键精切齿和校准齿外圆直径的极限偏差按表 3 的规定。

表 2 单位为毫米

内花键小径尺寸公差	圆校准齿及其尺寸相同的精切齿外圆直径的极限偏差	其余精切齿外圆直径的极限偏差
≤0.025	0 -0.007	0 -0.010
>0.025～0.030	0 -0.009	
>0.030	0 -0.012	0 -0.015

表 3 单位为毫米

内花键大径基本尺寸	花键校准齿及其尺寸相同的精切齿外圆直径的极限偏差	其余精切齿外圆直径的极限偏差
14～30	0 -0.015	0 -0.015
32～82	0 -0.018	
88～125	0 -0.020	

3.6.3 校准齿及与其尺寸相同的精切齿外圆直径尺寸的一致性不大于 0.005 mm。校准齿部分不应有正锥度。

3.7 拉刀花键齿宽度尺寸的极限偏差按表 4 的规定。

表 4 单位为毫米

内花键槽宽公差带代号	内花键槽宽基本尺寸		
	3～6	7～10	12～18
	极 限 偏 差		
H9	0 -0.010	0 -0.012	0 -0.015
H11	0 -0.015	0 -0.020	

3.8 拉刀倒角齿两角度面至拉刀基准轴线间距离尺寸的极限偏差为±0.05 mm。

3.9 拉刀各外圆柱表面对拉刀基准轴线的径向圆跳动公差：

3.9.1 拉刀校准齿及其相邻的两个精切齿的径向圆跳动公差不应超过表 2 所规定的校准齿外圆直径公差值，圆形后导部的径向圆跳动公差同校准齿。

3.9.2 除 3.9.1 规定之外，拉刀其余部分的径向圆跳动公差按表 5 的规定。

表 5 单位为毫米

拉刀全长与其大径基本尺寸的比值	径向圆跳动公差
≤15	0.03
>15～25	0.04
>25	0.06

3.9.3 拉刀各部分的径向圆跳动应在同一个方向。

3.10 拉刀柄部卡槽牵引面对拉刀基准轴线的斜向圆跳动公差为 0.05 mm。

3.11 拉刀花键齿两侧面对其基准中心平面的对称度公差按表 6 的规定。

3.12 拉刀花键齿等分累积误差的公差按表 7 的规定。

3.13 在拉刀横截面内花键齿两侧面的平行度公差不应超过表 4 所规定的公差值。

3.14 拉刀花键齿侧面沿纵向对拉刀基准轴线的平行度公差不应超过表 4 所规定的公差值。

3.15 拉刀倒角齿两角度面对花键齿中间平面对称度公差为 0.05 mm。

表 6
单位为毫米

内花键槽宽 公差带代号	内花键槽宽基本尺寸			
	3	3.5～6	7～10	12～18
	公　差			
H9，H11	0.008	0.010	0.012	0.015

表 7
单位为毫米

内花键槽宽 公差带代号	内花键槽宽基本尺寸			
	3	3.5～6	7～10	12～18
	齿等分累积公差			
H9，H11	0.010	0.012	0.015	0.018

3.16 拉刀柄部按 GB/T 3832 的规定。

3.17 拉刀圆柱形前导部和后导部外圆直径的公差带按 f7。

3.18 拉刀花键形前导部外圆直径的公差带按 e8。花键形后导部外圆直径的极限偏差为 $^{\ 0}_{-0.2}$ mm。

3.19 拉刀花键形前导部和后导部花键宽度尺寸的公差带按 e8。

3.20 拉刀全长尺寸的极限偏差：
拉刀全长≤1 000 mm，±3 mm；
拉刀全长>1 000 mm，±5 mm。

3.21 拉刀几何角度的极限偏差：
——前角，$^{+2°}_{-1°}$；
——切削齿后角，$^{+1°}_{0}$；
——校准齿后角，$^{+0°30'}_{0}$；
——侧隙角，$^{+1°}_{0}$。

3.22 拉刀用 W6Mo5Cr4V2 或其他同等性能的高速钢制造。

3.23 拉刀热处理硬度：
——刀齿和后导部，63 HRC～66 HRC；
——前导部，60 HRC～66 HRC；
——柄部，45 HRC～52 HRC。

4 标志和包装

4.1 标志

4.1.1 拉刀上应清晰地标志：
a）制造厂商标；
b）键数、大径及公差带、小径及公差带、键宽及公差带；
c）拉削长度；
d）前角；
e）拉刀材料（普通高速钢不标）；
f）制造年月。

4.1.2 拉刀包装盒上应标志：
a）制造厂的名称、地址和商标；

b）键数、大径及公差带、小径及公差带、键宽及公差带；

c）拉削长度；

d）前角；

e）拉削长度；

f）拉刀材料（普通高速钢不标）；

g）标准号；

h）件数；

i）制造年月。

4.2 包装

拉刀在包装前应经防锈处理，包装必须牢靠，并能防止在运输过程中产生损伤。

ICS 25.100

J 41

备案号：34850—2012

中华人民共和国机械行业标准

JB/T 9993—2011

代替 JB/T 9993—1999

带侧面齿键槽拉刀

Keyway broachs with both side cutting

2011-12-20 发布

2012-04-01 实施

中华人民共和国工业和信息化部 发布

前　言

本标准代替JB/T 9993—1999《带侧面齿键槽拉刀》。

本标准与JB/T 9993—1999相比，主要变化如下：

——在范围中增加"公差带为P9、JS9、D10"。

——将表1中键槽宽度基本尺寸为12 mm～25 mm时，刀体宽度B一列中的数据改为"$B=b_{侧}$"。

——将表2中刀体宽度B一列增加为"P9、JS9、D10"三档。

——将表3中刀体宽度B一列中数据改为"$B=b_{侧}$"。

——将图1、表1、附录A，图1、表1、附录B，图1、表1、附录C，内容各自相互对应一致。

——将表1、表2、表3中拉刀全长L在表注中说明，去掉表中的括号。

——将技术要求4.4"拉刀主要表面粗糙度按以下规定"改为"拉刀主要表面粗糙度的最大允许值按以下规定"。

——将技术要求4.6f）中"拉刀刀体宽度B尺寸极限偏差按h7。"改为"刀齿宽6 mm～10 mm的拉刀刀体宽度B尺寸极限偏差按h7，刀齿宽12 mm～40 mm的拉刀刀体宽度B尺寸极限偏差同刀齿宽度极限偏差。"

——将技术要求4.11拉刀柄部型式和基本尺寸图4中形位公差按拉刀柄部标准GB/T 3832表示方式修改。

——将4.15拉刀热处理硬度——柄部"45～58 HRC"改为"45 HRC～52 HRC"，将"允许进行表面处理"的内容删除。

——将5.2包装中"封存有效期为一年"的内容删除。

——在附录A表A.1下增加"注：γ——拉削钢的参数也可以由制造商自行决定。"

——进行了编辑性修改。

本标准的附录A、附录B、附录C为规范性附录。

本标准由中国机械工业联合会提出。

本标准由全国刀具标准化技术委员会（SAC/TC91）归口。

本标准负责起草单位：恒锋工具股份有限公司。

本标准主要起草人：陈子彦、夏永升、何勤松。

本标准所代替标准的历次版本发布情况为：

——ZB J41 009—1989；

——JB/T 9993—1999。

带侧面齿键槽拉刀

1 范围

本标准规定了带侧面齿键槽拉刀（以下简称拉刀）的型式及尺寸、技术要求和标志包装的基本要求。

本标准适用于加工 GB/T 1095 中键槽宽度为 6 mm～40 mm，公差带为 P9、JS9、D10，表面粗糙度为 $Ra2.5\ \mu m$ 轮毂槽的带侧面齿键槽拉刀。

2 规范性引用标准

下列文件中的条款通过本标准的引用而成为本标准的条款。凡是注日期的引用文件，其随后所有的修改单（不包括勘误的内容）或修订版均不适用于本标准，然而，鼓励根据本标准达成协议的各方研究是否可使用这些文件的最新版本。凡是不注日期的引用文件，其最新版本适用于本标准。

GB/T 1095 平键 键槽的剖面尺寸

GB/T 3832 拉刀柄部

3 型式及尺寸

3.1 型式

本标准规定的拉刀结构型式分 A 型、B 型两种。A 型拉刀如图 1 所示；B 型拉刀为粗、精两支一组，粗拉刀如图 2 所示，精拉刀如图 3 所示。

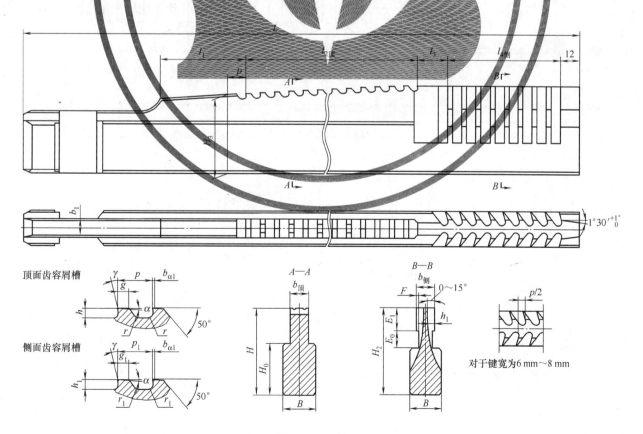

图 1　A 型拉刀

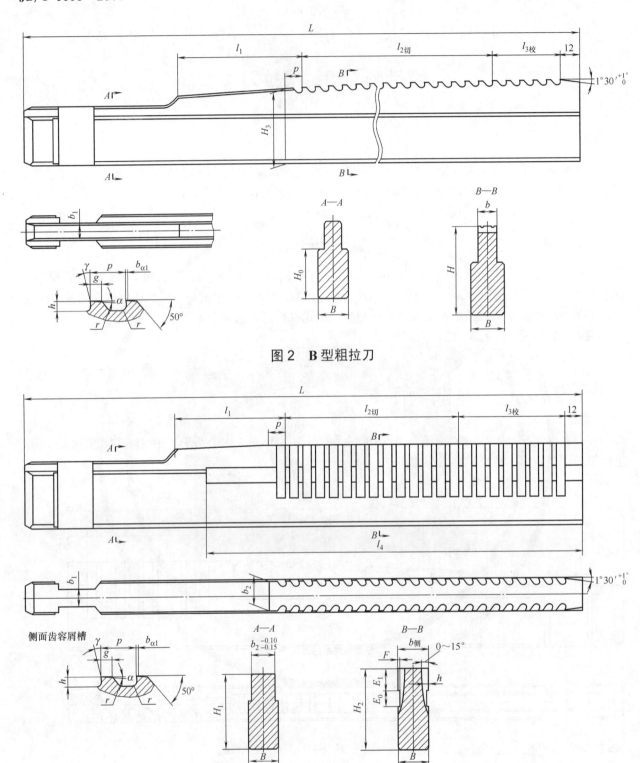

图2 B型粗拉刀

图3 B型精拉刀

3.2 尺寸

A 型拉刀规格尺寸按表1及附录A；B 型粗拉刀规格尺寸按表2及附录B；B 型精拉刀规格尺寸按表3及附录C。

3.3 标记示例

键槽宽度基本尺寸为 10 mm、极限偏差为 JS9、拉削长度为 50 mm～80 mm、前角为 15°的 A 型带侧面齿键槽拉刀，其标记为：

带侧面齿键槽拉刀 A 10 JS9 15° 50～80 JB/T 9993—2011。

表 1

单位为毫米

键槽宽度基本尺寸	拉削长度	拉削余量	垫片厚度	拉削次数	$b_顶$	P9	JS9	D10	L	H_3	B	顶齿面校准齿高度	H_2
6	18～30	3.47	—	1	5.6	5.984	6.011	6.074	815	12.93	10	16.47	16.42
	30～50								955	14.93		18.47	18.42
	50～80								1 180				
8	18～30	4.25	—	1	7.6	7.978	8.011	8.090	900	15.93	12	20.25	20.20
	30～50								1 070	17.93		22.25	22.20
	50～80								1 390				
10	30～50	4.36	—	1	9.6	9.978	10.011	10.090	1 010	21.92	15	26.36	26.31
	50～80								1 305				
	80～120								1 515				
12	30～50	4.48	—	1	11.6	11.973	12.012	12.108	1 040	27.92		32.48	32.43
	50～80								1 345				
	80～120								1 560				
14	50～80	5.15	2.55	2	13.6	13.973	14.012	14.108	1 010	29.92		32.60	32.55
	80～120								1 175				
	120～180								1 420				
16	50～80	5.81	2.89	2	15.6	15.973	16.012	16.108	1 065	34.92		37.92	37.87
	80～120								1 240				
	120～180								1 500				
18	50～80	6.03	3.01	2	17.6	17.973	18.012	18.108	1 080	39.92	$B=b_侧$	43.02	42.97
	80～120								1 255				
	120～180								1 520				
20	50～80	6.68	3.32	2	19.6	19.969	20.017	20.137	1 125	44.92		48.36	48.31
	80～120								1 310				
	120～180								1 585				
22	80～120	7.25	2.40	3	21.6	21.969	22.017	22.137	1 150	44.92		47.45	47.40
	120～180								1 385				
	180～260								1 710				
25	80～120	7.48	2.48	3	24.6	24.969	25.017	25.137	1 165	49.92		52.52	52.47
	120～180								1 405				
	180～260								1 735				

表　2

单位为毫米

工件规格与拉削参数					拉刀主要结构尺寸						
键槽宽度基本尺寸	拉削长度	拉削余量	垫片厚度	拉削次数	刀齿宽度基本尺寸 b	拉刀全长 L	前导部高度 H_3	刀体宽度 B			校准齿高度
								P9	JS9	D10	
14	50～80	5.15	2.55	2	13.3	870	29.92	13.973	14.012	14.108	32.60
	80～120					985					
	120～180					1 200					
16	50～80	5.81	2.89		15.3	925	34.92	15.973	16.012	16.108	37.92
	80～120					1 050					
	120～180					1 285					
18	50～80	6.03	3.01		17.3	940	39.92	17.973	18.012	18.108	43.02
	80～120					1 065					
	120～180					1 300					
20	50～80	6.68	3.32		19	1 015	44.92	19.969	20.017	20.137	48.36
	80～120					1 155					
	120～180					1 410					
22	80～120	7.25	2.40	3	21	960	44.92	21.969	22.017	22.137	47.45
	120～180					1 170					
	180～260					1 475					
25	80～120	7.48	2.48		24	980	49.92	24.969	25.017	25.137	52.52
	120～180					1 190					
	180～260					1 500					
28	80～120	8.71	2.89		27	1 055	54.92	27.969	28.017	28.137	57.93
	120～180					1 290					
	180～260					1 625					
32	120～180	9.98	2.48	4	30.9	1 195	59.92	31.962	32.019	32.168	62.54
	180～260					1 505					
	260～360		1.99			1 590					62.02
36	120～180	11.24	2.24	5	34.9	1 015	59.90	35.962	36.019	36.168	62.28
	180～260					1 270					
	260～360					1 650					
40	120～180	12.42	2.06	6	38.9	995	59.90	39.962	40.019	40.168	62.12
	180～260					1 245					
	260～360					1 595					

表　3

单位为毫米

工件规格		拉刀主要结构尺寸						
键槽宽度基本尺寸	拉削长度	校准齿宽度基本尺寸 $b_{侧}$			拉刀全长 L	前导宽度 b_2	刀体宽度 B	侧面齿顶面高度 H_2
		P9	JS9	D10				
14	50～80	13.973	14.012	14.108	515	13.28	$B=b_{侧}$	35.10
	80～180				730			

表 3（续）

工件规格		拉刀主要结构尺寸						
键槽宽度基本尺寸	拉削长度	校准齿宽度基本尺寸 $b_{侧}$			拉刀全长 L	前导宽度 b_2	刀体宽度 B	侧面齿顶面高度 H_2
		P9	JS9	D10				
16	50～80	15.973	16.012	16.108	515	15.28		40.76
	80～180				730			
18	50～80	17.973	18.012	18.108	515	17.28		45.97
	80～180				730			
20	50～80	19.969	20.017	20.137	540	18.98		51.62
	80～180				765			
22	80～180	21.969	22.017	22.137	705	20.97		52.19
	180～260				890			
25	80～180	24.969	25.017	25.137	690	23.97	$B = b_{侧}$	57.42
	180～260				870			
28	80～180	27.969	28.017	28.137	690	26.97		63.65
	180～260				870			
32	120～260	31.962	32.019	32.168	860	30.87		69.90
	260～360				1 040			
36	120～260	35.962	36.019	36.168	860	34.87		71.16
	260～360				1 040			
40	120～260	39.962	40.019	40.168	860	38.87		72.34
	260～360				1 040			

4 技术要求

4.1 拉刀表面不得有裂纹、碰伤、锈迹等影响使用性能的缺陷。

4.2 拉刀切削刃应锋利，不得有毛刺、崩刃及磨削烧伤。

4.3 拉刀容屑槽的连接应圆滑，不得有台阶。

4.4 拉刀主要表面粗糙度的最大允许值按以下规定：

  a）刀齿刃带表面：$Ra0.2\ \mu m$；

  b）刀齿前面和后面：$Ra0.4\ \mu m$；

  c）刀体两侧面和底面：$Ra0.63\ \mu m$。

4.5 拉刀各部高度尺寸极限偏差：

  a）顶面粗切齿齿高极限偏差按表4的规定。

表 4

单位为毫米

齿升量	粗切齿齿高极限偏差	相邻齿齿升量差
≤0.08	±0.02	0.02
>0.08	±0.03	0.03

  b）顶面校准齿及精切齿齿高极限偏差为 $^{\ 0}_{-0.02}$ mm，校准齿及与其尺寸相同的精切齿齿高尺寸的一致性不大于 0.007 mm。

  c）侧面齿顶面高度 H_2 尺寸极限偏差按 f7。A 型拉刀侧面齿顶面高度 H_2 尺寸与顶面齿校准齿高度实测值相同。

d) 前导部高度 H_3 尺寸极限偏差按 JS10。

4.6 拉刀刀齿宽度尺寸极限偏差：

    a）顶面齿刀刀齿宽度尺寸极限偏差为 $^{~~0}_{-0.03}$ mm。

    b）侧面粗切齿刀刀齿宽度尺寸极限偏差为 ±0.015 mm。

    c）侧面精切齿及校准齿刀刀齿宽度尺寸极限偏差按表 5 的规定。

表　5

单位为毫米

键槽宽度基本尺寸	刀齿宽度尺寸极限偏差		
	P9	JS9	D10
6～10	$^{~~0}_{-0.012}$	$^{~~0}_{-0.012}$	$^{~~0}_{-0.015}$
>10～18	$^{~~0}_{-0.015}$	$^{~~0}_{-0.015}$	$^{~~0}_{-0.018}$
>18～30	$^{~~0}_{-0.015}$	$^{~~0}_{-0.015}$	$^{~~0}_{-0.021}$
>30～40	$^{~~0}_{-0.018}$	$^{~~0}_{-0.018}$	$^{~~0}_{-0.025}$

    d）A 型拉刀，一次拉削的前导部宽度尺寸与顶面切削齿刀刀齿宽度尺寸相同，两次或两次以上拉削的前导部宽度尺寸与侧面校准齿刀刀齿宽度尺寸相同，其极限偏差：

        公差带代号 P9 和 JS9 为 $^{-0.020}_{-0.041}$ mm；D10 为 $^{-0.025}_{-0.050}$ mm。

    e）B 型精拉刀的前导部宽度尺寸与 B 型粗拉刀刀齿宽度尺寸相同，其极限偏差：

        公差带代号 P9 和 JS9 为 $^{-0.020}_{-0.041}$ mm；D10 为 $^{-0.025}_{-0.050}$ mm。

    f）刀齿宽 6 mm～10 mm 的拉刀刀体宽度 B 尺寸极限偏差按 h7，刀齿宽 12 mm～40 mm 的拉刀刀体宽度 B 尺寸极限偏差同刀齿宽度极限偏差。

4.7 拉刀刀体底面及侧面直线度，在每 300 mm 长度上其数值按表 6 的规定。

表　6

单位为毫米

键槽宽度基本尺寸	刀体底面及侧面直线度公差
6～8	0.15/300
>8～16	0.10/300
>16～40	0.06/300

4.8 拉刀顶面齿侧面对刀体同侧面的平行度公差为 0.025 mm。

4.9 拉刀侧面齿主切削刃对刀体同侧面平行度公差等于校准齿宽度 $b_{侧}$ 公差值。

4.10 拉刀顶面齿中心面、侧面校准齿对称面对刀体中心面的对称度公差等于其刀齿宽度公差值。两次或两次以上拉削的拉刀前导部宽度与侧面齿刀齿宽度对刀体中心面的对称度应保持一致。

4.11 拉刀柄部型式和基本尺寸按 GB/T 3832。柄部卡槽处各部形位公差如图 4 所示。

4.12 拉刀各部长度尺寸极限偏差按以下规定：

    a）拉刀全长≤1 000 mm，±3 mm；

        拉刀全长>1 000 mm，±5 mm。

    b）前、后导部长度，±2 mm。

    c）切削齿部分及校准齿部分长度，±2 mm。

4.13 拉刀几何角度的极限偏差：

    a）前角，$^{+2°}_{-1°}$；

    b）切削齿后角，$^{+1°30'}_{~~~0}$；

    c）校准齿后角，$^{+1°}_{~~0}$。

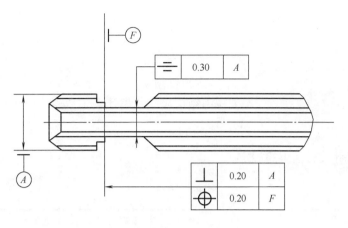

图 4

4.14 拉刀用 W6Mo5Cr4V2 或其他同等性能的高速钢制造。

4.15 拉刀热处理硬度：

——刃部、后导部，63 HRC～66 HRC；

——前导部，60 HRC～66 HRC；

——柄部，45 HRC～52 HRC。

5 标志和包装

5.1 标志

5.1.1 在拉刀柄部上应清晰地标志：

a）制造厂商标；

b）键宽及公差带；

c）拉削长度；

d）前角；

e）拉刀材料（普通高速钢不标）；

f）制造年月。

5.1.2 拉刀包装盒上应标志：

a）制造厂的名称、地址和商标；

b）键宽及公差带；

c）拉削长度；

d）前角；

e）拉削长度；

f）拉刀材料（普通高速钢不标）；

g）标准号；

h）件数；

i）制造年月。

5.2 包装

拉刀在包装前应经防锈处理，包装必须牢靠，并能防止在保存和运输中产生损伤。

附　录　A
（规范性附录）
A 型拉刀结构尺寸和齿升表

A.1 A 型拉刀结构尺寸按表 A.1 的规定。

表　A.1　　　　　　　　　　　　　　　　　　　单位为毫米

键槽宽度基本尺寸	拉削长度	l_2项	l_4侧	p	h	g	r	p_1	h_1	g_1	r_1	γ拉削钢	γ拉铸铁	α切削齿	α校准齿	$b_{\alpha1}$切削齿	$b_{\alpha1}$校准齿	E_0	E_1	F	l_1	H_0	l_3	b_1
6	18～30	448	84	8	3.2	2.5	1.6	7	2.5	2.5	1.3								5	1	25	10.5		6
	30～50	560	96	10	4	3.2	2	8	2.5	2.5	1.3										27	10		
	50～80	728	120	13	4.5	4	2.2	10	3.2	3.2	1.6										29	9.5	18	
8	18～30	536	84	8	3.2	2.5	1.6	7	2.5	2.5	1.3							4	6.5		25	13		8
	30～50	670	96	10	4	3.2	2	8	2.5	2.5	1.6										27	12.5		
	50～80	938	120	14	5.5	4.5	2.8	10	3.2	3.2	1.6										30	11.5	20	
10	30～50	610	96	10	4	3.2	2	8		2.5	1.6										27	16.5	18	10
	50～80	854	120	14	5.5	4.5	2.8	10	4	3.2	2										30	16.0	20	
	80～120	976	168	16	6	5	3	14	4.5	4.5	2.2											15.5		
12	30～50	630	96	10	4	3.2	2	8	3.2	2.5	1.6							6			27	23	18	8
	50～80	882	120	14	5.5	4.5	2.8	10	4	3.2	2										30	21.5	20	
	80～120	1 008	168	16	6	5	3	14	4.5	4.5	2.2											21		
14	50～80	546	120	14	5.5	4.5	2.8	10	4	3.2	2	15°～18°	10°	3°	1°30′	0.05～0.15	第一个校准齿为0.2，其后每齿递增0.2			1.5	30	23.5	20	10
	80～120	624	168	16	6	5	3	14	4.5	4.5	2.2								8		30	23		
	120～180	780	192	20	8	6	4	16	5	5	2.5										34	21	25	
16	50～80	602	120	14	5.5	4.5	2.8	10	4	3.2	2										30	29	20	11.5
	80～120	688	168	16	6	5	3	14	4.5	4.5	2.2											28		
	120～180	860	192	20	8	6	4	16	5	5	3.5										34	26	25	
18	50～80	616	120	14	5.5	4.5	2.8	10	4	3.2	2							8	8.5		30	33.5	20	13
	80～120	704	168	16	6	5	3	14	4.5	4.5	2.2								9			33		
	120～180	880	192	20	8	6	4	16	5	5	2.5								8.5		34	31	25	
20	50～80	658	120	14	5.5	4.5	2.8	10	4.5	3.2	2.2								9		30	38	20	15
	80～120	752	168	16	6	5	3	14	5.5	4.5	2.8											38		
	120～180	940	192	20	8	6	4	16	6	5	3									1.5	34	36	25	
22	80～120	592	168	16	6	5	3	14	5.5	4.5	2.8								9.5		30	37	20	17
	120～180	740	192	20	8	6	4	16	6	5	3										34	36	25	
	180～260	962	216	26	10	8	5	18	7	6	3.5										38	34		

表 A.1（续）

工件参数		拉刀结构尺寸																					
		刃部长度		容屑槽尺寸								γ		α		b_α1		侧面齿			前导部长 l₁	刀体高 H₀	l₃	b₁
键槽宽度基本尺寸	拉削长度	l₂项	l₄侧	顶面齿				侧面齿				拉削钢	拉铸铁	切削齿	校准齿	切削齿	校准齿	E₀	E₁	F				
				p	h	g	r	p₁	h₁	g₁	r₁						校准齿							
25	80～120	608	168	16	6	5	3	14	5.5	4.5	2.8	15°～18°	10°	3°	1°30′	0.05～0.15	第一个校准齿为0.2，其后每齿递增0.2	8	10	2	30	42	20	19
	120～180	760	192	20	8	6	4	16	6	5	3										34	41	25	
	180～260	988	216	26	10	8	5	18	7	6	3.5										38	39		

注：γ——拉削钢的参数也可以由制造商自行决定。

A.2 A 型拉刀齿升尺寸按表 A.2 的规定。

表 A.2　　　　　　单位为毫米

拉削长度		18～30			30～80			18～30		
键槽宽	尺寸	6			6			8		
	偏差	P9	JS9	D10	P9	JS9	D10	P9	JS9	D10
齿号及顶面齿高度尺寸 H	1	13.00			1	15.00		1	16.00	
	2	13.07			2	15.07		2	16.07	
	⋮	齿升量 0.07			⋮	齿升量 0.07		⋮	齿升量 0.07	
	49	16.36			49	18.36		60	20.13	
	50	16.41			50	18.41		61	20.18	
	51	16.45			51	18.45		62	20.23	
	52	16.47			52	18.47		63	20.25	
	53				53			64		
	54				54			65		
	55				55			66		
	56				56			67		
	57				57			68		
齿号及侧面齿宽度尺寸 b侧	58	5.58	5.58	5.58	58	5.58	5.58	5.58	—	—
	59	5.66	5.66	5.66	59	5.66	5.66	5.66	—	—
	60	5.74	5.74	5.74	60	5.74	5.74	5.74	—	—
	61	5.82	5.82	5.82	61	5.82	5.82	5.82	—	—
	62	5.88	5.90	5.90	62	5.88	5.90	5.90	—	—
	63	5.92	5.96	5.98	63	5.92	5.96	5.98	—	—
	64	5.96	5.99	6.04	64	5.96	5.99	6.04	—	—
	65	5.984	6.011	6.074	65	5.984	6.011	6.074	69	7.58 7.58 7.60	
	66				66			70	7.66 7.66 7.70	
	67				67			71	7.74 7.74 7.80	
	68				68			72	7.82 7.82 7.90	
	69				69			73	7.88 7.90 7.98	
	70				70			74	7.92 7.90 8.04	
								75	7.96 7.99 8.07	
								76	7.978 8.011 8.19	
								77		
								78		
								79		
								80		
								81		

表 A.2（续）

拉削长度 30~80（键槽宽 8）/ 30~120（键槽宽 10、12）

齿号及顶面齿高度尺寸 H

齿号	8	齿号	10	齿号	12
1	18.00	1	22.00	1	28.00
2	18.07	2	22.08	2	28.08
⋮	齿升量 0.07	⋮	齿升量 0.08	⋮	齿升量 0.08
60	22.13	54	26.24	56	32.40
61	22.18	55	26.30	57	32.44
62	22.23	56	26.34	58	32.46
63		57		59	
64		58		60	
65	22.25	59	26.36	61	32.48
66		60		62	
67		61		63	
68		62		64	

齿号及侧面齿宽度尺寸 $b_{侧}$

齿号	— P9	JS9	D10	齿号	— P9	JS9	D10	齿号	— P9	JS9	D10
69	7.58	7.58	7.60	63	9.58	9.58	9.60	65	11.58	11.58	11.60
70	7.66	7.66	7.70	64	9.66	9.66	9.70	66	11.66	11.66	11.70
71	7.74	7.74	7.80	65	9.74	9.74	9.80	67	11.74	11.74	11.80
72	7.82	7.82	7.90	66	9.82	9.82	9.90	68	11.82	11.82	11.90
73	7.88	7.90	7.98	67	9.88	9.80	9.98	69	11.88	11.90	12.00
74	7.92	7.96	8.04	68	9.92	9.96	10.04	70	11.92	11.95	12.06
75	7.96	7.99	8.07	69	9.96	9.99	10.07	71	11.95	11.99	12.09
76				70				72			
77				71				73			
78	7.978	8.011	8.09	72	9.978	10.011	10.09	74	11.973	12.012	12.108
79				73				75			
80				74				76			
81				75				77			

拉削长度 50~180（键槽宽 14、16、18）

齿号及顶面齿高度尺寸 H

齿号	14	齿号	16	齿号	18
1	30.00	1	35.00	1	40.00
2	30.08	2	38.08	2	40.08
⋮	齿升量 0.08	⋮	齿升量 0.08	⋮	齿升量 0.08
32	32.48	36	37.80	37	42.88
33	32.54	37	37.86	38	42.96
34	32.58	38	37.90	39	43.00
35		39		40	
36		40		41	
37	32.60	41	37.92	42	43.02
38		42		43	
39		43		44	
35		39		40	

表 A.2（续）

拉削长度													
		50～180											
键槽宽	尺寸	14				16				18			
	偏差	—	P9	JS9	D10	—	P9	JS9	D10	—	P9	JS9	D10
齿号及侧面齿宽度尺寸 $b_{侧}$		41	13.58	13.58	13.60	45	15.58	15.58	15.60	46	17.58	17.58	17.60
		42	13.66	13.66	13.70	46	15.66	15.66	15.70	47	17.66	17.66	17.70
		43	13.74	13.74	13.80	47	15.74	15.74	15.80	48	17.74	17.74	17.80
		44	13.82	13.82	13.90	48	15.82	15.82	15.90	49	17.82	17.82	17.90
		45	13.88	13.90	14.00	49	15.88	15.90	16.00	50	17.88	17.90	18.00
		46	13.92	13.95	14.06	50	15.92	15.95	16.06	51	17.92	17.95	18.06
		47	13.95	13.99	14.09	51	15.95	15.99	16.09	52	17.95	17.99	18.09
		48				52				53			
		49				53				54			
		50	13.973	14.012	14.108	54	15.973	16.012	16.108	55	17.973	18.012	18.108
		51				55				56			
		52				56				57			
		53				57				58			

拉削长度													
		50～180				80～260							
键槽宽	尺寸	20				22				25			
	偏差	—	P9	JS9	D10	—	P9	JS9	D10	—	P9	JS9	D10
齿号及顶面齿高度尺寸 H		1	45.00			1	45.00			1	50.00		
		2	45.08			2	45.08			2	50.08		
		⋮	齿升量 0.08			⋮	齿升量 0.08			⋮	齿升量 0.08		
		40	48.20			30	47.32			31	52.40		
		41	48.28			31	47.38			32	52.47		
		42	48.34			32	47.42			33	52.50		
		43				33				34			
		44				34				35			
		45	48.36			35	47.45			36	52.52		
		46				36				37			
		47				37				38			
		48				38				39			
齿号及侧面齿宽度尺寸 $b_{侧}$		49	19.58	19.58	19.60	39	21.58	21.58	21.60	40	24.58	24.58	24.60
		50	19.66	19.66	19.70	40	21.66	21.66	21.70	41	24.66	24.66	24.70
		51	19.74	19.74	19.80	41	21.74	21.74	21.80	42	24.74	24.74	24.80
		52	19.82	19.82	19.90	42	21.82	21.82	21.90	43	24.82	24.82	24.90
		53	19.88	19.90	20.00	43	21.88	21.90	22.00	44	24.88	24.90	25.00
		54	19.92	19.96	20.07	44	21.92	21.96	22.07	45	24.02	24.96	25.07
		55	19.95	20.00	20.11	45	21.95	22.00	20.11	46	24.95	25.00	25.11
		56				46				47			
		57				47				48			
		58	19.969	20.017	20.137	48	21.969	22.017	22.137	49	24.969	25.017	25.137
		59				49				50			
		60				50				51			
		61				51				52			

附 录 B

（规范性附录）

B 型粗拉刀结构尺寸和齿升表

B.1 B 型粗拉刀结构尺寸按表 B.1 的规定。

表 B.1　　　单位为毫米

工件参数		拉刀结构尺寸														
		刃部长度		容屑槽尺寸				γ		α		$b_{\alpha 1}$		前导部长 l_1	刀体高 H_0	b_1
键槽宽度基本尺寸	拉削长度	$l_{2切}$	$l_{3校}$	p	g	h	r	拉削钢	拉铸铁	切削齿	校准齿	切削齿	校准齿			
14	50~80	490	56	14	4.5	5.5	2.8							30	23.5	10
	80~120	560	64	16	5.	6	3								23	
	120~180	700	80	20	6	8	4							34	21	
16	50~80	546	56	14	4.5	5.5	3							30	29	11.5
	80~120	624	64	16	5	6	4								28	
	120~180	780	80	20	6	8	2.8							34	26	
18	50~80	574	56	14	4.5	5.5								30	33.5	13
	80~120	656	64	16	5	6	4								33	
	120~180	800	80	20	6	8	2.8							34	31	
20	50~80	630	56	14	4.5	5.5	2.8							30	38	15
	80~120	720	64	16	5	6	3								38	
	120~180	900	80	20	6	8	4							34	36	
22	80~120	528	64	16	5	7	3.5	15°~18°	10°	3°	1°30′	0.05~0.15	第一个校准齿为0.2，其后每齿递增0.2	30	37	17
	120~180	660	80	20	6	8	4								36	
	180~260	858	104	26	8	10	5							34	34	
25	80~120	544	64	16	5	7	3.5							30	42	19
	120~180	680	80	20	6	8	4							34	41	
	180~260	884	104	26	8	10	5							38	39	
28	80~120	624	64	16	5	7	3.5							30	47	21
	120~180	780	80	20	6	8	4							34	46	
	180~260	1 014	104	26	8	10	5							38	44	
32	120~180	680	80	20	6	8	4							34	51	24
	180~260	884	104	26	8	10	5							38	49	
	260~360	828	144	36	10	12	6							46	47	
36	120~180	500	80	20	6	8	4							34	51	28
	180~260	650	104	26	8	10	5							38	49	
	260~360	890	144	36	10	12	6							46	47	
40	120~180	480	80	20	6	8	4							34	51	32
	180~260	624	104	26	8	10	5							38	49	
	260~360	864	144	36	10	12	6							46	47	

B.2 B 型粗拉刀齿升尺寸按表 B.2 的规定。

表 B.2　　　　　　　　　　　　　　　　　　　　　　　单位为毫米

拉削长度	50~180							
键槽宽	14		16		18		20	
齿号及刀齿高度尺寸 H	1	30.00	1	35.00	1	40.00	1	45.00
	2	30.08	2	35.08	2	40.08	2	45.08
	⋮	齿升量 0.08	⋮	齿升量 0.08	⋮	齿升量 0.08	⋮	齿升量 0.08
	32	32.48	36	37.80	37	42.88	42	48.28
	33	32.54	37	37.86	38	42.96	43	48.32
	34	32.58	38	37.90	39	43.00	44	48.34
	35		39		40		45	
	36		40		41		46	
	37	32.60	41	37.92	42	43.02	47	48.36
	38		42		43		48	
	39		43		44		49	
	40		44		45		50	

拉削长度	80~260						120~260	
键槽宽	22		25		28		32	
齿号及刀齿高度尺寸 H	1	45.00	1	50.00	1	55.00	1	60.00
	2	45.08	2	50.08	2	55.08	2	60.08
	⋮	齿升量 0.08	⋮	齿升量 0.08	⋮	齿升量 0.08	⋮	齿升量 0.08
	30	47.32	31	52.40	30	57.80	31	62.40
	31	47.40	32	52.48	31	57.88	32	62.48
	32	47.43	33	52.50	32	57.91	33	62.52
	33		34		39		34	
	34		35		40		35	
	35	47.45	36	52.52	41	57.93	36	62.54
	36		37		42		37	
	37		38		43		38	
	38		39		44		39	

拉削长度	>260~360		120~360			
键槽宽	32		36		40	
齿号及刀齿高度尺寸 H	1	60.00	1	60.00	1	60.00
	2	60.10	2	60.10	2	60.10
	⋮	齿升量 0.10	⋮	齿升量 0.10	⋮	齿升量 0.10
	20	61.90	22	62.10	21	62.00
	21	61.96	23	62.20	22	62.06
	22	62.00	24	62.26	23	62.10
	23		25		24	
	24		26		25	
	25	62.02	27	62.28	26	62.12
	26		28		27	
	27		29		28	
	28		30		29	

附 录 C
（规范性附录）
B 型精拉刀结构尺寸和齿升表

C.1 B 型精拉刀结构尺寸按表 C.1 的规定。

表 C.1 单位为毫米

键槽宽度基本尺寸	拉刀结构尺寸																	
	刃部长度		容屑槽尺寸				γ		α		$b_{\alpha 1}$		刀柄高 H_1	前导部长 l_1	l_4	E_0	E_1	b_1
	$l_{2切}$	$l_{3校}$	p	g	h	r	拉削钢	拉铸铁	切削齿	校准齿	切削齿	校准齿						
14	150	40	10	3.2	4	2	15°	10°	3°	1°30′	0.05~0.15	第一个校准齿为0.2，其后每齿递增0.2	34.0	30	260	5	8.5	10
	240	64	16	5	5	2.5								34	380			
16	150	40	10	3.2	4	2							40.0	30	260		9	11.5
	240	64	16	5	5	2.5								34	380			
18	150	40	10	3.2	4	2							45.2	30	260		9.5	13
	240	64	16	5	5	2.5								34	380			
20	170	40	10	3.2	4	2							51.2	30	280	6	10	15
	272	64	16	5	6	3								34	410			
22	221	52	13	4	5.5	2.8							51.5	30	345		10.5	17
	306	72	18	6	7	3.5								34	455			
25	208	52	13	4	5.5	2.8							56.7	30	330		11	19
	288	72	18	6	7	3.5								34	435			
28	208	52	13	4	5.5	2.8							63.0	30	330		12	21
	288	72	18	6	7	3.5								34	435			
32	256	64	16	5	7	3.5							69.2	35	395	8	13.5	24
	320	80	20	6	9	4.5								40	480			
36	256	64	16	5	7	3.5							70.4	35	395		15	28
	320	80	20	6	9	4.5								40	480			
40	256	64	16	5	7	3.5							71.4	35	395		17	32
	320	80	20	6	9	4.5								40	480			

C.2 B 型精拉刀齿升尺寸按表 C.2 的规定。

表 C.2 单位为毫米

拉削长度								
键槽宽	尺寸		14				16	
	偏差	—	P9	JS9	D10	—	P9	JS9	D10

拉削长度 50～180

键槽宽	尺寸	—	P9	JS9	D10	—	P9	JS9	D10
齿号及刀齿宽度尺寸 b	1	13.33	13.33	13.34	1	15.33	15.33	15.34	
	2	13.38	13.385	13.40	2	15.38	15.385	15.40	
	3	13.43	13.44	13.46	3	15.43	15.44	15.46	
	4	13.48	13.495	13.52	4	15.48	15.495	15.52	
	5	13.53	13.55	13.58	5	15.53	15.55	15.58	
	6	13.58	13.605	13.64	6	15.58	15.605	15.64	
	7	13.63	13.66	13.70	7	15.63	15.66	15.70	
	8	13.68	13.715	13.76	8	15.68	15.715	15.76	
	9	13.73	13.77	13.82	9	15.73	15.77	15.82	
	10	13.78	13.825	13.88	10	15.78	15.825	15.88	
	11	13.83	13.88	13.94	11	15.83	15.88	15.94	
	12	13.88	13.935	14.00	12	15.88	15.935	16.00	
	13	13.93	13.98	14.06	13	15.93	15.98	16.06	
	14	13.96	14.00	14.09	14	15.96	16.00	16.09	
	15				15				
	16				16				
	17	13.973	14.012	14.108	17	15.973	16.012	16.108	
	18				18				
	19				19				
	20				20				

拉削长度 50～180

键槽宽	尺寸		18				20		
	偏差	—	P9	JS9	D10	—	P9	JS9	D10
齿号及刀齿宽度尺寸 b	1	17.25	17.33	17.34	1	19.04	19.04	19.05	
	2	17.30	17.385	17.40	2	19.10	19.105	19.12	
	3	17.35	17.44	17.46	3	19.16	19.17	19.19	
	4	17.40	17.495	17.52	4	19.22	19.235	19.26	
	5	17.45	17.55	17.58	5	19.28	19.300	19.33	
	6	17.58	17.605	17.64	6	19.34	19.365	19.40	
	7	17.63	17.66	17.70	7	19.40	19.430	19.47	
	8	17.68	17.715	17.76	8	19.46	19.495	19.54	
	9	17.73	17.77	17.82	9	19.52	19.560	19.61	
	10	17.78	17.825	17.88	10	19.58	19.625	19.68	
	11	17.83	17.88	17.94	11	19.64	19.690	19.75	
	12	17.88	17.935	18.00	12	19.70	19.755	19.82	
	13	17.93	17.98	18.06	13	19.76	19.820	19.89	
	14	17.96	18.00	18.09	14	19.82	19.885	19.96	

表 C.2（续）

拉削长度		50~180							
键槽宽	尺寸	18				20			
	偏差	—	P9	JS9	D10	—	P9	JS9	D10
齿号及刀齿宽度尺寸 b		15				15	19.88	19.950	20.03
		16				16	19.94	20.00	20.10
		17	17.973	18.012	18.108	17			
		18				18			
		19				19	19.969	20.017	20.137
		20				20			
		—				21			
		—				22			

拉削长度		80~260							
键槽宽	尺寸	22				25			
	偏差	—	P9	JS9	D10	—	P9	JS9	D10
齿号及刀齿宽度尺寸 b		1	21.04	21.04	21.04	1	24.04	24.04	24.05
		2	21.10	21.105	21.11	2	24.11	24.115	24.13
		3	21.16	21.17	21.18	3	24.18	24.19	24.21
		4	21.22	21.235	21.25	4	24.25	24.265	24.29
		5	21.28	21.300	21.32	5	24.32	24.34	24.37
		6	21.34	21.365	21.39	6	24.39	24.415	24.45
		7	21.40	21.430	21.46	7	24.46	24.49	24.53
		8	21.46	21.495	21.53	8	24.53	24.565	24.61
		9	21.52	21.560	21.60	9	24.60	24.64	24.69
		10	21.58	21.625	21.67	10	24.67	24.715	24.77
		11	21.64	21.690	21.74	11	24.74	24.79	24.85
		12	21.70	21.755	21.81	12	24.81	24.865	24.93
		13	21.76	21.820	21.88	13	24.88	24.94	25.01
		14	21.82	21.885	21.95	14	24.94	24.98	25.06
		15	21.88	21.950	22.02	15	24.95	25.00	25.11
		16	21.94	22.00	22.09	16			
		17				17			
		18				18	24.969	25.017	25.137
		19	21.969	22.017	22.137	19			
		20				20			
		21				21			

拉削长度		80~260				120~360			
键槽宽	尺寸	28				32			
	偏差	—	P9	JS9	D10	—	P9	JS9	D10
齿号及刀齿宽度尺寸 b		1	27.04	27.04	27.05	1	30.94	30.94	30.95
		2	27.11	27.115	27.13	2	31.01	31.105	31.035
		3	27.18	27.19	27.21	3	31.08	31.09	31.12
		4	27.25	27.265	27.29	4	31.15	31.165	31.205
		5	27.32	27.34	27.37	5	31.22	31.24	31.29

表 C.2（续）

拉削长度		80～260				120～360		
键槽宽	尺寸	28				32		
	偏差	—	P9	JS9	D10	—	P9	JS9	D10
齿号及刀齿宽度尺寸 *b*		6	27.39	27.415	27.45	6	31.29	31.315	31.375
		7	27.46	27.49	27.53	7	31.36	31.39	31.46
		8	27.53	27.565	27.61	8	31.43	31.465	31.545
		9	27.60	27.64	27.69	9	31.50	31.54	31.63
		10	27.67	27.715	27.77	10	31.57	31.615	31.715
		11	27.74	27.79	27.85	11	31.64	31.69	31.80
		12	27.81	27.865	27.93	12	31.71	31.765	31.885
		13	27.88	27.94	28.01	13	31.78	31.84	31.97
		14	27.94	27.98	28.06	14	31.85	31.915	32.055
		15	27.95	28.00	28.11	15	31.92	31.99	32.14
		16				16			
		17				17			
		18	27.969	28.017	28.137	18	31.962	32.019	32.168
		19				19			
		20				20			
		21				21			

拉削长度		120～360							
键槽宽	尺寸	36				40			
	偏差	—	P9	JS9	D10	—	P9	JS9	D10
齿号及刀齿宽度尺寸 *b*		1	34.94	34.94	34.95	1	38.94	38.94	38.95
		2	35.01	35.109	35.035	2	39.01	39.105	39.635
		3	35.08	35.09	35.12	3	39.08	39.09	39.12
		4	35.15	35.165	35.205	4	39.15	39.165	39.205
		5	35.22	35.24	35.29	5	39.22	39.24	39.29
		6	35.29	35.315	35.375	6	39.29	39.315	39.375
		7	35.36	35.39	35.46	7	39.36	39.39	39.46
		8	35.43	35.465	35.545	8	39.43	39.465	39.545
		9	35.50	35.54	35.63	9	39.50	39.54	39.63
		10	35.57	35.615	35.715	10	39.57	39.615	39.715
		11	35.64	35.69	35.80	11	39.64	39.69	39.80
		12	35.71	35.765	35.885	12	39.71	39.765	39.885
		13	35.78	35.84	35.97	13	39.78	39.84	39.97
		14	35.85	35.915	36.055	14	39.85	39.915	40.055
		15	35.92	35.99	36.14	15	39.92	39.99	40.14
		16				16			
		17				17			
		18	35.962	36.019	36.168	18	39.962	40.019	40.160
		19				19			
		20				20			
		21				21			

ICS 25.100.99
J 41
备案号：40710—2013

中华人民共和国机械行业标准

JB/T 10004—2013
代替 JB/T 10004—1999

硬质合金刮削滚刀技术条件

The technical specifications for skiving hobs

2013-04-25 发布

2013-09-01 实施

中华人民共和国工业和信息化部 发布

前　言

本标准按照GB/T 1.1—2009给出的规则起草。

本标准代替JB/T 10004—1999《硬质合金刮削滚刀　技术条件》，与JB/T 10004—1999相比主要技术变化如下：

——增加了英文名称；

——修改了"前言"；

——删去了原标准中"并按GB/T 6084—1985中2.8所规定的第一组进行检验"。

本标准由中国机械工业联合会提出。

本标准由全国刀具标准化技术委员会（SAC/TC91）归口。

本标准起草单位：汉江工具有限责任公司。

本标准主要起草人：王小雷、王银山。

本标准所代替标准的历次版本发布情况为：

——ZB J41 022—1990；

——JB/T 10004—1999。

硬质合金刮削滚刀技术条件

1 范围

本标准规定了 AA 级、A 级和 B 级单头硬质合金刮削滚刀（以下简称滚刀）的技术要求、标志和包装的基本要求。

本标准适用于模数 2 mm～30 mm 的硬质合金刮削滚刀。

2 规范性引用文件

下列文件对于本文件的应用是必不可少的。凡是注日期的引用文件，仅注日期的版本适用于本文件。凡是不注日期的引用文件，其最新版本（包括所有的修改单）适用于本文件。

GB/T 6084—2001 齿轮滚刀 通用技术条件

3 技术要求

3.1 滚刀表面不得有裂纹、崩刃及其他影响使用性能的缺陷。

3.2 滚刀表面粗糙度按 GB/T 6084—2001 中表面粗糙度的规定。

3.3 滚刀制造时的公差应符合 GB/T 6084—2001 中精度的规定。

3.4 滚刀刀片材料应为 P20、P30 或其他同等性能的硬质合金。刀体材料由制造厂自定。滚刀内孔及端面硬度不低于 45 HRC。

4 标志和包装

4.1 标志

4.1.1 产品上应标志：
  a）产品商标；
  b）模数；
  c）基准齿形角；
  d）滚刀分度圆上的螺旋角；
  e）螺旋方向（右旋不标）；
  f）原始偏位值；
  g）精度等级；
  h）刀片材料代号；
  i）制造年月。

4.1.2 在产品合格证上应标志标准代号。

4.1.3 包装盒上应标志：
  a）制造厂名称、地址和商标；
  b）产品名称；
  c）模数；

d）基准齿形角；

e）精度等级；

f）刀片材料代号；

g）制造年月；

h）标准编号。

4.2 包装

滚刀包装前应经防锈处理，并应采取措施防止在包装运输中产生损伤。

ICS 25.100.20
J 41
备案号：44455—2014

中华人民共和国机械行业标准

JB/T 11749—2013

指形齿轮铣刀

Finger geal milling cutters

2013-12-31 发布

2014-07-01 实施

中华人民共和国工业和信息化部 发布

前　言

本标准按照GB/T 1.1—2009给出的规则起草。

本标准由中国机械工业联合会提出。

本标准由全国刀具标准化技术委员会（SAC/TC91）归口。

本标准起草单位：重庆工具厂有限责任公司、成都工具研究所有限公司。

本标准主要起草人：丁卫东、沈士昌。

本标准为首次发布。

指形齿轮铣刀

1 范围

本标准规定了指形齿轮铣刀的基本型式和尺寸、技术条件、标志和包装的基本要求。

本标准适用于基准齿形角为 20°，模数为 10 mm～40 mm 的指形齿轮铣刀。

2 规范性引用文件

下列文件对于本文件的应用是必不可少的。凡是注日期的引用文件，仅注日期的版本适用于本文件。凡是不注日期的引用文件，其最新版本（包括所有的修改单）适用于本文件。

GB/T 1357　通用机械和重型机械用圆柱齿轮　模数

3 型式和尺寸

3.1 指形齿轮铣刀的基本型式按图 1（A 型）和图 2（B 型）的规定。

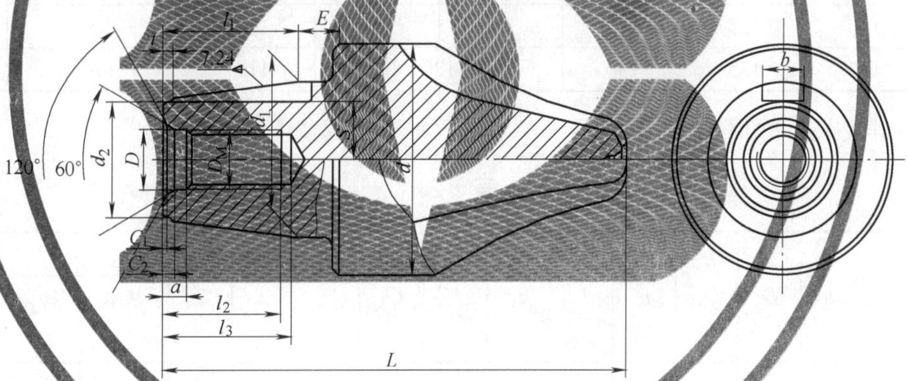

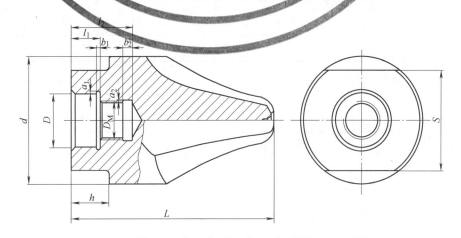

图 1　7：24 短锥柄定位的指形齿轮铣刀（A 型）

图 2　圆柱孔和端面定位的指形齿轮铣刀（B 型）

3.2 指形齿轮铣刀的外径尺寸按表 1 的规定，模数按 GB/T 1357 的规定。

表 1　　　　　　　　　　　　　　　　　　　　　单位为毫米

模数系列		d 铣刀号															齿数 Z	铣切深度
1	2	1	1½	2	2½	3	3½	4	4½	5	5½	6	6½	7	7½	8		
10			38			35			32			30			28		4	22.50
	(11)		42			38			35			34			32			24.75
12			45			42			38			35			34			27.00
	14		52			48			45			42			40			31.50
16			60			55			50			48			45			36.00
	18		65			60			55			52			50			40.50
20			75			70			65			60			55			45.00
	22		80			75			70			65			60			49.50
25		90		85			80				75			70			6	56.25
	28	100		95		90			85		80			75				63.00
	(30)	110		105		95		90			85			80				67.50
32		120	115	110		105		100		95		90			85			72.00
	36	130		125		115		110		105		100		95				81.00
40			145		135		130		120			115		110				90.00

3.3 7∶24 短锥柄定位的指形齿轮铣刀（A 型）定位尺寸按表 2 的规定。

表 2　　　　　　　　　　　　　　　　　　　　　单位为毫米

d	锥柄号	d_1	D	D_M	l_1	l_2	l_3	E	C_1	C_2	a	t	b 基本尺寸	b 极限偏差	S	d_2
28～45	1	31.75	12.5	M12	30	28	30	6	0.5	2.5	6	7	8	+0.3 / +0.1	10	22
48～70	2	44.45	17	M16	40	35	38	6	1	3.5	7	7	8	+0.3 / +0.1	16.5	30
75～90	3	69.85	25	M24	50	45	48	10	1.5	6	11	8	14	+0.36 / +0.12	28	54
95～145	4	88.9	31	M30	70	62	65	16	1.5	7	15	8	25.4	+0.42 / +0.14	$\frac{88.9}{2}$	65

3.4 圆柱孔和端面定位的指形齿轮铣刀（B 型）定位尺寸按表 3 的规定。

表 3　　　　　　　　　　　　　　　　　　　　　单位为毫米

d	D（H7）	D_M	l_1（H13）	l_2	$a_1 \times b_1$	$a_2 \times b_2$	S（h14）	h（h13）
28～30	16	M14	6	22	1×1	0.5×3	24	12
32～35	16	M14	6	22	1×1	0.5×3	27	12
38～40	20	M16	6	22	1×1	0.5×3	32	15
42～45	25	M20	8	30	1×1.5	0.5×4	36	16
48～52	25	M20	8	30	1×1.5	0.5×4	41	18
55	30	M24	10	36	1×5		46	20

表 3（续）

d	D（H7）	D_M	l_1（H13）	l_2	$a_1 \times b_1$	$a_2 \times b_2$	S（h14）	h（h13）
60	30	M24	10	36		1×5	50	20
65～70	40	M30	12	42	1×1.5	1×6	55	23
75							60	
80	50	M36	15	52		1×8	65	30
85							70	
90							75	
95	55	M42		58		1×10	80	33
100							85	
105			16		1×2		90	
110～115	62	M48		64		1×11	95	
120							100	
125							110	42
130	75	M64	17	72		1×14	115	
135～145							120	

3.5 每一种模数的铣刀，均由 15 个刀号组成一套。每一刀号的铣刀所铣齿轮的齿数范围列于表 4 中。

表 4

铣刀号	1	$1\frac{1}{2}$	2	$2\frac{1}{2}$	3	$3\frac{1}{2}$	4	$4\frac{1}{2}$	5	$5\frac{1}{2}$	6	$6\frac{1}{2}$	7	$7\frac{1}{2}$	8
齿轮齿数	12	13	14	15～16	17～18	19～20	21～22	23～25	26～29	30～34	35～41	42～54	55～79	80～134	≥135

3.6 铣刀齿形应符合附录 A 的规定。

3.7 指形齿轮铣刀的标记由模数、刀号、型号和标准代号组成。

示例 1：

模数 m=20 mm，3 号刀，7∶24 短锥柄定位的指形齿轮铣刀（A 型）标记为：

指形齿轮铣刀 m20-3A　JB/T 11749—2013

示例 2：

模数 m=20 mm，3 号刀，圆柱孔和端面定位的指形齿轮铣刀（B 型）标记为：

指形齿轮铣刀 m20-3B　JB/T 11749—2013

4 技术要求

4.1 铣刀用 W6Mo5Cr4V2 或其他同等性能的高速钢制造。

4.2 铣刀工作部分硬度为 63 HRC～66 HRC，柄部硬度为 30 HRC～50 HRC，螺纹部分硬度不高于 50 HRC。

4.3 铣刀表面不得有裂纹、崩刃、烧伤及其他影响使用性能的缺陷。

4.4 铣刀表面粗糙度按表 5 的规定。

4.5 铣刀外径 d 的极限偏差按 h14，长度 L 的极限偏差按 h15。

4.6 铣刀圆柱孔 D 的极限偏差按 H7。

4.7 铣刀的其余制造公差不应超过表 6 的规定。

表 5
单位为微米

检查表面	表面粗糙度 Ra
内孔表面	1.25
支承端面	1.25
刀齿前面	1.25
外锥面	1.25
齿形铲背面（$m \leqslant 16$ mm）	3.2
齿形铲背面（$m > 16$ mm）	6.3

表 6
单位为毫米

序号	检查项目		模数		
			10～16	>16～25	>25～40
1	前面的径向性偏差（只许内凹）		2°	2°	1°30′
2	在主轴上检查时刀齿的径向圆跳动	两相邻齿	0.04	0.05	0.05
		铣刀一转	0.06	0.07	0.07
3	齿形用样板或投影仪检查时允许间隙	渐开线部分	0.08	0.10	0.12
		齿顶及圆角部分	0.12	0.14	0.16

5 标志和包装

5.1 标志

5.1.1 铣刀端面或柄部应标志：

　　a）制造厂商标；

　　b）模数；

　　c）基准齿形角；

　　d）铣刀号数；

　　e）所铣齿轮齿数范围。

5.1.2 在包装盒上应标志：

　　a）制造厂名称、地址和商标；

　　b）产品标记规定的内容；

　　c）材料牌号或代号；

　　d）制造年份。

5.2 包装

铣刀包装前应经防锈处理，并应采取措施防止在包装、运输中产生损伤。

附 录 A

（规范性附录）

铣刀过渡曲线的齿形坐标及渐开线各点的坐标

（m=100 α=20° f^*=1 c^*=0.25）

铣刀齿形图按图 A.1，过渡曲线部分的坐标按表 A.1，渐开线部分的坐标按表 A.2。

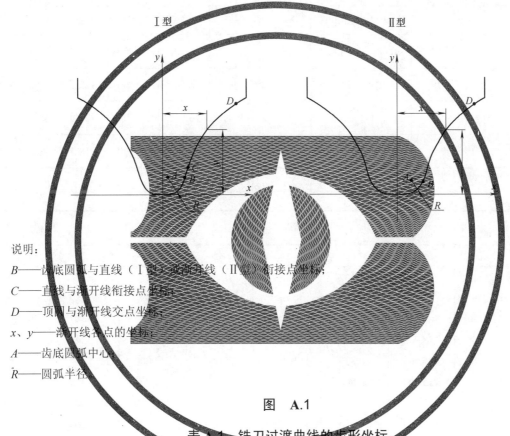

图 A.1

表 A.1 铣刀过渡曲线的齿形坐标

单位为毫米

铣刀号	计算齿形时所依据齿数	每一指形铣刀所适用的齿数	齿形上过渡曲线部分的各点坐标						顶圆与渐开线交点坐标	
			B 点		C 点		A 点		D 点	
			x_B	y_B	x_C	y_C	x_A	y_A=R	x_D	y_D
1	12	12	60.563	39.792	66.512	90.848	15.865	45.000	151.018	208.516
$1\frac{1}{2}$	13	13	60.492	40.242	65.467	87.032	15.744	45.000	148.544	210.143
2	14	14	60.108	38.281	64.493	83.205	17.909	42.400	146.390	211.492
$2\frac{1}{2}$	15	15～16	59.903	38.597	63.577	79.397	17.674	42.400	144.498	212.628
3	17	17～18	59.164	36.719	61.900	71.956	19.483	39.800	141.329	214.429
$3\frac{1}{2}$	19	19～20	58.528	37.105	60.506	66.249	18.819	39.800	138.779	215.788
4	21	21～22	57.658	34.785	59.299	62.152	20.724	37.000	136.682	216.849

说明：

B——齿底圆弧与直线（Ⅰ型）或渐开线（Ⅱ型）衔接点坐标；

C——直线与渐开线衔接点坐标；

D——顶圆与渐开线交点坐标；

x、y——渐开线各点的坐标；

A——齿底圆弧中心；

R——圆弧半径。

表 A.1　铣刀过渡曲线的齿形坐标（续）

铣刀号	计算齿形时所依据齿数	每一指形铣刀所适用的齿数	齿形上过渡曲线部分的各点坐标						顶圆与渐开线交点坐标	
			B 点		C 点		A 点		D 点	
			x_B	y_B	x_C	y_C	x_A	$y_A=R$	x_D	y_D
$4\frac{1}{2}$	23	23～25	56.943	35.025	58.213	58.789	19.996	37.000	134.927	217.697
5	26	26～29	55.804	33.026	56.793	54.740	21.240	34.600	132.772	218.690
$5\frac{1}{2}$	30	30～34	52.871	33.304	52.973	36.015	18.296	34.600	130.536	219.666
6	35	35～41	50.100	27.063	—	—	19.351	31.000	128.427	220.537
$6\frac{1}{2}$	42	42～54	48.080	25.229	—	—	17.622	31.000	126.350	221.369
7	55	55～79	45.404	21.150	—	—	18.647	27.500	123.704	222.314
$7\frac{1}{2}$	80	80～134	43.434	20.002	—	—	16.975	27.500	121.042	223.213
8	135	≥135	40.497	15.019	—	—	19.997	21.500	118.599	223.973

表 A.2　渐开线各点的坐标

单位为毫米

铣刀号	1		$1\frac{1}{2}$		2		$2\frac{1}{2}$	
	x	y	x	y	x	y	x	y
渐开线各点的坐标	66.512	90.848	65.467	87.032	64.493	83.205	63.577	79.397
	67.729	95.000	67.716	95.000	64.883	85.000	64.780	85.000
	71.381	105.000	71.368	105.000	67.705	95.000	67.697	95.000
	75.865	115.000	75.766	115.000	71.357	105.000	71.348	105.000
	81.078	125.000	80.826	125.000	75.684	115.000	75.617	115.000
	86.972	135.000	86.506	135.000	80.618	125.000	80.445	125.000
	93.525	145.000	92.785	145.000	86.122	135.000	85.800	135.000
	100.730	155.000	99.656	155.000	92.175	145.000	91.663	145.000
	108.594	165.000	107.117	165.000	98.769	155.000	98.025	155.000
	117.130	175.000	115.179	175.000	105.901	165.000	104.881	165.000
	126.362	185.000	123.855	185.000	113.576	175.000	112.234	175.000
	136.322	195.000	133.167	195.000	121.803	185.000	120.089	185.000
	147.053	205.000	143.144	205.000	130.596	195.000	128.457	195.000
	158.606	215.000	153.820	215.000	139.976	205.000	137.350	205.000
	171.050	225.000	165.239	225.000	149.966	215.000	146.787	215.000
	184.466	235.000	177.455	235.000	160.597	225.000	156.789	225.000
	198.959	245.000	190.534	245.000	171.905	235.000	167.382	235.000
	214.664	255.000	204.556	255.000	183.935	245.000	178.597	245.000
	231.754	265.000	219.621	265.000	196.739	255.000	190.471	255.000
	250.461	275.000	235.857	275.000	210.383	265.000	203.048	265.000
					224.943	275.000	216.380	275.000

表 A.2 渐开线各点的坐标（续）

铣刀号	3		3½		4		4½	
	x	y	x	y	x	y	x	y
渐开线各点的坐标	61.900	71.956	60.506	66.249	59.299	62.152	58.213	58.789
	62.358	75.000	62.006	75.000	59.717	65.000	59.300	65.000
	64.635	85.000	64.537	85.000	61.769	75.000	61.594	75.000
	67.684	95.000	67.675	95.000	64.465	85.000	64.409	85.000
	71.335	105.000	71.325	105.000	67.669	95.000	67.663	95.000
	75.511	115.000	75.432	115.000	71.317	105.000	71.311	105.000
	80.172	125.000	79.966	125.000	75.371	115.000	75.323	115.000
	85.290	135.000	84.906	135.000	79.807	125.000	79.679	125.000
	90.851	145.000	90.237	145.000	84.606	135.000	84.365	135.000
	96.845	155.000	95.951	155.000	89.756	145.000	89.370	145.000
	103.265	165.000	102.042	165.000	95.251	155.000	94.687	155.000
	110.112	175.000	108.507	175.000	101.083	165.000	100.310	165.000
	117.386	185.000	115.346	185.000	107.250	175.000	106.237	175.000
	125.093	195.000	122.561	195.000	113.750	185.000	112.465	185.000
	133.238	205.000	130.155	205.000	120.582	195.000	118.993	195.000
	141.832	215.000	138.133	215.000	127.751	205.000	125.821	205.000
	150.886	225.000	146.502	225.000	135.257	215.000	132.952	215.000
	160.415	235.000	155.270	235.000	143.104	225.000	140.387	225.000
	170.435	245.000	164.448	245.000	151.297	235.000	148.129	235.000
	180.967	255.000	174.047	255.000	159.844	245.000	156.182	245.000
	192.034	265.000	184.081	265.000	168.751	255.000	164.552	255.000
	203.662	275.000	194.567	275.000	178.027	265.000	173.243	265.000
					187.682	275.000	182.263	275.000

铣刀号	5		5½		6		6½	
	x	y	x	y	x	y	x	y
渐开线各点的坐标	56.793	54.740	52.973	36.015	49.613	22.919	46.293	15.000
	56.837	55.000	54.195	45.000	49.842	25.000	48.037	25.000
	58.871	65.000	56.123	55.000	51.318	35.000	50.104	35.000
	61.403	75.000	58.490	65.000	53.255	45.000	52.450	45.000
	64.347	85.000	61.225	75.000	55.555	55.000	55.050	55.000
	67.657	95.000	64.288	85.000	58.172	65.000	57.882	65.000
	71.304	105.000	67.652	95.000	61.073	75.000	60.931	75.000
	75.266	115.000	71.297	105.000	64.236	85.000	64.188	85.000
	79.529	125.000	75.211	115.000	67.646	95.000	67.641	95.000
	84.081	135.000	79.381	125.000	71.291	105.000	71.285	105.000
	88.914	145.000	83.800	135.000	75.161	115.000	75.113	115.000
	94.021	155.000	88.461	145.000	79.249	125.000	79.120	125.000
	99.397	165.000	93.358	155.000	83.547	135.000	83.302	135.000
	105.040	175.000	98.488	165.000	88.052	145.000	87.655	145.000
	110.946	185.000	103.848	175.000	92.760	155.000	92.176	155.000
	117.115	195.000	109.434	185.000	97.665	165.000	96.862	165.000
	123.545	205.000	115.245	195.000	102.767	175.000	101.711	175.000
	130.237	215.000	121.280	205.000	108.063	185.000	106.721	185.000
	137.191	225.000	127.539	215.000	113.550	195.000	111.891	195.000
	144.410	235.000	134.021	225.000	119.228	205.000	117.220	205.000
	151.894	245.000	140.727	235.000	125.096	215.000	122.706	215.000
	159.647	255.000	147.656	245.000	131.153	225.000	128.438	225.000
	167.672	265.000	154.811	255.000	137.399	235.000	134.147	235.000
	175.973	275.000	162.193	265.000	143.833	245.000	140.101	245.000
			169.804	275.000	150.456	255.000	146.210	255.000
					157.269	265.000	152.473	265.000
					164.272	275.000	158.893	275.000

表 A.2　渐开线各点的坐标（续）

铣刀号	7		7$\frac{1}{2}$		8	
	x	*y*	*x*	*y*	*x*	*y*
渐开线各点的坐标	43.963	15.000	42.023	15.000	38.916	10.000
	46.331	25.000	44.861	25.000	40.491	15.000
	48.886	35.000	47.808	35.000	43.684	25.000
	51.615	45.000	50.864	45.000	46.935	35.000
	54.511	55.000	54.017	55.000	50.243	45.000
	57.567	65.000	57.274	65.000	53.609	55.000
	60.776	75.000	60.630	75.000	57.030	65.000
	64.134	85.000	64.083	85.000	60.507	75.000
	67.636	95.000	67.631	95.000	64.039	85.000
	71.279	105.000	71.273	105.000	67.626	95.000
	75.059	115.000	75.007	115.000	71.267	105.000
	78.974	125.000	78.832	125.000	74.962	115.000
	83.021	135.000	82.748	135.000	78.710	125.000
	87.199	145.000	86.752	145.000	82.511	135.000
	91.504	155.000	90.845	155.000	86.364	145.000
	95.935	165.000	95.024	165.000	90.269	155.000
	100.491	175.000	99.289	175.000	94.227	165.000
	105.171	185.000	103.640	185.000	98.235	175.000
	109.973	195.000	108.076	195.000	102.295	185.000
	114.896	205.000	112.596	205.000	106.406	195.000
	119.939	215.000	117.199	215.000	110.567	205.000
	125.102	225.000	121.885	225.000	114.778	215.000
	130.384	235.000	126.653	235.000	119.039	225.000
	135.784	245.000	131.504	245.000	123.350	235.000
	141.302	255.000	136.436	255.000	127.711	245.000
	146.937	265.000	141.449	265.000	132.121	255.000
	152.689	275.000	146.543	275.000	136.580	265.000
					141.087	275.000

ICS 25.100.99

J 41

备案号：51820—2015

中华人民共和国机械行业标准

JB/T 12761—2015

花键搓齿刀

Spline Rack

2015-10-10 发布

2016-03-01 实施

中华人民共和国工业和信息化部 发布

前　言

本标准按照 GB/T 1.1—2009 给出的规则起草。

本标准由中国机械工业联合会提出。

本标准由全国刀具标准化技术委员会（SAC/TC91）归口。

本标准负责起草单位：恒锋工具股份有限公司、成都工具研究所有限公司。

本标准参加起草单位：上海汽车变速器有限公司、浙江双环传动机械股份有限公司。

本标准主要起草人：陈子彦、何勤松、夏永升、朱家锋、郁爱佳、顾雪辉、许建兴、敬代云。

本标准为首次发布。

花键搓齿刀

1 范围

本标准规定了花键搓齿刀的结构型式和基本尺寸、要求、检验方法、性能试验、标志和包装。

本标准适用于加工 GB/T 3478（所有部分）规定的模数小于或等于 2 mm 的花键的花键搓齿刀。GB/T 3478（所有部分）未规定的花键的花键搓齿刀，可参照使用。

2 规范性引用文件

下列文件对于本文件的应用是必不可少的。凡是注日期的引用文件，仅注日期的版本适用于本文件。凡是不注日期的引用文件，其最新版本（包括所有的修改单）适用于本文件。

GB/T 1958 产品几何量技术规范（GPS） 形状和位置公差 检测规定

JB/T 10231.1 刀具产品检测方法 第 1 部分：通则

3 结构型式和基本尺寸

3.1 结构型式

3.1.1 花键搓齿刀按结构分为分体式和整体式，如图 1 所示。

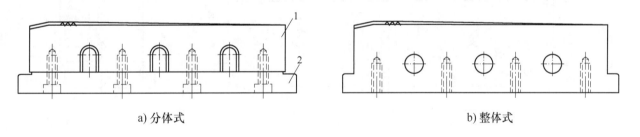

a) 分体式   b) 整体式

说明：

1——搓齿刀刀体；

2——搓齿刀底板。

图 1 花键搓齿刀结构

3.1.2 花键搓齿刀按型式分为板型和斜楔型，如图 2 所示。

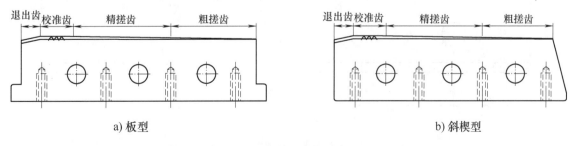

a) 板型   b) 斜楔型

图 2 花键搓齿刀型式

3.1.3 成对使用的两把搓齿刀称为一副搓齿刀,两把搓齿刀结构和基本尺寸一致。

3.2 基本尺寸

3.2.1 花键搓齿刀规格及其基本尺寸见图3～图6和表1、表2。

3.2.2 花键搓齿刀宽度范围20 mm～200 mm,以满足被加工产品花键长度和适用于相应搓齿机为准。

3.2.3 花键搓齿刀高度由搓齿机开口尺寸决定,常用搓齿机开口尺寸有 5.5 in(139.7 mm),6 in (152.4 mm),8 in(203.2 mm)或其他尺寸。

单位为毫米

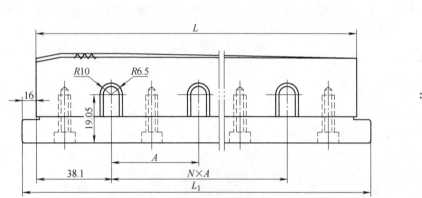

图 3　分体式板型系列花键搓齿刀基本尺寸

单位为毫米

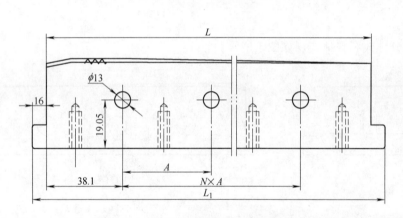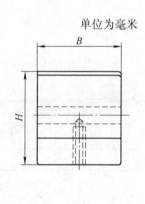

图 4　整体式板型系列花键搓齿刀基本尺寸

单位为毫米

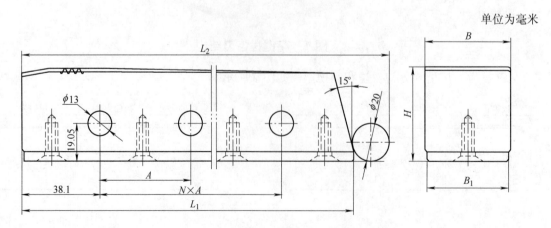

图 5　分体式斜楔型系列花键搓齿刀基本尺寸

单位为毫米

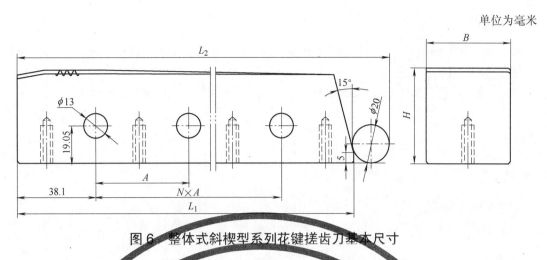

图 6 整体式斜楔型系列花键搓齿刀基本尺寸

表 1 板型系列花键搓齿刀基本尺寸

单位为毫米

花键搓齿刀规格 in	L	L_1	A	$N×A$	H	B	B_1
24	609.6	641	266.7	2×266.7	$(H_0-D_{ie})/2$	20～200	$B_1=B-2$
36	914.4	946	400	2×400			
48	1 219.2	1 251	266.7	4×266.7			

注：H_0 为搓齿机滑台安装面之间机床开口尺寸，D_{ie} 为渐开线花键小径。

表 2 斜楔型系列花键搓齿刀基本尺寸

单位为毫米

花键搓齿刀规格 in	L_2	L_1	A	$N×A$	H	B	B_1
13	329	310	—	—	$(H_0-D_{ie})/2$	20～200	$B_1=B-2$
24	642.2	623.2	266.7	2×266.7			
36	947.2	928.2	400	2×400			

注：H_0 为搓齿机滑台安装面之间机床开口尺寸，D_{ie} 为渐开线花键小径。

3.2.4 花键搓齿刀理论齿形角等于被加工花键齿形压力角，齿形的基本形式如图 7 所示，实际齿形角 α_1 和 α_2 以满足被加工花键参数精度为准。

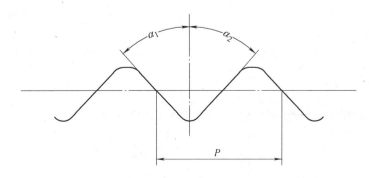

图 7 花键搓齿刀齿形角的示意图

3.3 标记示例

被加工渐开线花键齿数 z 为 24、模数 m 为 1.0、压力角 α 为 30°、花键搓齿刀宽度 B 为 50、花键搓齿刀规格 24 in 的花键搓齿刀上标记：

$$花键搓齿刀 \quad 24z \times 1.0m \times 30° \quad B50 \times 24'' \quad JB/T\ 12761—2015$$

4 要求

4.1 外观

4.1.1 花键搓齿刀表面不应有裂纹、碰伤、锈迹等影响使用性能的缺陷。

4.1.2 花键搓齿刀齿形面不得有毛刺、崩齿和磨削烧伤。

4.2 表面粗糙度

花键搓齿刀表面粗糙度的最大允许值应符合表 3 规定。

表 3　花键搓齿刀表面粗糙度 Ra

单位为微米

序号	检查表面	表面粗糙度
1	侧面装置面和底面支承面	$Ra0.8$
2	校准齿、精搓齿和退出齿表面	$Ra0.4$
3	粗搓齿表面	$Ra3.2$
4	后端面装置面	$Ra0.8$

4.3 尺寸及偏差

4.3.1 花键搓齿刀长度的极限偏差为 ±0.3 mm。

4.3.2 花键搓齿刀宽度公差为 h7，一副花键搓齿刀中的两把花键搓齿刀宽度之差不应超过其公差。

4.3.3 花键搓齿刀校准齿高的极限偏差为 $_{-0.2}^{0}$ mm，一副花键搓齿刀中的两把花键搓齿刀校准齿高尺寸一致性为 0.01 mm。

4.3.4 花键搓齿刀齿形角极限偏差为 ±15′，花键搓齿刀相邻齿距误差不大于 0.01 mm，在 25.4 mm 长度上齿距累积误差不大于 0.025 mm，在 254 mm 长度上齿距累积误差不大于 0.06 mm。

4.3.5 同一副花键搓齿刀中的两把花键搓齿刀对应齿到后端面装置面距离相对差的允差为 0.01 mm。

4.4 位置度要求

4.4.1 花键搓齿刀侧面装置面和底面支承面平面度公差：规格小于或等于 24 in 为 0.03 mm；规格 36 in 为 0.04 mm；规格 48 in 为 0.06 mm。

4.4.2 花键搓齿刀侧面装置面、后端面装置面和底面支承面互相间垂直度公差为 0.03 mm。

4.5 材料

花键搓齿刀刀体材料采用 W6Mo5Cr4V2 或同等性能其他高速钢制造。

4.6 硬度

花键搓齿刀本体硬度为 58 HRC～64 HRC。

5 检验方法

5.1 外观

一般情况下目测，发生争议时使用放大镜检测。

5.2 表面粗糙度

检测方法：用表面粗糙度比较样块与刀具被测表面目测对比检查，发生争议时用双管显微镜或表面粗糙度检查仪检测。检测器具：表面粗糙度比较样块、双管显微镜、表面粗糙度检查仪。

5.3 尺寸

长度检测方法：用游标卡尺测量。宽度和高度检测方法：用外径千分尺在宽度和高度上分别取3～5个位置测量，取最大偏差值。齿形角检测方法：用万能工具显微镜或轮廓度仪测量。相邻齿距误差、齿距累积误差和两把花键搓齿刀对应齿到后端面装置面距离相对差检测方法：用三坐标测量。检测器具：游标卡尺、外径千分尺、万能工具显微镜或轮廓度仪、三坐标。

5.4 位置度

位置度的检测按 GB/T 1958 中平面度误差检测和垂度误差检测的规定。

5.5 材料和硬度

材料和硬度的检测按 JB/T 10231.1 的规定。

6 性能试验

6.1 试搓机床

试搓机床按客户要求或采用符合精度标准的搓齿机。

6.2 试搓零件

试搓零件材料及热处理状态应与客户被搓零件相同或相近。

6.3 试搓结果的评定

试搓零件经测量，花键齿数、大径、小径、跨棒距、齿形误差、齿向误差、齿距累积误差及表面粗糙度均应符合客户产品图样要求。经试验后的花键搓齿刀不得有崩齿和显著的磨损现象，并保持原有的性能。

7 标志和包装

7.1 标志

7.1.1 花键搓齿刀上应有以下标志：
  a）制造厂的商标；
  b）被加工渐开线花键产品的基本参数、齿数、模数、压力角；
  c）花键搓齿刀的图号、宽度、规格；
  d）制造年月。

7.1.2 包装盒上应有以下标志：

 a）制造厂商标；

 b）花键搓齿刀的名称；

 c）被加工渐开线花键产品的基本参数、齿数、模数、压力角；

 d）花键搓齿刀的图号、宽度、规格；

 e）本标准号；

 f）制造年月。

7.2　包装

花键搓齿刀在包装前应经防锈处理，包装必须牢靠，并能防止运输过程中的损伤。